Christoph Pandikow

DIE KAROSSERIE

OLDTIMER & YOUNGTIMER

Pflege und Reparatur

Einbandgestaltung: Frank Zähringer unter Verwendung eines Fotos der Firma FLEX-Elektrowerkzeuge GmbH

Bildnachweis: Christoph Pandikow; Silke Pandikow; Audi AG, Ingolstadt; Auto-K Peter Kwasny GmbH, Gundelsheim; Carglass GmbH, Köln; Celette Vertriebs GmbH; Dr. Ing. h.c. F Porsche AG; Einszett KG, Bergisch Gladbach; Fertan Korrosionsschutz Vertriebsgesellschaft mbh; Flex Elektrowerkzeuge GmbH, Steinheim; Fronius Deutschland GmbH; Kaercher (Clean Park),Winnenden; Kent Deutschland GmbH, Willich; Steinel Vertrieb GmbH, Herzebrock-Clarholz; Volkswagen AG Mediaservice; Volkswagen AG, Wolfsburg; Vollverklebt, Thomas Burggraf; Thomas Dick-Freppon; Sebastian Pötzel.

Vielen Dank für die tatkräftige Unterstützung an die
Audi AG; Autolackiererei Paul Wahl, Limburg, Auto-K Peter Kwasny GmbH, Gundelsheim; Dr. O.K. Wack Chemie GmbH, Ingolstadt; Dupli-Color, Motip Dupli GmbH, Haßmersheim; Fertan Korrosionsschutz Vertriebsgesellschaft mbh, Saarbrücken, Flex Elektrowerkzeuge GmbH, Steinheim (speziell Martin Seidler); Fronius Deutschland GmbH; Kent Deutschland GmbH, Willich (speziell Wolfgang Keller); RH Motorradlacke, RH Lacke GmbH, Twistringen; Smart-Repair, C. Müller und C. Richter GbR, Dillenburg; Steinel Vertrieb GmbH, Herzebrock-Clarholz (speziell Elmar Dücker); Udo`s Wagenpflege, Elz: Volkswagen AG Mediaservice; Volkswagen AG, Wolfsburg; Vollverklebt, Thomas Burggraf, Limburg; Zimmermann Oberflächenveredelung u. Metallbau GmbH, Solms; Helmut Lienig; Nina Pandikow; Thomas Dick-Freppon; Uwe Mischkowski.

Text und redaktionelle Bearbeitung:
Rainer Althaus, Silke und Christoph Pandikow.

Dieser Band entspricht dem Kenntnisstand zum Zeitpunkt der Drucklegung. Abweichungen durch Weiterentwicklung der beschriebenen Fahrzeuge, geänderte Anweisungen des Fahrzeugherstellers bzw. neue gesetzliche Bestimmungen sind möglich.
Alle Angaben und Ratschläge in diesem Ratgeber sind nach bestem Wissen und Gewissen erteilt. Eine Haftung der Autoren oder des Verlages und seiner Beauftragten für Personen-, Sach- und Vermögensschäden ist jedoch ausgeschlossen.

1. Auflage 2015

ISBN 978-3-613-03752-6

Sie finden uns im Internet unter
http://www.paul-pietsch-verlage.de

Innengestaltung: IPa, 71665 Vaihingen/Enz
Druck und Bindung: Print Consult GmbH, München
Printed in Slovakia

Christoph Pandikow

DIE KAROSSERIE

OLDTIMER & YOUNGTIMER

PFLEGE UND REPARATUR

Motor
buch
Verlag

Inhalt

Die Praxis des Lackierens

Spezielle Lacke und Sonderverfahren

Schutz vor Korrosion

Ein Ratgeber stellt sich vor

Hilfe zur Selbsthilfe

Unser Sonderband »Die Autokarosserie« soll Ihnen Schritt für Schritt nahe bringen, wie Karosserieschäden in Eigenarbeit behoben werden können und welche man tatsächlich in Selbsthilfe beheben kann. Ein vorangestelltes, ausführliches Kapitel zu Reinigung und Pflege sowie ein Abschnitt zur Gebrauchtwagenaufarbeitung sollen Ihnen zeigen, wie man fachgerecht optische Werterhaltung betreibt und wie damit auch ein wichtiger Beitrag zur Aufrechterhaltung der Funktionstüchtigkeit Ihres Fahrzeugs geleistet wird. Wer tiefer in die Materie einsteigen möchte, findet Grundlagen, Erklärungen und Hilfestellungen, oft mit den passenden Fotos dokumentiert. Beispiele fachgerechter Instandsetzung von Unfallwagen, Durchrostungen und Blechschäden sollen Ihnen den richtigen Weg zur Selbsthilfe ebenso erhellen wie unsere Anleitung zum sicheren Umgang mit Schweiß- und Schleifgeräten, Spachtel, Spraydosen und Lackierpistole.

Tipps und Wissenswertes

Damit Ihnen niemand etwas vormachen kann, gewähren wir Einblick in die Fahrzeugkarosserie, erläutern die Fachbegriffe und informieren Sie über Wissenswertes aus der Welt der Technik. Darüber hinaus erhalten Sie Tipps, die zum Teil bares Geld wert sind. Damit auch wirklich alles gut geht, sollten Sie dieses Buch von Anfang bis Ende durchlesen. Ohne Zweifel brauchen Sie für die erfolgreiche Reparatur oder auch nur Pflege am Auto ausreichend Übung. Doch oft genug stellt sich das Problem völlig anders dar: Meist fehlt ganz einfach das Verständnis, warum etwas so und nicht anders gemacht werden soll, und es fehlt an praxisnahen Ratschlägen. Selbst Experten haben mitunter Schwierigkeiten, ihr Wissen in dem Maß zu vermitteln, dass es der Nicht-Fachmann verstehen kann.

Sicherheit hat Vorrang

Ihre Sicherheit und Zufriedenheit stehen dabei an erster Stelle. Für die Arbeiten am und um das Airbagsystem ist eine spezielle Ausbildung erforderlich. Unterschätzen Sie die Gefahren, die schon durch die verbauten Sprengladungen entstehen, niemals. Eine unkontrollierte Zündung zum falschen Zeitpunkt kann Sie durchaus eine Hand oder sogar das Leben kosten. Grundsätzlich sollten Sie sich immer dann Hilfe holen, wenn Sie eine Arbeit noch nicht kennen. Zumindest ist es hilfreich, wenn man jemanden hat, der ab und an mal »über die Schulter« gucken kann. Bedenken Sie auch, dass die Gewichtsklasse unserer Lieblinge in den meisten Fällen die eigene Hebekraft deutlich überschreitet. Arbeiten Sie deshalb immer sehr bewusst und überlegt.

Reparaturen in der heimischen Garage

Sollten Sie bereits im Umgang mit Werkzeug geübt sein, werden wir Sie Schritt für Schritt durch die einzelnen Arbeitsgänge führen. Dabei beschränken wir uns in dieser Reihe auf Wartungs-, Pflege- und leichte Reparaturmaßnahmen, die Sie ohne Weiteres in der heimischen Garage durchführen können. Welche Grundausstattung Sie dafür benötigen, haben wir für Sie gleich am Anfang dieses Buches zusammengefasst. Neben handelsüblichen Werkzeugen wird es oft notwendig, dass zusätzlich Hilfswerkzeuge hergestellt werden. Ein Quäntchen technisches Verständnis und Fantasie vorausgesetzt befähigt Sie oft, eine solche Hilfe herzustellen. So kann man sich zum Beispiel aus einem flachen Pinselstiel einen Hebel fertigen, um Gummileisten oder Verkleidungen etwas anzuheben.

Damit Sie sich besser zurechtfinden

Wenn Sie etwas Bestimmtes in diesem Buch suchen, haben Sie verschiedene Möglichkeiten. Natürlich können Sie auf das vertraute Inhaltsverzeichnis zurückgreifen. Aber auch beim schnellen Durchblättern werden Sie sich leicht zurechtfinden. Den Hinweis, in welchem Kapitel Sie sich bewegen, finden Sie oben links. Dazu die Information, ob es sich in diesem Abschnitt um theoretisches Wissen, konkrete Arbeitsanleitungen oder Vorschläge zur Optimierung handelt. Rechts oben auf jeder Seite haben wir den Bereich dargestellt, der im jeweiligen Abschnitt behandelt wird. Damit können Sie das Buch auf der Suche nach bestimmten Inhalten auch durch die Finger laufen lassen, ohne zuerst im Inhaltsverzeichnis suchen zu müssen.

INFORMATION

Bevor Teile ausgebaut oder etwas auseinandergenommen wird, ist es immer besser, die theoretischen Zusammenhänge zu kennen. Wenn Sie dieses Zeichen sehen, erklären wir die Funktion der Technik, ihre Bedeutung für das gesamte Auto und Ihren Alltag damit. Oder wir informieren Sie ganz einfach auch einmal über den historischen Hintergrund der Entwicklung. Dieser Abschnitt soll Sie also mit der Technik Ihres Autos vertraut machen. Mit dem nötigen theoretischen Wissen im Hinterkopf schraubt es sich viel leichter.

ARBEITSSCHRITTE

Sobald am Auto gearbeitet wird, werden Sie dieses Symbol sehen. Auf diesen Seiten dürfen Sie Schritt-für-Schritt-Anleitungen zum Ein- und Ausbau und der Reparatur von Teilen erwarten. Und damit Sie sehen, dass wir uns gerne die Finger für Sie schmutzig machen, haben wir bewusst gebrauchtes Werkzeug benutzt und uns nicht ständig die Finger gewaschen. Wir hoffen, dass die Fotos Ihnen dennoch Appetit auf das Schrauben machen.

BESSER MACHEN

Manchmal ist es ein anderer Weg zum Ziel, der eine Verbesserung bewirkt. Manchmal ist es sinnvoll Arbeitsschritte anders anzugehen, um eine Verbesserung zu erhalten. Unter diesem Label stellen wir Ihnen Arbeiten oder Produkte vor, die die Eigenschaften Ihres Fahrzeuges verbessern oder Ihnen die Arbeiten an ihm erleichtern.

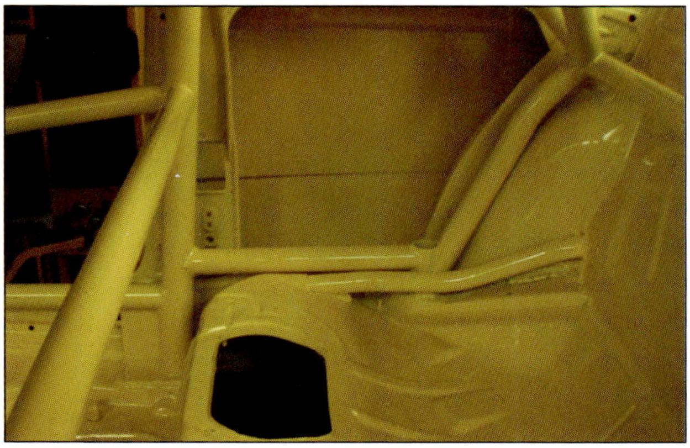

Rechte und Pflichten

Sie haben einen Wagen erworben und sind der Meinung, er ist kaputt oder funktioniert nicht so, wie er sollte? Bevor Sie sich unnötig aufregen, sollten Sie sich zuerst kundig machen, wie es um Ihre Rechte steht. Dann müssen Sie sicherstellen, dass Sie keinem Irrtum unterliegen und es sich hier tatsächlich um einen Mangel handelt

Was ist ein Mangel?

Vereinfachte Darstellung des § 434 BGB:
Eine Sache ist frei von Mängeln, wenn sie sich für die Verwendung eignet für die sie gemäß Kaufvertrag gedacht war, oder sie sich für die gewöhnliche Verwendung eignet oder die Beschaffenheit aufweist, die man üblicherweise erwarten kann. Das beinhaltet auch Eigenschaften, von denen der Käufer aufgrund von Aussagen, die in der Werbung oder von Mitarbeitern des Verkäufers gemacht wurden, ausgehen kann. Liegt also tatsächlich ein Mangel vor, wie z. B. eine deutlich geringere Höchstgeschwindigkeit als im Prospekt angegeben, sollten Sie sich auf das Gespräch mit dem Kundendiensttechniker vorbereiten und Ihr Recht einfordern. Damit Sie Ihr Anliegen präzise und fachlich richtig an den Mann bringen können, nachfolgend einige Begriffserklärungen und Zusammenhänge:

Gewährleistung, Sachmangelhaftung & Garantie

Garantie und Gewährleistung (Letzteres ist die so genannte Sachmangelhaftung) sind zwei völlig verschiedene und vor allem unabhängige Sachverhalte. Diese beiden Begriffe werden oft umgangssprachlich miteinander verwechselt. Um nicht missverstanden zu werden, sollten Sie diese Begriffe unbedingt voneinander trennen.

Die **Garantie** ist eine freiwillige und zusätzliche Leistung des Verkäufers oder Herstellers. Sie kann nach Belieben ausgestaltet oder befristet sein, und sie folgt aus einer eigenständigen Vereinbarung im Rahmen des Kaufvertrages bzw. in Verbindung mit dem Kaufvertrag. Die Garantie kann an bestimmte Voraussetzungen geknüpft sein, kann bestimmte Kosten ausschließen und auch die Leistungen einschränken. Dies könnte beispielsweise bedeuten, dass die Garantie nur greift, wenn Sie das Fahrzeug regelmäßig in der dem Händler angegliederten Werkstatt warten lassen und Sie nur die Materialkosten und nicht die Arbeitszeit bei einem Schaden erstattet bekommen. Also sollten Sie sich die Garantiebedingungen vor dem Kauf genau anschauen, um diese später nicht durch ein Falschverhalten zu verwirken. Auf Verlangen müssen Ihnen die Garantiebestimmungen, wenn sie Ihnen zugesprochen werden, auch in schriftlicher Form ausgehändigt werden.

Die **Gewährleistung** (Sachmangelhaftung) folgt aus den gesetzlichen Regelungen zum Kaufvertrag. Eine Gewährleistung ist in dem Augenblick gegeben, wenn ein rechtsgültiger Kaufvertrag geschlossen wird. Eine Ausnahme ist nur möglich, wenn die Gewährleistung wirksam ausgeschlossen ist. Ein vollständiger Ausschluss der Gewährleistung im Rahmen eines Kaufvertrags zwischen einem Unternehmer (z. B. Kfz-Händler) als Verkäufer und einer Privatperson als Käufer ist nicht möglich. Die Gewährleistung kann aber z. B. bei Abschluss eines Kaufvertrages zwischen Privatpersonen vollständig ausgeschlossen werden. Dies muss dann aber ausdrücklich und individuell im Kaufvertrag geregelt sein.

Mit dem **Gewährleistungsrechts-Änderungsgesetz** vom 01.01.2007 ergaben sich unter anderem folgende Neuerungen:
- Bei neuen Sachen beträgt die Frist grundsätzlich 2 Jahre ab Datum der Übergabe.
- Bei gebrauchten Sachen kann eine Frist von 1 Jahr vereinbart werden (nicht in Allgemeinen Geschäftsbedingungen!), wobei nur Kraftfahrzeuge, die älter als ein Jahr (ab Erstzulassung) sind, als gebrauchte Sachen gelten.
- Innerhalb der ersten sechs Monate hat bei einer Reklamation der Händler zu beweisen, dass die Sache zum Zeitpunkt der Übergabe dem Vertrag entsprach (also keinen Mangel hatte). Nach sechs Monaten hat der Kunde die Beweispflicht (bisher hatte ausschließlich der Kunde die Beweispflicht).

Diese beschriebenen Regelungen, die das Recht des Endkunden stärken, sind verständlicherweise bei den Händlern nicht so gut angekommen, und diese suchen nach Möglichkeiten, wie sie die Gewährleistung einschränken oder gar ausschließen können. In den letzten Jahren hat darum der Handel mit Bastlerfahrzeugen und Schrottfahrzeugen massiv zugenommen. In solchen Verträgen werden dann sämtliche Gewährleistungsansprüche ausgeschlossen, obwohl die Fahrzeuge teilweise mit frischer Plakette der Haupt- und Abgasuntersuchung versehen sind. Solche und ähnliche Vorgänge können die Gerichte allerdings recht gut einschätzen und entscheiden meistens zugunsten des Verbrauchers. Ebenso verhält es sich mit den Verkäufen, die »im Auftrag« stattfinden. Ein Händler, der in seinem Namen die aktuelle Hauptuntersuchen und weitere Instandsetzungsarbeiten durchgeführt hat, wird es vor Gericht schwer haben zu beweisen, dass er den Verkauf nur vermittelt hat. Er wird damit auch nicht die gesetzlichen Regelungen beschneiden können.

Je klarer die Vereinbarung und je genauer die Fahrzeugbeschreibung, desto geringer ist das Haftungsrisiko. Wir raten Ihnen, einen Musterkaufvertrag für Gebrauchtfahrzeuge sowie einen Gebrauchtfahrzeuge-Zustandsprüfbericht zu verwenden. Damit lassen sich kostspielige Prozesse und unangenehme Streitigkeiten vermeiden.

Zusammenfassung:
Eine freiwillige Garantie besteht also zusätzlich zur gesetzlichen Gewährleistung (Sachmangelhaftung) und ist im Umfang der Leistungen, im Vergleich zur Gewährleistung meistens eingeschränkt. Allerdings greift sie oft auch noch für Mängel, die erst nach dem Kauf auftreten, was so nicht auf die gesetzliche Gewährleistung zutrifft.

Zum Reizthema Farbabweichung

Farbabweichung kann ein Sachmangel sein. Das Oberlandesgericht Köln hat zu diesem Thema eine wichtige Entscheidung getroffen: Danach gehört die Farbe eines Neufahrzeugs zu den Beschaffenheitsmerkmalen und stellt ein äußerliches Merkmal des Fahrzeugs dar, welches für den Käufer im Rahmen der Kaufentscheidung maßgeblich ist.

Ergeben sich Abweichungen im Farbton des bestellten zu dem tatsächlich gelieferten Fahrzeug, so kann der Käufer hierauf grundsätzlich Gewährleistungsansprüche geltend machen. Durch das OLG Köln bestätigtes Urteil des LG Aachen vom 26.04.2005 (Az. 12 O 493/04).

Das Recht der Nachbesserung

Seit dem 01.01.2002 gibt die neue Rechtslage sowohl dem Käufer als auch dem Verkäufer einen Anspruch auf Beseitigung eines Mangels. Anstatt von Nachbesserung spricht jetzt das Gesetz von Nacherfüllung. Grundsätzlich hat der Händler das Recht bis zu drei Mal nachzuerfüllen. Hierbei hat der Verkäufer die zum Zwecke der Nacherfüllung erforderlichen Aufwendungen zu tragen, das sind Transport-, Wege-, Arbeits- und Materialkosten. Zu beachten ist in diesem Zusammenhang, dass der Verkäufer sein Recht einen Mangel nachzubessern behält, auch wenn Reparaturen bereits in einer fremden Werkstatt erfolglos waren. Der Verkäufer muss sich diese Nachbesserungsversuche nicht zurechnen lassen, er kann auf eine Nacherfüllung im eigenen Firmensitz bestehen. OLG Köln vom 14.02.2006 (Az. 20U 188/05).

Wandlung und Preisnachlass

Hat sich ein erheblicher Mangel nach drei Nacherfüllungsversuchen immer noch nicht beseitigen lassen oder fehlen zugesicherte Eigenschaften, haben Sie das Recht auf Wandlung oder Preisnachlass. Dies ist dann auch der Zeitpunkt, an dem Sie einen Rechtsanwalt zu Rate ziehen sollten. Sie werden sich auf jeden Fall eine Nutzungspauschale, die abhängig ist von der genutzten Laufleistung des Fahrzeugs, anrechnen lassen müssen. Eine Wandlung ist grundsätzlich nur dann möglich, wenn sich das Fahrzeug noch im Originalzustand befindet.

Der Kulanzantrag

Nach Ablauf der Gewährleistungszeit und gegebenenfalls der Garantiezeit bleibt Ihnen immer noch die Möglichkeit der Kulanzregelung beim Händler. Die Kulanz bezeichnet im Allgemeinen ein Entgegenkommen zwischen den Vertragspartnern nach Vertragsabschluss. Sie regelt den Ablauf der freiwilligen Reparatur- und Serviceleistungen nach Ablauf der gesetzlichen oder individualvertraglichen Gewährleistungspflicht.

Hinweis: Dieses Kapitel soll nur erste Hinweise geben und erlaubt daher keinen Anspruch auf Vollständigkeit. Obwohl es mit der größtmöglichen Sorgfalt erstellt wurde, kann eine Haftung für die inhaltliche Richtigkeit nicht übernommen werden.

Lernen Sie Ihr Auto kennen

Egal, ob Sie Ihr Auto schon lange besitzen oder es eben erst erworben haben – nehmen Sie sich die Zeit und erkunden Sie Ihr Fahrzeug gründlich. Denn selbst wenn Sie die Bedienungsanleitung gelesen haben, wovon wir selbstverständlich ausgehen, kennen Sie bestimmt noch nicht alle Details Ihres Autos.

Die Fahrgestellnummer

Die Fahrgestellnummer enthält bereits etliche – in Zahlencodes verschlüsselte – Informationen zu Ihrem Auto. Deren Bedeutung können Sie als Do-it-Yourselfer nun kennen lernen und auch entziffern. Die Fahrgestellnummer finden Sie meist vorne rechts am Rahmen eingeschlagen sowie in den Unterlagen für den Service und links an der Spritzwand des Führerhauses auf dem Typenschild.

Das Typenschild

Das Typenschild ist im Motorraum vorne rechts oben oder im Bereich des Haubenschlosses verbaut. Hier können Sie neben dem Hersteller den Fahrzeugtyp, die Fahrgestellnummer und das Baujahr ablesen. Diese Plaketten sind nicht amtlich und dienen der Kurzinformation.
Sie können auch nachgefertigt werden. Aus diesem Grund muss die Fahrgestellnummer immer am Rahmen überprüft werden. Zusätzlich sind hier noch das »Zulässige Gesamtgewicht« sowie die Achslasten für die Vorderachse und die Hinterachse angegeben.

Die Motorkennnummer

Die Motornummer ist an der Verbindungsstelle Motor-Getriebe eingeschlagen. Auch das Getriebe trägt eine Identifikationsnummer. Alle diese Nummern sind beim Bestellen von Ersatzteilen oder Austauschteilen unbe-

Motornummer: Sie ist in der Regel im Bereich des Motorblocks hinten zum Getriebe (Pfeil) eingeschlagen.

Typenschild an den alten Karosserievarianten: Auch hier ist das Typenschild im Motorraum oben in Fahrtrichtung rechts zu finden.

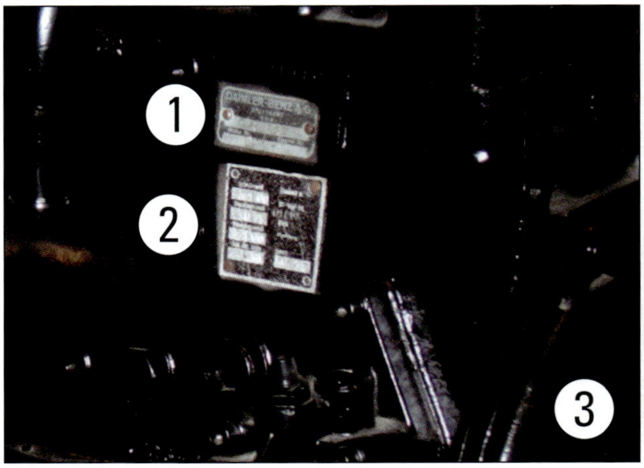

Plakettierung am Motor: 1 Herstellerschild und Motornummer, 2 Motordaten, 3 Getriebe.

dingt anzugeben. Denn viele Teile eignen sich einfach nur für dieses Fahrzeug, obwohl sie durchaus Ähnlichkeiten mit Teilen anderer Fahrzeuge in der Baureihe haben.

Der Ausstattungscode

Das Design eines Fahrzeuges besteht natürlich nicht nur aus Form und Farbe. Auch die Ausführung der Teppiche und die Bauform sowie der Bezugsstoff der Sitze werden seitens des Herstellers festgelegt. Bei den meisten Fahrzeugen verbirgt sich diese Ausstattung hinter einem Ausstattungscode. Ist dieser bekannt, lassen sich auch Muster und Stoffe der Erstausstattung nachvollziehen.

Der Lackcode

Die Farbe besteht bei Fahrzeugen aus zig unterschiedlichen Farbtönungen, Metallikpartikeln und Zutaten. Freies Anmischen von Hand ohne Rezeptur ist nicht möglich. Diese Rezeptur verbirgt sich hinter den Farbnummern der Hersteller. Die Farbnummer wird aus dem englischen eingedeutscht auch als Lackcode bezeichnet. Wenn man an der Außenhaut des Fahrzeuges Ausbesserungen vornehmen muss, ist der Lackcode sehr wichtig. Schon kleine Unterschiede werden Ihnen nach der Reparatur auffallen. Gerade dann, wenn Sie die Instandsetzung und deren Verlauf selbst im Auge hatten, werden Sie von noch so kleinen Fehlern geradezu verfolgt. Auch wenn die Fehler Unbeteiligten gar nicht auffallen, werden Sie schon aus dem Grund, dass Sie wissen dass an einer bestimmten Stelle ein Fehler vorliegt, diesen immer wieder sofort erkennen. Witterungseinflüsse und auch einfach das Alter des Lackes können den Farbton aber merklich beeinflussen.

Diese Unterschiede können Sie nur mit individueller Farbanmischung ausgleichen. Wenn Sie für kleinere Schäden einen speziellen Ton als Lackstift und als Spraydose anmischen lassen, notieren Sie sich diesen Ton mit Lackhersteller und am besten auch der Bezugsquelle auf einem Zettel, den Sie im entsprechenden Bereich im Serviceheft befestigen.

Der Fahrzeugschein

Eine sehr ergiebige Informationsquelle ist der Fahrzeugschein. Neben der Fahrgestellnummer finden Sie weitere, für die Ersatzteilbeschaffung oder den Reparaturauftrag wichtige Angaben und Schlüsselnummern (Angaben in Klammern gelten für neue Zulassungsbescheinigungen):

- zu 2: Herstellercode (2.1)
- zu 3: Typ und Ausführung (2.2)
- zu 32: Datum der Erstzulassung (B)
- zu 4: Fahrgestellnummer (E)

Die zwar europäisch einheitliche, aber für uns doch neue optische Ordnung löst bei der Suche nach den Informationen meist Hilflosigkeit aus. Deshalb haben wir die wichtigsten Informationen zum »schnell mal finden« kenntlich gemacht. HSN und TSN sind die Kürzel für den Herstellercode und den Typcode.

Lackcode im Serviceheft: Der Lackcode findet sich bei vielen Fahrzeugen, so auch bei unserem Porsche, im Service-

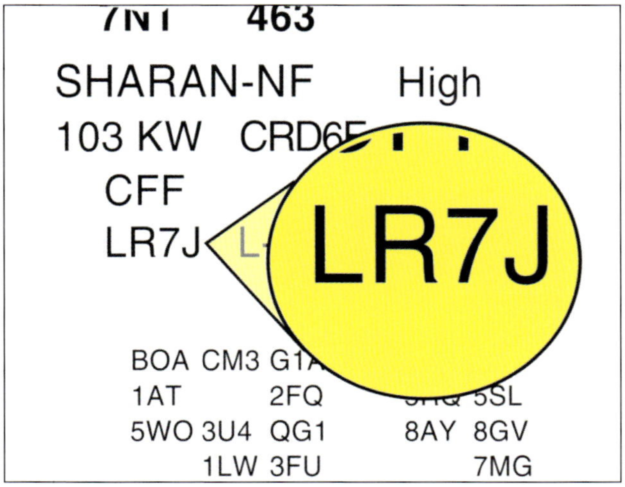

Alles Verschlüsselt: Lackcode auf den Fahrzeugdatenträger bei der Volkswagengruppe

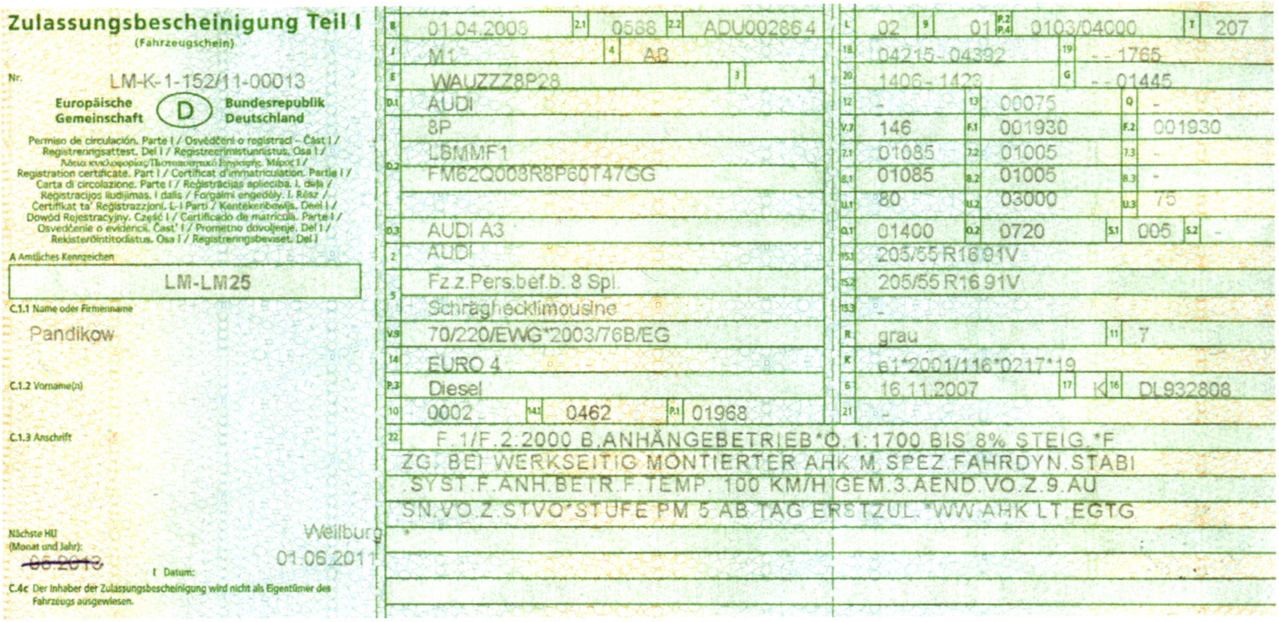
Zulassungsbescheinigung Teil I
(Fahrzeugschein)
Nr. LM-K-1-152/11-00013
Europäische Gemeinschaft (D) Bundesrepublik Deutschland
A Amtliches Kennzeichen LM-LM25
C.1.1 Name oder Firmenname Pandikow
C.1.2 Vorname(n)
C.1.3 Anschrift
Nächste HU (Monat und Jahr): 05.2013
I Datum: Weilburg 01.06.2011
C.4c Der Inhaber der Zulassungsbescheinigung wird nicht als Eigentümer des Fahrzeugs ausgewiesen.

B 01.04.2008 | 2.1 0588 | 2.2 ADU00286 4
J M1 | 4 AB
E WAUZZZ8P28 | 3 1
D.1 AUDI
D.2 8P LBMMF1 FM62Q003R8P60T47GG
D.3 AUDI A3
2 AUDI
5 Fz.z.Pers.bef.b. 8 Spl. Schrägheckimousine
V.9 70/220/EWG*2003/76B/EG
14 EURO 4
P.3 Diesel
10 0002 | 14.1 0462 | P.1 01968
L 02 | 9 01 | P.2/P.4 0103/04000 | T 207
18 04215 - 04392 | 19 - - 1765
20 1406 - 1423 | G - - 01445
12 - | 13 00075 | Q -
V.7 146 | F.1 001930 | F.2 001930
7.1 01085 | 7.2 01005 | 7.3 -
8.1 01085 | 8.2 01005 | 8.3 -
U.1 80 | U.2 03000 | U.3 75
O.1 01400 | O.2 0720 | S.1 005 | S.2 -
15.1 205/55 R16 91V
15.2 205/55 R16 91V
15.3 -
R grau | 11 7
K e1*2001/116*0217*19
6 16.11.2007 | 17 | 16 DL932808
21 -
22 F.1/F.2 2000 B.ANHÄNGEBETRIEB*O.1:1700 BIS 8% STEIG.*F ZG. BEI WERKSEITIG MONTIERTER AHK M.SPEZ.FAHRDYN.STABI SYST.F.ANH.BETR.F.TEMP. 100 KM/H GEM.3.AEND.VO.Z.9.AU SN.VO.Z.STVO*STUFE PM 5 AB TAG ERSTZUL.*WW AHK LT.EGTG

B Erstzulassung
D.1 Hersteller
D.2 Typ
D.3 Handelsbezeichnung
E Fahrgestellnummer
F.1 Zulässiges Gesamtgewicht
F.2 Zulässiges Gesamtgewicht in Deutschland
G Leergewicht
H Gültigkeitsdauer
I Ausstellungsdatum dieses Scheines
J Fahrzeugklasse (Pkw, Lkw)
K EG Typennummer
L Anzahl der Achsen
O.1 Anhängelast gebremst
O.2 Anhängelast ungebremst
P.1 Hubraum des Motors (in cm^3)
P.2 / P.4 Motorleistung (in kW)
P.3 Kraftstoffart
Q Leistungsgewicht (nur bei Motorrädern)
R Farbe des Fahrzeuges
S.1 Sitzplätze mit Fahrersitzplatz
S.2 Stehplätze
T Höchstgeschwindigkeit (in km/h)
U.1 Standgeräusch (in dB/A)
U.2 Drehzahl zum Standgeräusch
U.3 Fahrgeräusch (in dB/A)
V.7 CO2 Ausstoß (in g/km) kombinierter Wert
V.9 Schadstoffklasse
2 Kurzbezeichnung Hersteller

2.1 HSN Herstellerschlüsselnummer
2.2 Prüfziffer und TSN-Typschlüsselnummer
3 Prüfziffer für die Fahrgestellnummer
4 Art des Aufbaus (EG-Bezeichnung)
5 Bezeichnung der Fahrzeugklasse und des Aufbaus
6 Erstellungsdatum der EG-Typennummer
7.1 Zulässige Achslast Achse 1
7.2 Zulässige Achslast Achse 2
7.3 Zulässige Achslast Achse 3
8.1 Zulässige Achslast in Deutschland Achse 1
8.2 Zulässige Achslast in Deutschland Achse 2
8.3 Zulässige Achslast in Deutschland Achse 3
9 Anzahl der Achsen
10 Codenummer zur Kraftstoffart
11 Codenummer zur Fahrzeugfarbe
12 Rauminhalt des Tanks bei Tankfahrzeugen (in m^3)
13 Stützlast (in kg)
14 Bezeichnung der nationalen Emissionsklasse
14.1 Codenummer zu der Schadstoffklasse
15.1 Bereifung auf der Achse 1
15.2 Bereifung auf der Achse 2
15.3 Bereifung auf der Achse 3
16 Nummer der Zulassungsbescheinigung Teil 2 (Fahrzeugbrief)
17 Merkmal zur Betriebserlaubnis
18 Länge in mm
19 Breite in mm
20 Höhe in mm
21 Sonstige Vermerke
22 Bemerkungen und Ausnahmen

In der Werkstatt

Was braucht die Werkstatt?

Aufgrund der vielen Ausstattungsvarianten und verfügbaren Extras moderner Autos, ist eine genaue Bestimmung des Fahrzeugtyps nicht immer nur anhand der Fahrgestellnummer möglich. Wenn Sie also eine Werkstatt aufsuchen, die Ihren Wagen noch nicht kennt, sollten Sie alle Unterlagen mitnehmen (Serviceheft, Radiocode, ABEs und Zubehörunterlagen). Berücksichtigen Sie auch vorhandenes Zubehör wie Sonderfelgen vielleicht auch mit Schloss. Bei Arbeiten an der Wegfahrsperre oder den Schließsystemen werden in der Regel alle Fahrzeugschlüssel benötigt. Ansonsten räumen Sie Ihr Auto aus und entfernen alle privaten Sachen und auch die Musik-CDs. So gibt es hinterher keine Diskussionen, ob Dinge fehlen oder nicht.

Diese Angaben braucht die Werkstatt:

- Schlüsselnummer (Hersteller)
- Schlüsselnummer (Typ)
- Zulassungsdatum
- Motorisierung
- Fahrgestellnummer

Das müssen Sie dabei haben:

- Fahrzeugschein
- Serviceheft
- Adapter oder Schlüssel für Felgenschlösser
- Radiocode
- alle Schlüssel (bei Arbeiten am Schließsystem)

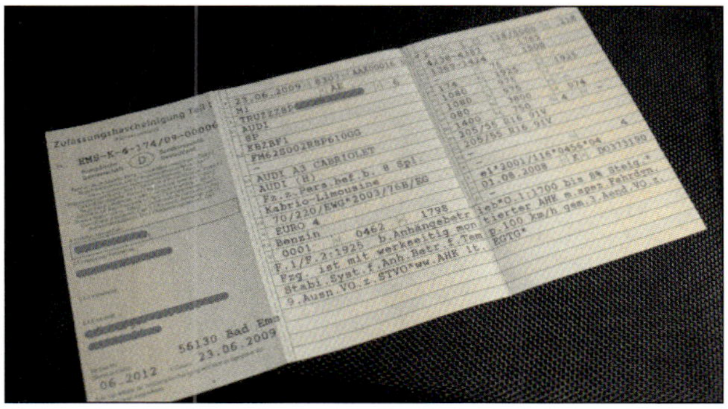

Der Fahrzeugschein: Hier findet die Werkstatt die wichtigsten Daten und auch die Fahrgestellnummer.

Das Typenschild: Oftmals sind die originalen Typenschilder nicht mehr vorhanden oder extrem schlecht lesbar.

Eine klare Auftragserteilung

Um nicht mit einer Reparaturrechnung konfrontiert zu werden, die weit über dem Erwarteten liegt, sollten Sie der Werkstatt Ihres Vertrauens ein Kostenlimit angeben und darauf bestehen Sie zu kontaktieren, falls es zu unerwarteten Mehrarbeiten kommt. Erteilen Sie Ihren Arbeitsauftrag immer schriftlich, denn mündliche Absprachen sind nur schwer einklagbar und beweisbar. Die Kopie des schriftlichen Arbeitsauftrags in ihrer Tasche gibt Ihnen die Rechtssicherheit. Dank moderner EDV-Anlagen ist es auch oft kein Problem, auf die Schnelle einen schriftlichen Kostenvoranschlag zu erhalten. Dieser ist ebenfalls verbindlich und in der Regel noch detaillierter als der Arbeitsauftrag. Beachten Sie bitte: Der tatsächliche Rechnungsbetrag darf bis zu 10% über den geschätzten Kosten liegen, ohne dass es einer erneuten Zustimmung Ihrerseits bedarf. Eine termingerechte Fertigstellung einer Standardreparatur ist heutzutage üblich.
Oberste Voraussetzung für ein gutes Arbeitsergebnis in der Werkstatt und einen geringen Geldschwund in Ihrem Geldbeutel ist eine exakte Fehlerbeschreibung mit Angabe des gewünschten Ergebnisses.

Fehlerbeschreibung

Nehmen wir einmal an, Ihr Auto klappert hin und wieder und Sie möchten dieses in einer Werkstatt beseitigen lassen. Bei unserem jetzigen Beispiel spielt es keine Rolle, ob Sie selbst bezahlen oder andere Ansprüche stellen. Denn im Vordergrund steht erst einmal ein nicht funktionierendes Auto, das repariert werden soll, und dem Schaden ist es schließlich egal, wer die Rechnung bezahlt.

Damit also der Werkstattmeister nicht viele Stunden und Kilometer in Ihrem Auto zurücklegen muss, um ein Klappern zu lokalisieren, das eventuell gar nicht das ist, das Sie meinen, sollten Sie möglichst präzise Angaben machen. Der vorhandene Fehler muss reproduzierbar sein. Das heißt, Sie sollten genau beschreiben, wann der Wagen klappert.

Eine gute Hilfestellung bieten hier die W-Fragen:

Wann tritt das Problem immer auf? »Beim Befahren von Unebenheiten, wie zum Beispiel über die Brücke XY in eine bestimmte Richtung. Bei Temperaturen unter null Grad ist das Klappern am deutlichsten zu hören, die Motortemperatur spielt dabei keine Rolle.«

Wie kann man das Geräusch verstärken oder abschwächen?
»Die Geschwindigkeit, mit der man über die Brücke fährt ist egal, aber man darf kein Gas geben um das Klappern zu hören.«

Wo kommt das Geräusch her? »Es scheint von vorn rechts zu kommen, wenn ich meine Hand auf das Armaturenbrett lege, kann ich es sogar fühlen.«

Wieso sind Sie nicht schon früher damit gekommen?
»Weil das Klappern erst seit ein paar Wochen vorhanden ist.«

Wer hat zuletzt an dem Wagen Hand angelegt? »Sie haben hier den letzten Kundendienst gemacht, ich habe nur die Winterräder montiert.«

Was haben Sie schon dagegen unternommen? »Ich habe schon alle losen Gegenstände aus dem Wageninneren entfernt, aber es hat sich nichts geändert.«

Bei einer präzisen Fehlerbeschreibung können Sie sicher sein, dass der Mechaniker den Fehler schneller eingrenzen kann, und auch das Reparaturergebnis ist für alle Beteiligten einfach und schnell überprüfbar. Diese W-Fragen sind mit leichten Abwandlungen auf nahezu alle Mängel anwendbar. Möglicherweise finden Sie das Problem auch selbst, wenn Sie sich die richtigen Fragen stellen. Denn niemand kennt Ihren Wagen besser als Sie selbst. Oftmals sind es Kleinigkeiten, die Sie nebenher erwähnen, aber dem Mechaniker die richtige Richtung weisen.

Der Ton macht die Musik

Oft treten Probleme auf, wenn es um Leistungen der Gewährleistung oder Garantie geht. Auch wenn Sie sich im Recht fühlen und vielleicht auch Recht haben, beachten Sie bitte, dass Sie meistens nur mit einem Angestellten sprechen, und dessen Motivation entscheidet in der Regel über die Art und Dauer Ihrer Auftragsabwicklung. Damit Ihr Anliegen zur vollsten Zufriedenheit bearbeitet wird, sollten Sie die üblichen zwischenmenschlichen Verhaltensregeln einhalten, auch wenn Sie schon eine halbe Stunde in der Warteschlange stehen. Nicht jeder Zeitpunkt ist gleich gut für einen Werkstattbesuch, der Freitag vor einem langem Wochenende oder Ferienbeginn ist kein so guter Tag. Wir empfehlen Ihnen, sich vorher anzumelden und dem entsprechenden Mitarbeiter eine kurze Schilderung Ihres Anliegens zu geben, oft kann dieser schon im Vorfeld wichtige Informationen bereitstellen oder auf etwas hinweisen, das Sie nicht vergessen sollten mitzubringen.

Wenn es doch zu Differenzen kommt

Versuchen Sie, den Vorgang noch einmal mit dem Verantwortlichen sachlich durchzugehen, eventuell auch unter Beteiligung des Mechanikers oder Meisters. Dieses Gespräch sollte in einen separaten Raum stattfinden und nicht vor weiteren Kunden. Für das Unternehmen kann es sehr schädlich sein, wenn laute Streitereien vor der Kundschaft ausgetragen werden, entsprechend wird die Reaktion ausfallen. Nehmen Sie ruhig sachkundige Verstärkung mit, Ihr Gegenüber wird auch nicht alleine sein. Ein Zeuge kann später sehr wichtig sein. Sollte das nicht das gewünschte Ergebnis bringen, haben Sie noch die Möglichkeit ein Schlichtungsverfahren einzuleiten. Ein solches Verfahren, welches unter der Regie der jeweils zuständigen Handwerkskammer durchgeführt wird, stellt ein Angebot sowohl an das Mitgliedsunternehmen der Handwerkskammer als auch an dessen Auftraggeber dar, sich außergerichtlich zu einigen. Ziel eines Schlichtungsverfahrens ist, die Streitigkeiten zwischen dem Handwerker und dessen Auftraggeber schnell und unbürokratisch, möglichst durch eine gütliche Einigung, beizulegen. Sollte dies alles nicht funktionieren, können Sie immer noch den teilweise langwierigen und möglicherweise auch kostspieligen juristischen Weg einschlagen. So weit sollten Sie es aber nicht kommen lassen.

Investition in die Zukunft

Ohne das richtige Werkzeug geht nichts. Wenn Sie vorhaben, sich intensiv um Ihr Auto zu kümmern, müssen Sie sich zunächst Gedanken um das nötige Handwerkszeug machen. Was Sie dazu unbedingt brauchen und wie Sie alles in der heimischen Garage unterbringen können, wollen wir Ihnen in diesem Kapitel zeigen.

Egal, ob Sie nun häufig oder eher selten, aus purer Lust am Basteln oder um Geld zu sparen am Auto schrauben: Sie müssen dafür zuerst die richtigen Voraussetzungen schaffen. Leider ist das mit Kosten verbunden. Doch wenn Sie bedenken, was eine Arbeitsstunde in der Werkstatt kostet und dass hochwertiges Werkzeug fast ein Leben lang hält, rechnet sich die Investition früher oder später.

Was muss ich als Erstes anschaffen?

Beginnen Sie mit einem Ordnungssystem, bestehend aus einer stabilen Werkbank mit Unterschränken und einem abschließbaren Schrankaufsatz. Ohne ein Ordnungssystem und eine stabile Werkbank sollten Sie nicht beginnen, denn Ordnung und Sauberkeit sind beim Schrauben oberstes Gebot. Das Schöne daran: Das Ganze passt problemlos in eine normale Einzelgarage und bietet Ihnen auf Jahre die nötige Sicherheit. Bei einer Markenfirma wie Gedore kostet eine solche Kombination rund 4200 Euro ohne Inhalt. Der lässt sich mit der Zeit ergänzen. Lassen Sie sich doch von nun an zum Geburtstag oder zu Weihnachten hochwertiges Werkzeug schenken: Die Schränke werden sich schneller füllen, als Sie denken.

Woran erkenne ich gutes Werkzeug?

Gutes Werkzeug kann in der Regel nicht billig sein. Ein Ring-/Maulschlüssel kostet je nach Größe zwischen fünf und 15 Euro, sodass ein Satz mit den zehn gebräuchlichsten Größen schon auf rund 80 Euro kommt. Noch größer sind die Qualitäts- und Preisunterschiede bei den Steckschlüsselsätzen – oft auch Umschaltknarren mit Nüssen genannt.
Ein solider Kasten mit 19 Teilen und Verlängerungen kostet an die 200 Euro, hält dafür aber auch höchste Belastungen aus. Auch das Gewicht ist ein gutes Indiz: Je schwerer das Werkzeug ist, umso stabiler ist der Stahl. Nehmen Sie zum Vergleich ein paar Schlüssel in die Hand und achten Sie auf Maßhaltigkeit und die Oberfläche.

Was tun, wenn ich keine Garage habe?

Der ideale Ort zum Schrauben ist natürlich eine in sich abgeschlossene Garage – je größer umso besser. Aber auch wenn Sie lediglich über einen Stellplatz verfügen oder gar im Freien arbeiten müssen, gibt es eine Lösung: Ein Werkstattwagen (links im Bild) lässt sich nach getaner Arbeit leicht wegräumen. Zum Beispiel in den Keller. Nur allzu schwer beladen sollte er dann nicht sein. Achten Sie beim Kauf auf die Lagerung der Schubladen. Ein Werkstattwagen in Profi-Qualität kann ohne Inhalt um die 1000 Euro kosten.

Was kostet mich das alles?

Zunächst einmal viel Geld und bitte sparen Sie dabei nicht zu sehr. Ansonsten kostet es nämlich auch noch Ihre Gesundheit. Natürlich müssen Sie nicht auf Anhieb 8000 Euro ausgeben, so viel kostet nämlich die Ausrüstung in unserer voll ausgestatteten Garage im Bild links. Allerdings handelt es sich hier auch um einen kompletten Werkzeugsatz eines Markenherstellers in Profi-Qualität. Damit werden normalerweise Werkstätten ausgerüstet. Wir haben die Ausstattung zudem um einige pfiffige und günstige Hilfsmittel, zum Beispiel aus dem Programm von Conrad Elektronik ergänzt, auf die wir später noch genauer eingehen.

Lohnt sich das denn?

Wir meinen: Ja! Wie viel Geld Sie letztendlich ausgeben wollen, bleibt Ihnen überlassen. Beachten Sie dabei aber immer den Grundsatz: Weniger (dafür aber von hoher Qualität) ist mehr als viel (und viel kaputt). Rechnen Sie einfach über die nächsten 15 Jahre… .

Die Grundausstattung

Gutes Werkzeug kann billig sein, ist es in der Regel aber nicht. Ein Satz Ring-/Maulschlüssel kostet schon rund 80 Euro. Noch größer sind die Qualitäts- und Preisunterschiede bei den Steckschlüsselsätzen – oft auch Knarrenkästen genannt. Das wichtigste Teil ist hierbei die Knarre selbst. Die Sperrklinken sollten austauschbar sein, gute Hersteller bieten dafür Ersatzteile und einen Service an. Besonders wichtig ist das bei einem Drehmomentschlüssel, der regelmäßig kalibriert werden sollte. Drehmomentschlüssel nach der Arbeit immer entspannen!
Sehr wichtig ist auch die Qualität von Schraubendrehern und Zangen. Damit werden hohe Kräfte übertragen, die das Werkzeug aushalten muss.

Schrauben ist gefährlich

GEFAHRENHINWEIS

Ob nun reines Hobby oder beruflich: Das Schrauben birgt gewisse Risiken. Vom kleinen Kratzer bis hin zum tödlichen Unfall ist schon alles vorgekommen. Beachten Sie daher stets folgende Grundregeln:

- Benutzen Sie nur hochwertiges Werkzeug!
- Schrauben Sie möglichst immer von sich weg!
- Sichern Sie angehobene Lasten lieber doppelt!
- Sorgen Sie für ausreichende Belüftung!
- Tragen Sie wann immer möglich Schutzkleidung!
- Das gilt ganz besonders für die Augen!
- Wenden Sie niemals Gewalt an, meist gibt es eine andere, elegantere Lösung für das Problem!
- Sorgen Sie dafür, dass immer jemand in der Nähe ist, der Ihnen in Notfällen helfen kann!

Dass Essen, Trinken und offenes Licht sowie Zigaretten am Arbeitsplatz nichts verloren haben, setzen wir als selbstverständlich voraus. Lagern Sie aber auch keine Flüssigkeiten in Trinkflaschen. Selbst an destilliertem Wasser kann ein Mensch sterben! Und zu guter Letzt: Legen Sie sich zur Sicherheit einen Verbandskasten und einen Feuerlöscher bereit.

Der Werkzeugwagen: Was sich in diesem Rollcontainer alles verbirgt, sehen Sie auf den Bildern rechts. Diese Luxusversion ist abschließbar und hat laufruhige Gummiräder.

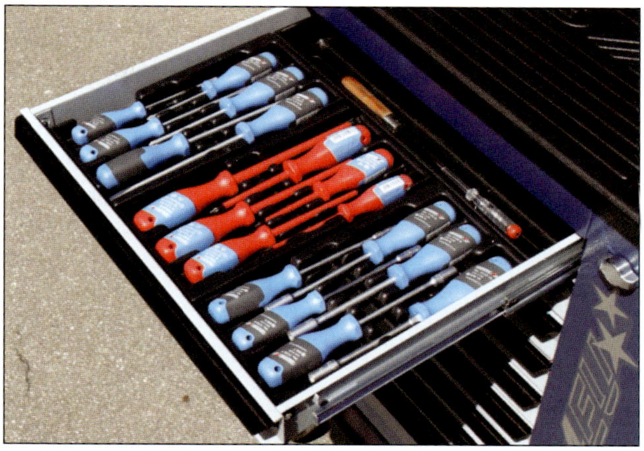

Schraubendreher: Entscheidend sind der Griff und die Qualität der Spitze. Je drei Größen von Schlitz- und Kreuzschlitzschraubendrehern sollten für den Anfang genügen.

Ring-Maulschlüssel: Ein kompletter Satz dieser Kombinationsschlüssel von acht bis 22 Millimeter reicht in den meisten Fällen. Zusätzlich gibt es Spezialschlüssel.

Steckschlüssel: Auch Nüsse und Knarre genannt. Ein guter Kompromiss ist ein Satz mit dem Verbindungsmaß 3/8 Zoll. Niemals an der Umschaltknarre sparen!

Zangen: Wichtig sind eine verstellbare Wasserpumpenzange, eine Flach- oder Spitzzange sowie eine Kombizange mit integriertem Seitenschneider.

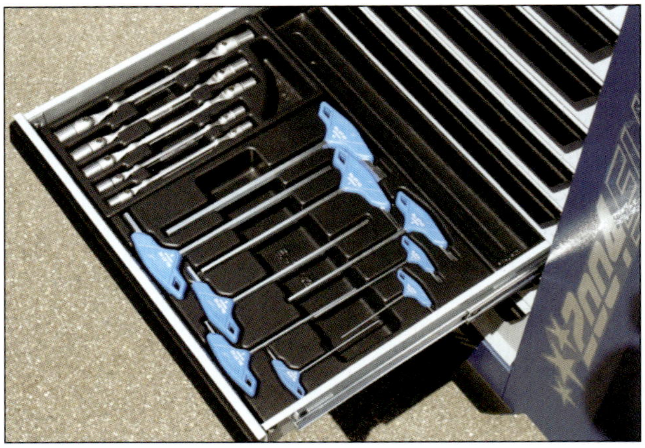

T-Griffe: Werden meist im Karosseriebereich eingesetzt. Das übertragbare Drehmoment ist nicht sehr hoch, dafür sind auch tief sitzende Schrauben gut zu ereichen.

Torx-Abteilung: Immer mehr Schraubverbindungen haben Torx- oder Vielzahnköpfe. In diesem Fach ist alles versammelt, was beim Arbeiten an Torx-Schrauben dienlich ist.

Spezialaufgaben: Selten benötigte Werkzeuge wie Bremsleitungsschlüssel, Messschieber oder auch die verschiedenen Spezialbits sollten ein extra Fach bekommen.

Gekröpfte Schlüssel: Manche Schrauben lassen sich überhaupt nur mit einem gekröpftem Schlüssel erreichen. Es gibt verschiedene Ausführungen, auch für Spezialfälle.

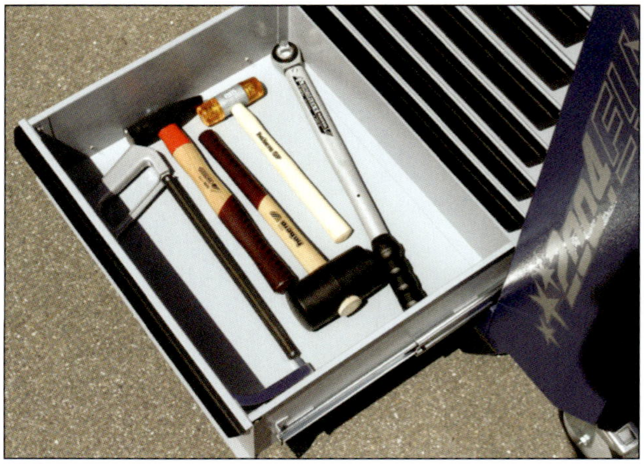

Hammer, Säge, Drehmoment: Die schweren Werkzeuge sollten immer im untersten Schubfach ihren Platz finden. Meistens ist dieses Fach auch größer als die anderen.

Nützliches Zubehör

Wenn Sie genügend Platz haben, können Sie das gesamte Werkzeug auch in einer Werkbank-/Werkzeugschrank-Kombination unterbringen. Lassen Sie aber noch etwas Platz übrig, denn neben gutem Werkzeug beherbergt die Schraubergarage auch immer einige nützliche Helfer.

Sicherer Stand: Stabile Auffahrrampen sind für die meisten Arbeiten unter dem Auto völlig ausreichend. Zwar können Sie die Räder nicht abnehmen, dafür steht das Auto sicher.

Beste Bedingungen: Auf einem solchen Reifenbaum sind nicht benötigte Räder perfekt untergebracht. Zwischen den Rädern bleibt etwas Luft, das Gewicht trägt die Felge.

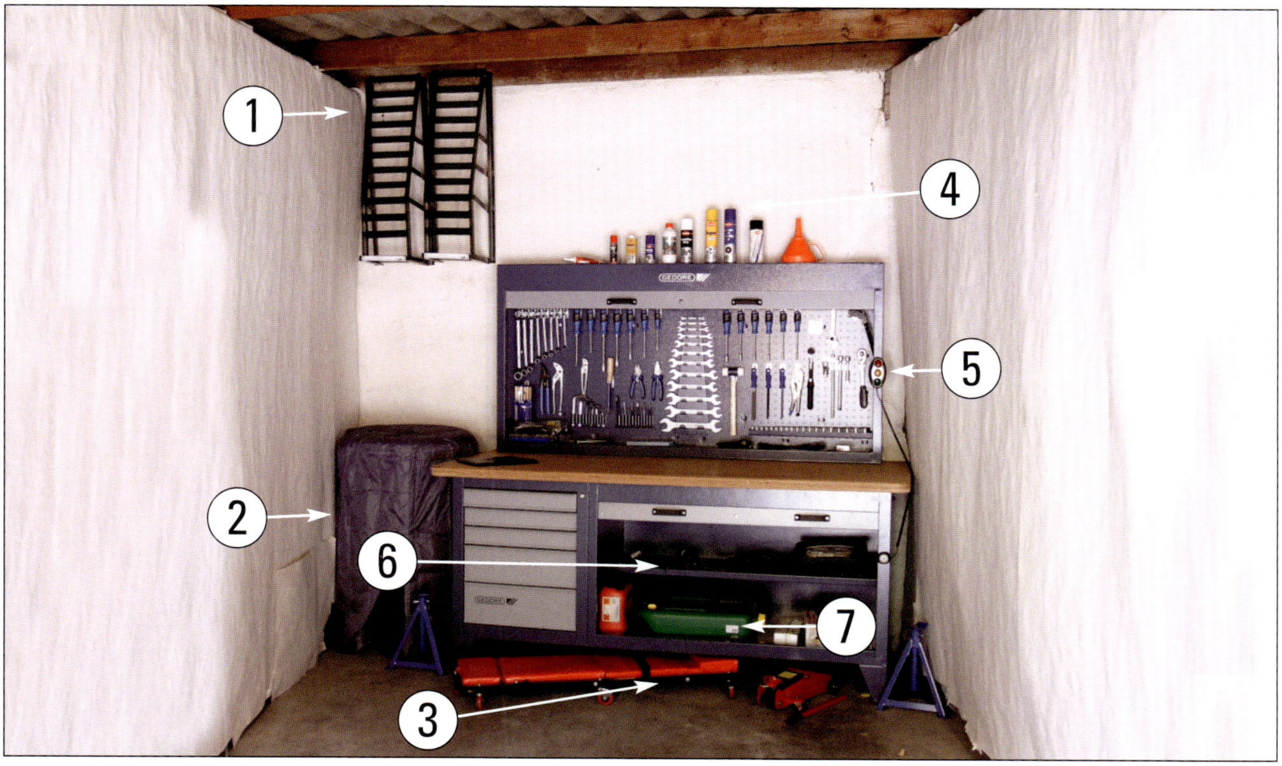

Des Schraubers Traum: Mit einem cleveren Werkstatt-System können Sie sich auch auf begrenztem Raum ein wahres Schrauberparadies schaffen. Tatsächlich steht diese Einzelgarage, was die Ausrüstung angeht, einer Profi-Werkstatt kaum nach. Alles was jetzt noch fehlt ist eine Hebebühne, doch diese braucht leider vier Meter Raumhöhe.

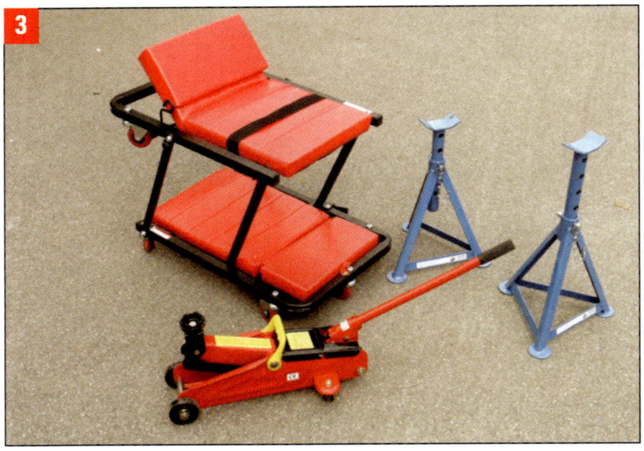

Helfer für unten: Unterstellböcke und ein hydraulischer Wagenheber sind ein Muss. Ein Rollbrett, das sich zum Hocker falten lässt, ist dagegen schon fast Luxus.

Werkstattapotheke: Auch ein kleines Sortiment von chemischen Produkten gehört zur Werkstatt. Unverzichtbar sind Teilereiniger und Sprühfett, aber auch die Kupferpaste werden wir noch brauchen.

Ampellösung: Damit wir die kostbare Werkbank nicht mit dem wertvollen Blech rammen, haben wir einen Abstandswarner montiert. Gefunden bei Conrad-Elektronik.

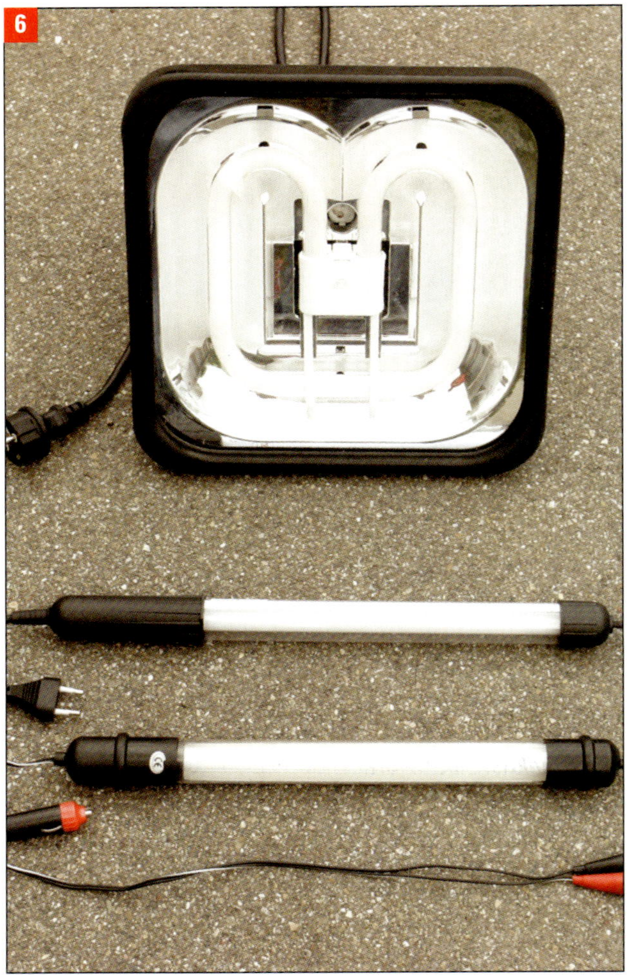

Es werde Licht: Wenn Sie nicht sehen, woran Sie schrauben, ist das Scheitern vorprogrammiert. Es gibt wirklich genug Möglichkeiten, für ordentliches Licht zu sorgen.

Ölige Helfer: Für den Ölwechsel empfehlen wir eine solche Wanne und ein Trichterset. Wer absaugen will, braucht eine Pumpe, die für Öl geeignet ist.

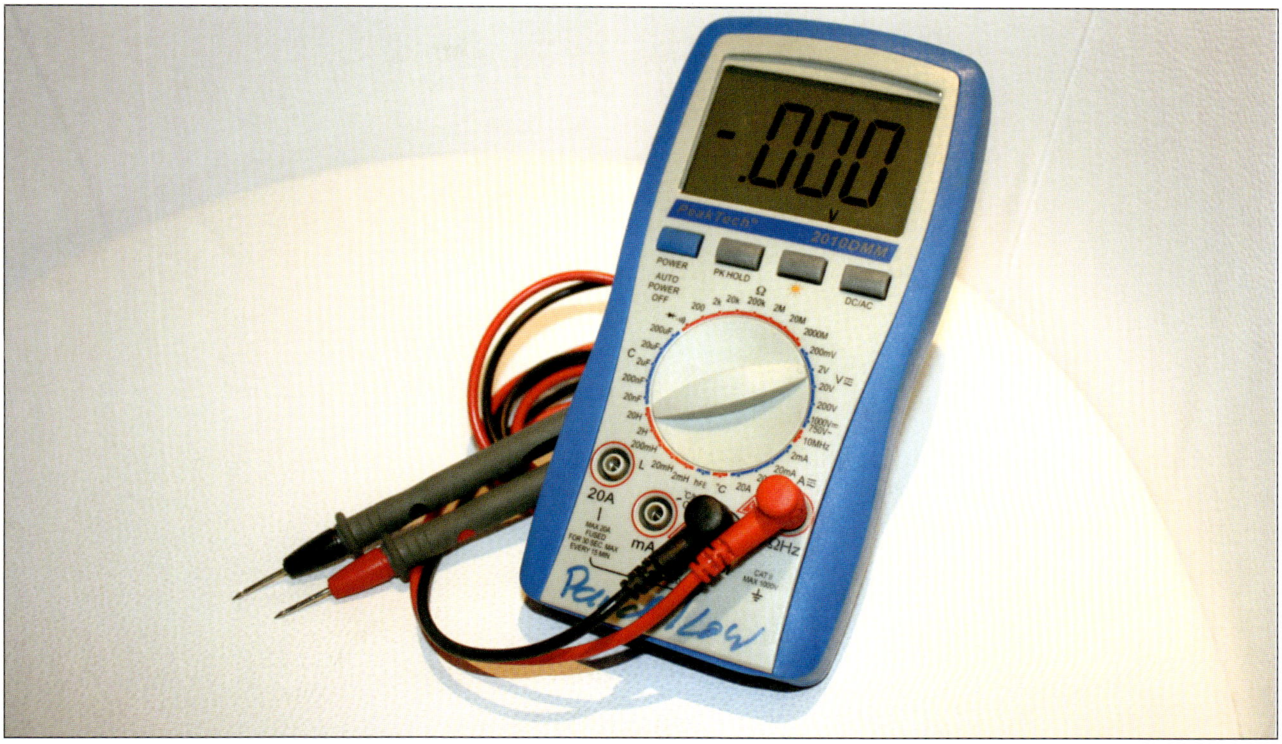

Multifunktionsmessgerät: Ohne Multimeter geht es heute leider nicht mehr. Ein einfaches Multimeter mit möglichst großem Display und brauchbaren Messspitzen kostet ab 40 Euro aufwärts. Es sollte möglichst keine automatische Bereichswahl (Auto-Range) haben. Für die Vergesslichen unter den Schraubern sorgt eine »Auto-Power-Off«-Schaltung für eine batterieschonende, automatische Abschaltung des Gerätes bei Nichtgebrauch.

Prüf- und Testgeräte: Für die Fehlersuche eignen sich durchaus auch Prüfgeräte und Messgeräte, die heute nicht mehr oft in Werkstätten zu finden sind. Immerhin lassen sie sich leicht und günstig in Auktionsplattformen erstehen.

Karosserie- und Innenraumpflege

Wollen Sie das Auto gründlich sauber machen, dann beginnen Sie mit dem Innenraum. Es ist erstaunlich, was sich selbst im Alltagsbetrieb ohne außergewöhnliche Fahrten auf Schlamm- und Schotterpisten so alles an Schmutz sammelt. Das Auftragen von Cockpit-Spray zum Reinigen und Auffrischen der Kunststoffe ist die Kür nach erledigter Schwerarbeit.

Wenn es um den Zustand und das Aussehen der Autokarosserie geht, spielt das Thema Pflege und Reinigung eine erhebliche Rolle. Ein gepflegtes Auto macht mehr Freude als ein ungepflegtes. Vor allem aber behält es länger seinen Wert und bringt Ihnen bei etwaigem Verkauf ein gutes Stück Geld zusätzlich ein. Bei den Prüfern von TÜV und DEKRA übrigens hat ein gepflegt aussehendes Fahrzeug von vornherein die besseren Chancen.

Bevor Sie bei der pfleglichen Wagenwäsche mit möglichst viel Wasser den Lack im vollen Glanz erstrahlen lassen, nehmen Sie die Pflege des Innenraums in Angriff. Denn wenn Sie sich das Wageninnere bis zuletzt aufheben, verschmutzen die Staubwolken aus Polstern und Fußmatten unweigerlich wieder die frisch gewaschene Außenseite.

Die Innenreinigung

Bevor Sie mit dem Putzen im Auto beginnen, sollten Sie sich dort Bewegungsfreiheit schaffen. Das Auto ausräumen erleichtert die Putzerei auch deshalb, weil die herausgenommenen Teile gründlicher gereinigt werden können. Räumen Sie auch alles aus dem Handschuhfach, von der Heckablage und von der hinteren Sitzbank fort. Eine wichtige Vorarbeit zur gründlichen Innenreinigung ist der Ausbau der Vordersitze und möglichst auch der hinteren Sitzbank.

- Nur bei älteren Fahrzeugen lassen sich die Vordersitze durch einfaches Anheben einer Sperrtaste nach vorne oder hinten von den Sitzschienen ziehen.

- Bei anderen Versionen ist eine Sicherungsschraube zu lösen (z. B. bei VW), bevor die Sitze aus den Schienen geschoben werden können.

- Bisweilen muss das ganze Sitzschienensystem durch Herausdrehen versteckt sitzender Schrauben demontiert werden.

- Manchmal ist der Sitzausbau in der Betriebsanleitung des jeweiligen Autos beschrieben. Andernfalls müssen Sie beim völligen Vor- und Zurückschieben der Sitze die betreffenden Bodenschrauben suchen und mit dem passenden Ring- oder Steckschlüssel herausdrehen.

- Wischen Sie das Schmiermittel von den Sitzschienen, bevor Sie mit den Reinigungsarbeiten beginnen, damit es nicht mit Putzgeräten auf Ihre Kleidung oder auf das Autoinnere verteilt wird. Nach Arbeitsende dementsprechend wieder die Sitzschienen einfetten, beispielsweise mit Molykote oder einem anderen silikonhaltigen Schmiermittel.

Fußmatten reinigen

Gummimatten werden mit Hilfe von Spülmittel, Wasser und Bürste gereinigt und danach sorgfältig abgespült und luftgetrocknet. Nach dem Trocknen satt mit Gummipfleger einsprühen und mit einer Bürste verreiben.
Haben Sie textile Matten und sind diese stark verdreckt, ist die harte Methode mit dem Dampfstrahler zu empfehlen. Halten Sie etwas Abstand, da sonst die Struktur der Matten beschädigt werden kann. Dampfstrahler auf »Abspülen« stellen und ohne Shampoo den Schmutz streifenweise herauswaschen. Bei hartnäckigen, öligen Verschmutzungen helfen ein wenig Waschmittel (ausnahmsweise) und eine Bürste. Die Matten gut trocknen. Das kann selbst in einem warmen Raum bis zu 48 Stunden dauern. Bei normalen Verschmutzungen werden die Fußmatten natürlich nur einfach gründlich abgesaugt.

Wagenboden säubern

Beim großen Autoputz sollten nicht nur Fußmatten und Sitzpolster gründlich gereinigt werden. Machen Sie nicht Halt vor dem Wagenboden. Wenn dieser mit Teppich beklebt ist, sind zusätzliche (Gummi-) Fußmatten, die Feuchtigkeit, Streusalz und Schotter auffangen können, dringend zu empfehlen. Ist der Bodenbelag nicht angeklebt, wird er herausgenommen und wie die Fußmatten gereinigt. Der Blechboden wird feucht gewischt. Ein Kehrblech oder besser noch ein Staubsauger sind angebracht, um den Grobschmutz aus der Fahrgastzelle wieder herauszubekommen.
Auch wenn der Bodenbelag aufgeklebt ist, sollten Sie die Kanten hochheben und darunter schauen. Es könnte sein, dass Sie rostige Stellen entdecken. Hat sich der

Teppich schon von selbst wegen fortschreitender Unterrostung teilweise gelöst oder zeigen die Ecken Rost, dann steht Ihnen früher oder später eine Rostsanierung ins Haus. Ein wenig mit dem Schraubendreher an den kranken Stellen bohren reicht nicht. Schlagen Sie die Teppichecke wieder zurück und merken Sie sich diese Arbeit schon einmal vor.
Denken Sie beim großen Autoputz auch an den Kofferraum: Ganz ausräumen, beim Reserverad Druck nachprüfen und alles säubern.

Weg mit dem Staub

Wer nicht das Glück hat, den überall abgelagerten feinen Staub mit einer Druckluftpistole aus allen Ecken und Ritzen ausblasen zu können, nimmt einfach einen großen sauberen Malerpinsel und reinigt damit alle nur zugänglichen Stellen.
Nachdem der feine Staub entfernt wurde, muss der Staubsauger her. Gründlich den gesamten Innenraum saugen: von den Fußräumen über Sitze und Dachhimmel alle Ecken und kleinen Hohlräume bis hin zur Kofferraumabdeckung und dem Bereich unter der Sitzbank. Die Lücken unter den Sitzen, die Seitenverkleidungen der Türen und die Kopfstützen dürfen nicht vergessen werden.

Kleine Auswahl: Das sind längst noch nicht alle Mittel und Werkzeuge, die Sie zu einer umfassenden Reinigung und Pflege brauchen. Aber das Bild signalisiert schon, wie rasch sich die Dinge summieren können.

PRAXISTIPP

Die richtige Reihenfolge

Bei der Innenreinigung sollten Sie tunlichst nicht mit einer Folgearbeit wieder das schmutzig machen, was Sie gerade eben mühsam geputzt haben. Dafür ist ein unter den Scheibenwischer geklemmter und von innen lesbarer Merkzettel nützlich. Denn selbst geübten Wagenpflegern fällt nicht immer gleich ein, dass das Programm mit dem Ausleeren und Putzen des Aschenbechers beginnen muss, wenn Staub oder Krümel aus dem überfüllten Ascher nicht wieder die Sitze verschmutzen sollen. Also:

- Zuerst die Aschenbecher ausleeren, trocken (oder mit etwas Scheibenreiniger) ausputzen und wieder einsetzen. Zum Herausnehmen sind Klemmfedern oder der ganze Ascher (mit Klemmfeder an der Unterseite) nach unten zu drücken.
- Fußmatten nach innen zusammenschlagen, damit der Schmutz nicht im Wagen verstreut wird, und herausnehmen. Matten ausschütteln, ausklopfen. Dann je nach Verschmutzung reinigen.
- Wagenboden mit Teppichbelag staubsaugen, ebenso die Fußraum-Seitenteile.
- Gummi/Kunststoff-Bodenbelag mit Handfeger, hartem Pinsel und Kehrblech reinigen. Anschließend werden der Wagenboden und die Fußraum-Seitenteile, sofern sie keine Textilbespannung haben, feucht gewischt.
- Gummidichtungen, Schalttafelverkleidung und andere Kunststoffelemente pflegen.
- Sitze und Sitzbank reinigen.
- Regel für die Staubsaugerdüsen: Harte Düsen ohne Borstenansatz auf weichem Material wie Polster und Bodenmatten, weiche Düsen mit Borsten auf hartem Material z. B. Fahrzeugboden oder Gummimatten.

PRAXISTIPP

Die richtigen Arbeitsmittel

Für die Innenraumpflege verwenden Sie am besten spezielle Autopflegemittel. Vergessen Sie Seifenlauge und Haushaltsreiniger: Scheiben, Polster und Kunststoffoberflächen sind durch Witterung, Staub, Schmutz und Feuchtigkeit extremen Belastungen ausgesetzt, denen spezielle Pflegesubstanzen einfach besser gewachsen sind. Diese Spezialreiniger sind nicht billig, aber in aller Regel ihr Geld wert. Sie brauchen:

- Polsterreiniger (Schaumreiniger);
- Cockpit-Pflegemittel;
- Gummipfleger;
- Lederpflegemittel.

Als Arbeitsgeräte benötigen Sie auf jeden Fall, auch wenn das zunächst etwas übertrieben scheinen mag:

- Diverse Lappen zum feuchten und trockenen Ab- und Auswischen;
- Handfeger und Kehrblech;
- Kleider- bzw. weiche Polsterbürste;
- Haushaltsstaubsauger mit verschiedenen Düsen, wenn ein Anschluss ans Stromnetz zur Verfügung steht. Sonst muss der Münzstaubsauger auf dem Autopflegeplatz einer Tankstelle genügen;
- ein hochwertiges Fensterleder;
- einen feinporigen Kunststoffschwamm für Bezüge und Teile aus Kunststoff;
- einen großen Pinsel (Malerpinsel) und im Idealfall Druckluft (aus einer Düse).

Vor allem im Winter wichtig: die Pflege der Gummidichtleisten mit einem flüssigen Mittel (Schwamm-Applikator) oder mit dem Hirschtalg-Stift.

Dichtleisten pflegen

Werfen Sie unbedingt einen Blick auf die um Türen und Heckklappe gelegten Dichtleisten. Sie sind elastisch und brauchen einen Gummipfleger. Im Sommer tut es auch Talkum, im Winter aber braucht es eine spezielle Pflege gegen das Zufrieren. Diese Mittel gibt es in größeren Sprühdosen (300 ml), dann aber hauptsächlich zum Aufputzen der Reifenflanken und Gummifußmatten und in kleinen Dosen oder PE-Tuben (100 ml oder noch kleiner) mit Auftrageschwamm zum Einreiben der Dichtungen. Reifen und Fußmatten werden damit mühelos gereinigt und erhalten ihr frisches Aussehen zurück, Fenster- und Türdichtungen frieren im Winter nicht fest.

Die Pflege der Dichtleisten wird oft vernachlässigt, zumal die Produkte nicht unbedingt billig sind. So kostet z. B. eine 50-ml-Tube von Rex (»Rex Frostschutz Gummipflege«) zwischen 7 und 8 Euro. Andererseits reicht die Tube auch bei regelmäßigem (wöchentlich bis 14-tägigen) Einsatz fast den ganzen Winter hindurch. Ebenso ergiebig sind der nur 20 g enthaltende kleine Gummi-Pflegestift mit Hirschtalg von Sonax oder »A100 Silikon Gummipflege« von Dr. O. K. Wack Chemie in der 75-ml-Tube.

Stauben Sie alle Gummiteile mit einem sauberen Tuch sorgfältig ab und tragen Sie das Frostschutzmittel direkt (Pflegestift), mit dem Schwämmchen an der Tube oder mit einem Tuch auf. Das Auftragen ist schnell erledigt, weil die Pflegemittel sehr weich oder dünnflüssig sind. Gummipfleger sind geruchlos, ihre Wirkung ist hervorragend.

Sie sind jedoch nicht zur Plastik-Dachpflege, auch nicht zur Pflege von Stoßfängern oder Zierleistenauflagen aus Kunststoff geeignet. Es sei denn, auf der Sprühdose ist diese zusätzliche Pflegemöglichkeit ausdrücklich vermerkt. Dann handelt es sich zumeist um die so genannten Tiefenpfleger. Das sind hochwertige Emulsionen für Kunststoff und Gummi, die tief in die Oberfläche eindringen und von innen wirken.

Plastikteile reinigen und pflegen

Bei normalem Verschmutzungsgrad Armaturenbrett und Kunststoff-Türverkleidungen mit feuchtem Lappen wischen und gleich danach trocken reiben, sonst gibt es beim Antrocknen leicht einen Graubelag. Besitzt Ihr Fahrzeug ein glattes, kunststoffbespanntes Dach oder kunststoffüberzogene Sitze, werden diese

Nicht nur für innen: 1 Tiefenpfleger »matt«, 2 Tiefenpfleger »glänzend«, 3 Lederpflege, 4 Geruchskiller im Pumpspray, 5 der Schwamm zum Auftragen der Tiefenpfleger befindet sich bei A1 im unteren Deckel.

ebenfalls feucht abgewischt und trocken nachgerieben.

Bei längerer Nichtpflege oder wenn das Fahrzeug gebraucht erworben wurde und einen nur mäßig gepflegten Eindruck macht, kann mit Plastikreiniger vorgearbeitet werden. Reiniger auf einen Schwamm oder direkt auf den Kunststoff aufsprühen und gleichmäßig verteilen. Den Schwamm immer wieder mit klarem Wasser auswaschen, damit sich keine kristallinen Feinkörper darin sammeln können und Kratzer verursachen, und damit nachwischen. Zum Schluss mit einem weichen, trockenen Tuch nachreiben.

PRAXISTIPP

Die richtige Anwendung

Bei Plastikpflegemitteln müssen Sie genau die Anwendungsvorschriften beachten: Das eine wird trocken, das andere feucht verarbeitet. Wird es falsch gemacht, klebt hinterher die Fläche. Mit der Fingerspitze lässt sich das erfühlen. Klebriger Kunststoff verschmutzt wieder sehr schnell. Wenn die Armaturenbrett-Oberseite mit einem Spray behandelt wird, muss die Windschutzscheibe sorgsam mit Pappe abgedeckt werden, sonst überzieht sich das Glas mit einer hartnäckigen, spiegelnden Schicht.

Zum Auffrischen und leichten Reinigen der Innenkunststoffe (Armaturenbrett, Konsolen, Türverkleidungen, Sitzrückseiten) gibt es eine reiche Auswahl Kunststoffpfleger in 300- bis 500-ml-Spraydosen. Sie wirken antistatisch (staubabweisend) und bringen frischen Glanz sowie meist auch frischen Duft ins Cockpit. Solche Mittel wie der Klassiker »CockpitPfleger« von Sonax schützen Kunststoffe auch vor dem Ausbleichen, Austrocknen und brüchig werden. Vergleichbare Produkte anderer Hersteller sind das Cockpit-Spray von Akemi (schmutzlösendes Pflegemittel), die Serie »Cockpit Classic«, »Cockpit Lemon« und »Cockpit Pfleger + Innenreiniger« von einszett sowie die »Kunststoff Tiefenpfleger« von Dr. O. K. Wack Chemie. Der Cockpit Pfleger + Innenreiniger auf der Basis biologisch leicht abbaubarer Tenside und wasserlöslicher Lösungsmittel hinterlässt einen seidenmatten, blendfreien Film auf der gereinigten Oberfläche. Cockpit Lemon findet Verwendung auf allen nicht lackierten Kunststoff- und Gummiteilen im Innenbereich. Der lösungsmittelfreie A1-Kunststoff-Tiefenpfleger von Wack

bietet auch UV-Schutz und ist von extremer Langzeitwirkung selbst im Außenbereich der Karosserie.
einszett-Plastikreiniger in der 500-ml-Sprühdose löst mühelos hartnäckige Fett-, Öl- und Smogrückstände, entfernt Nikotin- und Verbrennungsrückstände, bietet maximale Oberflächenschonung durch neuartige Verdunstungsverzögerer. Das Mittel wird auf trockene oder zuvor mit Wasser abgekühlte Kunststoffflächen aufgetragen. Sofortige Schmutzlösung durch Verreiben mit einem fusselfreien Tuch oder Schwamm. Feuchtes Nachwischen mit sauberem Schwamm erhöht die Reinigungswirkung. Gereinigte Flächen trocknen. Hartnäckige Verkrustungen mit Bürste oder Schwamm nochmals behandeln.

Textile Oberflächen reinigen

Dachhimmel und Seitenverkleidungen mit textiler Oberfläche dürfen nicht feucht gewischt, sondern nur abgesaugt werden. Dazu verwendet man einen nicht zu harten Borstenvorsatz, der hin und wieder selbst gereinigt wird. Bei starker Verschmutzung einer textilen Oberfläche empfehlen wir die Verwendung von Polsterreiniger.
Mit Sonax-»Polsterschaumreiniger« konnten wir ebenso wie mit dem Polsterschaum aus der A1-Reihe von Dr. O. K. Wack Chemie gute Ergebnisse erzielen. Wichtig bei der Anwendung des Polsterreinigers sind Einwirkzeit und vorsichtiges Abreiben und Abbürsten oder gründliches Absaugen des Schaums mit dem gelösten Schmutz. Richten Sie sich unbedingt nach den Herstellerangaben!
Bei hartnäckigen Flecken ist eine mehrmalige Anwendung von Polsterreinigern ein besserer Weg als Schrubbversuche mit dem Lappen, womit der Schmutz nur tiefer in den Stoff einmassiert wird. Der Dachhimmel ist besonders über dem Fahrersitz rasch von Haar oder Kopfbedeckung des Fahrers verschmutzt. Mit Reinigungsschaum oder -spray lässt sich dort über Kopf schlecht arbeiten. Man nimmt dazu besser einen feuchten Schwamm mit aufgesprühtem Reiniger.

Sitzreinigung und Lederpflege

Wie auch die anderen stoffüberzogenen Verkleidungen im Auto werden die Sitze staubgesaugt und bei stärkerer Verschmutzung mit Polsterreiniger behandelt. Für eventuelle Plastikteile an den Sitzen kommen Lappen und Plastikreiniger zum Einsatz. Bei Veloursstoffen sollte man mit Polsterreinigern vorsichtig ans Werk gehen, um hässliche Flecken zu vermeiden. Absaugen der Veloursstoffe mit einem harten Bürstenvorsatz, sonst bleibt der feine Schmutz in dem engmaschigen Stoff hängen. Polsterreiniger nicht zu lange einwirken lassen und möglichst trockenen Schaum verwenden. Für Flecken in Textilbezügen eignet sich der Fleckenentferner von Sonax, den es als Pumpflasche und aus dem Kanister gibt. Die Anwendung ist der des Polsterreinigers ähnlich.
Die relativ robusten Vollledersitze werden abgesaugt und mit einem Putzlappen und einer Mischung aus lauwarmem Wasser und etwas Spülmittel gereinigt. Beim Absaugen darauf achten, dass ein weicher Bürstenvorsatz aufgesteckt ist, sonst reißen Sie unter Umständen das Leder ein. Nach der Säuberung mit einem weichen Tuch ein Lederpflegemittel einarbeiten (Leder an einer unauffälligen Stelle auf Verträglichkeit mit dem Pflegemittel testen). Sanft mit einem Baumwoll-

Gut vorarbeiten: Das Einbürsten und Aufschäumen des Reinigers ist eine aufwändige und sehr wichtige Vorarbeit.

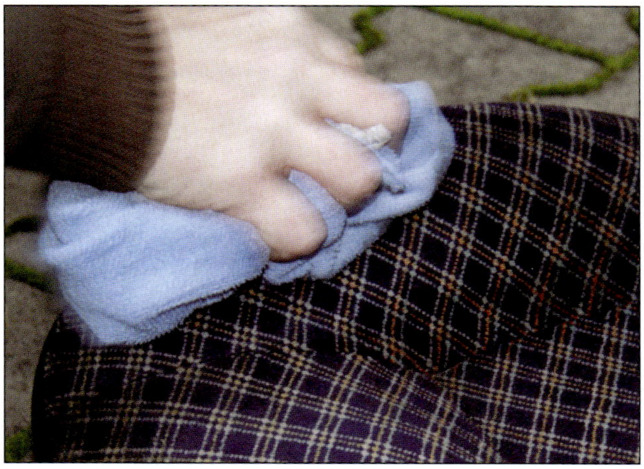

Schmutz aufnehmen: Die gelösten Verschmutzungen müssen mit einem sauberen Lappen aufgenommen werden.

tuch nachpolieren, und das Leder glänzt und riecht wie neu. Bei stärkerer Verschmutzung dürfen Ledersitze nur mit speziellen Lederpflegern behandelt werden, die übrigens auch die Automobilhersteller in ihrem Zubehörprogramm führen.
Fleckenwasser, Aceton, Reinigungsbenzin, Spiritus oder Tetrachlorkohlenstoff sollten Sie für die Fleckenentfernung auf keinen Fall verwenden. Kunststoffe am Sitz können davon angelöst werden, und als Ergebnis hat man nicht mehr reparierbare Flecken und Dehnungswellen im Material.

Mittel gegen Gerüche

Üble Gerüche nisten sich schnell im Innenraum ein. Sie lassen sich nur mit großen Anstrengungen beseitigen. Ob Zigaretten, ein geruchsintensiver Hund, Reste versehentlich ausgelaufener Lebensmittel in irgendeiner Ecke: Es gibt zahllose Möglichkeiten zur Entstehung eines Geruchs. Bevor man zu Mitteln greift wie den Lufterfrischern von Sonax (»Dufthelm« für das Lüftungsgitter, »Fresh-in-Kleeblatt« zum Aufhängen oder »Smoke-Ex« aus der PET-Flasche mit Sprühpistole), sollte man vielleicht erst einmal sein Auto »ausmisten«. Möglicherweise fällt einem die Geruchsquelle ja gleich in die Hände.
Riecht es allerdings wenige Tage nach dem Großputz wieder im Innenraum, dann wird es aufwändiger. Das ist meist bei Raucherautos der Fall. Hier empfiehlt es sich, das komplette Lüftungssystem auszubauen und gründlich zu säubern. Das ist nicht einfach, aber die einzig wirksame Methode, den »kalten Rauch« aus dem Auto zu bekommen. Raucherautos wieder geruchsfrei zu kriegen, ist in jedem Fall schwierig, denn der Qualm setzt sich als dreckig-gelber Film überall im Innenraum ab und bindet aufgrund seiner Klebrigkeit Staub und Schmutz. Die Scheiben wieder freizubekommen, ist dabei noch die einfachste Arbeit.
Festklebende und womöglich sogar angegorene Lebensmittelreste zu entfernen, ist zwar nicht angenehm, aber dringend notwendig. Ansonsten macht sich schnell Ungeziefer in Ihrem Auto breit. Feuchten Lappen, einen Eimer Wasser und ein Reinigungsmittel nehmen und wegwischen. Danach trocken föhnen, es sei denn, die Sonne nimmt Ihnen diese Arbeit ab.

Universalreiniger einsetzen

Gegen Gerüche hilft auch spürbar das folgende Säuberungsmittel. Oft genug ist es ratsam, Vorsicht bei so genannten Universalmitteln walten zu lassen. Durchaus empfehlen können wir jedoch diesen »Universalreiniger G« von einszett (1z). Das »G« weist auf einen Geruchsabsorber in dem hochwirksamen, konzentrierten Allzweckreiniger hin, der phosphatarm und äußerst ergiebig ist.
Chemisch handelt es sich bei dem Erzeugnis der Werner Sauer GmbH in Bergisch Gladbach um einen Oberflächenreiniger auf der Basis biologisch abbaubarer anionischer und nichtionischer Tenside. Die Rezepturbestandteile sind so aufeinander abgestimmt, dass der Reiniger ausgezeichnete Schmutz- und Fettlösekraft aufweist und üble Gerüche wirksam absorbiert.
Der 1z-Universalreiniger in der 400-ml-Sprühflasche eignet sich hervorragend für Kunstleder, Plastik, Glas, Baumwolltextilen und lackierte Flächen.

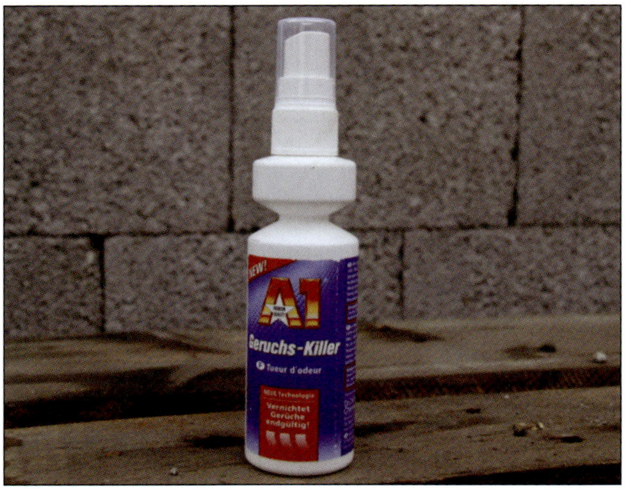

Selbsttätige Molekülsuche: Mittel von A1 zur Geruchsverbesserung im Auto-Fahrgastraum.

Pflegemittel: 1 Mittel von »1z« zur Kunststoffpflege, 2 Universalreiniger mit integriertem Geruchsabsorber.

Dank seiner Schaumautomatik gibt das Mittel harten Oberflächen streifenfreien Glanz ohne lästige Bläschenbildung. Wie wir feststellen konnten, lassen sich damit hervorragend natürliche und synthetische Fette, Pigmentschmutz sowie Nikotinablagerungen und Verkrustungen aller Art entfernen. Die Geruchsabsorber zersetzen die Störgerüche auf biologischem Weg und erzeugen einen angenehmen, lang anhaltenden Duft.
Der Reiniger wird nach einer kleinen Verträglichkeitsprüfung aufgesprüht. Maximal drei Minuten einwirken lassen und mit Tuch oder Bürste den gelösten Schmutz von der Oberfläche entfernen. Bei Textilien das Reinigungstuch immer in Faser- und Schmutzrichtung führen und kurz mit Wasser nachreinigen, um waschaktive Substanzen vollständig zu entfernen. Bei harten Oberflächen Produkt mit staubfreiem Tuch trocken reiben.

Gurtsystem reinigen

Sicherheitsgurte bestehen aus einem sehr festen, dichten Kunstfasergewebe. Deswegen mit wenig Wasser arbeiten:

- Trocken abbürsten und mit einem leicht angefeuchteten weißen Lappen nachreiben, damit es keine Schmutzstreifen auf der Kleidung des Fahrers oder der Bluse der Beifahrerin gibt.
- Beim Großputz sollten Sie auch die Innenverkleidungen und die Gurtbefestigung lösen und dahinter mit Waschwasser und Lappen Sauberkeit schaffen.
- Dabei können Sie gleich kontrollieren, ob der Hohlraumschutz dort noch intakt ist. Um den Korrosionsschutz zu erhalten, ist es wichtig, dass die Zwischenräume nach dem Säubern erst trockengelegt werden, bevor man die Verkleidungen wieder montiert.

Machen die Gurte beim Aufrollen Probleme, sollte nach folgender Methode gereinigt werden:

- Gurte ausziehen und ins gegenüberliegende Schloss einschnappen lassen.
- Mit einem kleinen Schwämmchen oder einem Tuch und etwas lauwarmem Wasser mit Neutralseife den Gurt säubern.
- Nach dem Trocknen etwas nicht fettendes Gleitspray aufsprühen.

Erkennbar gutes Ergebnis: Mit einem weißen Lappen lässt sich das Reinigungsergebnis leicht erkennen.

Die Scheiben

Zu einer ordentlichen Wagenwäsche gehört auch die Reinigung der Glasflächen. Besonders in der Sommerzeit muss die Frontscheibe außen oft von toten Insekten, Baumsekreten und sonstigem Schmutz befreit werden. Wie man die Fliegenreste beseitigt, können Sie in einem späteren Abschnitt nachlesen.
In vielen Polituren und Lackkonservierern ist Silikon enthalten, das besonders gut haftet. Das ist erfreulich bei der Lackpflege, aber ziemlich unerwünscht auf der Scheibe. Daher bieten fast alle Pflegemittelproduzenten für die Scheibenreinigung Silikonentferner an, beispielsweise Sonax den »Silikon- und Wachsentferner« oder einszett (1z) »Acrysol« und »Glaspolish«. Übrigens ist in den Insektenentfernern meist auch ein silikonlösender Zusatz enthalten, der für die rückstandsfreie Reinigung ausreicht.

Putzen und polieren

Die Scheiben sind nicht nur von außen, sondern auch von innen oftmals heftig verschmutzt, auf jeden Fall aber verschmiert. Das gilt vor allem dann, wenn im Wagen geraucht wird. Es wäre zwar günstiger, Scheiben erst von außen und dann von innen zu putzen,

weil man bei späterer Innenreinigung Schlieren und Schmutz auf den Fenstern besser erkennt. Da wir aber, und zwar aus guten Gründen, bei der Innenreinigung beginnen, planen wir ein nochmaliges unaufwändiges Nachpolieren im Anschluss an die Außenwäsche ein.
Nötige Arbeitsmittel sind ein Scheibenreiniger (siehe nächste Abschnitte), eventuell Silikonentferner (wenn es Silikonflecken auf dem Glas gibt; siehe oben) und vielleicht auch Scheibenpolitur sowie Papierputztücher (fusselfrei, am besten 3-lagig, alternativ Küchenpapier). Eventuelle Aufkleber mit dem Glasschaber in flachem Winkel abkratzen und Kleberückstände mit Benzin entfernen. Stärkere Verschmutzungen werden mit Fensterschaum sicher beseitigt.
Nun die Scheibe mit Scheibenreiniger oder in sparsamerer Weise auch nur mit einer Mischung aus klarem Wasser und etwas Scheibenreiniger einsprühen und kräftig putzen. Anschließend mit einem sauberen trockenen Tuch nachpolieren, bis sich keine Schlieren mehr zeigen. Auch der Innenspiegel sowie die Make-up-Spiegel in den Sonnenblenden werden so gereinigt. Die Abdeckung der Instrumente in der Schalttafel wird am besten mit einem leicht feuchten, sehr weichen Tuch geputzt, nicht fest aufdrücken und scheuern, sonst gibt es feine Kratzer!
Später beim Putzen der Außenscheibe nicht vergessen: Scheibenwischerblätter und ihre Abdruckspuren auf dem Glas ebenfalls reinigen!
Die Versuchung ist groß, das Trockenleder für die Karosserie auch fürs Glas zu verwenden. Lösen Sie sich von diesem Gedanken. Denn schnell werden Spuren

Diverse Glasreiniger: Für die Glasreinigung eignen sich Haushaltsreiniger sehr gut, aber auch ein Gemisch aus Wasser und Spiritus in einer Sprühflasche ergibt gute Ergebnisse.

PRAXISTIPP

Kratzer in der Scheibe

Sollte die Front- oder Heckscheibe stark zerkratzt sein, kann man mit einer (schleifmittelhaltigen) Scheibenpolitur (z. B. »Sonax ScheibenReinigungs-Politur« oder »C1 Cabrio Heckscheibenreiniger« von Dr. O. K. Wack Chemie) gute Ergebnisse erzielen. Beide Mittel entfernen Kratzer und blinde Stellen vor allem aus der Kunststoff-Heckscheibe von Cabrios und sorgen für eine klare Sicht. Die Mittel lassen sich mühelos anwenden. Sparsam und frei von Lösungsmitteln, versiegeln sie durch integrierte Wachsanteile die polierte Heckscheibe und machen sie wasserabweisend.
Man kann diese Reiniger-Polituren auch maschinell verarbeiten. Gehen Sie dabei sehr vorsichtig und mit niedriger Drehzahl zu Werke.

von Lackpflegemitteln auf die Windschutzscheibe übertragen oder es bleibt Gummiabrieb der Scheibendichtungen am Leder hängen. Beides ist nicht wünschenswert, denn bei Regen gibt es der Lackpflegemittel wegen Schlierenbildung, und das teure Leder ist für die künftige Lacktrocknung nicht mehr zu gebrauchen. Verwenden Sie deshalb für die Windschutzscheibe ein nicht anderweitig benutztes Fensterleder.

Diverse Glasreiniger

Zur Scheibenreinigung haben die Pflegemittelhersteller größtenteils Reinigungsflüssigkeiten in Pumpflaschen im Programm. Diese Verpackung hat den Vorteil der Wiederverwendbarkeit, was sie zusammen mit dem Fehlen jedweden Druckgases sehr umweltfreundlich macht. Der Glasreiniger wird auf die Scheibe aufgesprüht, mit einem Lappen verrieben und mit Wasser abgespült. Schnell ist die Sicht durch die Scheibe wieder klar. Wer sparsamer ist, kann etwas Reiniger in einen Eimer Wasser geben und mit dieser Mischung den Glasputz erledigen (so wie oben von uns beschrieben).
»einszett-Scheibenklar« z. B. ist solch ein Spezialreiniger für alle Glas- und Plexiglasscheiben sowie emaillierte und glatte Oberflächen. Auf der Basis hochwertiger Tenside, mit einem biologischen Abbaugrad von über 95% sowie Alkohol und Alkalien entfernt er mühelos und streifenfrei jeglichen Schmutz und sorgt für kristallklare Sicht. Das Ölbindungsvermögen ist enorm, auch Nikotin-, Silikon- und Wachsrückstände

werden gut entfernt. »einszett-Scheibenklar« kann auch bei starkem Sonnenschein angewandt werden. Es bleiben keine Streifen oder Rückstände auf den behandelten Oberflächen.

»CW 1:100 Innen & Außen« von Wack Chemie ist zur Reinigung aller Glasflächen bestimmt. Selbst insektenverkrustete Frontscheiben werden selbsttätig und ohne Rückstände gereinigt. Hervorragend für Scheinwerfer (also Kunststoff-Streuscheiben), Spiegel und Glasdächer geeignet. Absolut vergleichbar wirkt »Sonax ScheibenKlar«. Das phosphatfreie Mittel, in Spraydosen und PET-Pumpflaschen erhältlich, beseitigt wirksam alle Schmierfilme von Fensterscheiben und Spiegeln.

Reinigungsschaum: Einige Hersteller bieten auch Reinigungsschaum (z. B. »Sonax Scheiben Schaum«) an, der Glasflächen ohne anschließendes Abspülen mit Wasser klare Sicht verschafft und somit wie geschaffen für die Reinigung unterwegs ist. Doch Vorsicht: Erstens ist die Reinigung eine ziemliche Schmiererei unter Verwendung von ein, zwei Lappen oder Papier, und zweitens sind die Schaumreiniger nur als Druckgaspackung erhältlich. Das erfordert aber eine erhöhte Achtsamkeit beim Transport im Fahrzeug. Hutablagen, heiß werdende Handschuhkästen und sonstige

Hilfreich: Die Reinigungstücher CW 1:100 von Dr. O. K. Wack Chemie sind eine sehr wirkungsvolle praktische Hilfe beim schnellen Reinigen der Autoscheiben.

> **PRAXISTIPP**
>
> ### Umsichtig vorgehen
>
> Denken Sie beim Scheibenreinigen daran:
> - Nach der Reinigung von innen die Front- und Heckscheiben nach Möglichkeit noch mit einem Antibeschlagmittel einreiben.
> - Armaturenbrett-Oberseite, Hutablage und Kunststoffverkleidungen unter den Seitenfenstern bei der Scheibenreinigung gegen Flecken gut abdecken!

warme Stellen im Auto sind als Ablage für eine Spraydose tabu.
Reine Haushalts-Glasreiniger sind aufgrund ihrer chemischen Zusammensetzung zwar auch, aber nur bedingt geeignet. Durchaus gut verwendbar sind schmutzlösende Mittel auf Essig- oder Zitronensäurebasis.

Beseitigen von Nikotinbelägen

Die Defrosterdüsen der Heizung und rauchende Autofahrer bringen einen hartnäckigen Schmutzbelag auf die Innenseite der Windschutzscheibe, der sich nur schwer wieder beseitigen lässt. Wir haben zu diesem Zweck eine Reihe der bekanntesten Glasreiniger ausprobiert und festgestellt, dass sehr hartnäckiger Nikotinbelag ziemlich verschmiert und zunächst nur leicht angelöst wurde. Aber nach mehrmaliger Anwendung waren die Scheiben fast immer so klar wie auf den Etiketten versprochen.
Sehr gute Arbeitsergebnisse ließen sich durch die Kombination von Mitteln erreichen. Wenn man z. B. vor allem die verschmutzten Scheibenecken sehr gründlich und den Rest der Scheibe halbwegs gründlich mit den beliebten Feuchttüchern (zur Wachsfilmbeseitigung) vorreinigt und sich dann auf übliche Weise ans Putzen macht, ist das Ergebnis perfekt.

Mittel gegen Beschlagen

Die Innenseiten Ihrer Autoscheiben beschlagen umso schneller und werden undurchsichtig, je sorgfältiger Sie diese gerade geputzt haben. Sie beschlagen tatsächlich leichter, denn es sind keine Schmutzpartikelchen mehr auf der Scheibe, welche die Feuchtigkeitströpfchen aufsaugen und unsichtbar machen könnten. Deshalb sollte gerade auf den frisch gereinigten Scheiben ein Antibeschlagmittel sorgfältig verrieben wer-

den. Diese Mittel, ob Spray oder Paste, »entspannen« die Feuchtigkeitströpfchen, die dadurch keine undurchsichtige Wasserperlenfläche, sondern eine hauchdünne durchsichtige Wasserschicht bilden, solange die Feuchtigkeitsaufnahmefähigkeit ausreicht. Wie lange das ist, richtet sich nach der Menge der Feuchtigkeit, die das Mittel verkraften muss. Bei Trockenheit hält es wochenlang, im feuchten Herbst nur wenige Tage.
Bei unserer praktischen Erprobung vieler Antibeschlagsprays und -pasten hatten wir auch einen Außenseiter dabei, der gar nicht für diesen Zweck gedacht ist: ein gutes und bewährtes Marken-Geschirrspülmittel. Die damit eingeriebene Seitenscheibe gewährte die bei Weitem nachhaltigste Klarsicht.
Die geringste Dauerwirkung hatten Klarsichttücher. Trotzdem schadet es nichts, wenn in der Seitentasche der Türverkleidung ein Antibeschlagtuch als schnelle Hilfe, etwa nach einem Gewitterregen, vorhanden ist. Klarsichttücher sind bei feuchter Scheibe wirkungsvoller. Beim Wischen sollte ein dünner Schaum auf der Scheibe sichtbar werden. Nach Gebrauch muss das Tuch zum Schutz gegen Austrocknen wieder in die zugehörige Tasche gepackt werden, denn offen liegend trocknen seine Wirkstoffe schnell aus.

PRAXISTIPP

Scheiben enteisen

Wer keine Garage zur Verfügung hat, über keine vor Fahrtantritt einschaltbare Standheizung verfügt und auch die mühselige Verwendung halber oder ganzer Faltgaragen scheut, kann ein Lied singen vom winterlichen Eiskratzen. Auch dagegen gibt es Mittel im Sortiment der Fahrzeugpfleger. So ist z. B. »einszett – Eistau« ein solches anwendungsfertig aufzusprühendes Spezialprodukt auf wässrig-alkoholischer Basis. Es besteht aus Alkoholen, Glykolen und anderen Hilfsmitteln. Zugefrorene Windschutzscheiben werden damit zuverlässig von Eis befreit und von einem durchsichtig, klaren Schutzfilm überzogen, der das erneute Anfrieren von Wasser verhindert. Langwieriges Kratzen entfällt.
Anwendung: Aus 20 bis 30 cm Entfernung aufsprühen, kurze Zeit wirken lassen, fertig. Das bedeutet schnell klare Sicht und somit Sicherheit. Das Mittel erzeugt auch nachweislich keine Spannungsrisskorrosion an Scheinwerferstreuscheiben.

Die Scheibenreparatur

Leider sind die heutigen Verbundglasscheiben gegenüber den alten Einschichtscheiben relativ weich und dementsprechend empfindlich gegen kratzige Behandlung. Wenn Ihr Auto nach vielleicht 50.000 Kilometern ein Spinnwebennetz feinster Kratzer auf der Frontscheibe aufweist, muss man das als regulären Verschleiß betrachten. Von einem vor Ihnen fahrenden Auto aufgewirbelter Straßenschmutz kann dann ausreichen, um das Glas zu beschädigen.

Verschlissene Scheiben: Wenn Sie beim Putzen feststellen, dass überall spinnwebenartige Kratzer auf der Windschutzscheibe verteilt sind, sollten Sie versuchen, ob mit Glaspolitur noch etwas zu retten ist. Hilft das nichts mehr, müssen Sie den Austausch der Scheibe in Erwägung ziehen. Die durch viele kleine Steinschläge und kleinste Sandpartikel entstandenen Kratzer erzeugen bei Lichtbestrahlung, beispielsweise durch ein entgegenkommendes Fahrzeug, Streulicht. Dadurch wird die Sicht des Fahrers durch die Frontscheibe stark eingeschränkt – das Streulicht legt sich wie ein Schleier auf die Scheibe. Kontrollieren Sie also ab und zu den Zustand Ihrer Windschutzscheibe und lassen Sie diese bei entsprechend starkem Verschleiß vom Autoglasdienst austauschen. Zerkratzte Scheiben stellen ein erhebliches Risiko dar.

Steinschläge: Wenn einmal ein Stein in die Windschutzscheibe kracht, wird das meist ein teurer Versicherungsschaden, und der betroffene Autofahrer muss dazu noch seine mehrere Hundert Euro Selbstbeteiligung entrichten. Während es für größere Steinschlagschäden (Risse oder Sterne um den Einschlagpunkt) auch heute noch keine Reparaturmethode gibt, besteht schon seit 20 Jahren die Möglichkeit, kleine Einschläge in der Scheibe mit Kunstharz wieder zu kitten. Dieses Reparaturverfahren wurde von der DEKRA ausgiebig getestet und für sehr gut geeignet befunden. Man simulierte dazu mit Gummischleuder, Stahlkugeln und Sechskantmuttern typische Steinschläge.
Zur Reparatur wird die Einschlagstelle gründlich gereinigt. Dann wird mit einer Vakuumpumpe sämtliche Luft und Feuchtigkeit herausgepumpt und anschließend der Schaden mit einem hineingepressten flüssigen Spezialharz geklebt. Das Harz wird mit ultraviolettem Licht gehärtet und die reparierte Stelle poliert. Versierte Firmen benötigen dazu lediglich 30 bis 45 Minuten. Die Scheibe hat dann wieder ihre ursprüngliche Stabilität und die Reparaturstelle ist mit dem bloßen Auge kaum noch zu erkennen.

Die Spezialfirma »Carglass« z. B. gibt drei Jahre Garantie auf die Haltbarkeit der Reparatur. Die wesentlich niedrigeren Kosten als bei einem Scheibenaustausch senken den Aufwand für Versicherungen und Autofahrer. Da »Carglass« bundesweit 150 Service-Center betreibt, ist sicher auch eines direkt in Ihrer Nähe. Gehen Sie auf die Internetseite www.carglass.de und geben Sie Ihre Postleitzahl oder den Wohnort ein. Dann erhalten Sie eine Übersicht über die Service-Center in Ihrer Umgebung.

Steinschlagreparatur: Alltagsgeschäft für Autoglasprofis, auch bei Ihnen zu Hause.

Scheibenwechsel: Auch diese Arbeiten gehören zu den Routinearbeiten der Carglass-Mechaniker natürlich auch für viele Seitenscheiben.

PRAXISTIPP

Günstige Glasreparatur

Das Verfahren zur Reparatur von Steinschlagschäden an Ihrer Autoscheibe wird inzwischen von vielen Fachbetrieben und längst nicht allein vom »Monopolisten« Carglass angeboten. Die Methode wird von den Kfz-Versicherern nicht nur anerkannt, sondern sogar gefördert, denn es spart eine Menge an Kosten.

Die Werkstätten geben darauf zumeist wenigstens zwei Jahre Garantie und übernehmen die Abwicklung der Modalitäten mit der Versicherung. Ihre Teilkaskoversicherung übernimmt Ihre Selbstbeteiligung und Sie werden nicht höher eingestuft. Ihnen entstehen keinerlei Kosten, und Ihr Schadensfreiheits-Rabatt bleibt unverändert erhalten. Ihre Kfz-Versicherung oder Ihre Prozente erhöhen sich also nicht. Warten Sie demnach keinesfalls ab, bis sich irreparable Risse bilden!

Wirklich zuverlässig und verantwortungsbewusst repariert werden können allerdings nur Steinschlagschäden, die kleiner als 5 cm im Durchmesser sind und außerhalb des Fahrersichtfelds liegen. Sie sollten auch mindestens 10 cm vom Scheibenrand entfernt sein.

Auch für diese Glasreparatur ist das Internet eine gute Möglichkeit, an darauf spezialisierte Firmen zu kommen. Das sind entweder völlig auf Autoglas (und auch andere Verglasungen) eingestellte Betriebe oder Kfz-Werkstätten mit dem speziellen Service »Autoglas« in ihrem Programm. Die regelrechten Glas-Spezialfirmen wie beispielsweise Carglass bieten oft einen bundesweit (bezüglich Anfahrt zu Ihnen nach Hause kostenlosen) Vor-Ort-Service für alle Pkw, Transporter, Lkw und andere Fahrzeuge an. Neben der Reparatur von Autoglas tauschen sie auch Scheiben aus oder liefern sämtliche Autoglasscheiben (Frontscheiben, Seitenscheiben, Kurbelscheiben, Heckscheiben) in Erstausrüsterqualität.

Sie bieten ferner Sonnenschutz im Fahrzeuginneren durch Wärmeschutzfolien, Sonnenschutzfolien oder Tönungsfolien an, übernehmen Verbundglaszuschnitte, Sonderanfertigungen und die hochwertige Versiegelung von Autoglas.

Die Außenreinigung

Zur Autowäsche braucht man, wenn der Lack geschont werden soll, nicht unbedingt ein Auto-Shampoo, aber viel Wasser. Ein oder zwei 10-Liter-Eimer sind für die Vorwäsche ausreichend, aber für den Hauptwaschgang eindeutig zu wenig. Reibt man den Schmutz mit wenig Wasser aus einem einzigen Eimer ab, dann schmirgeln feine Staub- und Sandkörnchen im verschmutzten Schwamm über den Lack und zerkratzen ihn unvermeidbar. Nach den ersten Lackmisshandlungen ist zwar noch nicht viel zu sehen, doch wenn der Wagen ein paar Jahre allwöchentlich so gewaschen wurde, ist vom Lack nicht mehr viel vorhanden.

Die Autowäsche sollte mit einem Schlauch, verstellbarer Düse und eventuell einer Waschbürste stattfinden. In einer Waschanlage strömen schließlich mehr als 200 Liter Wasser über den Wagen. Um das ökologisch verantworten zu können, wird das Waschwasser an Ort und Stelle gefiltert und einige Male wieder verwendet.

PRAXISTIPP

Vorsicht vor Sonne

Wenn die Sonne strahlt, sollte auch der Autolack glänzen. Gegen diesen Wunsch ist nichts einzuwenden, solange die Autowäsche nicht in praller Sonne stattfindet. Denn auf dem heißen Lack verdampft das auftreffende Wasser sofort und der Lack wird weich, besonders, wenn es ein Reparaturlack ist. Außerdem kann die strahlende Sonne leicht Flecken in den Lack brennen, die Wasserperlen wirken dabei wie kleine Brenngläser. Nur im Schatten und bei bereits abgekühltem Blech waschen oder bei bedecktem Himmel.

Der Waschplatz

In vielen Städten und Gemeinden ist das Autowaschen am Straßenrand verboten, weil man auf den Ämtern von einer zu hohen Konzentration der in den Shampoos enthaltenen Tenside und von sonstigen Schadstoffen beim Reinigungsvorgang ausgeht. Die Grundlage für die Verbote lieferte schon 1986 das Bundes-Wasserhaushaltsgesetz, das jeden Bürger zum sparsamen Umgang mit Frischwasser auffordert. So kann es selbst auf dem eigenen Abstellplatz oder Grundstück Ärger mit den Nachbarn wegen Pfützen vor der Haustür oder der Garage geben. Nachbarn könnten sogar eine Anzeige wegen eines Umweltvergehens in Erwägung ziehen. Wenn Sie sich erkundigen wollen: Zuständig sind Stadt oder Gemeinde und dort meist das Stadtentwässerungsamt (manchmal auch Umwelt- oder Tiefbauamt). Fragen Sie nach, ob die Ortssatzung das Autowaschen in Autowaschanlagen vorschreibt, ansonsten empfiehlt sich für die Wagenwäsche der Besuch in einer Selbstbedienungs-Waschanlage. Diese SB-Anlagen füllen die entstandene Waschplatzlücke wieder, denn man kann hier guten Gewissens mit schadstoffbelasteten Pflege- und Reinigungsmitteln hantieren. Die Gesetzgebung schreibt zur Inbetriebnahme solcher Selbstwaschplätze das Vorhandensein von Ölabscheidern vor, welche die Schadstoffe aus dem Wasser filtern. Besonders umweltfreundliche Autowaschanlagen sind mit einem blauen Engel gekennzeichnet.

Einweichen und abspülen

Trotz der Forderung nach viel Wasser muss die nächste Umgebung nicht zum Teich werden. Wenn nicht gerade die Radkästen ausgespritzt werden oder Teile des Unterbodens zu reinigen sind, braucht der Wasserhahn gar nicht weit aufgedreht zu werden. Ein mäßig und ohne Druck aus dem Schlauch fließender Wasserstrahl ist gerade richtig. Die Front, die Spiegel und den Bereich oberhalb der Windschutzscheibe sollten Sie vor dem eigentlichen Waschen mit Insektenentferner einsprühen. Mit einem Insektenschwamm säubern. Alle Türen sowie die Heckklappe öffnen und die Einstiege mit Schwamm und Bürste reinigen. Wenn es starke Verschmutzungen von Fett oder ausgelaufenem Hohlraumwachs gibt, greifen Sie zum Kaltreiniger, mit dem auch fettige Rückstände entfernt werden können (unbedingt Gummihandschuhe tragen). Dann die gesamte Außenhaut des Wagens mit druckfrei aus dem Schlauch fließendem Wasser einweichen. Das löst die feste Bindung des Schmutzes auf dem Lack. Trennen kann sie selbst ein scharfer Wasserstrahl nicht. Der dadurch lediglich abgerissene grobe Schmutz fegt mit dem Wasserstrahl nur lackschmirgelnd über das Blech.

Ist der Schmutz aufgeweicht, kommt als zweiter Ar-

PRAXISTIPP

Die richtigen Arbeitsmittel

Wenn Sie Ihr Fahrzeug an einem privaten (gestatteten!) Waschplatz reinigen, dann brauchen Sie:

- Gartenschlauch, falls Wasseranschluss verfügbar ist. Metallmundstück am Schlauch vermeiden, damit Kratzer vermieden werden. Praktisch sind Schlauchkupplungen aus Kunststoff. Bequem wird die Wagenwäsche mit einem Druckstrahl-Reiniger auf der Schlauchkupplung.
- Wassereimer. Mindestens einer ist notwendig, um den Schwamm für eine Shampoowäsche voll Wasser zu saugen oder das Fensterleder auszuwaschen. Gibt es keinen Schlauch, brauchen Sie mindestens zwei oder drei Kunststoffeimer mit Wasser.
- Waschbürste. Auf den Schlauch gesteckt, wird sie beim Waschen ständig von Wasser durchflossen. Sie muss aber lange, weiche und dicht stehende Borsten haben, sonst gibt es Streifen.
- Waschhandschuh. Sehr praktisch, aber er sollte Naturhaar haben und nicht aus synthetischem Fell bestehen. Kunstfasern saugen kein Wasser auf. Der Handschuh muss immer wieder in den vollen Wassereimer getaucht werden, um den Schmutz herauszuschwemmen.
- Schwamm. Es sollte am besten ein großporiger Naturschwamm sein. Nicht geeignet sind feinporige Gummi- oder Kunststoffschwämme. Sie schmirgeln den Lack, weil sie den Schmutz in ihren feinen Poren festhalten. Aus gleichem Grund sollten Sie nicht zu irgendeinem Lappen greifen. Das wäre Sparsamkeit am falschen Platz.
- Fliegenschwamm. Er hat grobe Poren, ist also richtig rau. Nicht geeignet für die Lackierung, wo er Kratzspuren hinterlassen würde. Nur auf nicht lackierten Kunststoffteilen wie Kühlergrill oder Spiegelgehäuse und auf der Windschutzscheibe und den Scheinwerfergläsern mit viel Wasser einsetzen. Von der Lackierung entfernen Sie Insektenreste mit einem speziellen Lösemittel.
- Haushaltsschwamm. Bestens geeignet für Felgen und Radkastenteile. An solchen stark verschmutzten Stellen sollten Sie nicht den teuren Naturschwamm verschleißen oder gar mit Fett verschmieren.
- Harte Bürste. Sehr angebracht bei stark strukturierter Frontpartie. Damit werden die Lüftungsgitter wieder schmutzfrei und luftdurchlässig.
- Waschpinsel. Borsten nicht mit Metall eingebunden, da er auch für die Motorwäsche benutzt werden soll. Durch Metall am Pinsel könnte es gefährliche Kurzschlussfunken geben.

beitsgang die eigentliche Wäsche mit Schlauchbürste, Waschhandschuh oder Schwamm. Bei der Schlauchbürste schwemmt das durchfließende Wasser automatisch den Schmutz weg. Bei Waschhandschuh und Schwamm muss die Schlauchmündung in der anderen Hand dicht dabei sein, sodass die bestrichene Fläche gut mit Wasser überschwemmt ist. Außerdem werden Handschuh oder Schwamm je nach Verschmutzung in den vollen Wassereimer getaucht und ausgeschwemmt, damit sich kein schmirgelnder Schmutz in den Schwammporen oder zwischen den Pelzhaaren festsetzen kann.

Immer von oben nach unten

Die Wagenwäsche sollte beim Dach beginnen und dann nach unten um den Wagen herum fortgesetzt werden. Zuletzt werden der Frontgrill, das Heck und die Türausschnitte bewässert. Räder und schwer zugängliche Stellen werden mit Waschbürste, Haushaltschwamm und einer alten Zahnbürste gereinigt. Anschließend mit Wasser klar spülen, bis die letzten Waschsubstanzen vom Lack weg sind.

Falls Sie dem Wasser der Scheibenwaschanlage Ihres Autos einen wirkungsvollen Zusatz beimischen, so entfettet dieser nicht nur während der Fahrt die Windschutzscheibe, sondern magert auch nachhaltig den in Spritzdüsenrichtung liegenden Lack aus, weil ihn der Fahrtwind dort drüberfegt. Darum braucht der Lack des Autodaches in diesem Fall öfter und eher eine konservierende Behandlung als etwa die Seitenwände.

Eine Ecke, die beim großen Autoputz oft vergessen wird, ist der Türausschnitt, vor allem dort, wo die Türscharniere angeschlagen sind. Nach der Innenreinigung und vor der Wagenwäsche sollte man dort mit Wasser, Waschpinsel und einer kräftigen Zugabe Auto-Shampoo den schmierigen Schmutz wegwaschen, mit fließendem Wasser nachspülen und trocknen. Zuletzt Türscharniere und Türfeststeller schmieren.

PRAXISTIPP

Schnell und praktisch mit Tüchern

Häufig genug muss man die größere Reinigung hinausschieben und erst einmal eine schnelle Pflege, sozusagen eine »Katzenwäsche«, praktizieren. Damit auch diese in akzeptabler Qualität gelingt, empfehlen wir Ihnen das Produktsegment »Tücher« von Armorall (Vertrieb in Deutschland: Inter-Union GmbH), einem am Weltmarkt führenden Unternehmen für Autopflegemittel. Das Tüchersortiment war vor Kurzem die erfolgreichste Neueinführung auf dem Markt und sorgte für deutliches Wachstum und Marktführerschaft von Armorall in den USA.

Die Tücher kommen dem Bedarf und den Wünschen der Verbraucher entgegen. Sie sind schnell, bequem und nutzerfreundlich zu handhaben und sehr wirksam in der Anwendung. Die Verkaufsverpackung (Rundbox) ist ansprechend und attraktiv. Die hohe Produktqualität ergibt sich aus der Kombination von Erfahrungen bei der Herstellung von Haushaltstüchern und Autopflegern.

- Car Cleaner-Tücher reinigen Textilien, Polster und Teppiche in einem Arbeitsgang. Sie wurden speziell entwickelt, um hartnäckigen Schmutz zu entfernen, ohne Oberflächen auszutrocknen, anzugreifen oder auszubleichen. Sie sind für alle Autoflächen (auch Kunststoff, Vinyl, Gummi und andere, harte Oberflächen) geeignet.

- Kunststoffpflege-Tücher sind ideal fürs Cockpit. Sie reinigen Kunststoff- und Vinyloberflächen in einem Arbeitsgang. Sie reinigen, pflegen und schützen und lassen das Armaturenbrett wie neu aussehen. Die Tücher enthalten die weltführende AA-Tiefenpfleger-Technologie und schützen vor UV-Strahlen.

- Scheibenreinigungstücher erledigen die Glasreinigung innen und außen in einem Arbeitsgang. Sie putzen schlierenfrei für optimale Sicht und sind für alle Arten von Fahrzeugscheiben (auch getönte Scheiben sowie Spiegel und Scheinwerfer) geeignet.

Die Lack-Nasspflege

Sie wird erst dann angewendet, wenn die Wäsche mit klarem Wasser nicht mehr ausreicht. Verwenden Sie Auto-Shampoo wirklich nur gelegentlich, wenn der Lack etwa von Dieselqualm, Ruß oder anderer Schmiere wasserunlöslich verschmutzt ist. Vorher wird der grobe Schmutz vom Wagen abgewaschen, danach kommt als zweiter Gang die »Feinwäsche« mit Shampoo, das gut abgeschwemmt werden muss, damit alle fettlösenden Stoffe und Emulgatoren aus den Lackporen gewaschen werden.
Wiederum beim Dach beginnend, mit großem Schwamm und Shampoolösung (stets viel Schaum verwenden!) nach unten waschen, allerdings nur bis zur Stoßschutzleiste in den Türen. Da sich im unteren Bereich des Fahrzeugs der meiste Schmutz sammelt, den man tunlichst nicht verteilen sollte, wird diese Region zum Schluss gereinigt. Dann die Felgen mit dieser milden Reinigungslösung schwammen. Kotflügelkanten und Schwellerunterseite sorgfältig reinigen.
Ein wirkungsvolles Mittel zur Grundreinigung der harten Oberflächen von Autokarosserien ist das »einszett-Glanzshampoo«. Sie müssen etwa 20 bis 40 ml in einen Eimer geben und mit lauwarmem Wasser auf 10 Liter auffüllen. Zur besseren Vermischung kurzzeitig scharfen Wasserstrahl verwenden oder das Produkt im Eimer aufschäumen. Anschließend die zu reinigenden Oberflächen mit einem Schwamm shampoonieren. Beim Reinigungsvorgang darauf achten, dass der Schwamm immer wieder ausgewaschen wird. Sonst werden Schmutzpartikel eingeschlossen, und es bleiben Mikrokratzer auf der Lackierung zurück. Aus diesem Grund grobe Verschmutzungen immer mit scharfem Wasserstrahl entfernen. Fahrzeug immer von oben nach unten waschen.
Nach dem Shampoonieren müssen Sie die Oberfläche mit klarem Wasser gründlich klarspülen und trocknen lassen. So ergibt sich ein streifenfreier Glanz, der durch abschließendes Trockenledern noch erhöht wird. Abschließend Schlösser und Scharniere mit einer Portion Sprühöl pflegen. Wer eine Unterbodenwäsche wünscht, muss nun allerdings in die Waschanlage fahren. Nehmen Sie statt eines speziellen Auto-Shampoos aber niemals eines der im Haushalt durchaus bewährten Spül- und Reinigungsmittel. Was zur Reinigung von Glas und Porzellan sehr wirkungsvoll ist, taugt für den porösen und geschmeidigen Autolack nicht.
Nach dem Shampoo-Bad kann der Lack mit einem Konservierer behandelt werden, falls die »Tropfenprobe«

Einweichen und Abspülen: Staub und leicht anhaftende Verschmutzungen werden im ersten Gang von oben nach unten mit klarem Wasser abgewaschen.

Schaumbad: Autoshampoo macht nicht nur Schaum und löst Verschmutzungen. Auch Polituren und andere Ablagerungen werden zumindest zum Teil gelöst.

Insektenfriedhof: Die meisten Insektenleichen lassen sich schon mit der Schaumwäsche ablösen. Festsitzende sollten mit Insektenentferner oder mit einer feuchten Zeitung entfernt werden.

Nachbürsten: Gerade in Ecken, Kanten und Sicken lässt es sich mit einer speziellen Reinigungsbürste deutlich besser arbeiten.

auf dem trockenen Lack nicht durch scharfe Tropfenränder beweist, dass eine wasserabstoßende Schutzschicht noch vorhanden ist. Es können dazu auch Wasch-Konservierer und Wasch-Polish eingesetzt werden. Diese wirken lackschonend, halten aber vielfach mit ihrer schützenden Wachsschicht nur wenige Regentage und keine einzige Shampoowäsche aus. Neuere Mittel wie etwa »Raindance Lackfinish« von 1z (es gibt auch ein »Raindance Shampoo«) bieten allerdings schon besseren Langzeitschutz.

Konservierer verarbeiten

Ähnlich wie beim Shampoonieren gibt man bei Wasch-Konservierern auf einen kleinen Eimer Wasser zumeist einen Messbecher und überwäscht das Fahrzeug noch einmal mit dem Schwamm – es wird »abgeschwammt«, sagt der Wagenpfleger. Danach wird der nasse Wagen wie üblich abgeledert oder luftgetrocknet und mit weichem Tuch oder Watte auspoliert. Richten Sie sich jeweils nach der Gebrauchsanweisung.
Diese Wasch-Konservierung ist bei neuwertigem und gepflegtem älterem Lack angebracht. Wird sie aber zu oft wiederholt, zeigt sich der Lack früheren Erfahrungen zufolge nach einiger Zeit milchig-trübe, was vor allem auf dunklen Lacken auffällt. Dann ist die jeweils zurückbleibende Wachsschicht mit der Zeit zusammen mit feinstem Staub »zu dick« geworden. Das schadet dem Lack darunter zwar nicht, aber diese Schicht sollte dann doch mit einem milden Lackreiniger wieder heruntergeputzt werden. Die oben schon erwähnte einszett-Neuentwicklung »Raindance Lackfinish« baut diese Schicht nicht auf. Das Hochleistungspolymer ver-

Nicht nur schnell mal drüber: Die Kombipolituren wie diese hier von A1 verbinden einen leichten Lackabtrag mit der Oberflächenversiegelung in einem Produkt.

Polish & Wax von Wack: Mitgelieferte Spezialschwämme garantieren die optimale Anwendung beider Mittel.

leiht dem Lack enormen Tiefenglanz und antistatischen Effekt, ohne bei selbst häufigerer Anwendung den »build up-Effekt« hervorzurufen. Im Gegenteil: Glanz und Pflegewirkung werden intensiviert, es ergibt sich ein wirklicher Langzeitschutz. Spontanes Abperlen zeigt die Langzeitversiegelung mit Tiefenglanz. Verbleibende Resttropfen abledern, um Kalkflecken zu vermeiden. Fensterscheiben und Wischblätter mit einszett Scheibenklar reinigen. Pralle Sonne meiden. Tropfen nicht antrocknen lassen. Häufige Anwendungen schaden der Lackoberfläche nicht, sondern erhöhen den Pflegeeffekt.

Von Dr. O. K. Wack Chemie gibt es »A1 Speed Wax Plus 3«. Auch dieses Mittel gewährleistet dauerhafte Konservierung zum Schutz von Metallic- und Normallacken vor Witterungs- und Umwelteinflüssen bei leichter und schneller Verarbeitung. Der spiegelnde Hochglanz entsteht ohne Streifen und Wolken. Auf ausgebleichten Lacken wird die Farbe intensiv aufgefrischt, auf Kunststoffteilen bilden sich keine weißen Rückstände. Das Produkt ist lösungsmittelfrei und wird in Flaschen mit 500 ml oder 5-l-Kunststoffkanister angeboten.

»A1 Speed Polish« vom selben Hersteller beseitigt den Schleier, die Vergrauung der Lackoberfläche durch Umwelt- und Witterungseinflüsse, und bringt damit den Original-Tiefenglanz zurück. Auf allen Lackarten und bei allen Lackzuständen von neuwertig bis stark verwittert werden gute Glanzwerte bei erstaunlicher Farbintensität erzielt. Wenn man Glück hat, werden sogar Waschanlagenkratzer unsichtbar. Das Mittel wird mit einem beiliegenden Spezialschwamm oder mit Poliermaschinen verarbeitet. Die Gebindegrößen sind 500-ml- und 250-ml-Flaschen oder 5-l-Kunststoffkanister.

Lackpflege, wir kommen in einem späteren Kapitel noch einmal vertiefend darauf zurück, kostet Schweiß, beim einen Mittel mehr, beim anderen weniger. Trotz aller Zusicherungen, es ginge »spielend einfach«, läuft es ganz ohne Mühe denn doch nicht. Für die Lackpflege gilt ferner als Grundregel: Schatten und kühles Karosserieblech. Die Sonne darf nicht zusehen.

Trockenreiben mit Leder

Zum Trocknen des Wagens brauchen Sie ein großflächiges echtes Ziegen- oder Rehleder. Das kostet in einer vernünftigen Arbeitsgröße von etwa 50 x 50 cm (einige Markenhersteller bieten die Größe 40 x 45 cm an) schon ein paar Euro. Aber am Waschleder sollte man nicht sparen. Zwar tut es ein Vileda-Fenstertuch auch recht gut. Doch meist lassen Kunst- und Ersatz-Fensterleder feine Wasserstreifen oder einen nebelartigen Belag zurück.

Das Leder nicht als Knäuel verwenden, sondern am besten zweimal falten und flach über das Fahrzeug führen. Es muss oft im Eimer ausgewaschen werden, da sich immer wieder Schmutzpartikel festhalten. Bei diesem Abledern immer nur in einer Richtung arbeiten, in der Längsrichtung von vorne nach hinten. Die Fenster werden zwar gesondert gereinigt, sie sollten aber trotzdem schon mit abgeledert werden. Zum Schluss die Einstiege abreiben. Mit Putzlappen und etwas Autoshampoo oder Kaltreiniger die auf den Einstiegen und der Heckklappenöffnung verbliebenen Flecken entfernen.

Ein Naturleder ist allerdings empfindlich und darf nicht ausgekocht oder auf der Heizung getrocknet

werden. Dadurch würde es spröde und unbrauchbar. Deshalb muss das Leder nach jedem Gebrauch gründlich ausgewaschen, ausgewrungen und aufgehängt werden. Bei Dauernässe würde es faulen.
Soll das Naturleder gereinigt werden, darf das auf keinen Fall in Benzin oder Lösemitteln geschehen. Auch stark fettlösende Wasch- oder Spülmittel machen Leder unbrauchbar. Die empfehlenswerte Methode ist Auswaschen mit fetter Kern- oder Schmierseife oder mit Seifenflocken in lauwarmem Wasser und anschließendes Ausspülen. So behält das Leder seine Saugfähigkeit und Geschmeidigkeit.

Reinigung der Felgen

Der unvermeidliche Bremsbelagstaub haftet an den Leichtmetallfelgen recht hartnäckig und frisst sich mit der Zeit ins Metall, wenn man ihn nur lässt. Das sieht nicht nur hässlich aus, sondern lässt sich kaum mehr vollständig entfernen. Um das zu verhindern, müssen Sie die Felgen regelmäßig gründlich reinigen. Aber natürlich müssen auch Stahlfelgen möglichst regelmäßig geputzt werden.

Felgenreiniger verwenden

Die Felgen zunächst (mit Wasser) vom groben Schmutz befreien. Dann die vorderen, im Anschluss die hinteren Räder mit Felgenreiniger einsprühen und entsprechend Gebrauchsanweisung einwirken lassen. Von Hand mit Hilfe verschiedener Bürsten (einigen Reinigern wie dem später noch erläuterten »full effect« von Sonax liegt eine Spezialbürste bei) oder mit einem feinporigen alten Haushaltsschwamm bearbeiten.
Wichtig ist, den Schmutz von der Felge zu lösen, das Entfernen kommt später. Vor allem bei lackierten, pulverbeschichteten Aluminium-Gussrädern auf keinen Fall zu stark abrasiven Polituren oder Hilfsmitteln wie AKO-Pads oder Ähnlichem greifen.
Beim anschließenden Wagenwaschen die Felgen ordentlich abspülen und die Radkästen gründlich reinigen. Sollten jetzt an den Felgen noch Verschmutzungen zu sehen sein, sprühen Sie einen alten Lappen mit Felgenreiniger ein und reinigen Sie alle Räder nochmals gründlich von Hand. Mit viel Geduld wird auf diese Weise jede Felge blitzsauber, ohne sie zu beschädigen.
Achten Sie darauf, beim Felgenreinigen oder auch sonst beim Autowaschen mit dem Dampfstrahler die Reifenflanken keinem zu hohen Wasserdruck auszusetzen. Durch zu hohen Druck nimmt die Reifenkarkasse dauerhaften Schaden.

Produkte im Vergleich

Wir wollten herausfinden, ob es zwischen den Felgenreinigern große Unterschiede gibt, und prüften die entsprechenden Produkte verschiedener Pflegemittelhersteller auf ihre Tauglichkeit. Wir hatten im Test: Von 1z und von Pingo »Felgenreiniger«, von Caramba »Felgenglanz«, von Sonax »Felgen Reiniger« und »Xtreme Felgen Reiniger full effect« sowie von Dr. O. K. Wack Chemie den lang bewährten Felgenreiniger »P21-S«. Ferner wurden Felgenreiniger aus den Pflegeprogrammen von Shell und Aral sowie diverse Kaufhausmarken ausprobiert.

Ergebnis: Für normale Verschmutzungen und die monatliche Pflege von lackierten Alu- oder Stahlfelgen waren alle Produkte vergleichbar wirksam. Wenn es aber einmal wirklich schwer wird, zeigten der Aral-Reiniger und »P21-S«, wie auch andere Tester bestätigten, die größte Wirkung. Wenn man sich Mühe

Das Material: Vorratskanister und Sprühflasche sind eine gute Investition für eine regelmäßige und gründliche Reinigung.

PRAXISTIPP

Zwei hochwirksame Mittel

Die Firma Dr. O. K. Wack Chemie aus Ingolstadt hatte schon vor Jahren einen Felgenreiniger von besonders hoher Qualität entwickelt. Der 1976 als weltweit erster Sprühreiniger für Leichtmetall-Felgen auf den Markt gekommene »P21-S« war lange Zeit das meistgekaufte, von führenden Automobilherstellern empfohlene Produkt. Er entfernt selbstständig auch sehr starke Verschmutzungen. Dank seiner Gel-Formel läuft »P21-S« nicht ab und trocknet nicht an. Damit kann der Reiniger wesentlich länger einwirken als herkömmliche Produkte und entfernt so auch sehr starke Verschmutzungen.
Noch 1997 war »P21-S« im Test der »Auto-Motor-Sport« als Felgenreiniger mit einer einzig dastehenden Reinigungsleistung ausgezeichnet worden, drei Jahre später errang er in mehreren Tests wiederum ein »Sehr gut«. Der Reiniger ist garantiert säurefrei und greift keine Oberflächen an. Wenn Leichtmetallfelgen trotz Behandlung mit diesem Reiniger matt bleiben und keineswegs blitzen, können Sie es mit Hochglanz-Alu-Politur vom selben Hersteller probieren. Dieses Mittel ist speziell für die Aufbereitung von nicht eloxierten Leichtmetallfelgen konzipiert.
In jüngster Zeit hat »P21-S« allerdings mehrere ernst zu nehmenden Konkurrenten bekommen. Aus dieser Reihe hochwirksamer Mittel möchten wir zumindest eines nennen: den Felgenreiniger »full effect« des bewährten Herstellers Sonax. Dieser ganz neue Reiniger ist ebenfalls eine ziemlich sichere Bank bei gröbstem Schmutz wie eingebranntem Bremsstaub. Das Mittel gehört zur Familie der besonders starken Reinigungs- und Pflegemittel »Sonax Xtreme«. Der Reiniger taugt für alle lackierten Leichtmetall- und Stahlfelgen. Er entfernt auch sehr hartnäckige Verschmutzungen, ist silikonfrei (vermeidet Korrosion) und wird mit Schaumdüse und Spezialbürste für besonders gründliche Reinigung geliefert. Die 500-ml-Kunststoffflasche kostet allerdings auch einige Euros.

gibt und Zeit hat, schafft man es damit sogar, eine richtig verratzte Alufelge mit eingefressenem Bremsstaub wieder einigermaßen blank zu putzen.
Ist ein Felgenreiniger zu stark säurehaltig, kann er während der Einwirkzeit Flecken hinterlassen. Um das gleich von vornherein zu vermeiden, sollten Sie nur säurefreien oder neutralen Reiniger verwenden. Ohnehin müssen polierte und unlackierte Alufelgen häufiger und sorgfältiger gepflegt werden als die Mehrheit der lackierten Felgen.

1

Schritt 1 Aufsprühen: Sprühen Sie den Reiniger auf die Felgeninnenseite auf und lassen Sie ihn etwas einziehen.

2

Schritt 2 Aufsprühen auf die Außenseite: Auch hier muss eine ausreichende Menge aufgesprüht werden.

3

Schritt 3: Der Reiniger hat bereits nach kurzer Einwirkzeit die Ablagerungen abgelöst. Die Nacharbeit mit einer Bürste oder einem Schwamm verstärkt den Reinigungseffekt.

Schritt 4: Mit Wasser, Temperatur und Druck lässt sich der meiste Dreck Abspülen. Mit einer Bürste wird auch hier das Reinigungsergebnis noch etwas verbessert.

Schritt 5: Auch an der Außenseite lässt sich schnell eine deutliche und positive Veränderung erkennen.

Die Motorraumreinigung

Wenigstens ein-, zweimal im Jahr ist diese Waschmaßnahme angebracht: vor dem Winter, um den Motorraum zu konservieren und die Zündanlage vor Feuchtigkeit zu schützen, und nach dem Winter. Bevor Sie aber mit dem Dampfstrahler im Motorraum Sauberkeit zu schaffen versuchen, sollten Sie erst einmal eine Sichtprüfung vornehmen. Vielleicht sitzt der Schmutz ja nur partiell in den Ecken, oder es ölt der Motorblock nur, weil eine Dichtung defekt ist. Wenn alle Lecks abgedichtet und die Schmutznester lokalisiert sind, sollten Sie den Luftfilter und die Luftführungselemente demontieren. Sinnvoll ist es natürlich auch, Scheibenwascher-Behälter, Kühlwasser-Ausgleichsbehälter und andere leicht demontierbare Komponenten vorübergehend auszubauen, um leichter in die Ecken zu kommen. Denn was nützt es, wenn außen alles glänzt, darunter aber der Rost sitzt. ABS-Steuergerät und der Bremskraftverstärker müssen vom Ausbau unberührt bleiben. Ungeschützte und nicht verkapselte elektronische Bauteile werden wasserdicht verpackt. Das geht mit Plastiktüten und Klebeband oder eleganter mit einem Kontaktspray (Tunap, Caramba, einszett oder Sonax »Xtreme MultiSpray transparent«). Das Kontaktspray wird auf alle elektrischen Kontaktstellen gesprüht, wodurch sich ein dünner wasserundurchlässiger Film bildet. Nach erfolgter Motorreinigung werden die freigelegten Anschlussstellen mit Pressluft, die an den allermeisten Selbstwaschanlagen zur Verfügung steht, ausgeblasen.

Motor- oder Kaltreiniger

Jetzt werden die verschmutzten Ecken mit Kaltreiniger aufgeweicht. Den Reiniger mit einem alten Lappen verteilen und nochmals aufsprühen. Nach einer vom verwendeten Mittel abhängigen Einwirkzeit Münze einwerfen und mit der Wasserlanze druckvoll spritzen. Führen Sie das Gerät so, dass Sie sehen, wohin der Strahl geht – nicht dass Lüftungskasten, Zündkerzenaussparungen oder andere Vertiefungen überfluten. Kaltreiniger gibt es in kleinen Spraydosen, in Pumpflaschen und größeren Gebinden (Ein- oder Zweiliter-Dosen). Da Sie ja sicher mit einigen Pflegemitteln arbeiten, wird auch die eine oder andere Pumpflasche leer. Die können Sie dann mit Kaltreiniger aus der Großpackung befüllen. Vergessen Sie aber nicht die Kennzeichnung!

Leistungsstarke Produkte für diesen Zweck kommen u. a. wiederum von 1z (»W 99« oder »Profi Reiniger«) und Sonar (»MotorReiniger« und »Motor- und KaltReiniger«).

Die Konservierung

Wenn der Motorraum von Schmutz und Öl befreit ist, sollten Sie zu einem Schutzlack greifen, um diesen Zustand ein paar Monate zu konservieren. Wird nur gereinigt, kann sich der Schmutz gleich wieder einnisten. Auf dem harten Überzugslack aber können sich Schmutz, Öl und Benzinausscheidungen nicht festsetzen. Mit der nächsten Motorwäsche ist der Dreck schnell wieder weg. Deshalb ist eine Motorwäsche mit anschließender Konservierung auch nur ein-, zweimal im Jahr notwendig.
Die Pflegemittelhersteller bieten für die Motorraum-Konservierung spezielle Klarlacke oder Wachssprays an, die Sie gleichmäßig auf Motor, Peripherie und Seitenwände aufsprühen. Verwenden Sie nur spezielle Motorraumklarlacke (wie z.B. »MotorPlast« von Sonax), denn nur sie sind hitze- und gilbfest. Die Klarlacke der Spraydosenhersteller sind nichts für den Motorraum. Sie würden unter Wärmeeinwirkung verbrennen oder zumindest reißen. Natürlich macht ein glänzender Motorraum auch einen guten Eindruck und überzeugt manchen Autokäufer von der vorbildlichen Pflege des Vorbesitzers.
Bei nicht allzu starker Verschmutzung ist die empfehlenswerte Methode, die Abdeckungen des Motors und alle Komponenten im Motorraum nur mit einem feuchten Putzlappen abzuwischen. Ein wenig Kunststoffpflegemittel auf die Motorabdeckungen, ein Sprüher »MotorPlast« in die Runde, und man hat wieder die Optik eines neuen Motors. MotorPlast in der 400-ml-Spraydose versiegelt den Motor, verhindert Korrosion im Motorraum, lässt den Motor glänzen und schützt vor Nässe, Salz, Spritzwasser und Oxidschäden.

Die Waschanlagen

Rund zwei Drittel aller Autofahrer in Deutschland nehmen den Service der gewerblichen Fahrzeugwäsche in Anspruch. Diese Branche bietet verschiedene Möglichkeiten an, sein Auto fachgerecht und relativ schonend zu pflegen. Es gibt automatische Einrichtungen wie die Portalwaschanlagen und Waschstraßen, es gibt die SB-Waschplätze und für große Nutzfahrzeuge die Nufa-Anlagen.
Die automatischen Waschanlagen sind natürlich eine sehr schöne Einrichtung, denn in Minutenschnelle wird der Wagen sorgfältig und in guten Anlagen auch durchaus sorgsam gereinigt. Aber völlig bedenkenlos kann man seinem Auto die Schnellwäsche nicht zumuten, die rotierenden Kunststoff-Waschbürsten bearbeiten die Lackoberfläche deutlich.
Bei einem stark verschmutzten Auto wird dem Schmutz gar keine Zeit gelassen aufzuweichen, und trotz der dabei verwendeten Menge Wasser können spinnwebenfeine Kratzer in den Lack geschmirgelt werden. Das dem Wasser oft beigemengte konservierende Wachs dient mehr dem schnelleren Trocknen als der Konservierung, deshalb ist eine automatische Waschbehandlung für den Lack in gewissem Maße aggressiv.

Schonzeit bei lufttrocknenden Lacken

Frischlackierte Autos, zumal wenn sie mit lufttrocknenden Lacken behandelt wurden, sollten nach übereinstimmender Aussage von Lackierern und Profipflegern die ersten acht Wochen einen Bogen um automatische Waschanlagen fahren. Neuer Lack ist noch zu weich und keineswegs ausreichend widerstandsfähig für eine Behandlung mit den vergleichsweise harten Borsten der Waschanlagenbürsten. Wenn Sie sich aus unseren Ratschlägen über das Wagenwaschen das zu Herzen nehmen, wofür wir und viele unserer Berater Lehrgeld gezahlt haben, ist Ihre Wagenwäsche bestimmt das lackschonendste Verfahren, das es gibt. Die Handwäsche ist zwar wesentlich anstrengender und zeitaufwändiger als eine Waschstraßen-Reinigung, aber auch mit ein wenig mehr Know-how verbunden.
Auf jeden Fall aber gilt, dass Waschanlage nicht gleich Waschanlage ist. Werden moderne Technologien genutzt, ökologische Vorgaben strikt eingehalten und die Anlage im Dauerbetrieb ständig auf volle Funktionstüchtigkeit überwacht, kann in den gegebenen Grenzen durchaus für Qualität und schonenden Umgang mit dem Fahrzeug garantiert werden.

Die Portalwaschanlage

Dieser Waschanlagentyp ist mit einem Marktanteil von rund 70 Prozent in Deutschland am weitesten verbreitet. Das Auto wird dabei in eine bestimmte Position gefahren, und die Wascheinrichtung bewegt sich je nach gewähltem Waschprogramm um das Fahrzeug. Diese Reinigungsanlagen sind bei Tankstellen und Werkstätten beliebt, weil sie wenig Platz benötigen und eine geringere Investition als eine Waschstraße verlangen.
Da sich beim Waschvorgang die Bürsten um das stehende Auto herum bewegen, ist es bei Portalwaschanlagen wichtig, dass die Einfahrthinweise beachtet werden. Das Auto muss unbedingt in die richtige Waschposition gebracht werden. Die Reinigungsqualität einer Portalanlage kann nicht an die einer Waschstraße heranreichen. Doch für eine Schnellwäsche ohne hohen Verschmutzungsgrad des Fahrzeugs ist sie ausreichend.

Nufa-Anlagen

Vom Prinzip her funktioniert eine Nutzfahrzeug-Waschanlage ähnlich wie eine Portalanlage. Sie ist in ihren Ausmaßen allerdings wesentlich größer, um Omnibusse, Kleintransporter, Lastkraftwagen, Anhänger, Tankwagen oder Müllfahrzeuge waschen zu können. Die Waschtechnik erfolgt entweder über Hochdruck oder auch über Hochdruck mit einer Bürstenanlage.

Die Waschstraße

Bei Waschstraßen ist die Wascheinrichtung an einer Stelle verankert, und das Fahrzeug wird auf eine Förderkette gefahren. Ihr Auto bewegt sich also ohne eigene Motorkraft an den Waschaggregaten, den Bürsten- oder Textilmaterialien, vorbei. Es gibt zwei Systeme: Der Kunde kann während der Autowäsche im Wagen sitzen bleiben, oder er muss über einen Kundengang das Fahrzeug verlassen.
Diese Reinigungseinrichtung ist der gründlichere und sorgsamere Typ. Weil der Platzbedarf und die Investitionen für potenzielle Käufer jedoch erheblich sind, ist der Marktanteil geringer als der von Portalanlagen. Zudem sind die Waschstraßenbesitzer auf einen größeren Kundenstamm zur Deckung ihrer Kosten angewiesen. Waschstraßen finden sich daher weitaus häufiger in urbanen Gegenden, also in der Stadt oder in Stadtnähe, als auf dem Land. Das bedeutet für uns

Portalwaschanlage: Das »Portal« (Tor) wird über das Auto geschoben. Bis auf die Bodenwäsche gehen die Waschfunktionen vom Portal aus.

Waschanlagenbenutzer, dass man nicht immer auf eine Waschstraße in unmittelbarer Nähe zurückgreifen kann. Da muss man abwägen, ob sich der weitere Weg zur nächsten Waschstraße lohnt, ob man eine Portalanlage vorzieht oder eine Selbstwaschanlage aufsucht.
In Deutschland ist die Otto Christ AG einer der letzten großen selbstständigen Anbieter für Fahrzeug-Waschtechnik. Sie übernahm im April 2000 einen Mitbewerber aus dem Anlagensektor für Nutzfahrzeuge, die SVG Super Wash Waschanlagen GmbH. Gleichzeitig wurde der Firmensitz von Bremen zum Firmensitz der Otto Christ AG nach Memmingen verlegt. Christ-Waschanlagen haben außer den gesetzlich geforderten Benzin- und Ölabscheidern auch ein System zur Wasserrückgewinnung. Diese Einrichtung, CWR genannt, kann die beim Reinigungsvorgang entstehenden Kohlenwasserstoff-Verbindungen aus Wachsen, Ölen, Fetten und Tensiden aufspalten. Die ausflockenden Kohlenwasserstoffe werden ausgefiltert, das Abwasser kann erneut als Brauchwasser verwendet werden.

ADAC-Empfehlung: Schaumstoffbürsten
Die allerdings noch nicht sehr weit verbreiteten Waschanlagen mit Schaumstoffbürsten bieten das geringste Risiko eines Lackschadens. Das ist jedenfalls das Ergebnis eines Tests gängiger Reinigungssysteme, den der ADAC und die in Stuttgart ansässige DEKRA Anfang des Jahres 2003 organisiert hatten. Nach Angaben des ADAC in München drohen Schäden dagegen vor allem bei Anlagen mit Bürsten. Sie lassen den Lack nach einer Reihe von Waschgängen stumpf und zerkratzt aussehen, urteilten die Tester. Bei der Reinigung mit Textilstreifen könnten zwar ebenfalls Kratzer entstehen, wenn sich in den Streifen Schmutzpartikel festgesetzt haben, aber die Gefahr sei geringer. ADAC und DEKRA hatten für den Test in den verschiedenen Anlagen jeweils ein schwarzes Auto 23 Mal waschen lassen.

PRAXISTIPP

Haftung bei Schäden

Es ist zwar eher die Ausnahme, doch kommt es immer wieder mal vor, dass ein Kunde aufgeregt ins Kassenhäuschen springt, weil die Waschanlage sein Automobil beschädigt hat. Die Skala reicht von der abgerissenen Antenne bis zur Kaltverformung an der Innenwand der Waschanlage, weil das richtunggebende Vorderrad aus der Führungsschiene hüpfte und die Abschaltautomatik der Anlage verzögert reagierte.

Für den Kunden ist natürlich der Anlagenbetreiber der Schuldige, doch meistens entscheiden die Versicherungen gegen den klagenden Kunden. Denn die in jeder Waschanlage aushängenden »allgemeinen Geschäftsbedingungen« enthalten eine Klausel über »ausschließliche Haftungsfähigkeit nur bei grobem Verschulden«.

Dieses ist dem Anlagenbetreiber aber in aller Regel nur sehr schwer nachzuweisen. Lesen Sie daher bitte die jeweiligen Geschäftsbedingungen, bevor Sie in die Waschanlage fahren – und denken Sie daran: Überbreite Reifen, CB-Funk-Antennen, abstehende Spiegel, Heckflügel, Dachgepäckträger und anderes Zubehör gehören nicht in die Waschanlage oder sollten vor einem Besuch dort abmontiert oder anderweitig geschützt werden (Spiegel anklappen).

Sinnvolle Programme
Alle automatischen Anlagen verfügen in der Regel über Waschprogramme, die in Vorwäsche, Hauptwäsche, Klarspülen, Pflege und Trocknung untergliedert sind. Die Vorwäsche hat den Zweck, hartnäckigen Schmutz, z.B. Insekten oder Vogelkot, einzuweichen und grobe Verschmutzungen zu entfernen. Bei der Hauptwäsche wird die Karosserie gründlich gereinigt. Gleichzeitig besteht die Möglichkeit, eine Radwäsche und/oder Unterbodenwäsche zuzuschalten, d. h., auch die Räder und der Unterboden werden gründlich gereinigt. Der nächste Waschvorgang ist das so genannte Klarspülen. Hier werden mit klarem Wasser die Rückstände aus den vorhergegangenen Waschvorgängen abgespült.
Darüber hinaus gibt es Pflegeprogramme. Hierzu gehören in erster Linie das Wachsprogramm und die Schaumpolitur. Das Wachs hat die Aufgabe, den Wagen entsprechend zu konservieren, d.h., die Karosserie wird mit einer Wachsschicht überzogen, sodass der Lack für einige Zeit vor Umwelteinflüssen geschützt ist. Bei Regen perlen die Tropfen ab, Schmutz kann sich nicht so schnell auf dem Lack etablieren. Bei starker Sonneneinwirkung wird der Lack vor Einbrennungen geschützt. Darüber hinaus kann man durch eine Unterbodenkonservierung auch den Unterboden vor Umwelteinflüssen schützen. Insbesondere in den Wintermonaten ist dies ein empfehlenswertes Programm.

Die Selbstwaschanlagen

Für den Selbstpfleger ist es ja aufgrund der gesetzlichen Vorschriften nahezu unmöglich, sein Fahrzeug auf Privatgrund zu reinigen. Da zur gründlichen Reinigung eine automatische Waschanlage allein aber nicht ausreicht, bleibt nur die »Flucht« in Selbstwaschanlagen.

Über 300 clean-park-Anlagen
Auf diesem Gebiet ist die Firma Kärcher eine weithin bekannte Größe. Deren im Franchise-System betriebene Selbstwaschanlagen sind von der hundertprozentigen Kärcher-Tochter clean park GmbH zum Marktführer bei den SB-Waschplatzanlagen entwickelt worden. Die clean park GmbH betreut bundesweit mehr als 300 Franchise-Partner von Wilhelmshaven bis Murnau, wobei im Schwabenland die größte Anzahl SB-Waschanlagen zu finden ist.
Kärcher bietet, wie natürlich auch die Konkurrenz, eine individuelle Gestaltung der Waschplätze an, ab-

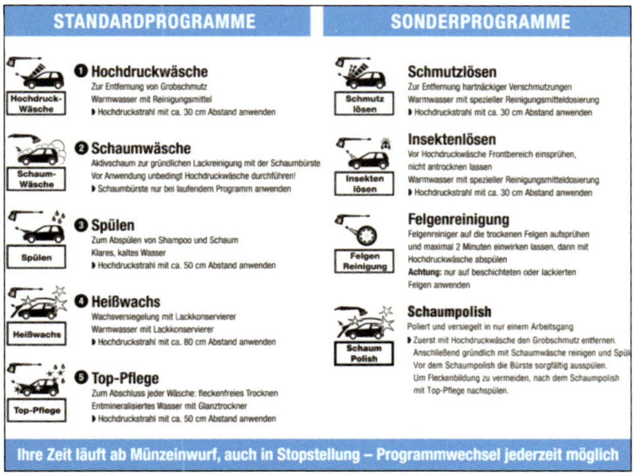

Programminhalte: Anhand dieser Beschreibungen können Sie sich die erforderliche Reinigung zusammenstellen und die dazugehörigen Arbeitsschritte erkennen.

Selbst aktiv waschen: Die Schaumwäsche selbst angehen, ist weder schwer noch besonders aufwändig.

hängig von Bedarf und Platzangebot. Eine Anlage besteht in der Regel aus zwei bis sechs Waschboxen sowie mindestens ebenso vielen Vor- und Nachbehandlungsplätzen. Oft hat sie einen Freiplatz für Wohnmobile oder ähnliche Fahrzeuge. Die Waschplätze sind alle ausgerüstet mit Hochdruckstrahler und Waschbürste. Oftmals ist für die Hauptwäsche auch eine Schaumbürste vorhanden. Das Pflegeprogramm gestattet meist sechs verschiedene Waschmöglichkeiten.

Geräte umsichtig einsetzen

Beachten Sie beim Umgang mit dem Hochdruckreiniger, den im Pflegeprogramm vorgesehenen Mindestabstand nicht zu unterschreiten, sonst schaden Sie dem Lack mehr, als es nutzt. Die Schlauchzuführung ist zwar aus »weichem« Gummi, dennoch sollte sie nicht über das Blech gezogen werden. Schon ein wenig sandiger Schmutz kann schlimme Lackkratzer verursachen.

In SB-Waschplätzen können neben Pkw in der Regel auch Cabrios, Motorräder, Wohnmobile, Boote oder landwirtschaftliche Fahrzeuge gereinigt werden.

In einer SB-Waschanlage steckt eine gute Portion Technik und Elektronik, damit die Pflegeprozedur ihren geregelten Ablauf nimmt. Hinter den Kulissen fördern eine motorgetriebene Hochdruckpumpe und häufig auch ein Warmwasser-Durchlauferhitzer das eingespeiste Wasser und die Reinigungsmittel über die entsprechenden Verteiler. Fußbodenheizung für den Winterbetrieb, Wasserenthärter und das Osmosesystem für fleckfrei abtropfendes Wasser machen das Herzstück einer der besseren SB-Waschanlagen schließlich komplett.

Das Verdeck

Regelmäßige Wäsche ist die wichtigste Pflegemaßnahme für das Verdeck. Staub, Schmutz und Ruß setzen sich auf ihm ab. Eine verschmutzte Fahrzeughaube wirkt umso unansehnlicher, je heller die Verdeckfarbe ist. Für helle Verdecke empfiehlt zum Beispiel Volkswagen eine wöchentliche Wäsche mit normalem Autoshampoo. Wird nach der Wagenwäsche ein Waschkonservierer aufgetragen, sollte dieser allerdings nicht auf das Verdeck gelangen. Es kann dadurch fleckig werden. Oft genügt schon eine einfache Trockenreinigung. So können Sie z. B. Staub mit einer weichen Bürste (ohne Metallborsten) entfernen. Bürsten Sie immer in der Geweberichtung von vorn nach hinten. Vor jeder Nassreinigung sollte der Verdeckbezug in gleicher

Weise ausgebürstet werden. Feuchten Sie ihn anschließend mit reichlich Wasser an.

Pflege von Kunststoffverdecken

Vogelkot ist ausgesprochen aggressiv und muss umgehend vom Verdeck wie auch vom Lack abgewaschen werden. Er könnte sonst das Kunststoffmaterial zumindest angreifen und zerstören. Wenn Sie Ihren Wagen an einer Selbstwasch-Station wieder auf Glanz bringen, darf das Verdeck keinesfalls mit dem Hochdruckreiniger behandelt werden. Zu hoher Wasserdruck und auch heißes Wasser schaden dem Verdeckmaterial. Die Wagenwäsche kann auch in der Waschanlage stattfinden. Wählen Sie ein Programm ohne anschließende Wachsbehandlung. Das heiß aufgetragene Wachs kann Flecken auf dem Verdeckbezug hinterlassen und im schlimmsten Fall sogar die Kunststoffschicht angreifen. Hat sich der Schmutz in der Narbung des Kunststoff-Dachbezuges festgesetzt oder ist dieser Bezug verfleckt, sollten Sie nur ein Reinigungsmittel verwenden, das speziell für Cabrio-Dächer vorgesehen ist – so etwa die Verdeckreiniger-Pflegekombination 395/96 von Tunap oder C1 Cabrio Verdeckreiniger von Dr. O. K. Wack Chemie. Letzterer ist ein Kraftschaum. Er wirkt sehr intensiv und zugleich schonend für das Verdeck. Im Prinzip funktioniert er wie alle Schaumreiniger: Er nimmt den Schmutz auf, bindet ihn im Schaum und kann lange einwirken, weil er auch auf der Schräge nicht abläuft. Das Mittel lässt sich auf den Punkt genau auftragen und ist also auch sehr ökonomisch für einzelne Flecken geeignet. Die Aerosoldose mit 400 ml erlaubt 8 bis 12 Anwendungen bei vollflächiger Beschäumung.
Auf jeden Fall ist die Arbeit auch mit diesen Mitteln etwas mühselig, denn das Verdeck muss mit einer Bürste behandelt werden. Gut geeignet ist nach unseren Erfahrungen eine Handbürste.

Verdecke aus Textilmaterial

Einige Cabrio-Typen sind ab Werk mit einem Verdeck aus Verdeckstoff ausgestattet. Dieses Textilmaterial ist aber weniger robust im Umgang und nimmt mangelhafte Pflege besonders übel. Ein Fahrzeug mit Textildach sollte grundsätzlich in einem zumindest überdachten Unterstand stehen. Anhaltende Sonneneinstrahlung greift Gewebe, Gummierung und Farbe an. Staub auf dem Verdeck entfernt man mit einer weichen Bürste. Dabei in Richtung der Gewebelinien

Verdeckpflege: Auch ein Kunststoffverdeck benötigt von Zeit zu Zeit etwas Zuwendung.

Kunststoffpflege von A1: zur Wahl stehen bei der Firma A1 die Varianten »Matt« und »Glänzend«.

bürsten. Verdeck auch vor der Wagenwäsche abbürsten. Grundsätzlich sollte der Verdeckstoff aber nur mit klarem Wasser abgespült werden. Vogelkot sofort mit viel Wasser abwaschen, denn er greift die Gummierung des Verdeckstoffes an. Flecken im Verdeck dürfen nie mit Fleckenwasser oder anderen chemischen Mitteln behandelt werden. Einzige Möglichkeit: Reiben Sie vorsichtig mit einem Kreppgummi. Für Waschanlagen ist das Textil-Verdeck nicht geeignet. Wer seinem Stoffdach etwas Gutes tun will, der erspart ihm moderne Reinigungstechnik und lässt lieber Handarbeit walten. Durch die schonendere Behandlung bei der Handwäsche ist die Imprägnierung länger wirksam. Mit viel klarem, höchstens lauwarmem Wasser gut vorspülen und mit etwas echter Kernseife oder einer Mischung von 1-2 Teelöffeln mildem Geschirrspül- oder Feinwaschmittel auf 10 Liter Wasser das Dach abwaschen. Verwenden Sie dazu eine weiche Bürste, die Sie ohne aufzudrücken geradlinig von vorne nach hinten streichen. Stark verschmutzte Verdecke, vor allem solche in helleren Farben, einige Zeit einweichen lassen, bevor abgebürstet wird. Anschließend reichlich nachspülen und gut im Freien abtrocknen lassen, aber nicht bei direkter Sonneneinstrahlung. Das feuchte Dach muss bis zum vollständigen Trocknen geschlossen sein, der Stoff könnte sonst schrumpfen.

Angebote und Pflegehinweise im Internet

Im Internet finden Sie eine ganze Reihe von Angeboten für die Verdeck-Pflege. So offeriert www.speed-sport-cabrio.de/Pflege z. B. »Vinyl-Pflege« zur Reinigung und Versiegelung aller Kunststoff-Verdecke. Speziell bei hellen Verdecken soll regelmäßige Anwendung des Mittels in der 1000-ml-Sprühflasche erfolgen. Für undichte Nähte am Stoffverdeck gibt es Textilstoff-Nahtschutz, ein Dichtungsmittel. Ferner werden Polyglas-Scheibenpolitur für verblüffende Erfolge bei verkratzten und stark verschmutzten Plastik-Heckscheiben sowie Spezialkleber zur Verdeckmontage (200-ml-Dose mit Pinsel)

Stoffdachpflege: Gelegentliche Reinigung und anschließende Imprägnierung gehören zur regelmäßigen Pflege.

empfohlen. TUNAP bietet zur Cabrio-Verdeckpflege ein Komplett-Set mit Reiniger, Imprägnierung, zwei Schwämmen und einem Paar Handschuhe »zum Einführungspreis von EUR 46,00« an. Im BMW-Zubehörhandel wird ebenfalls ein Cabrio-Pflegeset mit Verdeckreiniger, Imprägnierer, Heckscheibenreiniger und Wachs-Shampoo angeboten. Dazu noch: Gummipflegemittel, Verdeck-Reparatursatz, Verdeck-Kleber.

Lack-, Chrom- und Kunststoffpflege

Im Abschnitt zur Wagenwäsche haben wir bereits recht ausführlich über die Lackpflege informiert. Sie wissen bereits: Wir empfehlen ausdrücklich, den Schmutz mit möglichst viel Wasser abzuschwemmen. Das bekommt der Lackierung sehr viel besser als Shampoo und ist so lange ausreichend, wie das Wasser über den sauberen Lack in Tropfen perlt und scharfe Ränder hat. Lackpflege wird notwendig, wenn das Wasser mit unscharfen Rändern teigig zerfließt. Das kann natürlich nur ein Anhaltspunkt sein, denn mit Öl, Petroleum- oder Silikonrückständen auf dem Lack perlt Wasser genauso schön, selbst wenn der Lack längst einer ausgiebigen Pflege bedarf.
Lassen Sie sich aber auch nicht gleich zur Lackpflege verleiten, wenn nach einem Regenschauer das Wasser in Pfützen zerfließt. Möglicherweise hat sich bereits wieder eine feine Schmutzschicht gebildet, die saugend wie ein Löschblatt wirkt. Die Lackpflege, insbe-

Kleine Auswahl für den Lack: Polituren mit unterschiedlichen Aufgaben und unterschiedlicher Körnung.

sondere die Restauration von alten, ungepflegten Autolacken ist anstrengend, zeit- und kostenintensiv und erfordert genaue Kenntnis über den tatsächlichen Zustand des Lacks. Bei falscher Anwendung eines Pflegemittels kann das Produkt noch so gut sein, der Lack ist dann endgültig hinüber. Keine Pflege ruiniert den Lack genauso wie zu viel oder die falsche Zuwendung. Wir möchten hier nur noch einmal kurz in einem »Lexikon« die wesentlichen Produktgruppen für die Lackpflege und deren Einsatzfelder zusammenfassen. Im Abschnitt zur richtigen Lackpflege im Kapitel »Schutz und Schönheit durch Lack« gehen wir ausführlich auf einzelne ausgewählte Produkte ein und informieren über Erfahrungen mit deren Anwendung.

Der Chromschutz

Die Mehrheit der Autofahrer fährt heute keine Chromstoßstangen mehr spazieren, sondern mehr oder weniger attraktiv gestylte Kunststoff-Pralldämpfer. Anforderungen an Aerodynamik und passive Sicherheit haben die einst abstehenden Stahlstangen zu nachgiebigen Stoßfängern werden lassen, die harmonisch in die Karosserieform einfließen. Für diese Kunststoff-Stützen gilt, zumindest wenn sie lackiert sind, an sich die gleiche Pflege wie für alle anderen Karosseriebleche auch.

Wer aber noch einen Wagen mit verchromten Bauteilen fährt oder ein neueres Fahrzeug mit verchromten Zierelementen besitzt, muss auch in dieser Hinsicht an Pflege denken. Eine verchromte Fläche ist längst nicht so porenlos, wie man glaubt. Salzwasser und aggressiver Schmutz können bis zum metallischen Untergrund eindringen und nach kurzer Zeit Rostblüten entstehen lassen. Das lässt sich trotz knackiger Werbeslogans mancher Hersteller mit keinem Mittel rückgängig machen.

Man sollte daher Vorsorge treffen, dass es erst gar nicht zur Chromunterrostung kommt. Das geschieht am wirksamsten durch eine angemessene Reinigung der Chromteile bei Verschmutzung.

PRAXISTIPP

Die etwas bessere Pflege

Wenn Sie sich und Ihrem Auto eine ganz besondere Glanz-Freude gönnen wollen, dann greifen Sie zu »swizöl«. Die verschiedenen Polituren dieser Marke haben einen Anteil von 30 bis 60% Naturwachs (Karnauba) und Zusätze von Kokos-, Mandel-, Bananen- und Ananasölen, aber auch Teflon. Das Wachs duftet entsprechend. Beim Verarbeiten und in Ihrer Garage breitet sich tropisches Flair aus. Kenner empfehlen, dieses Wachs am besten mit den Händen aufzutragen und möglichst in praller Sommersonne, damit es sich optimal verteilt. Der Glanz vor allem auf dunklen Lacken ist genial: wie mit Klarlack überlackiert.

Leider hat ein solches »Wundermittel« auch seinen entsprechenden Preis. Ein »Starter Kit« mit 250 ml Wachs kostet je nach Sorte und Besonderheit zwischen 145 und 220 Euro. Diese Menge soll aber auch für eine ganze Anzahl von Behandlungen reichen. Und: Zum Kit gehören ein Pflegetuch und ein Pflegehandbuch mit Hinweisen zum Thema: welches Wachs für welchen Lack!

Wenn Sie sich erkundigen und einen Überblick über das Sortiment von »swizöl Car-Cosmetic« verschaffen wollen: www.auto-centro.de

Neu verchromen

Ist der Grad der Unterrostung zu weit fortgeschritten, um ihr mit Polieren noch erfolgreich zu Leibe rücken zu können, haben Sie die Wahl: Abschleifen und Überlackieren oder zum Verchromen geben. Ersteres ist eine sehr aufwändige Arbeit und auch der Gesundheit nicht sehr zuträglich. Das Verchromen ist kostenintensiv, aber im Ergebnis wesentlich befriedigender. Adressen von Verchromungsbetrieben (Metallveredelung) finden Sie unter dieser Eintragung in den »Gelben Seiten« des Telefonbuchs und unter diesem Suchbegriff auch in größerer Zahl im Internet.

Schutz mit Lack und Wachs

Um Chromteile, im speziellen Chromstoßstangen, winterfest zu machen oder sie im verschärften Einsatz vor Salz, Steinschlag und Korrosion zu schützen, empfehlen wir die Verwendung von Felgen-Klarlack, da dieser sehr zäh und widerstandsfähig ist. Gute Dienste leistet auch ein Schutzwachs. Wir hatten verschiedene Produkte im Test und sind überzeugt von den Felgen-Klarlacken des vor allem für seine Spachtelprodukte bekannten Herstellers Akemi und des Pflegemittelproduzenten Sonax. Verwenden Sie unbedingt solche Felgenklarlacke und keine Zweischicht-Metallic-Klarlacke. Diese sind gänzlich ungeeignet.

Die zu schützenden Teile müssen zuvor gründlich gereinigt und z. B. mit Silikonentferner von Lackpflegerückständen befreit werden. Sie tun sich außerdem

GUT ZU WISSEN

Produkte für die Lackpflege

Es ist wichtig zu wissen, welches Produkt für welchen Einsatzzweck konzipiert ist. Einheitliche Bezeichnungen für eine bestimmte Produktkategorie gibt es nicht durchgängig. Zum einen , weil es Überschneidungen in der Anwendung gibt, zum anderen, weil keine griffige Nomenklatur für Pflegemittel existiert. Immerhin aber ist eine Einteilung in vier Kategorien möglich und üblich:

Wasch-Konservierer. Sie werden wie die Autoshampoos in einer Waschbox nass verarbeitet und sollen aufgrund der enthaltenen Wachsanteile eine Lack konservierende Wirkung haben. Der Lack trocknet zwar schneller und fleckenfreier an, doch von einer konservierenden Wirkung ist sehr häufig nur wenig zu spüren. Unbedingt beachten: Wasch-Konservierer dürfen nicht in Berührung mit Cabrio-Textilverdecken kommen.

Polituren. Diese werden mit Lappen oder/und Watte auf dem trockenen und sauberen Lack und **nur ohne direkte Sonneneinstrahlung** verarbeitet.

Die schleifmittelhaltigen Pflegeprodukte dienen der Lackauffrischung, d.h. es werden ausgekreidete, tote Lackpartikel weggeschliffen, wodurch die gesunde, glänzende Lackschicht an die Oberfläche tritt. Polituren enthalten reinigende und auch pflegende Substanzen. Jeder Hersteller aber hat seine eigene Philosophie, wie die optimale Zusammensetzung auszusehen hat. Da wiederum fast jeder Autolack, abhängig von äußeren Einflüssen, unterschiedlich altert, gibt es praktisch für jeden Lack die passende Lackaufbereitung.

Lackreiniger. Das sind sehr scharfe Polituren. Der Schleifkörper-Anteil der Lackreiniger ist höher als bei den Polituren und die chemische Basis weitaus aggressiver. Für schwerere Fälle von Lackverunreinigungen und toten Lacken wie alter Sprühnebel oder Fremdlack sind sie unabdingbar. Auf Neulacken oder frisch lackierten Bereichen sollte man sie nicht anwenden. Lackreiniger benötigen eine Nachbehandlung in Form von Politur und Konservierung.

Lack-Konservierer. Das sind wachs- und wachsersatzhaltige Lackpflegeprodukte mit lang anhaltender Schutz- und Glanzwirkung. Lack reinigende oder auffrischende Stoffe enthalten sie nicht. Die Konservierer sollten immer den Abschluss einer Lackpflege-Behandlung bilden.

PRAXISTIPP

Glanz auf Chrom und Edelstahl

Gute Ergebnisse bei der Intensivpflege verchromter Teile erzielt man mit der »Hochglanz-Alu-Politur« aus der P21-S-Serie von Dr. O. K. Wack Chemie. Sie ist eigentlich für den spiegelnden Hochglanz auf polierten Leichtmetall-Felgen gedacht, beseitigt aber auch Blindstellen, Flecken und Korrosionsspuren auf nicht eloxiertem Chrom (auch Silber, Messing, Kupfer) und beugt Korrosion vor. Das Putzmittel gibt es in 75-ml-Alu-Tuben. Fragt man im Internet nach guten Erfahrungen beim Chromputzen, dann wird durchweg die »Never Dull«-Stahlwolle genannt. Feiner Rostanflug und matte Stellen werden damit spielend weggezaubert. Man kann es zunächst auch mit feiner, nichtverseifter Stahlwolle und Öl versuchen. Feine Stahlwolle gibt es im guten Haushaltswarengeschäft, ein sehr gutes Öl ist Ballistol Waffenöl aus dem Waffenladen. Wenn das noch nicht das gewünschte Ergebnis bringt, dann schafft aber Never Dull alle Alu- und Chrombeschläge.

Der »Caramba Edelstahl-Reiniger C 22« ist ein hochwertiges Reinigungs- und Pflegemittel für Edelstahl, Aluminium, Kupfer und Messing. Er entfernt Schmutz, Kalkablagerungen, Zementschleier, Fette, Öle und Harze. Die behandelten Oberflächen erhalten ihren Glanz und ein gleichmäßiges Aussehen zurück. Sie werden aufgehellt und lange Zeit gegen Verschmutzungen und Anlaufen geschützt.

Für Chrom und Aluminium: spezielle Politur für kratzerfreien Glanz auf Aluminium und Chromflächen.

einen großen Gefallen, wenn Sie die Stoßstangen zur Reinigung und Lackierung ausbauen und auf einer Arbeitsplatte zurechtlegen. Wenn man die Teile drehen und wenden kann, wie man's braucht, arbeitet es sich gleich viel leichter.
Markieren Sie eventuelle Halter und Kleinteile und verstauen alles in einer beschrifteten Box. Das Wiederfinden spart eine Menge Zeit.

Eingefärbte Kunststoffpfleger

Anthrazit oder schwarz gefärbte, nicht lackierte Kunststoffe unterliegen stärker der Alterung, denn sie werden ja nicht von einem Decklack vor UV-Strahlung geschützt und bleichen mit der Zeit aus. Besonders von französischen Autos der 80er-Jahre ist dieses Problem bekannt: Die Kunststoffe bleichen aus, meistens in recht unterschiedlichen Schattierungen, und werden spröde bis zum Auseinanderbröseln.
Der richtige Weg ist dann die Behandlung mit einem speziellen Kunststoff-Tiefenpfleger.
Die serienmäßig grauen oder schwarzen Kunststoffteile haben die ärgerliche Eigenschaft, durch Sonne, Witterung, Schmutz und Pflegemittelflecken bald unansehnlich zu werden. Sonax und andere Hersteller bieten Produkte an, die mit Farbpigmenten versetzt sind und damit eine ähnliche Wirkung auf einem matten Stoßfänger haben wie Schuhcreme auf einem ausgehungerten Leder – es färbt nach und sättigt. Die Wirkungsdauer einer Farbauffrischung ist wie bei Schuhcreme nicht gerade berauschend, sie beträgt je nach Sonneneinstrahlung ca. 2 bis 6 Wochen.
Empfehlenswert ist der »Balsam Tiefenpfleger« von einszett mit hochmolekularen Bestandteilen, die einen wasserfesten, matt glänzenden Film auf allen Kunststoff- und Gummiteilen hinterlassen. Das gut haftende Mittel erlaubt optimalen Auftrag auch an senkrechten Oberflächen, sichert also hohe Ergiebigkeit. Synthetische Zusatzstoffe bieten einen geschlossenen Protektorfilm als Langzeitschutz. Der seidenmatt glänzende Film schützt alle unlackierten Kunststoff- und Gummiteile vor Schmutz, UV-Strahlung, vorzeitiger Alterung und Vergrauung. Bevorzugter Einsatzbereich: Spoiler und Stoßfänger.

Das Lackieren von Kunststoffen

Eine dauerhafte Lösung ist nur der Austausch oder das Überlackieren. Kunststoff-Außenteile wie Spoiler, Stoßfänger oder Seitenplanken müssen vor dem Auf-

Zum Nachfärben: Kunststofffarbe zum Nachfärben verblasster Stoßfänger und Zierleisten.

tragen üblicher Auto-Spraylacke mit einem Haftspray, meist als »Plastic-Primer« bezeichnet, vorlackiert werden. Die in den Decklacken enthaltenen Lösemittel lösen den Kunststoff mit Vorliebe an, um nach kürzester Zeit in großen Schuppen wieder vom Kunststoff wegzuwehen.
Für dieses Problem bietet die Firma Vogelsang mit den matten »Dupli-Color-Plastic-Lacksprays« in den üblichen Farbtönen grau, anthrazit und dunkelgrau eine Lösung an. Das Kunststoff-Lackspray kann ohne Grundierung oder Haftvermittler nach gründlicher Wäsche und Trocknung direkt aufgesprüht werden. Oberflächenglatter Kunststoff soll zuvor aber mit 600er-Schleifpapier nass angeschliffen werden, um die Haftfestigkeit zu verbessern.
Soll ein Kunststoffteil farbig lackiert werden, passen Sie es zunächst einmal an die Karosserie an, bevor Sie mit dem Lackieren beginnen. Vielleicht müssen Sie erst ein wenig schleifen und schneiden. Wenn der Spoiler oder Radlauf dann alle Befestigungslöcher hat und wie angegossen sitzt, nehmen Sie die Sprühdose mit dem Haftvermittler und bearbeiten die Fläche, dann Füllprimer (wie beispielsweise von Auto-K oder Duplicolor angeboten). Den Decklack-Aufbau gestalten Sie aus Basislack und Klarlack.

Die Reinigung von Kunststoffen

Vor dem Behandeln mit einem Kunststoff-Pflegemittel muss der fleckige Kunststoff mit warmem Wasser, dem ein Schuss Brennspiritus beigemischt ist, kräftig abgebürstet werden. Danach abledern und sorgfältig trock-

Profishop: Udo's Wagenpflege betreibt neben der Fahrzeugreinigung einen Shop, in dem die eingesetzten Mittel erworben werden können und auch Schulungen abgehalten werden.

nen. Plastikreiniger und Cockpit-Sprays, die sich im Innenraum des Autos durchaus bewähren, eignen sich nicht für die Kunststoffaußenteile. Sie sind den Witterungsbedingungen nicht gewachsen.

Auto-Shampoos sind zum Reinigen der Kunststoff-Außenteile ungeeignet, der Kunststoff wird dadurch noch fleckiger. Ganz besonders schlimm sind Reinigungsversuche mit Lösemitteln (Aceton, Fleckenwasser, Nitro- oder Kunstharzverdünnung). Diese Mittel greifen den Kunststoff selbst an, was schwammig weiche Stellen oder eine wellige Oberfläche hinterlässt. Da hilft, wenn es schlimm aussieht, nur noch Ausfräsen der Schadstelle und Überspachteln mit Kunststoff-Leichtspachtel.

Wenn Ihnen ein Lackpflegemittel oder eine Lackverdünnung auf ein Kunststoffteil tropft, möglichst sofort mit viel klarem (möglichst heißem) Wasser und einer harten Bürste abschrubben.

Hilft auch Kunststoffpfleger nicht mehr gegen das Ausbleichen, bleibt trotzdem ein Funken Hoffnung: Demontieren Sie die Stoßfänger, reinigen Sie sie nach der beschriebenen Methode und lackieren Sie mit den eigens dafür entwickelten Kunststoffsprays. Diese Lacke sind bei gründlicher Reinigung ausreichend elastisch und haltbar.

Aufbereitung von Gebrauchtwagen

Was umfassende Autopflege ist, das wissen Sie ohnehin schon längst und wir haben es Ihnen hier nur nochmals bestätigt: eine mühselige und langwierige Arbeit, wenn man es gut und nachhaltig machen möchte.

Ein Samstagmorgen allein wird kaum ausreichen, um ein lange vernachlässigtes Gebrauchtfahrzeug wieder auf Vordermann zu bringen. Auch der finanzielle Aufwand für Arbeitsmaterial und Pflegemittel summiert sich schnell zu einem beachtlichen Betrag. Da drängt sich natürlich der Gedanke auf, ob man die Autopflege nicht Profis überlassen sollte.

Jede Suchmaschine liefert Ihnen aus dem Internet in Sekundenschnelle viele Adressen derartiger Fachbetriebe. Sie finden darunter die »Einzelkämpfer« ebenso wie Firmenketten, die oft Franchisenehmer großer Zulieferer für solche professionellen Gebrauchtwagen-Aufbereiter sind. Dazu gehören die Unternehmen:

- CH+21 (www.chplus21.com) mit Online-Shop (www.shop.chplus21.com) in 44319 Dortmund (Auf der Burg 20; Tel.: 02 31 - 2 77 74, Fax: 02 31 - 2 77 75) und
- einszett Werner Sauer GmbH & Co. in 51429 Bergisch Gladbach (Industrieweg 9-15; Tel. 022 04 - 94 94 0, Fax 02204 - 94 94 70) mit ihren 1z-Produkten (www.einszett.com).

Während die 1z-Produkte auch dem Endverbraucher zugänglich sind, werden die CH+21-Gebinde nur gewerblichen Interessenten angeboten.

Dafür aber hat das Gebrauchtwagen-Aufbereitungssystem von CH+21 für nahezu jedes Problem eine Lösung. Weil man bei CH+21 darauf achtet, dass alle Franchise-Nehmer über einen guten Wissensstand und ein vorgeschriebenes Mindestmaß an Platz und Ausstattung verfügen, ist überall gleich gute Qualität zu erwarten.

Trockeneisreinigung: Die Spezialisten dieser Branche gehen die starken Verschmutzungen auch mit Trockeneis an.

Vorher tragisch: Schmutzränder und Ablagerungen machen den Sitz wirklich unansehnlich.

Nachher neuwertig: Der gleiche Sitz hinterlässt nun auch beim Einsteigen einen gepflegten Eindruck.

Service wird groß geschrieben

Solche Pflegeprofis bieten natürlich auch an, das Fahrzeug bei Ihnen abzuholen und es strahlend sauber wieder abzuliefern. Service wird von den Firmen eben tatsächlich groß geschrieben. Pflege-Abo, Abhol- und Zubringerdienste im Planenhänger, Termintreue und das Eingehen auf individuelle Pflegewünsche gehören zum Standardangebot.

Sie können aber auch einmal darum bitten, an Ort und Stelle dabei zu sein. Uns ließ ein Pflegecenter ein wenig in die Karten schauen: Obwohl im Allgemeinen feste Arbeitsläufe vorgegeben sind, wird dennoch jedes Fahrzeug individuell be- und aufbereitet. Es wird also der Tatsache Rechnung getragen, dass jedes der Pflegeobjekte seine eigenen Schwerpunkte in Sachen Verschmutzung hat. Von der Hand-Oberwäsche bis hin zum Komplett-Paket, bei dessen Anwendung fast das gesamte Fahrzeuginnere zerlegt wird, steht individuellen Kundenwünschen nichts im Weg.

Außenfinish: Die Arbeit an Lack und Chrom ist oft recht aufwändig.

Rückgrat und Hülle

Die vielfältigen Anforderungen, die heute an ein Auto gestellt werden, betreffen in vollem Umfang die Karosserie als Rückgrat und Hülle des Fahrzeugs. Eine Autokarosserie wird unter Anwendung modernster Technologie entwickelt. Mit aufwändiger Rechentechnik ist es dem Konstrukteur möglich, für bestimmte Karosserieformen und Blechprofile am Bildschirm die gewünschten Anforderungen an Stabilität, Montagefähigkeit und Crashverhalten zu simulieren.

Die moderne Karosserie

Klar konstruiert verbinden heutige Karosserien Hightech und moderne Architektur. Ausgezeichnete Torsionssteifigkeit, fortschrittlicher Leichtbau und ein cw-Wert unter 0,3 charakterisieren derartige Entwicklungen. Die aerodynamische Formgüte wird erreicht durch das Design der Stoßfänger, durch kleine Spalt- und Fugenmaße, durch den flächenbündigen Einbau von Scheiben und Scheinwerfern, durch den wenig zerklüfteten Unterboden und durch die untere Motorraumabdeckung. Weiteres Qualitätsmerkmal sind die Vollverzinkung von Stahlkarosserien und eine hoch entwickelte Lackierung, wodurch Gewährleistungsfristen von 6 bis 12 Jahren (in einzelnen Fällen noch weit darüber) gegen Durchrostung von innen nach außen möglich sind. Eine enorm hohe Verwindungssteifigkeit reduziert weitestgehend die akustischen Alterserscheinungen. Präzise Rohbaufertigung mit modernen Fügetechnologien und effizienter Laserschweißung minimiert, wie schon erwähnt, die Fugenmaße, was sowohl lästige Windgeräusche als auch den Kraftstoffverbrauch verringert. Die Karosserien sind zumeist selbsttragend. Bodengruppe, Seitenteile, Dach und die hinteren Kotflügel sind miteinander verschweißt. Eine Reparatur größerer Karosserieschäden und das Auswechseln der geklebten Scheiben sollten Sie der Fachwerkstatt überlassen. Motorhaube, Heckklappe, die vorderen Kotflügel und die Türen sind angeschraubt und lassen sich mit mehr oder weniger Montageaufwand auswechseln. Allerdings setzen die nötigen präzisen Einstellungen und das Einhalten der richtigen Maße viel Erfahrung und Fingerspitzengefühl voraus.

Konzeptionen für den Leichtbau

Gegenwärtiger Stand und absehbare Zukunft der Karosserieentwicklung werden durch den Fortschritt des Leichtbaus bestimmt. Hierfür gibt es momentan diverse Konzepte:

- Voller Einsatz von Aluminium und Magnesium;
- Verwendung von faserverstärkten Kunststoffen;
- superleichte Stahlkarosserien aus raffinierten Profilen und Strukturen;
- Kombination der genannten drei Konzepte.

Für Aluminium sprechen neben dem geringeren Gewicht die hervorragende Recyclingfähigkeit und die daher sehr positive Energiebilanz. Insgesamt liegt beim Einsatz dieses Leichtmetalls der Energieverbrauch im Fahrzeug-Lebenszyklus von der Herstellung über den Betrieb bis zur Wiederverwertung deutlich unter dem Energieverbrauch eines konventionell gebauten Autos vergleichbarer Größen- und Leistungsklasse. Außerdem ist Rost ein Fremdwort für das Konzept der Vollaluminium-Karosserie.

Die Kombination macht's: Profile, Konstruktionsteile und unterschiedliche Festigkeiten ergeben in der Summe eine hochfeste Karosserie mit definierten Eigenschaften hinsichtlich ihrer Verwindung und Crashsicherheit. Prallbereiche und Verformung sind vorbestimmt.

Karosserien aus Aluminium

Fast alle Autohersteller weltweit arbeiten am Einsatz von Aluminium für Karosserie und andere Fahrzeugteile. Im September 2003 legte Audi die Konzeptstudie eines Hochleistungs-Sportwagens vor, der »die Gene des dreifachen Le Mans-Siegers Audi R8 in einem spektakulären Straßenfahrzeug lebendig werden lässt«, wie der Autohersteller selbstbewusst formulierte. Die Studie Le Mans quattro ist eine gelungene Synthese von Motorsporttechnologie und Alltagsauto. Eine Aluminiumkarosserie in Audi Space Frame (ASF)-Bauweise bildet die tragende Struktur, Außenhaut und Anbauteile folgen ebenfalls einem Leichtbaukonzept.

Der Space Frame von Audi

Diese Studie ist keineswegs realitätsfern. Schon 1994 setzte das Audi-Space-Frame (ASF)-Konzept des A8 einen Meilenstein im Automobilbau. Im Jahr 2000 kam mit dem A2 das weltweit erste Großserienfahrzeug aus Aluminium auf den Markt. Seit fast 20 Jahren betreibt Audi intensive Forschungs- und Entwicklungsarbeiten mit dem Werkstoff Aluminium und baute so ein beispielloses Know-how und nach Expertenansicht einen Vorsprung von fünf Jahren im Umgang mit diesem Leichtmetall auf. Der Standort Neckarsulm in Baden-Württemberg, wo der A8 produziert wird, avancierte zum Mittelpunkt dieser Forschungen. Dort bündelt der Konzern seit über zehn Jahren seine Leichtbau-Kompetenz in einem Aluminium-Zentrum mit über 100 Mitarbeitern.

Das Audi-Space-Frame-Konzept unterscheidet sich grundsätzlich von der reinen Stahlblech-Bauweise. Sowohl die Aufbaufolge als auch die Fügetechnik sind unterschiedlich. Beim Audi A2 wurden komplexe Vakuumdruckgussteile als Strukturbauteile mit hoher Funktionsintegration eingesetzt. In der Fertigung kamen als Verbindungstechniken das MIG-Schweißen, das Stanznieten und das Laserstrahlschweißen zum Einsatz. Viele Strangpressprofile wurden durch Innenhochdruckumformung kalibriert. Das Seitenteil wurde von der vorderen Dachsäule bis zur Gepäckraumkante einschließlich der Türöffnungen aus einem Stück gepresst.

Aluminium Spaceframe: feine Struktur mit geringem Gewicht und ganz besonderen Anforderungen.

Alu-Karosse für Massenfertigung

Audi formulierte die Entwicklungsziele für den A2 vom A8 ausgehend: Es sollten mindestens 40% Gewicht gegenüber einer vergleichbaren Stahlkarosserie eingespart werden; für die geplante Stückzahl von 300 Fahrzeugen pro Tag sollte ein hoher Automatisierungsgrad der Rohkarosseriefertigung möglich sein; das Leichtbaupotenzial mit weiterentwickelten Aluminiumhalbzeugen Guss, Strangpressprofil und Blech sollte voll ausgeschöpft werden; Steifigkeit und Crashverhalten sollten höchsten Anforderungen genügen. Die Teileanzahl im Vergleich zum A8 wurde deutlich reduziert. Beim ASF der 2. Generation wurden die Gussteile im Wesentlichen als multifunktionale Großbauteile eingesetzt. Der prozentuale Anteil an geraden Strangpressprofilen wurde bedeutend erhöht, um aufwändige Biegevorgänge weitgehend zu vermeiden. Es gab nur noch sechs gebogene Strangpressprofile. Als Verbindungstechniken kamen Stanznieten und MIG-Schweißen zum Einsatz, wobei der Anteil der MIG-Schweißungen deutlich reduziert wurde. Auf Punktschweißen, Durchsetzfügen und Strukturkleben wurde vollständig verzichtet. Als Weltneuheit im Automobilbau wurde das Laserstrahlschweißen von Aluminium-Karosseriebauteilen mit einer Schweißnahtgesamtlänge von 30 Metern eingesetzt. Die ASF-Struktur bestand aus Strangpressprofilen, Gussteilen als Knotenelementen und Großgussteilen mit integrierten Funktionsflächen. In die Fachwerkstruktur wurden Bleche aus naturharten und aushärtbaren Legierungen eingebunden. Der prozentuale Gewichtsanteil der Gussteile war mit 22% annähernd so hoch wie beim A8, jedoch waren die Teile im A2 erheblich größer. Die Teilezahl aber war deutlich gesunken, weshalb sie wirklich eine neue Generation von Karosseriebauteilen darstellten.

Stanznieten und Laserschweißen

Aluminiumbleche für Karosserien sind gegenüber Tiefziehblechen aus Stahl in ihrer Umformbarkeit leicht eingeschränkt. Die permanente Optimierung der Bauteilgeometrie vom ersten Konzept des A2 bis hin zur Serie erlaubte es jedoch, so komplexe Bauteilgeometrien wie die einteilige Seitenwand zu realisieren. Dies war erst möglich durch die lange Erfahrung mit der Simulation von Aluminium-Blechbauteilen und ein neues, patentiertes Werkzeugkonzept. Auch andere Karosserieteile waren beim A2 fortschrittlicher als beim A8, wie z. B. ein Vergleich der B-Säulen zeigt: Die Zahl der Einzelteile war radikal auf eins reduziert, Qualitätsguss hatte das Schweißen abgelöst, das Gewicht war spürbar geringer.

Metall-Inertgas-Schweißen

Das Metall-Inertgas-Schweißen (MIG) mit Impulslichtbogen war für die A2-Fertigung optimiert worden. Neue, transistorisierte Stromquellengenerationen mit besserem Zünd- und Regelverhalten kamen zum Einsatz. Die Stromquellen waren vollständig digitalisiert, Schweißparameter konnten schneller und detaillierter verändert werden. Neue Zündkonzepte erlauben definierte und reproduzierbare Lichtbogenzündung. Der Anteil an Stanznietverbindungen hat sich gegenüber dem A8 um vier Zehntel auf 1800 Verbindungspunkte erhöht. Größter Vorteil sind Verbindungen ohne Erwärmung der Bauteile. Thermische Verzüge traten nicht auf. Die Stanznietverbindung war form- und kraftschlüssig sowie gas- und wasserdicht. Die Verbindungsfestigkeiten bei statischer oder dynamischer Beanspruchung sind sehr hoch. Eingesetzt wurden ausschließlich Halbhohlniete mit unterschiedlichen Abmessungen. Der hoch optimierte Fügeprozess wurde fast durchgängig mit Industrierobotern automatisiert.

Das Laserstrahlschweißen bietet gegenüber mechanischen Fügeverfahren linienförmige anstelle punktförmiger Verbindungen sowie geringere Flanschbreite bei Überlappungen. Verglichen mit anderen Schweißverfahren war der Laser-Prozess wegen der höheren Schweißgeschwindigkeiten (3 bis 7 m/min), der geringeren Wärmeeinbringung und den geringe-

Fertigungsstraße: Schweißungen und andere Verbindungen werden heute auf Roboterstraßen durchgeführt.

ren Anforderungen an einen definierten Oberflächenwiderstand vorteilhaft. Das Verfahren wurde im A2 vorwiegend zum Verbinden großflächiger Blechteile mit der Karosseriestruktur aus Guss- und Profilteilen eingesetzt. Insgesamt wurden rund 30 m Laser-Verbindungslänge im A2-Spaceframe realisiert. Gegenwärtig ist der A8 der einzige ASF-Audi

Die Probleme des Alu-Rahmens

Auch BMW fertigte ebenfalls eine Karosserie in ASF-Technologie, übersetzt das allerdings mit Aluminium-Spaceframe. Doch BMW baute sie nicht in Serienfertigung, sondern in Handarbeit. Im Oktober 2000 informierte das Unternehmen darüber, dass der offene Sportwagen Z8 »das erste komplette Aluminiumfahrzeug in diesem Marktsegment durch Einsatz eines Strangpressprofil-Grundrahmens ohne Gussknoten« war. Ganz ähnlich wie bei Audi bildeten Strangpressprofile gleich dem Fachwerk eines Hauses den Rahmen, auf den mit rund 1000 Stanznieten und 57 Metern Schmelzschweißnaht (MIG) Blechschalenteile zum Spaceframe gefügt wurden. Damit erhielt der offene Sportwagen höchstmögliche Steifigkeit und passive Sicherheit bei geringem Gewicht. Ein fahrfertiger Z8 »bringt gerade mal 1585 Kilogramm Leergewicht auf die Waage« und war damit ein Leichtgewicht in seiner Klasse. BMW berichtete im Zusammenhang mit der Neuentwicklung ausführlich darüber, wie eine solche moderne Karosserie entsteht: Rund 400 Aluminium-Teile wurden im Werk Dingolfing von rund 100 Mann in zwei Schichten zur Karosserie zusammengefügt. So reizvoll das Leichtmetall für den Konstrukteur ist, betonte man, »so schwer ist es zu verarbeiten. Allein schon der Umgang mit den Aluminium-Rohteilen verlangt besondere Sorgfalt. Ein Fingerabdruck an der späteren Nahtstelle beeinträchtigt den Schmelzvorgang, was der Profi sofort an der veränderten Flammenfarbe des Lichtbogens bemerkt. Und Aluminiumschweißnähte kann man nur zweimal nacharbeiten, dann hat sich ihr Gefüge so verändert, dass sie die Anforderungen nicht mehr erfüllen.« Die Schweißparameter mussten exakt auf die Materialstärke abgestimmt sein, sonst brannte der Lichtbogen ein Loch ins Blech oder die Teile wurden nur schlecht verklebt statt verschmolzen.

Tägliche Generalprobe

»Täglich vor Arbeitsbeginn ziehen die Schweißspezialisten in Dingolfing eine Probenaht, die anschließend fachmännisch begutachtet wird. Das stellt sicher, dass sowohl der Mitarbeiter als auch das Gerät in Z8-Form sind – also topfit«, hieß es jedenfalls in der Anfangsphase. Die Vorrichtungen für die Rohbauteile war schwenkbar ausgelegt, um gute Zugänglichkeit und somit beste Schweißnahtqualität zu garantieren. Weil sich beim Schweißen von Aluminium Ozon bildet, wurde in der Fertigungshalle eine darauf abgestimmte Schweißrauchabsaugung installiert, ergänzt durch belüftete Schweißhelme. Die qualitativen Anforderungen an die Nietspezialisten waren ebenso hoch. Die Niettechnologie war ja fast nur noch dem Namen nach eine solche. Der Niet wurde beim Einpressen in das Material verformt, ohne dass er dabei auf der Rückseite des Werkstücks austritt. Das Ergebnis war eine hochfeste Verbindung. Dafür musste der Mann an der Nietzange sein Werkzeug so exakt ansetzen, dass der Niet rechtwinklig durch die Blechpaarung gedrückt wird, wobei die Nietflächen praktisch in allen räumlichen Ebenen lagen.

Viel Aufwand für hohe Qualität

Selbstverständlich dauerte der Arbeitstakt bei der Z8-Produktion deutlich länger als bei einer Großserien-Fertigung. Am Ende des Karosserieaufbaus folgte das Einschweißen der Gewindebolzen, an denen später Anbauteile wie Bremsleitungen oder Verkleidungen angebracht wurden. Das war der einzige Job, den beim Aufbau der Z8-Rohkarosse Roboter übernahmen, weil die Automaten jeden einprogrammierten Schritt mit unschlagbarer Wiederholgenauigkeit ausführen. Deshalb setzte BMW beim Bolzenschweißen generell Roboter ein, unabhängig von der Stückzahl. Schließlich wurde jede Rohkarosserie auf ihre Maßhaltigkeit überprüft, bevor Türen, Klappen und Seitenwände angeschraubt wurden. Dann folgte der große Abschluss-Check, bei dem auch Fingerspitzengefühl und Augenmaß gefragt sind. Jede kleine Unebenheit in den Formblechen von Türen, Kotflügeln oder Klappen, jeder Materialfehler wurde hier im grellen Licht spezieller Scheinwerfer bei jedem einzelnen Auto unbarmherzig gesucht und egalisiert.

Anhand von Prüflehren maßen die Profis Spaltmaße und Passgenauigkeit, allein der Sitz der Frontklappe wurde beispielsweise an neun Messpunkten mit dem Mikrometer kontrolliert und dokumentiert. Wo notwendig, wurde per Hand nachgeschliffen, dann erst ging die Karosserie wie die Großserienfahrzeuge in die Lackiererei.

Der Einsatz von Kunststoff

Um bei BMW zu bleiben: Das Unternehmen entwickelt unter enormem Einsatz eine neue Technologie, mit der die komplette Fahrgastzelle von Serienautos aus kohlefaserverstärktem Kunststoff (CFK) hergestellt werden kann. Das Konzept sieht eine neuartige, horizontal geteilte Karosserie mit Trennung in Funktionsrahmen und Zelle vor. Bislang wird Kohlefaser im Automobilbau praktisch nur im Rennsport eingesetzt. Deshalb war es bemerkenswert, dass BMW Ende 2000 einen ersten Versuchsträger fertigstellte und im Crash auf passive Sicherheit erprobte.

Leichter als Stahl und Aluminium

Natürlich werden Kunststoffe auch von allen anderen Automobilfirmen eingesetzt, allerdings zunächst nur partiell. So hatte z. B. das Großserien-Aluminiumfahrzeug A2 von Audi vordere Kotflügel aus Kunststoff, bei den »stählernen« Modellen A4 und A3 gab es Kunststoffheckklappen (SMC) für die Cabrio-Ausführungen.

Kohlefaserverstärkte Kunststoffe in der Karosseriestruktur bieten nach heutigem Stand das größte Einsparpotenzial beim Fahrzeuggewicht. Das hochfeste Material wiegt bis zu 50 Prozent weniger als Stahlblech und bis zu 30 Prozent weniger als Aluminium-Profile. Weniger Fahrzeuggewicht ist gleichbedeutend mit weniger Verbrauch. Weitere wesentliche Vorteile von Karosserien aus hochfesten Kohlefasern sind ein

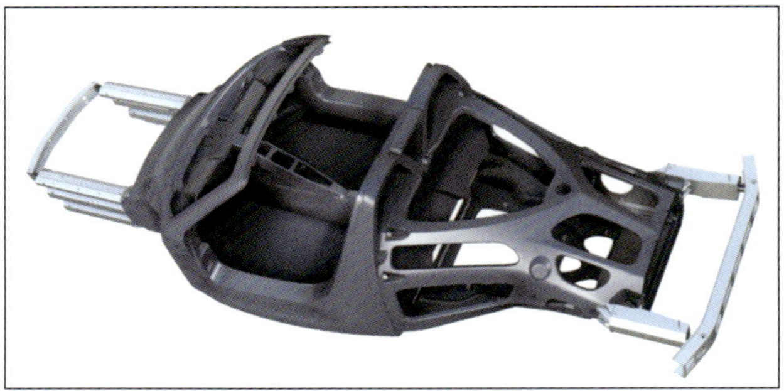

Kohlefaser: extreme Festigkeit bei geringem Gewicht. Die Prallzone aus Aluminium wird verschraubt.

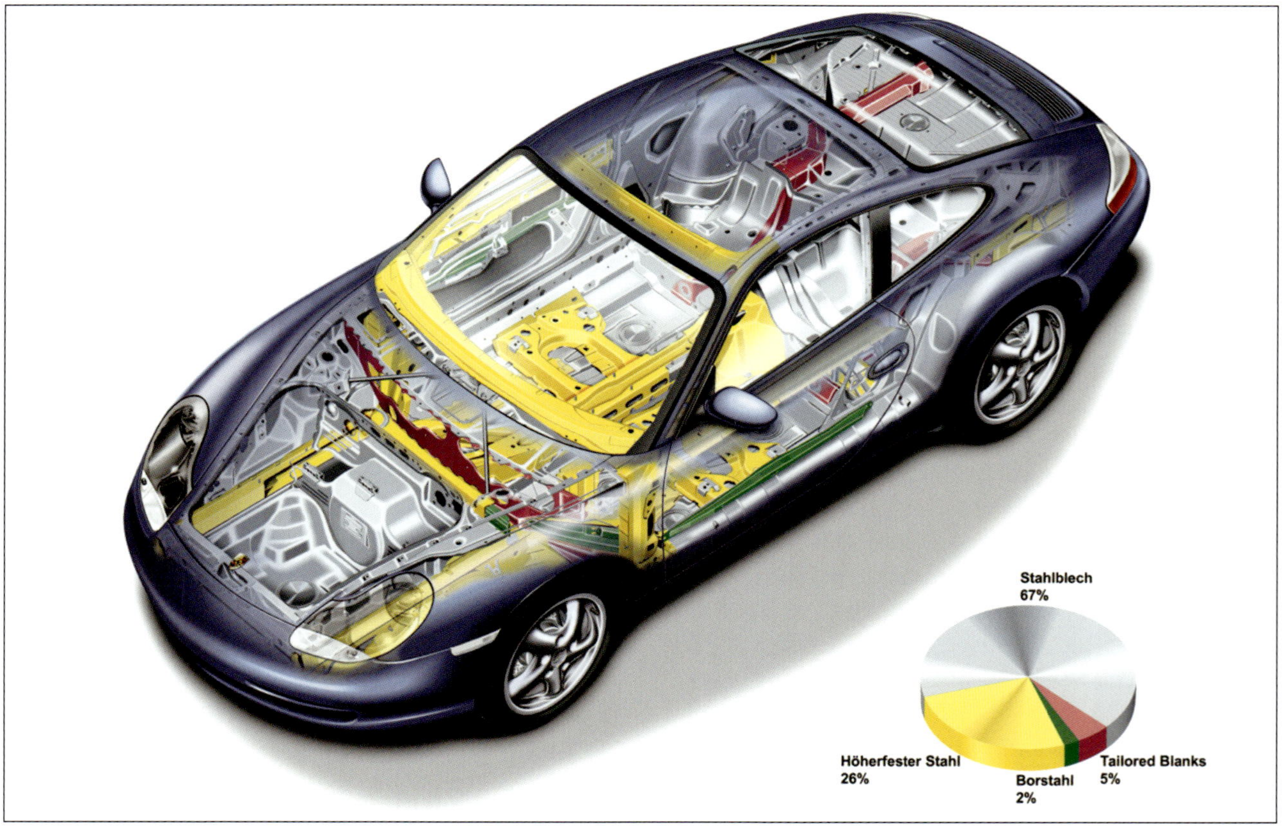

Stahl ist nicht gleich Stahl: Die edle Optik ist beeindruckend, wird aber auch mit Folierungen imitiert.

vorbildliches Crashverhalten sowie die Korrosionsbeständigkeit. Darüber hinaus ermöglicht der Einsatz von Kohlefasern eine geringere Zahl von dafür größeren Bauteilen. So können großflächige, aus Aluminium oder Stahlblech nicht herstellbare Bauteile aus CFK produziert werden. Zur Erreichung dieser Ziele schloss die BMW Group eine strategische Entwicklungs- und Zulieferpartnerschaft mit der US-amerikanischen Firma Zoltek AG, die in der Produktion von hochwertigen Fasermaterialien führend ist. Die Kooperation soll zu wirtschaftlich sinnvoller, qualitativ hochwertiger und reproduzierbarer Großserienfertigung von Kohlefaserhalbzeugen für CFK-Karosserien führen. Zoltek soll bereits Verfahren entwickelt haben, mit geringen Kosten hochwertige Faserverbundstoffe in großer Menge herzustellen.

Stahl bleibt wichtigster Faktor

Mit den neuen Trends konfrontiert, verhält sich die Stahlindustrie keineswegs passiv oder abwartend. Sie tritt mit der Zusicherung an, dem Autokäufer könnten »zukünftig Pkw mit verbesserter Sicherheit, verminderten CO_2-Emissionen und reduziertem Kraftstoffverbrauch durch den Einsatz neuer hochfester Stähle preisgünstig angeboten werden«. Sie sieht dabei ihre Aufgabe darin, den Materialeinsatz zu optimieren und damit den Ressourcenverbrauch zu verringern.

Für den Selbsthelfer sind das günstige Nachrichten. Aluminium und CFK sind Materialien, mit denen er zunächst noch wenig anfangen kann. Auch der Ersatzteilhandel ist auf solche Werkstoffe vorerst noch nicht eingestellt. Der Massenfahrzeugbau setzt sicher noch auf lange Sicht Stahl und die meist unverstärkten Kunststoffe für Verkleidungen ein.

So hat im Auftrag eines internationalen Konsortiums von 35 Stahlherstellern aus 18 Ländern Porsche Engineering Services, Inc. (Troy/USA), eine Tochtergesellschaft der Stuttgarter Dr. Ing. h.c. F. Porsche AG, mit heute verfügbaren modernsten Konstruktions- und Simulationstechniken Konzepte für zwei stahlintensive Fahrzeuge umgesetzt: ein dreitüriges Kompaktklassenfahrzeug für den europäischen und asiatischen sowie ein viertüriges Stufenheckmodell der Mittelklasse für den amerikanischen Markt. Nach neutralen Kostenanalysen sind so gefertigte Autos in Großserie nicht teurer als konventionelle Fahrzeuge. Die Herstellungskosten sollen bei rund 9500 Euro liegen.

ULSAB für die Zukunft mit Stahl

Schon Ende 1994 hatte das Konsortium das internationale Projekt »Ultra Light Steel Auto Body ULSAB« (Ultraleichte Stahl-Karosserie) gestartet. Für einen fünfsitzigen Pkw der oberen Mittelklasse wurde eine ultraleichte Karosserie aus Stahl (ohne Anbauteile) entwickelt. Sie sollte deutlich leichter als die Karosserien vergleichbarer Fahrzeuge sein, alle Anforderungen an Funktion und Sicherheit erfüllen, hinsichtlich Design, Aufbau, Werkstoffauswahl und Verarbeitung auch für künftige Fahrzeuggenerationen einsetzbar bleiben und in Großserie ohne Mehrkosten gefertigt werden können. Die Demonstrationskarosserien wurden 1998 weltweit der Öffentlichkeit vorgestellt.

Ihre wichtigsten Vorzüge:

- Im Vergleich zu den bei Projektbeginn ausgewählten Referenzfahrzeugen derselben Klasse 25% geringeres Karosseriegewicht;
- bis zu 80% höhere Steifigkeit;
- hohe Crash-Sicherheit sowie
- kostengünstige Herstellung.

Die Ziele wurden erreicht durch den Einsatz innovativer Stahlprodukte und neuerer Verarbeitungstechniken. Verwendet wurden höher- und hochfeste Stähle, geschweißte Platinen (»Tailored Blanks«) und Stahl-Sandwichbleche. Innenhochdruckumformung und Laserschweißen waren die Technologien beim Zusammenbau.

Kompaktfahrzeuge unter 1000 Kilogramm

Eine Fortführung dieses Konzepts für künftige Generationen von Automobilen aus Stahl ist die Studie ULSAB-AVC (AVC = **A**dvanced **V**ehicle **C**oncepts). Sie weist für die Fahrzeuge mit ultraleichten Karosserien wesentliche Fortschritte hinsichtlich Sicherheit, Kraftstoffeinsparung und Umweltverträglichkeit zu vergleichbaren Herstellungskosten nach. ULSAB-AVC erreichen Computersimulationen zufolge die hohen Si-

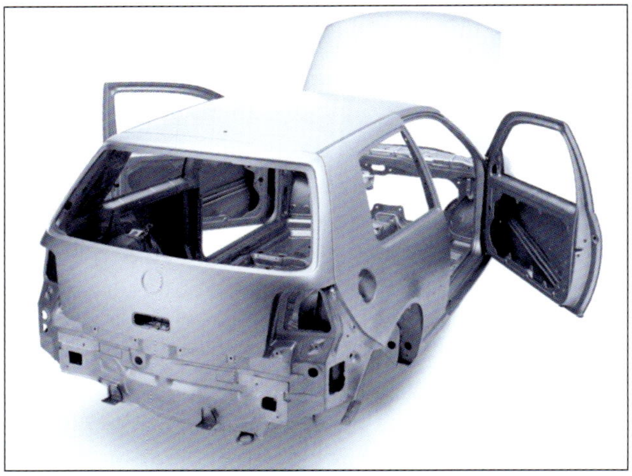

Leichtgewicht: Auch aus Stahl entstehen Karosserien, die das Konzept der Leichtbaufahrzeuge stützen.

Leichtgewicht: Die Kombination mit Faserverbundstoffen liefern vielseitige Möglichkeiten Formgestaltung und Festigkeit in Einklang zu bringen.

cherheitsstandards des Jahres 2004 und übertreffen die meisten derzeitigen Autos. Sie bieten das Potenzial für die höchste 5-Sterne-Einstufung nach den strengen europäischen Sicherheitsanforderungen.

Die ULSAB-AVC-Konzepte sind nicht nur sicher und umweltfreundlich, sondern auch sparsam: Nur 3,2 Liter pro 100 Kilometer verbraucht das Schrägheckmodell der Kompaktklasse mit einem 1,2-Liter-Dieselmotor nach dem neuen europäischen Fahrzyklus. Möglich wird das hauptsächlich durch optimierten Antriebsstrang (Motor und Getriebe), niedrigen Windwiderstand und geringes Fahrzeuggewicht. Dieses liegt mit nur 933 kg rund 200 kg oder 20 Prozent unter dem durchschnittlichen Gewicht von heutigen Kompaktklasse-Fahrzeugen.

Mit dem Projekt verfolgt die Stahlindustrie das Ziel,

Präzision in Serie: Auch die Positionierung der Karosseriebestandteile erfolgt in einer modernen Serienfertigung mit Robotern.

den Automobilherstellern weitergehende Lösungsansätze für die Entwicklung und Fertigung von Fahrzeugen zur Verfügung zu stellen. Sie will mit ULASAB-AVC zeigen, wie der Werkstoff Stahl dazu beitragen kann, die gesellschaftlichen Anforderungen des 21. Jahrhunderts an ein Auto zu erfüllen.
Ohne Zweifel werden die Autohersteller in den nächsten Jahren ULSAB-AVC-Lösungsvorschläge verwenden: neue hochfeste Stähle und moderne Stahlprodukte in Kombination mit innovativen Entwürfen und Fertigungstechniken. Diese Orientierung, wann immer sie komplett umgesetzt sein mag, verspricht jedenfalls weiterhin Autokarosserien aus Stahl. Aufbereitung und Reparaturen, wie sie seit Jahren üblich sind, bleiben also weiter angesagt. Aber Werkstätten wie Heimwerker haben sich eben auch auf Aluminium, Magnesium und faserverstärkte Kunststoffe einzustellen.

Präzise Maßhaltigkeit

Zum Thema »moderne Autokarosserien« gehört neben dem weitgehenden Einsatz von Computern zum Entwurf und zur Optimierung auch die Entwicklung der messtechnischen Mittel und Methoden. Die immer ausgeklügelteren Technologien beim Gießen und beim Fügen ermöglichen und fordern höchste Maßhaltigkeit und Präzision. So wurden z. B. die Fügelänge (beim MIG-Schweißen) des A2 im Vergleich zum A8 auf 20 m verringert, die Fügegeschwindigkeit aber auf etwa 1,0 m/min erhöht. Beides wirkt sich äußerst positiv auf die Präzision der Zusammenbaugruppen aus. Bei Wanddicken von mehr als 6 bis 7 mm können auch beim Vakuum-Druckgießen Fehlstellen durch Schrumpfen beim Erstarren der Schmelze entstehen. Man wendet deshalb das »Thixocasting« genannte Verfahren zur Formgebung an. Dabei wird die »Schmelze« in Form von Bolzen teilerstarrt anstelle flüssig in die Füllkammer gegeben. Das Erstarrungsintervall wird kleiner, es entstehen weniger Volumendefekte. Solche und weitere Effekte und Fertigungsmethoden erfordern dann hochgenaues Vermessen während des Entstehens der Karosserie und nach ihrer Fertigstellung. Auch hierbei sind Laserstrahl und Computer wieder wichtige Hilfsmittel.

Die Zukunft gehört dem Mischbau

Wie immer hinsichtlich komplexer Themen, wird ein Kompromiss auf längere Sicht der richtige Weg im Karosseriebau sein. Den einzigen (Zukunfts-)Werkstoff wird es ganz einfach nicht geben. Stahl, Leichtmetalle und Kunststoff in günstigster Kombination – darüber denken die Automobilhersteller am intensivsten nach. Die Zukunft gehört einem intelligenten Werkstoffmix, der Kombination von verschiedenen Materialien je nach Erfordernis.

Strategische Linie Stahl-Aluminium

Beim neuen 5er übersetzt BMW die Formel »intelligenter Materialmix« mit »Stahl+Aluminium«. Erstmals wird für dieses Fahrzeug der »Gewichtsreduzierte Aluminium-Vorderbau (GRAV)« in Serie gefertigt. Auch bei Audi beispielsweise gibt es solchen Materialmix. Der TT mit Stahlkarosse hat eine Frontklappe aus Aluminium. Aber BMW kombiniert als erster Automobilhersteller der Welt Stahl- und Aluminiumstrukturen: Ein Aluminium-Vorderbau wird im Bereich der A-Säulen mit der restlichen Rohkarosserie aus Stahl verbunden. Auch die vorderen Seitenwände und die Frontklappe sind aus Aluminium. Zu einem wesentlichen Teil dadurch wird das gesamte Fahrzeug je nach Modell 50 bis 75 kg leichter als der Vorgänger.
Diese Kombination erfordert einmal mehr den Einsatz ausgefeilter Fügeprozesse. Abhängig von Belastung und Material wird beim GRAV geklebt, genietet, geschweißt und ein spezieller Laser eingesetzt. Der technologisch schwierige Metallmix wird durch innovative Verfahren möglich. Bei Stahl und Aluminium treffen ja unterschiedliche Wärmeausdehnungskoeffizienten aufeinander. Mit einem gewährleisteten Stanznietabstand von 50 Millimeter bleiben Spannungsspitzen und Verformungen jedoch innerhalb der Grenzwerte. Stahl und Aluminium haben außerdem unterschiedliche elektrochemische Potenziale. Der Korrosionsschutz verlangt deshalb eine vollständige Füllung der aneinanderstoßenden Flansche mit einem neu entwickelten, isolierenden Klebstoff. Diese Klebstofffüllung ist in der Produktion automatisiert und kameraüberwacht. Weitere Fügetechniken werden aber nicht eingesetzt, sodass Reparaturen dennoch in allen Werkstätten möglich sind.
Für »zunehmend interessant bei einigen Anwendun-

gen« hält man bei BMW auch den Einsatz von Aluminium- oder Magnesium-Druckguss. Das gelte insbesondere im Interieurbereich bis hin zu Sitzstrukturteilen. Praktisches Beispiel ist der Rolls-Royce Instrumententafel-Träger aus Magnesium.

Die Entwicklungslinie Materialmix wird auch von DaimlerChrysler favorisiert. Die Fahrzeuge dieses Konzerns sollen ebenfalls spürbar leichter werden bei gleich bleibender oder eher noch steigender Qualität und Stabilität der Karosserie. Das Wort »Rost« wird ein Mercedes-Fahrer vergessen können. Ihm werden künftig 30 rostfreie Jahre bei seinem Fahrzeug garantiert, wobei dieses anspruchsvolle Ziel von der Lackierung mit »Nano-Lack« (mehr dazu im Kapitel »Schutz und Schönheit durch Lack«) unterstützt wird.

Stahl-Aluminium-Mix auch bei Opel

Die Adam Opel AG unterstreicht übrigens ebenfalls, »weniger eine separate Strategie für den Einsatz bestimmter Materialien« in den Karosserien ihrer Produkte zu verfolgen, sondern »die Karosserie-Leichtbau-Philosophie ganzheitlich, aber dennoch flexibel« auszulegen. Der gezielte Einsatz von z. B. Magnesium oder Aluminium in Opel-Fahrzeugen werde stets mit dem Einsatz höherfester Stähle und spezieller Verbindungstechnologien verknüpft.

Je nach Anwendungsbereich setzt Opel galvanisch und feuerverzinkten Stahl ein. Das Unternehmen arbeitet mit vorverzinkten Blechen, die Karosserie wird nicht als Ganzes verzinkt. Man setzt auch in dieser Hinsicht auf eine »Mischbauweise«. Für Außenhautteile werden vorzugsweise elektrolytisch verzinkte Bleche verwendet. Für Unterboden oder Verstärkungsteile, die starken Korrosionsbelastungen unterliegen, setzt der Opel-Karosseriebau feuerverzinktes Material ein, im Einzelfall auch elektrolytisch mit Zink/Nickel beschichtetes Blech.

Auf drei der 17 Pressenstraßen (Durchlauf: 600 Tonnen Blech täglich) des vor 30 Jahren eingeweihten Presswerks in Kaiserslautern entstehen seit Januar 2002 täglich rund 1400 Aluminium-Motorhauben für den Opel Vectra und den Vectra GTS. Der Werkstoff für die innovative Leichtbauweise reduziert das Gewicht der Haube um 45 Prozent. Seit Kurzem werden hier auch die Hauben für den Opel Signum und den Vectra Caravan hergestellt. Damit produziert das Werk Kaiserslautern Karosserieteile aus Aluminium in Stückzahlen, die Opel weltweit einen Spitzenplatz einräumen: Über 450.000 Hauben pro Jahr sind die maximale Kapazität.

Opel Antara: Bei den heutigen Karosserien und Fahrzeugproduktionen hat der Stahlanteil wieder zugenommen.

Arbeiten an der Karosserie

Die auf die geschilderte Weise hergestellte Karosserie kann nun leider im Laufe eines Autolebens Schaden nehmen. In leichteren Fällen genügen vorsichtiges Ausbeulen, etwas Spachtel und neuer Lack (siehe spätere Kapitel), um das gute Aussehen wieder herzustellen. Wenn optische Aufbereitung nicht mehr hinreicht und Instandsetzung nötig wird, um vor allem auch die Funktionssicherheit wieder zu gewährleisten, müssen weitergehende Fertigkeiten bemüht werden.

Mit Ausbeul-Set und Schweißgerät

Wir möchten Ihnen deshalb einige Möglichkeiten der Karosserie-Instandsetzung nahe bringen. Ob das Blech aufgrund eines Unfallschadens zerknittert wurde oder Korrosion das Blech zerfraß, spielt dabei eine untergeordnete Rolle. Wichtig ist vor allem, wie stark das Blech und eventuell tragende Teile wie Längsträger, Schweller oder Türsäulen in Mitleidenschaft gezogen wurden. Sind tragende Elemente beim Aufprall beschädigt worden, muss das Auto zuerst zum Vermessen auf eine Richtbank.

Wenn Sie sich beim unvorsichtigen Einparken das Heckblech samt Stoßfänger ruiniert haben, kann das Schweißgerät in aller Regel in der Garage bleiben. Da reichen ein gut sortiertes mittleres Ausbeul-Set und vielleicht ein neuer Stoßfänger. Fand der Unfall mit höherer Geschwindigkeit statt, vielleicht sogar seitlich versetzt, ist ein Schweißgerät wohl unverzichtbar.

Über viele Jahrzehnte Automobilbau hinweg galt der Erfahrungswert, dass der häufigste Einsatz des Schutzgas-Schweißens durch Heimwerker in der mehr oder minder erfolgreichen Restauration von korrodiertem Autoblech besteht. Darauf wollen wir im folgenden Kapitel auch unser Hauptaugenmerk legen, obgleich das Rostproblem in der Zukunft eine immer geringere Rolle spielen wird. Seit einem Jahrzehnt gibt es ja nun schon Gewährleistungsfristen hinsichtlich der Durchrostung von innen nach außen, die zwischen sechs und zwölf Jahren und in Einzelfällen noch darüber liegen.

Die sprichwörtliche »Rostlaube« muss heute also schon ein ziemlich betagtes Automobil sein. Vielleicht aber ist es seinem Besitzer gerade deswegen so lieb und teuer. Dann also muss geschweißt werden. Aber der Umgang mit einem Schutzgas-Schweißgerät ist ja inzwischen so komfortabel, dass auch ein nur durchschnittlich erfahrener Heimwerker nach einigen Übungsstunden problemlos damit arbeiten kann.

Bevor wir jedoch zu diesen praktischen Verrichtungen kommen, möchten wir noch ein paar weitere nötige Sätze zur Theorie darlegen.

Schadensumfang ermitteln

Kaum ein Autofahrer rechnet ernsthaft mit dem Risiko eines Unfalls, doch oft erwischt es einen schneller als geglaubt. Sind die emotionalen Aufwallungen abgeklungen, muss der nüchterne Sachverstand zum Zuge kommen, um den Schadensumfang zumindest einmal grob abzuschätzen. Worauf man dabei dringend achten sollte, wollen wir im Folgenden erläutern.

Beginnen wir mit der Schadensbeurteilung. Diese sollten Sie sehr ernst nehmen, da hiervon der weitere Verlauf der Schadensregulierung bestimmt wird. Ein scheinbar nur harmlos verbeulter Frontkotflügel kann unter Umständen weitreichende Unfallfolgen bis in die A-Säule und die Spritzwand haben. Deshalb ist eine systematische Schadenserkennung wichtige Voraussetzung, um bei der Beurteilung den tatsächlichen Schadensumfang richtig abzuschätzen.

Grobkalkulation erstellen

Nach der Sichtprüfung eines Unfallfahrzeuges und der Abschätzung des ungefähren Aufwandes zur Behebung der Schäden gibt es drei Möglichkeiten:

Totalschaden: Heckpartie, Bodengruppe bis hin zur Hinterachse müssten erneuert werden. Da ist die Schadenshöhe deutlich größer als der Zeitwert.

Frontschaden: Augenscheinlich sind nur »Schraubteile« betroffen. Ob tragende Teile betroffen sind, ist oft nur auf den zweiten Blick zu erkennen.

PRAXISTIPP

Schadenserkennung bei Frontalunfall

Achten Sie im Schadensbereich auf Lackrisse und Lackabplatzer. Diese lassen auf eine Blechverformung durch die Krafteinwirkung beim Unfall schließen. Sorgfältiges Prüfen der Dachpartie ist bei jedem Unfall empfehlenswert, da bei Unfällen mit höherer Geschwindigkeit die Fahrzeugstruktur bis in den Grenzbereich belastet wird. Die sehr hohen Kraftspitzen pflanzen sich dann oft bis zur B-Säule (Mittelpfosten) in die Dachhaut fort, wobei das Fahrzeug nicht einmal allzu demoliert aussehen muss. Überprüfen Sie:

- Lässt sich die Motorhaube noch öffnen? Wenn ja, wie sieht der Innenradlauf aus?
- Sind Knicke oder gar Falten im Blech sichtbar? Sind die Knautschzonen der Längsträger beansprucht worden?
- Sitzen die Türen noch richtig oder klemmt eine von ihnen? Sind Knicke oder Beschädigungen am Schweller sichtbar?
- Wie stark sind die Frontschürze und der vordere Querträger beschädigt?
- Sind beim Unfall Teile der Radaufhängung in Mitleidenschaft gezogen worden?
- Sitzen die Fensterrahmen noch sauber in ihrer Fassung, hauptsächlich die der Frontscheibe?
- Ist das Glas irgendwo gesprungen? Geklebte Scheiben haben am Fahrzeug tragende Funktion. Wenn die Frontscheibe aus ihrer Verklebung gerissen ist, muss mit entsprechenden Verformungen dieser Strukturzone gerechnet werden.
- Sind die Spaltmaße zwischen Kotflügeltür, Tür/A-Säule (Frontscheibenpfosten), Tür/Dachrahmen und Kotflügel-Motorhaube auf der anderen Seite ebenmäßig oder stark divergierend?
- Wurden im Motorraum Aggregate wie Lichtmaschine, Servopumpe oder Klimakompressor beschädigt? Haben Lüfterrad und Wasserkühler möglicherweise gelitten?
- Besteht die Möglichkeit, eine Hebebühne in Anspruch zu nehmen, ist es natürlich von Vorteil, auch den Unterboden einer sorgfältigen Sichtprüfung zu unterziehen. Von unten lässt sich erkennen, inwieweit und wo die Radaufhängung beschädigt oder/und der Fahrzeugboden wellig geworden ist, ob die vorberechnete Verformungszone der Rahmenprofile in Anspruch genommen wurde und ob Schaltgestänge und Abgassystem unbeschädigt blieben.

- Der Unfallschaden lässt sich mit eigenen Mitteln nicht beheben, weil beispielsweise Rahmenteile deformiert wurden. Das Fahrzeug muss auf einer Richtbank vermessen werden.
- Der Schaden ist so immens oder das Fahrzeug (nur noch) so wenig wert, dass eine Instandsetzung wirtschaftlich keinen Sinn macht.
- Der Schaden hält sich in Grenzen und Sie können selbst Hand anlegen. Auf die letztgenannte Möglichkeit werden wir gleich näher eingehen und Ihnen das Instandsetzen von verbeultem Autoblech zeigen.

Dass sich der Schaden »in Grenzen hält«, ist natürlich eine recht schwammige Formulierung. Deshalb möchten wir Ihnen ein paar Entscheidungshilfen mit auf den Weg geben. Um die eigentliche Entscheidung kommen Sie allerdings nicht herum. Wir können nur schildern, was wir tun würden. Aber möglicherweise würden Sie im Einzelfall ganz anders entscheiden.

Auch die Karosserie-Werkstatt stellt eine grobe Kalkulation auf, bevor am betreffenden Fahrzeug auch nur ein einziges Werkzeug zum Einsatz kommt. Den daraus abgeleiteten Kostenvoranschlag können Sie bestätigen und in einen Instandsetzungsauftrag umwandeln oder auch ablehnen und bei der Konkurrenz ein Vergleichsangebot einholen.

Zur Veranschaulichung wählen wir den Beispielfall eines Schadens an der linken Fahrzeugseite. Die hintere Tür muss ersetzt, die vordere repariert werden. In der folgenden Tabelle haben wir zusammengestellt, was bei der Kalkulation an Ersatzteilen zu berücksichtigen ist. Von welchem Fahrzeugtyp die zu ersetzende Tür stammt, ist dabei ziemlich unerheblich, die Dinge liegen bei allen Pkw-Fabrikaten vergleichsweise ähnlich. Unsere (zugegeben: sehr grobe, nur prinzipiell gehaltene) Arbeitsanleitung macht den ungefähren Instandsetzungsaufwand deutlich:

Die nötigen Ersatzteile

2 x Türschachtdichtung
2 x Stoßleiste
1 x Tür
1 x Türscharnier
1 x Türrahmen

1 x Türschloss
1 x Schließbolzen
1 x Fensterführung
1 x untere Abdeckung
1 x Einstiegsleiste
1 x Stoßfänger
1 x Dichtmasse, Klebesatz und Abdeckprofil Heckscheibe
1 x Primer Heckscheibe
2 x Dichtung Schlussleuchten
1 x Seitenwand links
1 x Stoßleiste Seitenwand und Vordertür
1 x Abdeckleiste links
1 x Klebesatz Seitenscheibe
1 x Primer Seitenscheibe

Tür und Umfeld instand setzen

Arbeitsschritte

- Kraftstoffbehälter und Heckscheibe ausbauen. Fahrzeug vermessen.
- Türverkleidung, Türaggregateträger und Türgriff ausbauen.
- Türstoßleiste ausbauen. Außenspiegel, Tür (hinten links) und Schlussleuchten ausbauen.
- Linke Seitenwand rückverformen und Tür vorn links instand setzen.
- Radhausschale instand setzen und an Türen sowie Seitenteil Hohlraumkonservierung vornehmen.
- Tür hinten links und Türscharnier ersetzen.
- Alle ausgebauten Teile in entsprechend umgekehrter Reihenfolge wieder einbauen: Schlussleuchten, Tür hinten, Außenspiegel, Türstoßleiste vorn links, Türgriff, Türaggregateträger, Türverkleidung, Heckscheibe, Kraftstoffbehälter.

Eigenleistung macht es billiger

Besorgen Sie sich die Ersatzteilpreise aller beschädigten Teile, also Blechteile ebenso wie Radaufhängung, Verglasung, Verzierungen (Stoßleisten) und Kleinteile. Rechnen Sie bei den Lohnkosten mit 50 bis 70 Euro pro Stunde Arbeitsaufwand. Beginnen Sie die Auflistung von der Fahrzeugaußenseite her. Zählt man alle Ersatzteilpreise und die zu erwartenden Reparaturkosten für Instandsetzung und Lackierung zusammen, kommt eine recht stattliche Summe heraus.
Die Werkstatt geht ähnlich vor, aber sie stützt sich auf bewährte Handreichungen, Formulare und Computerprogramme. Der Unfall-Grobkalkulation liegen dann Tabellen zugrunde, nach denen Karosseriebauer und

PRAXISTIPP

Datenbank der DAT

Über 12.000 Versicherungen, Kfz-Betriebe, -Sachverständige, Behörden und sonstige Institutionen nutzen heute bei der Schadenskalkulation »Silver DAT«. Dieses Informationssystem wurde vor zehn Jahren entwickelt und wird ständig aktualisiert. Es stellt ein bedeutendes EDV-System der Deutschen Automobil Treuhand dar. Seine Daten werden den Nutzern als CD-ROM zur Verfügung gestellt.
Bei der Aufnahme eines Kfz-Schadens für die Erstellung eines Gutachtens oder eines Reparatur-Kostenvoranschlags werden beschädigte Teile direkt am Bildschirm durch einfaches Anklicken erfasst. Integrierte Videokommunikation ermöglicht verteiltes Arbeiten an unterschiedlichen Standorten. SilverDAT II übernimmt die lückenlose Kalkulation der Instandsetzungskosten nach Herstellerangaben. Es stellt sicher, dass der richtige Reparaturweg gewählt wird und die Arbeiten unter Berücksichtigung der individuellen Arbeitspreise kalkuliert werden. Die tägliche Aktualisierung der zugrunde liegenden Transbase-Datenbank hält die Berechnungsdaten ständig auf dem neuesten Stand.
SilverDAT II arbeitet auf der Basis von Transbase. Transbase CD erlaubt die Distribution von Datenbankinhalten auf CD/DVD-ROM mit einer nachfolgenden Aktualisierung der Daten über das Internet. In idealer Weise werden statische Daten auf der CD/DVD und variable Daten durch das Update über das Internet zusammengeführt.
Die Deutsche Automobiltreuhand DAT ist ein etabliertes Dienstleistungsunternehmen innerhalb der europäischen Automobilwirtschaft mit einer überregionalen Kfz-Sachverständigenorganisation. Die Gesellschafter sind die Automobilhersteller und -importeure sowie das Kraftfahrzeuggewerbe. Zu den Gesellschaftern gehören der Verband der Automobilindustrie VDA, der Verband der Importeure von Kraftfahrzeugen der VDIK und der Zentralverband Deutsches Kraftfahrzeuggewerbe ZDK.

Diese und weitere Hilfen und Hinweise zur Kfz-Schadenskalkulation können Sie über www.audatex.de finden und anfordern.

Lackierer präzise die zu erwartenden Kosten (Ersatzteile und Arbeitslöhne) errechnen können. Meist werden Sie staunen, wie sich ein auf den ersten Blick gar nicht so tragischer Unfallschaden auf ein paar Tausend Euro summiert.

Zahlreiche Fertigkeiten gefordert

Sparen lässt sich an den Ausgaben für die Schadensbeseitigung nur dann etwas, wenn man die Arbeiten zu Hause mit den eigenen Händen bewerkstelligen kann. Die Möglichkeiten, bei der Karosserie-Reparatur selbst Hand anzulegen, sind jedoch begrenzt. Wir gehen in diesem und dem nächsten Kapitel deshalb nur auf die Arbeiten ein, die man auch wirklich selbst machen kann, ohne dabei sich oder andere zu gefährden.

Denn schon die Zahl und die Wortbeschreibung der Arbeitsgänge im Karosseriehandwerk lassen erkennen, dass es sich hier um eine höchst knifflige Angelegenheit handelt. Im Einzelnen geht es um folgende Arbeiten, die bei der Herstellung neuer Karosserien ebenso angesagt sind wie bei Reparaturen:

Glätten, Strecken, Dehnen, Stauchen, Schrumpfen, Treiben, Biegen, Abkanten, Schneiden, Brennen, Nieten, Schweißen, Verzinnen, Weich- und Hartlöten, Schleifen, Widerstandsschweißen, Polieren und Korrosionsschutz ausführen.

Alle diese Fertigkeiten zu beherrschen, geht über das berühmte »Schrauben« weit hinaus, es ist eben ein ganzes Handwerk für sich, und dazu ein ziemlich kompliziertes. Wir können aus dem großen Spektrum der geforderten Kenntnisse und Fähigkeiten nur einen kleinen Ausschnitt zum Selbermachen empfehlen. Und auch hierfür schon sind allerlei Erfahrung und ein gutes Stück Training vonnöten.

Ausbeulen eines Unfallwagens

Bevor Sie sich also mit eigenem oder geliehenem Werkzeug Ihrem Auto nähern, um die Beulen aus dem betroffenen Karosserieteil zu tilgen, sollten Sie die Blechnerei erst ein wenig üben. Denn wenn es Ihnen bislang an Erfahrung damit fehlt, kann aus einer kleinen Beule rasch eine wüste Berg-und-Tal-Landschaft im gequälten Blech werden. Dieses Training sollte tunlichst an Abfällen geschehen, aus zerknautschten Motorhauben oder Türen zum Beispiel, die es in einer Werkstatt geben könnte.

Hammer richtig führen

Zunächst einmal sollten Sie den genau rechtwinkligen Hammeraufschlag üben. Das geschieht an einem beidseitig gut gesäuberten Blech, damit die Hammer-Bahnen nicht vernarbt werden. Die gesamte Hammer-Bahn und nicht nur eine Hammerkante muss satt und glatt auf das Blech auftreffen. Trifft doch nur eine Kante auf, hinterlässt das eine ärgerliche »kurze« Beule im Blech und dehnt es damit nur. Leichter geht das zweifellos mit den abgerundeten Kanten des Hartgummi- und des Plastikhammers. Aber auch die Schläge mit Fäustel und Schlichthammer müssen glatt aufsetzen.

Hammer führen: Die Schlagfläche sollte beim Richten grundsätzlich gerade aufliegen.

Ansetzen des Gegenhalters

Gleichzeitig müssen Sie dabei das punktgenaue Gegenhalten mit Hartholzbrett und Handfäusten üben. Sie merken es schon an der Zusatzbeule und am Zurückfedern des Hammers, wenn Sie wieder exakt neben die Handfaust getroffen haben sollten. Mit der Zeit bekommt man bei diesem Üben wahre Röntgenaugen, die genau erkennen, an welcher Stelle gerade die Handfaust hinter dem Blech liegt.

Gegenhalter führen: Er muss grundsätzlich neben dem Schlagbereich positioniert werden, um das Blech nicht zu strecken.

Wenn Sie eine schöne Übungsbeule haben, liegt natürlich die Versuchung nahe, sogleich kräftig auf die Beulenmitte zu klopfen. Tun Sie es nicht. Lesen Sie besser zuvor den Abschnitt über das Ausbeulen einer »harten« Beule. Denn der Schlosserhammer heißt deswegen so, weil er Werkzeug für den Schlosser ist und keines zur Blechbearbeitung. Richthammer, Gummihammer und die verschiedenen Handfäuste aus Stahl zum Gegenhalten sind die besseren Werkzeuge, um verbeultes Blech wieder glatt zu bügeln. Zur weiteren Blechglättung braucht man einen Schlichthammer, der sehr behutsam gehandhabt werden muss. Ansonsten ist das Blech im Nu gedehnt und verformt. Die Ausbeulmethode, bei der sich Hammer und Gegenhalter nicht treffen sollen, nennt man Hohlrichten. Sie dient zum Ausbeulen großer Dellen. Durch Hohlrichten kann das gedehnte Blech so weit zurückgestaucht werden, dass die Gefahr der Springbeulenbildung gebannt ist.

Platz am Blech schaffen

Zum Hohlrichten muss man an die Blechrückseite herankommen und die dort notwendige Bewegungsfreiheit schaffen, eventuell durch Abbau behindernder Teile. Das geht selbst bei einer Beule in der hinteren Karosserie-Seitenwand. In diesem Fall muss man die innere Kunststoff-Verkleidung der Tür demontieren und die Sitzbank herausnehmen. Mit einem kräftigen Vierkantholz wird dann von außen gegengehalten, damit das Blech nicht über die ursprüngliche Form hinausspringt. Von der Innenseite her wird die Beule mit einem gewichtigen Fäustel und einem kräftigen

PRAXISTIPP

In der Werkstatt abgeschaut

An drei Beispielen wollen wir Ihnen zeigen, wie wertvoll immer wieder die Erfahrungen sind, selbst bei einer scheinbar so überschaubaren Sache wie dem Ausbeulen. Wir nennen Ihnen einen Fehler mit seinen Ursachen und erläutern Ihnen, mit welchem Kniff dagegen in der Fachwerkstatt vorgegangen wird. Der Griff in die Trickkiste soll ebenso wie die Fehleranalyse helfen, falsches Vorgehen künftig gleich von vornherein auszuschließen.

- ***Mangel:*** Lackabplatzer oder -risse an der gespachtelten Arbeitsfläche. Weil tiefe Dellen gespachtelt wurden, obwohl Spachtel eine andere Wärmeausdehnung als Karosserieblech hat, reißt der wenig elastische Spachtel bei starken Temperaturschwankungen oder platzt ab.
- ***Abhilfe:*** Ausbeul-Technik anwenden und nur dünne Spachtelschichten auftragen. Schwemmzinn ist zum Auffüllen von tieferen Dellen besser geeignet als Spachtel, weil die Zinnlegierungen ebenso wie Blech reines Metall sind und dementsprechend nur geringe Oberflächenspannungen auftreten.
- ***Mangel:*** Das bearbeitete Blech wird nicht glatt, sondern bekommt noch mehr Dellen. Blech streckt sich nämlich bei jedem Glättversuch. Wird im Zentrum mit dem Ausbeulen begonnen, streckt es sich zu viel und »schlägt Wellen«.
- ***Abhilfe:*** Wenn Blech geglättet werden soll, muss man mit dem Hammer und einem Gegenhalter immer spiralförmig vom Rand zur Beulenmitte arbeiten. Ist das Blech nur gering verformt, muss dabei der Hammer den Gegenhalter direkt treffen. Ist das Blech hingegen stark verformt, muss hohl gerichtet werden.
- ***Mangel:*** Das Zentrum einer Springbeule kann nicht gefunden werden.
- ***Abhilfe:*** Mit zwei Fingern wird der Punkt ertastet, der am stärksten federt. Anschließend darf nur diese Zone erhitzt werden. Springbeulen ziehen sich zusammen, wenn man sie nach dem Erhitzen mit kaltem Wasser abschreckt. Der große Temperatursprung verdichtet diese Zone stärker als den unbehandelten Bereich um die Springbeule.

Hartholzklotz als Schlag verteilendes Zwischenstück herausgetrieben. Die ersten Treibschläge werden nicht in der Mitte der großen Beule angesetzt, sondern es wird, vom Rande ausgehend, spiralförmig zur Mitte hin gearbeitet. Bei einem solchen Bearbeiten einer großen Delle darf der Fäustel den Gegenhalter nicht treffen, sondern er muss seitlich versetzt aufschlagen. Dadurch kann sich das Blech nach und nach in die stabile ursprüngliche Form zurückziehen, statt durch einen zentralen Schlag noch stärker gestaucht oder gedehnt zu werden. Für das Hohlrichten ist allerdings einige Übung vonnöten. Am besten ist es natürlich, man hat dafür auch etwas Talent. Wir sagen es noch einmal: Probieren Sie das Ausbeulen erst einmal an harmlosen Objekten, bevor es ernst wird.

Oberfläche glätten

Die nach geglücktem Hohlrichten übrig gebliebenen Minidellen lassen sich am einfachsten mit einem großflächigen Aluhammer breit und vor allem eben schlagen. Der Hammer sollte in die Mitte der Beule und auf den Gegenhalter treffen, um ein gutes Ergebnis zu erzielen. Denn zum Blechglätten sind die große Fläche des Aluhammers und die plane Seite eines Gegenhalters am ehesten geeignet. Kann ein Gegenhalter nur unter hohem Ausbauaufwand, also fast gar nicht eingesetzt werden, muss die Karosseriefeile zum Glätten herhalten.

Nun haben Sie so schön an einem Schrottstück eines Autos mit allerhand Werkzeug geübt, aber vielleicht geht es mit der Beule an Ihrem Auto gänzlich ohne Werkzeug. Schauen Sie sich erst einmal die Stelle daraufhin an, ob sie wohl durch einen »harten« oder einen »weichen« Aufprall entstanden ist. Die Beulentiefe ist weit weniger entscheidend, als es auf den ersten Blick erscheint.

Harte und weiche Beulen unterscheiden

War Metall oder Stein gegen das Karosserieblech gestoßen, gab es also einen Zusammenprall mit hartem Material, ist in der Regel ein scharfer Blechknick an den Beulenrändern und in der Beulenmitte zu sehen. Das passiert auch, wenn die Stoßstange eines anderen Fahrzeugs nachhaltige Eindrücke an Ihrem Wagen hinterlässt. Das nennt man eine »harte« Beule, die nur mit dem Ausbeulhammer ausgebügelt werden kann und allerhand Arbeit macht.

Bei einem Aufprall von weichem Material, beispielsweise durch Gepäckstücke oder durch Auflaufen eines Fußgängers, bildet sich oft nur eine Beule ohne scharfe Knickstellen und -ränder. Es gibt Autos, deren sehr dünnes Blech sich bereits mit dem Daumen oder dem Handballen eindrücken lässt. Besehen Sie sich mal die Vorderkanten mancher Motorhauben oder Hinterkanten mancher Kofferraumhauben, die mit der Hand festgedrückt werden müssen. Vielleicht entdecken Sie eine Beule ohne scharfe Knickränder: Es ist eine »weiche« Beule.

Dazu ist es wissenswert, dass das zwischen 0,7 mm und 1,5 mm dünne Autoblech aufgrund von Sicken, Falzen und Wölbungen genügend Eigenstabilität hat. Auch an Ihrem Wagen werden Sie, wenn es nicht gerade ein Veteran mit »Panzerplatten« ist, kaum eine Fläche finden, auf der ein 20 cm langes Lineal in allen Richtungen glatt aufliegt. Stark geformtes Blech trägt eben wesentlich mehr zur Stabilität der Autokarosserie bei als eine glatte Blechtafel, die sich nach allen Richtungen biegen lässt.

Ausbeulen mit Handballen und Sandsack

Bei einer »weichen« Beule versuchen Sie am besten zuerst einmal, die Beule mit dem Handballen, also ohne Hammer, herauszuschlagen oder herauszudrücken. Es ist möglich, dass solch eine »weiche« Beule fast ohne sichtbare Spuren herausspringt. Bei ihr steht nämlich das Blech unter Spannung, die es gerne wieder abgibt, wenn ohne Gewalt, nur mit dem weichen Handballen, nachgeholfen wird.

Reicht die Kraft des Handballenschlages nicht aus, weil

Verpackter Sandsack: Gute Methode wirkungsvoll auf weiche Beulen einzuwirken, ohne das Umfeld zu schädigen.

Teil demontieren

PRAXISTIPP

Bei der Klempnerei entstehen Spannungen im Blech, die sich bis in relativ weit entfernte Randzonen auswirken. Diese Spannungen können sich nicht ausgleichen, wenn die Bleche mit anderen Teilen verschraubt sind. Die »gespannten Verhältnisse« führen vom feinsten Haarriss im Lack oder in der Spachtelmasse bis zu Blechrissen.
Leichter lassen sich Beulen austreiben, wenn das beschädigte Teil demontiert werden kann. Dann ist es besser zu handhaben, und Spezialwerkzeug kann gut eingesetzt werden. Ein ausgebautes Teil lässt sich nach der Ausbeularbeit auch wieder spannungsfrei anschrauben. Eine zerbeulte Tür wird man allerdings in der Regel nicht ausbauen, denn die Demontage wird durch vernietete Haltebänder oder schlecht zugängliche Scharnierschrauben erschwert.

das Blech stärker ist oder die Beule durch starke Blechwölbung zu stark unter Spannung steht, ist Ausbeulwerkzeug noch immer nicht notwendig, sofern die Beule wirklich keine scharfen Knickränder hat. Auch Ausbeulwerkzeug hat nur eine seitlich begrenzte Schlagwirkung, und man würde die große Beule in lauter kleinen »Gegen-Beulen« wieder nach außen treiben, wodurch das Blech natürlich stark verformt wird. Der Trick ist deshalb, einen stärkeren Schlag, als ihn der Handballen zuwege bringt, gleichmäßig über die ganze Innenseite der Beule zu verteilen, sodass sie zwar mit Wucht, aber weich nach außen getrieben wird.

Arbeitsschritte:

- Füllen Sie in zwei ineinandergesteckte Plastiktüten möglichst feinen Sand, und zwar so viel, dass er mit den zusammengedrehten Tüten einen kräftigen Sandballen vom Durchmesser der Beule bildet.

- Legen Sie zusammen mit einem Helfer diesen »Sandsack« von innen gegen die Beule. Eventuell muss dazu das eingebeulte Autoteil, falls demontierbar, abgenommen werden. Klopfen Sie nun mit der Breitseite eines schweren Fäustels mit viel Gefühl auf den Sandsack. Der kräftige Hammerschlag wird abgefangen und seine Energie verteilt.

- Damit der Hammer nicht im Sandsack verschwindet, kann man ein Brettchen dazwischen legen. Bei richti-

Neue Methoden und Werkzeuge

PRAXISTIPP

In den letzten Jahren wurden in verschiedenen Versionen und Kombinationen Werkzeuge entwickelt, die bei kleineren Dellen und Beulen sowie an doppelwandigen Blechen die Arbeit mit Hammer und Gegenhalter ersetzen:

- Ausbeulwerkzeuge mit Saugnäpfen, die das Anschweißen der beim Zughammer üblichen Ringe überflüssig machen. Wenn es die Situation erlaubt, versuchen Sie, damit das Blech etwas stärker herauszuziehen als nur in die Ausgangslage. So lässt es sich mit dem Aluhammer bearbeiten, ohne dass man anschließend die durch das Glätten entstandenen Vertiefungen auffüllen muss.
- Die Firma Wieländer+Schill (Tel. 07720/8817-0 in Schwenningen) vertreibt für solche Zwecke professionelle Karosseriewerkzeuge das Dellen-Ausbeul-System DS 20 für jedermann. Es enthält alle Komponenten für eine schonende Dellenentfernung per Klebetechnik mit Spezialkleber, fünf verschiedenen Zugspindeln und CD-ROM mit Demo-Video.
- Ferner bietet Wieländer+Schill die Systeme Airpuller AP95 und DingPuller DP 01 an. Der mit Druckluft arbeitende Airpuller funktioniert wie ein Ziehhammer: Mit einem Einstellring wird stufenlos die Zughöhe eingestellt. Dann werden eine Stiftelektrode angeschweißt, das Blech automatisch hochgezogen, Elektrode und Bleche gekühlt und schließlich die Stiftelektrode abgedreht. Der DingPuller ist eine Kombination aus Airpuller und DS 20. Es wird ein Klebe-Pad angeklebt, das kleine Köpfchen des Pads in den DP 01 eingehängt, der DP 01 auf dem Blech abgestützt und der Einschalter betätigt. Es erfolgt ein Hochziehen mit gleichzeitigem Ausbeulen der Dellen. Nach Bedarf kann die Zughöhe wieder an einem Ring eingestellt werden. Nötig ist ein Druckluftanschluss.
- Eine elegante Lösung ist auch der von Berner vertriebene »Auto Spotter«, der Zughammer und elektrisches Anschweißen kombiniert. Er wird an die Einbeulung gehalten und eingeschaltet, wodurch sich seine Spitze leicht am Blech festschweißt. Dann wird gezogen und durch kräftiges Drehen die Schweißverbindung wieder getrennt. Punkt für Punkt zieht man so die Beule heraus, glättet mit der Karosseriefeile und spachtelt dann die letzten Unebenheiten.

gem Schlag wird die Beule fast spurenlos herausspringen. Zumindest werden die kleinen Ausbeulwellen im Blech vermieden, die das Ausspachteln danach unnötig erschweren.

Beulen erhitzen

Bekommt das Autoblech einen Schlag ab, springt das Material vorzugsweise um jenen Abstand nach innen, um den es vorher nach außen gewölbt war. Wenn die Krafteinwirkung höher war als die »Spannkraft« des Blechs, gilt das nicht mehr. Das dünne Stahlblech reckt sich aufgrund der Molekularstruktur kurzfristig fast wie ein Gummibärchen. Es wird nicht mehr oder welligeres Blech, aber die Karosseriezone wird dünner und länger. Das ist etwa so, als wenn man Kuchenteig ausrollt. Auf diese Weise entsteht eine »Springbeule«. Diese Beulenart ist ziemlich lästig. Sie kann durch die beschriebene sehr hohe Krafteinwirkung oder durch zu leichtsinniges Herumklopfen auf der Mitte der anfänglich nur unter Karosseriespannung stehenden Delle entstanden sein. Die ursprüngliche Form will sie nicht mehr annehmen und bildet schnell eine ständig unter verstärkter Spannung stehende Spring- oder Blubberbeule. Schon unter leichtem Druck ploppt sie in die entgegengesetzte Richtung. Auch mit Spachtel lässt sich solch eine Springbeule nicht ausfüllen, denn die starke Blechspannung lässt über kurz oder lang die ganze Spachtelschicht zerbröseln. Hier hilft nur noch punktgenaues Erhitzen des Blechs mit dem Autogen-Schweißbrenner.

Hitze tut gut: Die Erhitzung des Blechs stabilisiert die Beulenfläche.

Arbeitsschritte:

- Die Fläche der Springbeule wird abgetastet, bis man das Zentrum gefunden hat.

- Dieser Punkt wird mit dem Autogen-Schweißbrenner dunkelrot glühend erhitzt. Die Bearbeitung von Springbeulen nach dieser »Heiß-Kalt-Technik« kann aber nur an Blechpartien ohne Sicken und Kanten erfolgen. Die Maximalwerte für die Beseitigung von Dellen mit dieser Technik liegen bei 2 mm Tiefe und 10 mm Durchmesser. Eine weitere Voraussetzung ist es, dass die Delle von einem »weichen« Einschlag herrührt, also keine scharfen Ränder hat.

- Indem man die Schläge des Aluhammers mit dem direkt hinter dem Blech sitzenden Gegenhalter abfängt, wird das überschüssige Material in Richtung des Springbeulenzentrums getrieben.

- Die Schläge sollten spiralförmig vom Rand zur Mitte gesetzt werden.

Doppelwandiges Blech richten

Hat beispielsweise der Schweller beim Rangieren durch einen hohen Bordstein oder einen kleinen Fels einen Knick abbekommen, ist das kein Grund zum Verzweifeln. Freilich schafft man es mit den bereits beschriebenen Ausbeultechniken nicht sehr weit, weil man nicht an die Rückseite des Blechs herankommt. Die Karosseriewerkstatt hat eine Methode, solchem Malheur dennoch erfolgreich beizukommen.

Arbeitsschritte:

- Beschaffen Sie sich einen Zughammer und Zugringe oder -stifte.

- Schleifen Sie das beschädigte Blechstück blank. Schweißen Sie dann die Zugringe an. Wenn es nur ein kleiner Knick ist, reichen ein, zwei Ringe oder Stifte zum Herausziehen. Haben Sie dem Schweller jedoch großflächig zugesetzt, müssen, ähnlich wie zuvor beim Hämmern, spiralförmig vom Rand zur Mitte Ringe angeschweißt und danach mit dem Zughammer gezogen werden.

- Der Zughammer wird entsprechend den Vorsätzen entweder an den Ringen oder den Stiften eingehängt. Danach zieht man ruckartig an dem auf der Stange laufenden Gewicht. Durch die Krafteinwirkung kehrt das verbeulte Blech langsam wieder in seine Ausgangslage zurück.

GUT ZU WISSEN

Ausbeulwerkzeuge

Spezialwerkzeug ist für einen Heimwerker vor allem dann teuer, wenn es wenig gebraucht wird, sich also nicht amortisiert. So oft werden Sie ja auch hoffentlich nicht Beulen aus Ihrem Auto treiben müssen. Wer aber seinen Werkzeugschrank auch für Freunde und Bekannte unterhält, für den lohnt sich durchaus die Anschaffung des Spezialwerkzeugs, denn brauchbare Behelfswerkzeuge gibt es zum Ausbeulen kaum.

Schlosserhammer

Der Schlosserhammer ist auch als Notbehelf zum Ausbeulen nahezu unbrauchbar. Er ist zu leicht und hat eine zu schmale und meist auch noch durch harte Arbeit zerklopfte Bahn (Aufschlagfläche). Gebraucht wird der Schlosserhammer darum bei Blecharbeiten nur in Ausnahmefällen zusammen mit dem passenden Meißel zum Abtrennen angerissener Blechteile. Besser zum Blechtrennen eignet sich in aller Regel ein Winkelschleifer mit aufgesteckter Trennscheibe oder »richtiges« Karosseriewerkzeug, wie z. B. eine Karosseriesäge.

Hartgummihammer

Zum echten Ausbeulwerkzeug zählt der Hartgummihammer mit breiter Schlagfläche, möglichst eine Seite leicht gewölbt, die andere flach und alle Kanten abgerundet. Der Hartgummihammer ermöglicht wuchtige und trotzdem weiche Schläge. Auch beim Hartgummihammer muss auf der anderen Blechseite mit einem geeigneten Gerät gegengehalten werden, sonst biegt sich das Blech nicht unbedingt an der Schlagstelle, sondern dort, wo es am leichtesten nachgibt. Weitere Beulen wären zwangsläufig die Folge.

Ausbeul- und Richthämmer

Der Richthammer ist der am meisten verbreitete Ausbeulhammer. Mit seinen zwei Hammerbahnen ist er nahezu universell einsetzbar: Eine Bahn ist rund und leicht ballig, eignet sich also zum Austreiben von Dellen in einer ebenen Blechfläche. Die zweite Bahn ist quadratisch, eignet sich bestens zum passgenauen Richten von Kanten, Sicken und Blechabsätzen.

Alu-Schlichthammer

Wer sich zum Glätten der Fläche nicht nur auf den Polyesterspachtel verlassen will, braucht unbedingt einen Schlichthammer. Dieser gleicht die durch Bearbeitung mit Richthämmern entstandenen kleinen Blechkrater wieder aus. Die Alubahnen des Schlichthammers sind plan und meist rund. Mit diesem »Finish«-Werkzeug benötigt man bei sauberer Arbeit nur eine dünne Schicht Spachtel oder Messerspachtel.

Einen Schlichthammer darf man auf keinen Fall zum allgemeinen Hämmern missbrauchen, um etwa einen Nagel einzuschlagen oder einen Bolzen herauszutreiben. Dann vernarben die glatt geschliffenen, weichen Bahnen und eine Blechglättung ist nicht mehr möglich.

Plastikhammer

Für feinere Ausbeularbeiten, die nicht viel Schlagwucht erfordern, wird ein Plastikhammer gebraucht. In der Regel sind die Köpfe der Plastikhämmer abschraubbar, sodass sie nach Verbrauch (Deformierung) durch neue ersetzt werden können.

Feilhammer

Dieses Werkzeug setzt man in einem Instandsetzungsbetrieb dann ein, wenn innerhalb einer großen, ebenen Fläche eine (sehr) kleine Beule ausgeglichen werden muss. Die Hammerbahnen des Feilhammers haben Kreuzhieb, um die beschädigte Blechzone nur punktuell zu treffen, statt sie mit voller Auflagefläche immer weiter zu strecken. Die meisten Feilhämmer besitzen eine runde und eine quadratische Bahn.

Spitzhammer

Kleine, aber tiefe Dellen bzw. Einschläge richten ist das Haupt-Einsatzgebiet des Spitzhammers. Mit seiner spitzen, kegelförmigen Bahn können solche Dellen ohne Gegenhalter ausgebeult werden. Die andere Seite des Hammers hat eine runde Bahn, oftmals ballig ausgeführt.

Spannhammer

Er ist einsetzbar, wenn die frisch geschnittene Blechtafel unterschiedlich lange Diagonalen hat. Die dadurch abstehende Ecke kann durch Strecken der kurzen Diagonale auf die passende Länge gezogen werden.

Schweifhammer

Dieses sehr seltene Werkzeug eignet sich vornehmlich dazu, aus einem geraden Blechstück eine ganz bestimmte Form »herauszuschlagen«. Der mit einer parabelförmigen Spitze und einer runden, planen Bahn bestückte Hammer erzeugt mit der Spitze beim Aufschlag aufs Blech eine Kerbwirkung. Dadurch wird das Blech an diesem Punkt gestreckt. So lassen sich hervorragend Kurvenradien erzeugen.

GUT ZU WISSEN

Ausbeulwerkzeuge

Tiefenhammer
Ihn benutzt man, um Dellen in stark eingezogenen Karosseriepartien wie Scheinwerferhalterungen rückzuverformen. Der Tiefenhammer ist der einzige Hammer mit nur einer Bahn, er ist etwa wie eine Axt gebogen.

Fäustel
Brauchbar ist ein schwerer Fäustel mit großer »Bahn«. Schon in einem einzigen sanften Schlag mit diesem Werkzeug sitzt die notwendige Wucht, die beim Ausbeulen gebraucht wird. Vor allem beim Austreiben einer weichen Beule mit dem Sandsack ist der Fäustel sehr gut zu gebrauchen.

Hartholzklötze
Beim Austreiben einer »harten Beule« mit dem Fäustel braucht man Hartholzklötze zum Gegenhalten auf der anderen Blechseite, sonst wird das schadhafte Blech vom Fäustel oder Gummihammer durch deren Wucht einfach in die andere Richtung verbeult. Die Hartholzklötze sollten möglichst glatte, durchaus »geschweifte« Flächen und möglichst viel Eigengewicht haben, um dem Fäustel Widerstand durch ihre Masse bieten zu können.

Handfäuste
Am besten eignet sich zum Gegenhalten eine Universal-Handfaust aus Stahl mit vielen verschiedenen Krümmungen und Anpassungsmöglichkeiten an die Blechform. Der Karosserieblechner hat eine ganze Reihe verschieden geformter Handfäuste. Für den Heimwerker wäre der Kostenaufwand hierfür in der Regel zu hoch, weshalb für ihn die »Universal-Handfaust« am geeignetsten erscheint.

Ebene Handfaust
Die »platt gemachte« Schwester der Universalfaust. Das Einsatzgebiet dieses Gegenhalters sind enge Zwischenräume, die nur wenig vertikale Bewegungsfreiheit zulassen, so zum Beispiel Türkästen.

Diabolo-Handfaust
Dieser Gegenhalter findet beim Ausbeulen von stark gerundeten Blechpartien Anwendung, da die pilzförmige, polierte Fläche mit wenigen Bewegungen dem Formverlauf des Blechs angepasst werden kann.

Kastenfeile
Ein »punktueller« Gegenhalter, um an ebenen, relativ nachgiebigen und streckempfindlichen Blechzonen springbeulenfrei richten zu können. Der Feilenhieb lässt nur eine kleine Fläche aufliegen. Dadurch wird übermäßiger Blechstreckung entgegengewirkt.

Stechbeitel
Zum Abschaben von Unterbodenschutz, Lackrückständen oder Straßenschmutz an der Arbeitsfläche brauchen Sie ein eigenes Werkzeug. Abbrennen mit dem Autogen-Brenner ist eine sehr unerfreuliche Angelegenheit, denn es entstehen giftige Gase. Wesentlich besser ist es, mit einem Stechbeitel oder einem alten Spachtelmesser zu arbeiten.

Ausbeul-Hebeleisen
Besonders der Bereich um die B-Säule ist mit Hammer und Gegenhaltern recht schwierig zu bearbeiten, weshalb man dieses Hebeleisen zum Richten einsetzt. Seine Formgebung wurde so gewählt, dass er sich beim Ausbeulen an der Trägerstruktur der Karosserie abstützen kann und dabei gleichzeitig durch Hebelwirkung eine Kraftvervielfachung erzeugt.

Richtlöffel
Während die Ausbeul-Hebeleisen fürs Grobe zuständig sind, müssen die Richtlöffel die Feinarbeiten erledigen. Diese Flacheisen gibt es in den unterschiedlichsten Ausführungen: plan, gewölbt, mit Kreuzhieb und allen denkbaren Biegungen.

Stemmer
Zum Richten von Kanten, Sicken und Absätzen. Vor allem durchgehende, harte Kanten wie die »Gürtellinien« der Karosserie können mit Stemmern kantengenau und auf großer Länge bearbeitet werden.

Lederhandschuhe
Zum Schutz der haltenden Hand sollte ein Lederhandschuh übergezogen werden. Verletzungen an rostigen Blechkanten oder frisch geschnittenen Blechtafeln sind sehr unangenehm.

Ablagehilfen
Dringend notwendig sind ausreichend Tücher und Lappen, damit ein demontiertes und auf dem Werktisch abgelegtes Blechteil nicht zusätzlich zerkratzt wird.

Blechfalten herausschneiden

Eine Blechdehnung kann beim Hämmern noch schlimmer werden, wenn sie sich bis zu einer Blechfalte aufwirft. Mancher Heimwerker versucht ja auch, eine entstandene Blubberbeule durch weiteres Klopfen zu einer Blechfalte »zusammenzunieten«, damit die Blechfläche wieder passt.
Mit viel Geschick kann man das überschüssige Material einer Springbeule vielleicht in die angrenzenden Materialflächen zurückstauchen, aber bei einer zusammengeklopften Blechfalte ist nichts mehr zu glätten. Wegen der Temperatur-Ausdehnungen dieser Falte in verschiedenen Richtungen können darüber gelegter Spachtel und Lack auf die Dauer nicht halten. Es kommt zu Spannungsrissen und Ablösungen vom Blech. Wenn der Gang zur Karosserieklempnerei vermieden werden soll, muss der Heimwerker das Stück herausschneiden.

Arbeitsschritte:

- Mit einer Trennscheibe oder Karosseriesäge das faltige Blechstück herausschneiden, die angrenzenden Blechflächen mit der Abkantzange ein wenig nach innen formen.

- Wenn Sie, wie im folgenden Kapitel zum Schweißen beschrieben, Pappschablonen anfertigen, um das Reparaturblech einzupassen, kann bei etwas Kenntnis im Umgang mit Schweißgeräten eigentlich nichts mehr schief gehen.

- Achten Sie auch darauf, dass kein Punkt des ausgebeulten Bleches irgendwo über die ursprüngliche (und die spätere) Form hinausragt. Das kann nämlich selbst dann passieren, wenn sich die Klempnerei nicht zu einer Blubberbeule ausgedehnt hat. An einer herausragenden Stelle würde bei der späteren Formung das Blech entweder glatt durchgeschliffen oder es gäbe beim Aufbau der Lackierung immer wieder bis aufs blanke Blech geschliffene Stellen.

Hagelschaden beheben

In der norddeutschen Tiefebene seltener auftretend, von den Bewohnern des bayrischen und württembergischen Alpenvorlandes allerdings zutiefst gehasst: die vorzugsweise im Frühsommer üblichen Unwetter mit Hagelschlag. Da Hagel meistens völlig unvermittelt fällt, können wir Ihnen nur Hilfestellung zur Folgenlinderung geben. Je nach Stärke der Einschläge muss man bei der Instandsetzung verschiedene Wege gehen:

- Bei flachen, »weichen« Dellen schlagen wir die bereits erwähnte Methode mit dem Handballen und dem Sandsack vor.
- Sind die Einschläge tiefer und mit der oben genannten Technik nicht zu beseitigen, sollten Sie zuerst die Überlegung anstellen, ob es nicht vielleicht billiger und weniger aufwändig ist, das beschädigte Blechteil zu erneuern. Dies kann auf Hauben und Deckel durchaus zutreffen.
- Hat es allerdings auch die Dachhaut arg mitgenommen, schlagen wir die »Heiß-Kalt-Technik« vor, präziser gesagt die Erwärmung mit dem Autogen-Schweißbrenner und die Abkühlung (Wärmeentzug) mit Karosseriefeilen. Das mag etwas verquer klingen, doch die Werkstattpraxis zeigt, dass es auf diesem Weg gut gelingt, einen Hagelschaden zu beheben.

Ausrüstung:

- Autogen-Schweißgerät mit 1-2 mm-Brennerdüse.
- Mindestens je 2 Karosseriefeilen mit grobem und feinem Hieb.
- Grundierung, Spritzspachtel und evtl. Decklack. Aber die Endlackierung sollte lieber der Fachmann ausführen.

Arbeitsschritte:

- Brennerdüse mit leichtem Gasüberschuss (weich) einstellen.

- Delle punktgenau erwärmen, indem der Brenner senkrecht gehalten wird.

- Verfärbt sich der Decklack, ist die ideale Arbeitstemperatur erreicht. Nicht weiter erwärmen, sonst könnten Lack oder Dachhimmel Feuer fangen.

- Karosseriefeile mit grobem Hieb einige Male über den Dellenrand »schrubben«. Die wärmeisolierende Lackschicht wird abgehobelt und die Feile kann die Wärme aufnehmen. Ist die Feile heiß geworden, zweite Feile verwenden.

- Ist der Dellenrand rundum blank, wird wieder erwärmt. Jetzt die Feilen mit feinem Hieb einsetzen, sonst wird zu viel Material abgetragen. Ist die eine Feile »heiß gelaufen«, greifen Sie zu der (inzwischen wieder) kalten.

- Wenn weitere Hageldellen zu bearbeiten sind, sollte sich die bereits erwärmte Fläche nicht mit der neuen Arbeitsfläche überschneiden.

- Dellen oder sonstige kleine Einschläge dürfen nach der Bearbeitung mit Feile und Autogen-Schweißbrenner nicht mit Wasser abgeschreckt werden, da die Dachhaut unkontrollierbaren Verformungen ausgesetzt wäre.

Eine durch zu starken Feilendruck abgesackte Delle kann durch großflächige Erwärmung (spiralförmig) mit dem Brenner wieder zurückgeformt werden.

- Die nicht ganz so einfache Arbeit ist beendet, wenn die Delle leicht erhaben über dem Blech liegt. Nach Abkühlung der Arbeitsfläche (wegen der Gefahr von Versprödung nicht mit Wasser!) hat die Dachhaut wieder ihre Ausgangslage erreicht.

- Für saubere Übergänge von der Arbeitsfläche zur Blechumgebung ohne Ansatzstellen eignen sich 6- bzw. 7-eckig zugeschnittene Schleifscheiben ganz hervorragend. Abschließende Blechbearbeitungsmaßnahmen sollten mit Schleifscheiben oder -papier der Körnung P80 ausgeführt werden.

Radläufe umbördeln

Sowohl geschäftsmäßige Tuningbetriebe als auch freiberufliche »Garagenfriseure« sind mit diesem Thema bestens vertraut. Denn das von gar nicht so wenigen Autofahrern gern vorgenommene Tieferlegen zur Verbesserung von Fahreigenschaften umschließt meist noch mehr: »Die Wiederherstellung bzw. Erhaltung der Freigängigkeit aller Räder unter allen Umständen des Fahrbetriebs«, wie die entsprechende Forderung lautet. Wenn dies, bedingt durch breitformatige Reifen und kurze Federwege, bei der Vorführung nicht der Fall ist, bleibt der TÜV-Prüfer hart und die Plakette in seiner Manteltasche. Der »Tieferleger« hat also dafür zu sorgen, dass die Räder nirgendwo in den Radhäusern oder Rahmenteilen anstoßen und schleifen, auch nicht bei voller Ausnutzung des vorhandenen Federweges.
Vor solchen und ähnlichen Arbeiten müssen Sie abklären, welches Tuning auf welche Weise gestattet ist (siehe dazu den Praxistipp mit Adressen). Wenn Sie Ihre Fragen mit Hilfe der Sachverständigen geklärt haben, kann es also an das Umkrempeln des Blechrandes gehen. Wir möchten Ihnen hier sagen, welche Werkzeuge und Hilfsmittel Sie unbedingt brauchen und in welchen Schritten Sie vorzugehen haben.

Ausrüstung:
- Gummihammer mit kleiner Auflagefläche.
- Rohrzange mit abgepolsterten Backen (Filz oder Lederstückchen).
- Kleine Handsäge, Feile mit mittlerem Hieb.
- 2-Komponenten-Epoxidharzkleber.

Arbeitsschritte:
- Schrauben Sie die Räder ab und bocken Sie das Fahrzeug auf. Klopfen Sie mit dem Gummihammer die Blechränder vorsichtig und gleichmäßig um.

- Bearbeiten Sie widerspenstige Blechpartien mit der gepolsterten Rohrzange. Vermeiden Sie jegliche Eindrücke im Blech und beschädigen Sie nicht den Lack.

- Meist sind die Radhäuser innen mit Kunststoff verkleidet. Diese Radhausschalen sind an den Radausschnitten befestigt. An den umgebördelten Radläufen sind sie aber nicht mehr zu verschrauben. Deshalb müssen Sie diese Auskleidungen passend zuschneiden und mit den Radhäusern verkleben (2K-Kleber).

- Füllen Sie die beim Umbördeln entstandenen Hohlräume mit Schutzwachs aus, um dem Rost keine Angriffsfläche zu bieten.

- Sind alle vier Radläufe umgebördelt, Räder anschrauben. Beladen Sie das Fahrzeug bis zum maximal zulässigen Gewicht, beispielsweise mit drei oder vier Mitfahrern und unternehmen Sie eine Probefahrt. Dringen in den Kurven keinerlei Streifgeräusche ans Ohr, haben Sie gut gearbeitet.

Spezielle Technik gegen Dellen

Es gibt eine wachsende Zahl von Kfz-Mechanikern, die für bestimmte Schadensfälle nichts von Hämmern und Fäusteln oder vom Spachteln und Lackieren von Dellen hält. Sie benutzen eigens hierfür entwickeltes Spezialwerkzeug, um Dellen vorsichtig herauszudrücken und das Blech in seine ursprüngliche Ebene zurückzuversetzen. Diese Methode kann günstiger als die herkömmliche Handhabe sein, und vor allem bleibt der Originallack erhalten. Farb- und Strukturunterschiede werden vermieden.

Dellen entfernen mit hochwertigem Spezialwerkzeug

Die Ausbeulwerkzeuge (Ausbeulhebel) der Firma »Dellenentfernung Schröder« sind in Handarbeit gefertigte Qualitätsprodukte. Sie wurden speziell für den professionellen Einsatz der lackschadenfreien Ausbeultechnik hergestellt. Seit mehr als acht Jahren werden sie und das komplette Zubehör auch in der Firma selbst zum Ausbeulen eingesetzt.

Zum Komplett-Set gehören 30 einzelne Ausbeulwerkzeuge inkl. Strebensatz und Spezial-Türreparatur-Set (1295 Euro). Die Werkzeuge haben vier verschiedene Durchmesser bei unterschiedlichen Längen und sind mit verschiedenen Spitzen und Enden ausgestattet. Sie bestehen aus rostfreiem Edelstahl in stabiler und solider Ausführung.

Mit dem Komplett-Set haben Sie die Möglichkeit, Dellen am Fahrzeug rundum optimal zu bearbeiten. Durch die verschiedenen Stärken, Biegungen und Enden erreichen Sie Dellen an den unterschiedlichsten Stellen. Die Werkzeuge mit den runden Enden werden zur Bearbeitung von großen Flächen verwendet, die mit den spitzen Enden für die Feinarbeit.

Jedes Werkzeug ist universell einsetzbar. Die Werkzeuge können zum Hebeln und Drehen benutzt werden. Um auch an entfernte Flächen und Dellen zu gelangen, wurden extra lange Werkzeuge mit ca. 1200 mm Länge gefertigt. Die dünnen Werkzeuge werden eingesetzt bei verklebten Streben und engen Zugängen am Fahrzeug. Erhöhungen und Kronen an einer

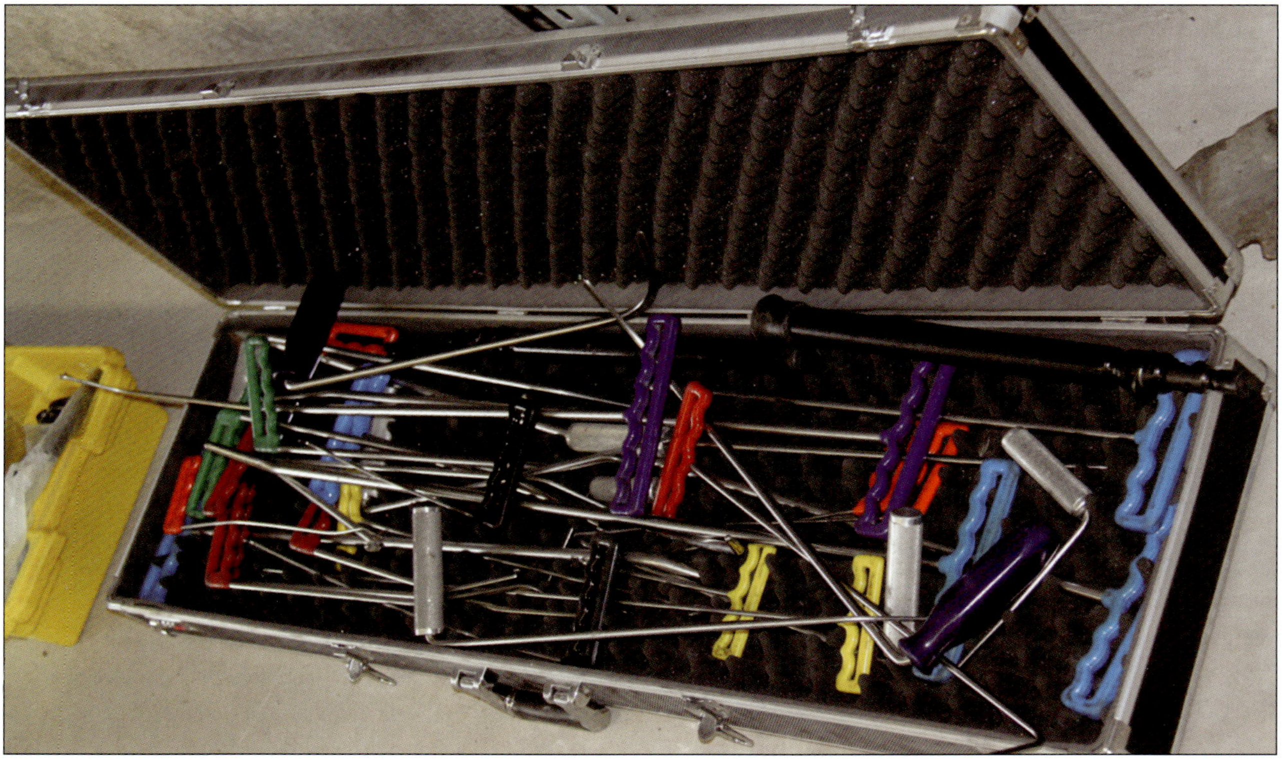

Spezialwerkzeug: Hebel und Haken sind das eine, Fachwissen, Gefühl und Erfahrung gehören aber auch zur erfolgreichen Arbeit.

Delle werden mit dem Spezialwerkzeug »Spoon« zurückgeschlagen. Der Spoon besteht aus Edelstahl mit hochglanzpolierter Spitze. Die Spitze wurde in verschiedenen Winkeln gebogen und gefeilt. Das ca. 26 cm lange und 3,5 cm breite Werkzeug kostet 89 Euro. Eine optimale Bearbeitung der Delle ist nur bei guter Ausleuchtung möglich. Dazu wird eine Fixier-Stativlampe angeboten, die ausziehbar bis zu einer Höhe von 1,80 m und schwenkbar in alle Richtungen ist. Die Lampe kann aus jedem Winkel und aus verschiedenen Neigungen (horizontal und vertikal) heraus die Delle beleuchten.

Die »sanften Ausbeuler«

Die Arbeit mit dem Spezialwerkzeug dürfte für den Heimwerker noch schwieriger sein als mit Hammer und Fäustel. Sie erfordert spezielle Kenntnis, viel Erfahrung sowie höchste Konzentration und Präzision vom »Dellendrücker«, »Lackspengler« oder »Beulendoktor«. Wir möchten anhand der Firma »Dellenentfernung Schröder« (94538 Fürstenstein), die auch Schulungen dazu anbietet, diesen wichtigen neuen Trend darstellen. Laut Geschäftsführer Wolfgang Schröder ist es h Bestreben, Aufklärungsarbeit zur Ausbeultechnik zu leisten. Über das Internet (www.dellenlos.de) erhält seine Firma Anfragen aus ganz Europa zu Hagelschadenreparaturen. Die saubere, umweltfreundliche und kostengünstige Methode der sanften Ausbeultechnik wird bei Dellen und Beulen durch Parkrempler, Türkantenschläge, Hagelschäden, Fallobst- oder Kastanieneinschläge, Einkaufswagenstöße u. Ä. angewandt. Mit den für die verschiedenen Einsatzfälle speziell geformten Metallhaken werden die Dellen vorsichtig herausgedrückt und das Blech in seine ursprüngliche Ebene zurückversetzt. Die Dellen werden von innen (Blechrückseite) bearbeitet und herausmassiert. Die Vorteile sind:

- Kosteneinsparungen von mehr als der Hälfte.
- Der Originallack bleibt erhalten, man geht kein Risiko mit Farb- oder Strukturunterschieden ein, der Wiederverkaufswert des Fahrzeugs steigt.
- Es wird repariert statt ausgetauscht. Das spart Zeit, die Fahrzeuge sind schneller wieder einsatzbereit.
- Es gibt kein aufwändiges Spachteln, Schleifen oder Verzinnen. Das Konzept ist wirklich umweltfreundlich.
- Bei Dellen mit Lackbeschädigung wird das Spachteln und Schleifen erheblich verringert. Die Ausbeultechnik wird zur Lackiervorbereitung eingesetzt.

Kunststoffteile reparieren

Seit wenigstens zwei Jahrzehnten wächst der Anteil von Kunststoffteilen im Automobilbau ganz beträchtlich. Spoiler, Schweller, Stoßfänger oder Schutzleisten fallen einem sofort ins Auge. Im Fahrzeuginneren ist sein Einsatz inzwischen bereits sehr weit ausgedehnt. Ein europäischer Pkw bestand zu Beginn der 90er-Jahre zu mehr als 20% seines Materialvolumens aus Kunststoff, ein enormer Anteil, wenn man die auch nur 29% bedenkt, die demgegenüber der Stahl ausmachte. Vom Gewicht her sieht das Verhältnis natürlich ganz anders aus: 8,5% Kunststoffe, 59% Stahl. Aber das ist ja seither auch der Angriffspunkt für den Leichtbau, wobei hinzukommt, dass Kunststoffe sehr korrosionsbeständig, recht einfach zu Verkleidungsteilen zu formen und unempfindlich gegen leichte Stöße sind.

Wichtiger Teil der Karosseriereparatur

Da sich der bereits hohe Plastikanteil der Kraftfahrzeuge beständig weiter erhöhen wird, müssen Karosseriebetriebe auch die Instandsetzung beschädigter Kunststoffteile in ihrem Programm haben. Denn Spoiler oder Stoßfänger aus Plastik sind keineswegs billiger als solche aus Stahlblech. Man muss nach Beschädigungen (Unfall) in derselben Art wie oben beschrieben prüfen, ob das entsprechende Teil in wirtschaftlicher Weise dauerhaft repariert werden kann oder ob es besser ersetzt werden sollte. Was die Reparatur angeht, bringen Kunststoffe einen neuen Aspekt ins Spiel: Plastik ist nicht gleich Plastik. Vor einer Reparatur muss das jeweilige Material identifiziert werden, denn es gibt ein gutes Dutzend wichtige Kunststoffarten, aus denen man heute Spoiler, Kühlergrill und Spiegelverkleidungen, Stoßstangen, Leisten und Türschweller, Radkappen, Lampenstreuscheiben, Batteriegehäuse, Abdeckungen und Unterbodenschutz herstellt. Die geläufigsten Materialien sind Acrylnitril-Butadien-Styrol (ABS), ASA-Copolymere, Glasfaser verstärkte Kunststoffe (GFK), Polyamide (PA), Polycarbonat (PC), Polymethyl-Methacrylat (PMMA), Polypropylen (PP),

Compounds von PP und EPDM-Gummimehl (PP/EPDM), Polyphenylenoxid (PPO), Polyurethan (PUR) und Polyvinylchlorid (PVC).

Plastiktyp muss bestimmt werden

Allgemeingültige Hinweise zur Identifizierung lassen sich nicht geben. Fast jeder Fahrzeug- oder Zubehörhersteller verwendet »sein« Material, und das meist auch noch in ganz spezieller Mischung. Lackhersteller haben Typ-übergreifende Listen zusammengestellt, die solche Materialangaben enthalten. Möglichkeiten zur halbwegs zuverlässigen Erkennung bieten auch Fachlexika im Internet, z. B. über www.Kunststoff-Magazin.de. In Werkstattunterlagen geben die einzelnen Hersteller oft auch die Materialien bestimmter, für Reparaturen infrage kommender Bauteile an.
Die unterschiedlichen Kunststoffe lassen sich in vier Hauptgruppen einteilen: die gummielastischen Elastomere, die durch Erwärmung aufweichenden und verformbaren Thermoplaste, die spröden und nicht durch Erwärmung verformbaren Duroplaste sowie die faserverstärkten Kunststoffe und Mischungen (Compounds). Verschiedene einfache Methoden wie Dichteprüfung über das Verhalten im Wasser (schwimmen/sinken), Prüfung der Anlösbarkeit mit Kunstharzverdünnung, Brennprobe mit offener Flamme (rußend oder nicht: ruhig, schäumend, knisternd, tropfend oder Fäden ziehend), Geruch der Rauchschwaden nach Erlöschen der Flamme und Beschaffenheit der Oberfläche geben Aufschluss über die jeweilige Zugehörigkeit zu einer solchen Gruppe.

Verschiedene Reparaturmethoden

Einige Kunststoffe (ABS, PA, PC, PE, PP u. a.) lassen sich schweißen. Sie werden mit Heißluftpistolen aufgeweicht und dann verbunden. Glasfaser verstärkte Kunststoffe lassen sich mit Laminaten und Harzen reparieren. Das geht ähnlich vor sich wie bei der Polyester-Reparatur von Metallkarosserien: Schadenstelle säubern, großflächig anschleifen, wieder säubern, Kunstharz auftragen, Glasfasermatte (ggf. in mehreren Lagen) überlappend auflegen, mit Spachtelmasse auffüllen. Für die größere Zahl der im Automobilbau (vorzugsweise im Außenbereich) verwendeten Kunststoffe sind inzwischen von verschiedenen Herstellern spezielle Reparatursysteme entwickelt worden (z. B. 5900 von 3M oder das Reparaturset von Akemi). Sie beruhen im Kern auf Zweikomponenten-Klebern, die zur Bearbeitung wie Spachtel angemischt werden, oder auch Einkomponenten-Klebern und dem Einsatz von

PRAXISTIPP

Kunststoffreparatur mit Glasurit

Auch unter dem Markennamen »Glasurit« (BASF) wird ein Paket zur raschen Kunststoffreparatur angeboten. Spachtel 839-90 und Füller 934-70 bilden ein perfektes System für die universelle Anwendung auf allen üblichen lackierbaren Kunststoffen am Fahrzeug wie Stoßfänger, Spiegelschalen, Radzierblenden und Rammschutzleisten.
Mit dem Kunststoffspachtel 839-90 lassen sich kleine Kratzer und Beschädigungen problemlos ausfüllen. Er bietet außerordentliche Flexibilität, sehr gutes Ziehverhalten, porenfreie Oberfläche, kurze Trocknungszeiten und gute Schleifeigenschaften.
Ideale Ergänzung für den weiteren Aufbau ist der 2K-Kunststoffgrundfüller 934-70. Er sorgt für die perfekte Basis für eine effiziente und wirtschaftliche Nass-in-Nass-Lackierung. Außerdem lässt sich 934-70 auch als Schleiffüller oder als Grundierung unter elastifizierten 2K-Füllern einsetzen. Anschließend kann er mit allen Decklacksystemen überarbeitet werden.

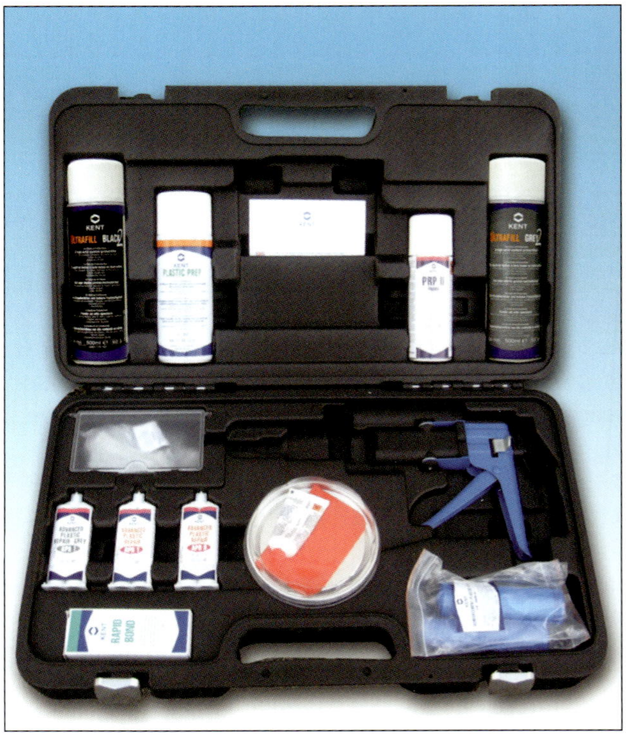

Alles bis zum Lack: In diesem Profiset von Kent ist alles für die Schadensreparatur vom Primer über verschiedene Klebstoffe, Mischdüsen und Gitter, bis zur Grundierung dabei.

Alles zum Schweißen: Im Steinel-Koffer findet alles Platz, was man zum Kunststoffschweißen und für die Rückverformung braucht.

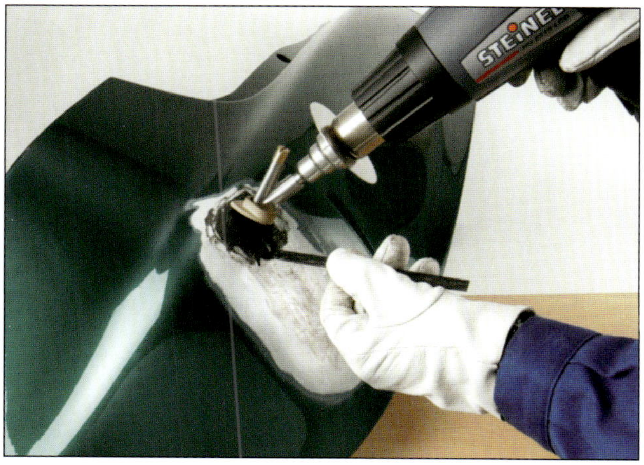

Universal: Für die Stoßfängerreparatur gibt es einen anwenderfreundlichen Universalschweißdraht.

Fasermatten. Diese Reparaturmethode eignet sich bestens für alle lackierten Kunststoffteile, weil eine Überlackierung nach der Reparatur problemlos möglich ist. Gut anwendbar ist sie zur Beseitigung von Rissen, Schrammen und Löchern. Auch abgebrochene Teile lassen sich so wieder ankleben. Nach den Abbildungen mit dem kleinen und dem großen Kunststoff-Reparaturset von Akemi und dem Vorgehen bei einer einfachen Reparatur demonstrieren wir Ihnen an einem Arbeitsablauf mit Bildserie das fachmännische Vorgehen bei der Behebung eines komplizierteren Stoßfängerschadens.

Riss in Stoßfänger-Verkleidung kleben

Arbeitsschritte:

- Entfernen Sie alle losen Kunststoffteile. Schleifen Sie die Bruchstelle mit einer Feile schräg in Bruchform an. Bei einem Riss am Ende bohren Sie ein Loch, das etwas größer als der Riss ist.
- Schadhafte Stelle dünn mit »Kunststoff-Haftvermittler« einsprühen. Auf der Rückseite Verstärkungsband auflegen, punktuell mit Kunststoffkleber fixieren und etwas antrocknen lassen. Anschließend durch das Verstärkungsband hindurch Loch mit dem »Kleber für Kunststoffteile« ausfüllen und Kleber auch großflächig über das Gewebe verteilen.
- An der Vorderseite die Rissfuge vollständig mit dem Kleber ausfüllen. Überschüssigen Kleber mit Spachtel abziehen. Die Reparaturstelle mit dem Spachtel glatt ziehen.
- Nach einer Stunde Trocknungszeit die Vorderseite mit 200er-Schleifpapier schleifen und gründlich reinigen.
- »Metallic-Spachtel hochelastisch« auftragen, um Unebenheiten auszugleichen. 30 Minuten aushärten lassen und beschleifen (P 230). Reinigen und Spachteln ggf. wiederholen.
- Auf die reparierte Fläche »Struktur-Spray« aus 20 cm Abstand kreuzweise aufsprühen. Achten Sie auf einen sauberen, guten Übergang zur nicht behandelten Fläche.

1

Anschrägen und Anschleifen: Die Reparaturstelle muss beidseitig angeschliffen werden. Die Vorderseite wird etwa 1 – 2 cm angeschrägt.

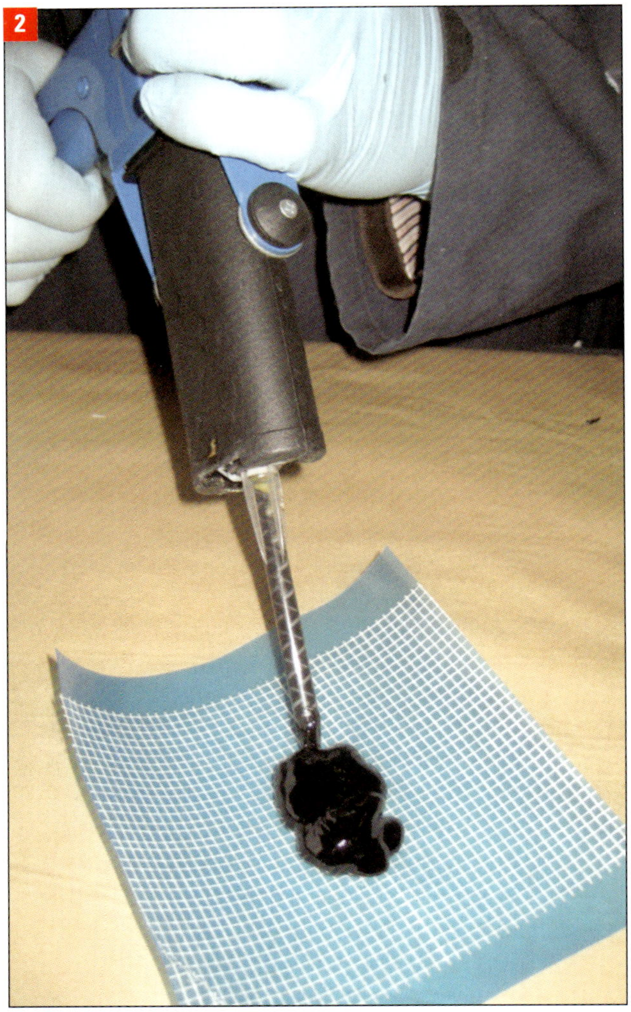

Klebstoff und Reparaturgewebe vorbereiten: Nach dem Reinigen wird um die Reparaturstelle von hinten und auf die Gewebematte Klebstoff aufgetragen.

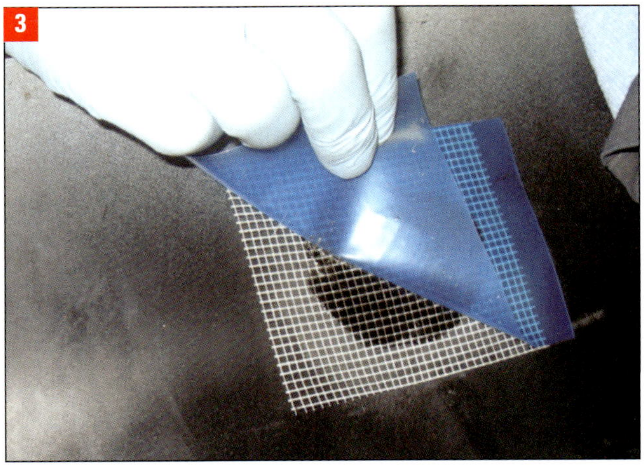

Schritt 3: Die vorbereitete Folie wird von hinten auf die Schadstelle aufgeklebt. Nach kurzer Trocknungszeit wird die Folie abgezogen.

Schritt 4: Auf der Vorderseite wird die Schadstelle mit Klebstoff aufgefüllt. Auf der Rückseite wird das Gewebe abgedeckt.

Schritt 5: Nach der Trocknungszeit können beide Seiten verschliffen werden.

Schritt 6: Die bearbeiteten Flächen werden erneut gründlich gereinigt und entfettet.

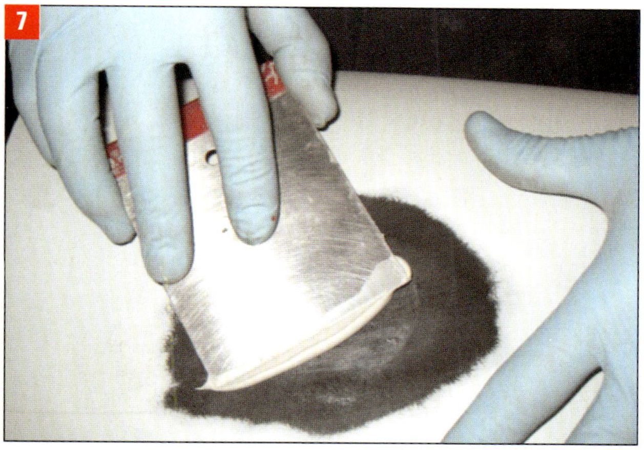

Schritt 7: Der Kunststoffspachtel aus dem Reparaturset kann nun aufgetragen werden.

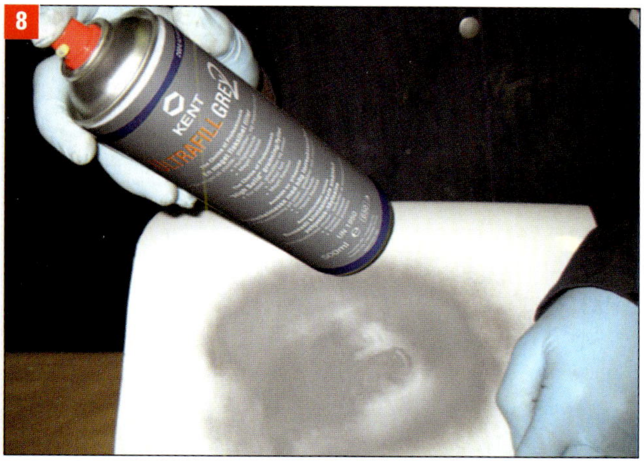

Schritt 8: Grundierung und Filler in einem schließen den Arbeitsschritt ab. Weiter geht es dann mit der Lackierung.

- Ebenfalls aus 20 cm Abstand und kreuzweise »Lackspray für Kunststoffteile« aufbringen. Soll perfekte Einheitlichkeit erreicht werden: Den gesamten Stoßfänger auf diese Weise lackieren. Falls die Stoßstange in Wagenfarbe lackiert ist, muss »Kunststoff-Haftvermittler« aufgetragen und mit Lack nach Anweisung des Kfz-Herstellers behandelt werden. Bei sauberer und präziser Arbeit ist das reparierte Teil nicht von einem neuen zu unterscheiden.

Loch im Stoßfänger kleben und verfüllen

Mit Klebstoffen lassen sich auch Löcher oder Risse in einem Stoßfänger verfüllen. Die Reparatur selbst ist recht einfach und in den meisten Fällen im Beipackzettel der Klebstoffe sehr gut beschrieben.

- Reinigen Sie zuerst das zu reparierende Kunststoffteil gründlich mit viel Wasser.
- Wenn der Reparaturbereich noch Verformungen aufweist, bringen Sie zuerst eventuellen Verzug und Beulen mit einem Heißluftföhn in Form.
- Reinigen Sie die Reparaturstelle gründlich mit dem im Klebeset vorhandenen Reinigungs- und Entfettungsmittel.
- Schrägen Sie die Reparaturstelle auf der Vorderseite etwa 1 bis 2 cm mit einem Kleinschleifgerät an.
- Rauen Sie mit einem Kleinschleifgerät die Reparaturstelle etwa 2 – 4 cm größer an (Korngröße etwa 150) und reinigen Sie die Reparaturstelle wieder gründlich mit einem Reinigungs- und Entfettungsmittel.

Klebung

- Sprühen Sie nun die Reparaturfläche beidseitig dünn mit Kunststoffprimer ein und lassen Sie ihn etwa 5 Minuten ablüften. Zwischenzeitlich schneiden Sie das Reparaturgewebe passend zur Reparaturfläche zu.
- Tragen Sie nun ausreichend Klebstoff auf das Reparaturgewebe im Reparaturbereich innen auf und streichen Sie ihn mit einem Kunststoffspachtel glatt.
- Tragen Sie dann außen etwas Kleber im Randbereich der Reparaturfläche auf und drücken Sie das Abdeckgewebe auf den Kleber auf. Heizen Sie den Reparaturbereich mit einem Heißluftföhn auf 60 – 70 °C für 15 Minuten an, um den Klebstoff auszuhärten. Nach dem Abkühlen auf Raumtemperatur verschleifen Sie die Klebereste bis zur Originalform des Stoßfängers.
- Nach dem Schleifen reinigen Sie die Reparaturstelle erneut mit einem Reinigungs- und Entfettungsmittel. Sprühen Sie vor der weiteren Bearbeitung den Kunststoffprimer dünn auf, um eine bessere Haftung für die Lackmaterialien zu erreichen. Spachtelarbeiten sollten mit einer speziellen Kunststoffspachtelmasse durchgeführt werden, da diese nach dem Aushärten eine höhere Flexibilität aufweist. Die weiteren Lackarbeiten können mit herkömmlichen Lackmaterialien (Füller und Lacke) durchgeführt werden.

Das Schweißen

In den vergangenen Jahren hat die Entwicklung in der Schweißtechnik gerade für den Heimwerker und den Garagenbetrieb große Fortschritte gemacht und ist mittlerweile zum festen Bestandteil in der Welt des Hobby-Handwerkers geworden. Wer die gebotenen Sicherheitsvorkehrungen einhält und verantwortungsbewusst mit dem Schweißgerät umgeht, ist keiner größeren Gefahr als beim Gebrauch einer Bohrmaschine ausgesetzt. Daher ist das Schutzgas-Schweißen inzwischen die verbreitetste und dauerhafteste Methode, verbogenes oder durchrostetes Karosserieblech zu reparieren.

Die von der Konstruktion ermittelten Daten für die Karosseriefertigung werden Schweißrobotern und rechnergesteuerten Blechpressen übertragen. Kurze Datenwege ermöglichen sofortiges Nachprüfen. Schließlich sieht die Praxis in einer Produktionsstraße manchmal doch anders aus als in der fertigungstechnisch optimalen Theorie des Konstrukteurs. So kann sich eine vorgegebene Blechfestigkeit für Tiefziehgänge als zu schwach dimensioniert erweisen oder der vorberechnete Montagevorgang ist mit dem vorhandenen Arbeitsgerät auf der Produktionsstraße nicht machbar.
Bei den im Automobilbau verwendeten Dünnblech-Schweißverfahren gibt es vier Schweißmethoden, die in der Ausführung völlig verschieden sind und selten gleichzeitig eingesetzt werden:

- Widerstands-Punktschweißen,
- Schutzgasschweißen,
- Autogenschweißen und
- Hartlöten.

Dazu kommen dann noch zwei moderne Verfahren, die im Karosseriebau häufig Verwendung finden, sowie eine Fügetechnik, die nichts mit Schweißen zu tun hat:

- Plasmaschweißen,
- Laserschweißen und das
- Kleben von Blechen.

Das Widerstands-Punktschweißen

Sämtliche Serienfahrzeuge werden in diesem, meist automatisierten Verfahren hergestellt, weil es kostengünstig ist und rationelle Fertigung erlaubt. Als Wirkprinzip genutzt wird die Tatsache, dass sich ein elektrischer Widerstand erwärmt, wenn er von einem Strom durchflossen wird. Dazu wird in einem bestehenden Stromkreis eine per Hebelmechanismus schnell zu unterbrechende Verbindung erzeugt.
Die zu verschweißenden Bleche werden zwischen zwei Elektroden geklemmt. Damit der größte elektrische Widerstand zwischen den Blechen liegt, muss die Übergangsfläche vom Stromkreis zu den Blechaußenseiten klein gehalten werden. Also verwendet man zum Widerstands-Punktschweißen Elektroden mit ballig oder kegelig gearbeiteten Spitzen. Wird der Stromzufluss freigegeben, erwärmt der hohe Übergangswiderstand die Zone zwischen den Elektroden sehr stark. Aufgrund des hohen Anpressdrucks der Elektroden wird das Blech zum »Blechteig«, kann jedoch nicht wegfließen und schmilzt schließlich zwischen den beiden Blechen zum Schweißpunkt. Der Stromfluss wird daraufhin unterbrochen und der Schweißpunkt erkaltet.

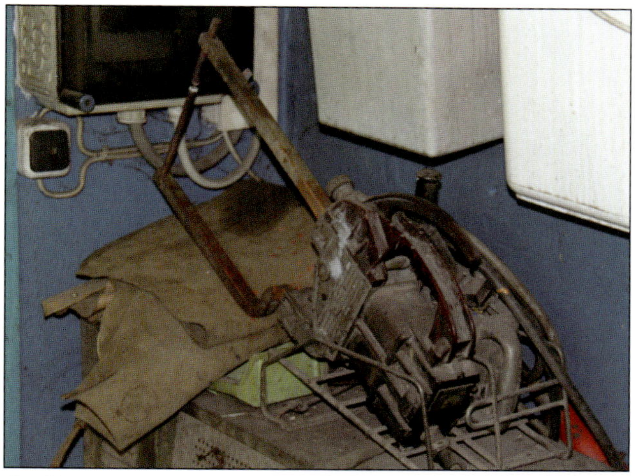

Profigerät: Bis auf das Gewicht hat sich an den Widerstandspunktschweißzangen wenig verändert.

Das Schutzgas-Schweißen

Alle Lichtbogen-Schweißverfahren, bei denen Elektrode, Lichtbogen und Schmelzbad gegen die Atmosphäre durch ein zusätzlich zugeführtes Schutzgas abgeschirmt sind, werden als Schutzgas-Schweißen bezeichnet. Es können drei Verfahren unterschieden werden:

- **WIG = Wolfram-Inertgas-Schweißen.** Der Lichtbogen brennt zwischen einer nicht abschmelzenden Wolframelektrode und dem Werkstück. Der Zusatzwerkstoff wird von Hand zugeführt. Für hoch legierte Stähle oder Aluminium ist das Verfahren wegen der völligen Abschirmung des Schweißgutes von der Atmosphäre besonders geeignet.

- **MIG = Metall-Inertgas-Schweißen.** Der Lichtbogen brennt zwischen einer abschmelzenden Elektrode und dem Werkstück. Die Elektrode ist Schweißzusatz-Werkstoff und Träger des Lichtbogens. Als Schutzgas wird Argon, Helium oder ein Gemisch der beiden Gase verwendet.

- **MAG = Metall-Aktivgas-Schweißen.** Das MAG-Verfahren unterscheidet sich vom MIG-Verfahren nur durch die Verwendung eines anderen Schutzgases. So werden beim Metall-Aktivgasschweißen Kohlendioxid (CO_2) und Mischgase aus Argon und/oder Sauerstoff und/oder CO_2 verwendet.

WIG-Geräte: Auch diese Geräte finden sich schon aufgrund der Vielseitigkeit in einem breiten Einsatzspektrum in mancher Hobbywerkstatt.

Schutzgasgerät: Fronius ist einer der wichtigsten Hersteller von Markengeräten im Bereich Schweißtechnik.

Entsprechend der Blechdicke und der Verbindungsart können am Schweißgerät Stromstärke und Drahtvorschub reguliert werden.

Das Autogenschweißen

Das Autogen-Schweißgerät ist vielfältig einsetzbar. Es ist zum Löten, Schweißen, Schneiden oder Erhitzen einsetzbar und vorwiegend für die Werkstatt gedacht. Deshalb wollen wir hier auch gar nicht bis ins letzte Detail gehen, sondern Ihnen vielmehr die Möglichkeiten mit dem Autogen-Schweißgerät darstellen. Zunächst aber erst einmal die Funktionsweise des Autogenschweißens: Die zusammenzufügenden Bleche oder Profile werden mit Hilfe der Brenngasflamme zum Schmelzen gebracht. Die Verbindung kann mit oder ohne Zugabe eines Schweißdrahtes entstehen. Im Gasgemisch der Schweißzone entstehen Temperaturen bis 3200 °C. Als Brenngas wird Acetylen verwendet, da man mit keinem anderen Gas eine so hohe Temperatur erreicht. Die Ausrüstung besteht aus je einer Acetylen- und einer Sauerstoffflasche, je einem Druckminderer und einem Schweißbrenner mit Schlauchanschlüssen. Das Acetylen ist grundsätzlich in einer gelben Flasche und aufgrund der Brennfreudigkeit in einer »Schutzschicht« aus Aceton gelagert. Der Fülldruck der Brenngasflasche beträgt 18 bar. Die blaue Sauerstoffflasche steht in frischem Zustand unter einem Druck von 150 bar, was bei einem Flaschenvolumen von 40 Litern 6000 Liter Entnahmevolumen ergibt. Der Druckminderer setzt den Inhaltsdruck der Gasflaschen auf den notwendigen Arbeitsdruck von 0,5 bar für das Brenngas und 2,5 bar für den Sauerstoff herab. Der Schweißbrenner mischt die beiden Gase im gewünschten Verhältnis: Ist das Mischungsverhältnis 1:1, also neutral, ist der weiß leuchtende Flammenkegel scharf begrenzt und optimal eingestellt für Arbeiten mit Stahl und Kupfer. Das ist der weitaus überwiegende Teil des Einsatzes. Hat die Flamme Sauerstoff-Überschuss, kann Messing geschweißt werden. Sollen hingegen Aluminium oder Alu-Legierungen bearbeitet werden, muss der Schweißbrenner mit Brenngasüberschuss eingestellt werden. Die Flamme ist dann grünlich und flattert.

Das Hartlöten

Das Hartlöten fällt etwas aus dem Rahmen der Schweißverbindungen, daher müssen wir uns erst einmal die Frage stellen, was »Löten« bedeutet: Beim Löten entsteht eine stoffschlüssige Verbindung zweier

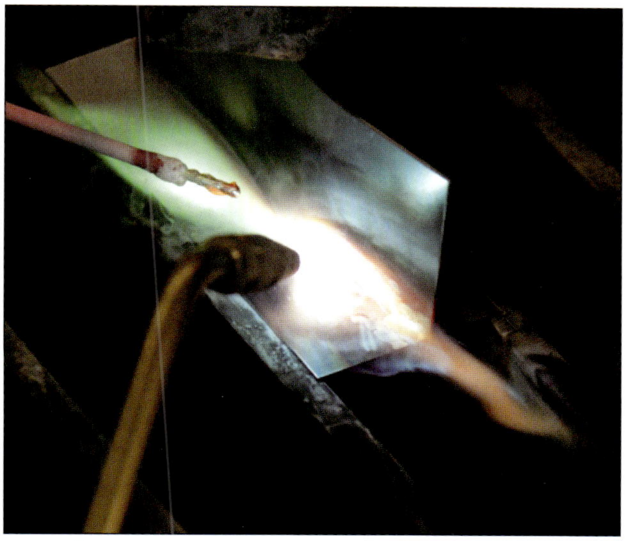

Ohne Übung geht hier nichts: Ob nun Hartlöten oder Autogenschweißen – ein gutes Gefühl für Werkstoff und Schweißgut muss erlernt werden.

Plasmaschweißen: Wird in der Produktion recht häufig verwendet.

Metalle, die durch Hilfe eines geschmolzenen Zusatzmetalls (Lot) zustande kommt. Die Schmelztemperatur des Lotes liegt dabei grundsätzlich unter der der zu verbindenden Metalle.
Wo von den einzelnen Auto-Herstellern das Laserschweißen noch nicht durchgängig angewendet wird, werden manche Ecken einer Karosserie meist hartgelötet, wie es über lange Zeit üblich war. Das betrifft zum Beispiel die Übergänge der Dachhaut zum Dachrahmen an den A-, B- und C-Säulen sowie bei einigen Herstellern die Ecken der Heckabschlussbleche und der Wasserleitbleche.
Sollen zwei Stahlbleche durch Hartlöten miteinander verbunden werden, so wird der Stahl mit dem Autogenschweißgerät rot glühend erhitzt, was einer Temperatur von 900 °C entspricht. Gleichzeitig wird der Hartlotstab erhitzt, bis er zähflüssig ist. Das Lot fließt in die Fuge und bildet mit dem Stahl an den Randzonen eine Legierung. Dadurch erreicht der Lötbereich eine hohe Festigkeit, die meist sogar höher ist als die des Hartlotes selbst.

Das Plasmaschweißen

Energieträger bei diesem inzwischen auch schon recht gängigen Verfahren ist ein Plasmastrahl, der eine Temperatur von 5000 bis 20.000 °C erzeugt. Mit dieser Schweißmethode können sehr präzise und schnelle Schweißungen ausgeführt werden. Bei der im Fahrzeug-Karosseriebau verwendeten Ausführung brennt der Lichtbogen zwischen Elektrode und Werkstück, wobei der Plasmastrahl vom Edelgas Argon umhüllt wird. Der Lichtbogen erlischt, sobald der Brenner vom Karosserieteil abhebt. Neben dem Einsatz im Karosseriebau kommt das Plasmaverfahren auch zum Einsatz, um hoch legierte Stähle zu schweißen oder Bleche zu schneiden. Abseits dieser Anwendungen wird das Plasmaverfahren in der Verpackungsindustrie gerne zum Verschweißen von Folien verwendet. Dann ist der Lichtbogen jedoch bedeutend energieärmer als der zum Verbinden zweier Stahlbleche.

Das Laserschweißen

Dieses präzise und materialschonende Schweißverfahren fand Anfang 1992 Eingang in die S-Klasse-Produktion von Mercedes-Benz. Die Übergänge der hinteren Kotflügel zur Dachhaut wurden mit Hilfe eines Laserstrahls und Zusatzdraht verschmolzen, statt wie beim Vorgängermodell noch mit Lichtbogen verschweißt. Inzwischen ist Laserschweißen zwar noch nicht durchgängig Standard, es hat sich aber ein enormes Einsatzfeld im Karosseriebau erobert. Der Grund dafür liegt vor allem in der Präzision und in der hochgradigen Automatisierbarkeit. Verglichen mit anderen Schweißverfahren, ist der Laser-Prozess wegen der höheren Schweißgeschwindigkeiten (3 bis 7 m/min), der geringeren Wärmeeinbringung und der geringeren Anforderungen an einen definierten Oberflächenwiderstand vorteilhaft. Audi wendet heute das Verfahren z. B. beim Karosseriebau für den A2 vorwiegend zum Verbinden großflächiger Blechteile mit der Karosseriestruktur aus Guss- und Profilteilen an. Insgesamt werden rund 30 m Laser-Verbindungslänge im A2-Spaceframe realisiert. Die Vorzüge einer Laser-Anlage lassen sich kurz gesagt so benennen: weniger Nacharbeit, sehr exakte Schnitte, hohe Flexibilität und bessere Qualität.

Mit seiner technologischen Leistung beim A2 wartet Audi – und damit bei aller neuerdings streng betriebenen Trennung auch der Volkswagen-Konzern – zehn Jahre nach der Einführung des Laserschweißens im Automobilbau mit einer Weltneuheit auf. Sie besteht darin, das Laserstrahlschweißen von Aluminium-Karosseriebauteilen großserienmäßig einzusetzen. Als Verbindungstechniken kommen übrigens ferner das bereits beim A8 bewährte Stanznieten und das MIG-Schweißen zum Einsatz. Das Ergebnis sind die äußerst geringen Bauteilform-Toleranzen von plus/minus 0,15 Millimeter beim A2.

Das Kleben von Karosserieblechen

Ursprünglich aus dem Flugzeugbau kommend, dann im Wohnmobilbau schon längere Zeit üblich und bewährt, findet das Kleben von Karosserieblechen im Automobil-Bereich, vor allem in den Reparatur-Werkstätten, noch immer nur recht zögerlich Verbreitung. Dabei ist es bereits seit den 1970er-Jahren ein ernst zu nehmendes Verfahren. In der Produktion arbeiten alle Hersteller inzwischen zumindest punktuell damit. So werden Falze an Türen und Hauben, Versteifungsspiegel in Seitenbeplankungen oder der Innenspiegel-Halter an die Frontscheibe geklebt.

Der Vorteil einer Klebe-Verbindung ist es, keinerlei Spuren auf der Blechoberfläche zu hinterlassen, während Schweißverbindungen oft zu Blechverzug und Nacharbeit an der Oberfläche führen. Doch ganz so ohne Einschränkungen kann man dieses Verfahren auch nicht auf ein Podest stellen: Klebstoff benötigt immer eine gewisse Aushärtezeit und -temperatur. Da in der Karosserieproduktion kurze Taktzeiten den Arbeitsablauf beherrschen, müssen für eine produktionsgerechte Anwendung geklebter Karosseriebleche entsprechend zusätzliche Vorkehrungen getroffen werden.

Klebetechnik: Für viele Tuningmaßnahmen im Bereich »Cleaning« sehr geeignet.

Dies fängt an bei ständiger Überwachung der Qualität des Klebers und der Verarbeitungstemperatur, geht über die bis zum Aushärten notwendige Stabilität durch zusätzliche Schweißpunkte bis zum Reinigen der Klebepistolen und dem umweltgerechten Entsorgen der Klebstoffreste. Aber gerade im Reparaturfall kann das Verkleben wesentlich komfortabler sein als das Verschweißen. Einen Radlauf oder ein anderes Reparaturblech zu kleben, ist eine echte Alternative zum Schutzgas-Schweißgerät.

Wer sich allerdings vorstellt, mit irgendeinem Alleskleber seinem schon in die Jahre gekommenen Fahrzeug Schweller, Hinterachsaufnahmen oder sonst etwas anzufügen, der sollte derartige Gedanken gleich wieder verwerfen. Das Kleben von Karosserieblechen im Reparaturfall erfordert wesentlich mehr Vorarbeit, als nur Klebstoff und Blech über ein Rostloch zu pfuschen.

Die Schweißpraxis

In den vergangenen Jahren hat die Entwicklung in der Schweißtechnik gerade für den Heimwerker und den Garagenbetrieb große Fortschritte gemacht und ist mittlerweile zum festen Bestandteil in der Welt des Hobby-Handwerkers geworden. Wer die gebotenen Sicherheitsvorkehrungen einhält und verantwortungsbewusst mit dem Schweißgerät umgeht, ist keiner größeren Gefahr als beim Gebrauch einer Bohrmaschine ausgesetzt. Daher ist das Schutzgas-Schweißen inzwischen die verbreitetste und dauerhafteste Methode, verbogenes oder durchrostetes Karosserieblech zu reparieren.

Die richtige Ausrüstung

Mit einem Schutzgasgerät ist der Heimwerker der komfortablen Bedienung und des flexiblen Einsatzes wegen am besten bedient. Die Gerätehersteller bieten eine recht große Auswahl für nahezu jeden Einsatz. Lassen Sie sich in einem Fachgeschäft beraten, welches Gerät für Ihren Geldbeutel und Ihren Einsatzzweck das passende ist. Wichtig bei der Kaufentscheidung ist die zur Verfügung stehende Spannung. Es besteht die Auswahl zwischen der »normalen« 220-V-Wechselspannung und der 380-V-Drehstromleitung. Sofern ein Drehstrom-Anschluss möglich ist oder bereits existiert, ist es sinnvoll, diesen auch zu nutzen. Das Schweißgerät arbeitet bei höherer Spannung konstanter und leistungsfähiger. Nicht nur das Schweißgerät, sondern auch Schweißpunktfräser, Karosseriesägen und Haltewerkzeuge gehören zur Grundausstattung. Sie müssen das alles nicht gleich kaufen, man kann solch eine Ausrüstung in Mietwerkstätten auch für den benötigten Zeitraum mieten.
Mit einem Schweißpunktfräser können alle durch ein Punktschweißgerät verbundenen Karosserieteile sauber getrennt werden. Die Kurzhub-Karosseriesäge ermöglicht sauberes und schnelles Trennen von Blechen auch in schlecht zugänglichen Karosseriebereichen. Geringes Gewicht und handliche Größe machen sie nahezu universell einsetzbar. Die oszillierende Säge hat ein rundes Sägeblatt, das sich hochfrequent um jeweils einige Millimeter hin und her bewegt, wobei immer nur ein bestimmtes Kreissegment im Eingriff ist. Da die Schnitttiefe der Säge sehr genau eingestellt werden kann, ist dieses Werkzeug ideal, um dicht hintereinanderliegende Bleche zu bearbeiten.

Erfahrung erforderlich: Gerade das »Überkopfschweißen« erfordert viel Geduld und auch gelegentliche Schmerzresistenz.

Voraussetzungen für erfolgreiche Arbeit

Bevor Sie mit dem Schweißen beginnen, muss erst einmal der Arbeitsplatz eingerichtet werden. Selbst wenn Sie nur über wenig Fläche dafür verfügen, sollte eine Ecke in der Garage oder im Arbeitsraum für eine Werkbank mit Arbeitsplatte und Schraubstock freigemacht werden. Dieser Platz sollte immer zugänglich bleiben, selbst wenn er auch für andere Zwecke gut genutzt werden könnte. Nach dem stets gültigen und jedem vertrauten Gesetz, dass man immer dann etwas braucht, wenn man es gerade nicht zur Hand hat, ist sonst ein ständiges Räumen und Kramen im Arbeitsbereich programmiert. Sehr empfehlenswert ist nach unserer Einschätzung natürlich auch eine gute, sprich helle und schattenarme Lichtquelle.
Sie werden es noch sehen oder ja schon längst wissen: Beim Schweißen kommt es auf gutes Augenmaß und eine gute Portion Fingerspitzengefühl an. Apropos Fingerspitzen und Augen: Es geht beim Schweißen im wahrsten Sinne des Wortes heiß her. Lesen Sie deshalb unbedingt den Abschnitt zu den Vorsichtsmaßnahmen, bevor Sie das Kabel des Schweißgeräts ans Stromnetz bringen.

Karosseriewerkzeuge: 1 Schwingschleifer, 2 Schleifklotz, 3 Spachtelmasse, 4 Japanspachtelset, 5 Hohlraumpistole, 6 Ausbeuleisen, 7 Heißluftföhn, 8 Schleifpapier, 9 Kartuschen-Pistole,10 Heißklebepistole, 11 Hammerset, 12 Gripzange flach, 13 Hohlraumversiegelungs-Sonden, 14 Gripzange abgesetzt und breit, 15 Scherenset für gerade und kurvige Schnitte, 16 Karosseriefeile, 17 Absetzzange, 18 Unterbodenschutzpistole, 19 Nahtabdichtungs-Spritzpistole , 20 Luftschleifer gerade, 21 Bristol Look-Kunststoffschleifpads, 22 Luftschleifer winklig.

Wie Sie ebenfalls aus Erfahrung bereits wissen: Gutes Werkzeug ist immer preiswerter als billiges. Verletzungen durch schlechtes Material oder ein Beschädigen von Fahrzeugteilen aufgrund zu großer Maßtoleranz des Werkzeugs können durch die vordergründige Ersparnis beim Kauf nicht wieder gutgemacht werden. Zur Ordnung am Arbeitsplatz bliebe auch noch etwas zu sagen. Besitzt man ein schlechtes Langzeit-Gedächtnis, ist es sinnvoll, die Werkzeuge einer wie auch immer gearteten Ordnung zu unterwerfen. Die Situation, in der man schon fast drei Hände bräuchte und verzweifelt nach der Gripzange äugt, tritt rascher ein als geglaubt. Die Arbeit von ein oder zwei Stunden kann schnell für die Katz sein, wenn man das nötige Werkzeug oder Material nicht griffbereit und in Reichweite am Arbeitsplatz liegen hat.

Geduldig üben und Schutzschild benutzen

Einige Probeschweißungen auf ein paar Stücken Abfallblech sind mehr als empfehlenswert. Beim Training dürfen durchaus ein paar Stunden vergehen. Es ist ungemein wichtig, mit ruhiger Hand und auf die Arbeit konzentriert für den »Ernstfall« zu üben. Alte Bleche bekommt man in Karosseriebetrieben, neue bei den Metallhändlern.

Wer es auf Versuche mit angerostetem Blech abgesehen hat, sollte sich auf Schrottplätze orientieren. Was den Umgang mit dem Schweißgerät erschwert, ist die Sicherheitsausrüstung. Der Schweißschutzschild ist mit einem sehr stark getönten Glas versehen, um beim Schweißen in die Flamme sehen zu können. Ohne den Lichtbogen der Schweißflamme sieht man durchs Glas rein gar nichts von der zu bearbeitenden Stelle. Bei schwer zugänglichen Stellen gehört schon etwas Erfahrung im Umgang mit dem Schutzgasschweißen

GUT ZU WISSEN

Geräte und Materialien

Druckminderer

Die am Druckminderer eingestellte Gasmenge ist mit der Gasmenge, die am Brenner ausströmt, nicht identisch. Die richtige Gasmenge wird durch ein am Brenner aufgesetztes Messrohr, ähnlich dem Synchrontester zur Vergasereinstellung, abgelesen und eingestellt. Bei normalem Autoblech mit 10 mm Dicke sollte der Druck 8–10 Liter pro Minute betragen. Die Einstellung erfolgt mit einem Handrad am Druckminderer.

Schutzgase und Zusätze

Als Schutzgase kommen inertes Gas wie Argon, Helium und deren Gemische oder aktives Gas wie Kohlendioxid oder Mischgase in Betracht. Inertes Gas ist reaktionsträge und beteiligt sich nicht an den chemisch-metallurgischen Vorgängen im Schweißbad. Aktives Gas hingegen wandelt sich im Schweißprozess chemisch um. Schweißargon und Mischgase auf Argonbasis werden gasförmig in Leichtstahlflaschen mit einem Fülldruck von 200 bar geliefert. Kohlendioxid und Mischgase sind in Stahlflaschen mit Füllgewichten von 10, 20 und 30 kg in flüssigem Zustand im Handel erhältlich. 1 kg CO_2 ergibt 540 Liter Schutzgas. Die Kennfarbe für nicht brennbares Gas ist Grau.

Schweißdraht

Der Schweißdraht muss ohne Ecken und Knicke durch das Schlauchpaket laufen können. Ist dies nicht der Fall, entsteht im Nu ein Loch in der Schweißnaht. Am Anfang werden Sie ohnehin mit dem einen oder anderen ungewollten Loch im Blech kämpfen.
Der Drahtvorschub wird durch zwei Bewegungen in der Drahtrolle beeinflusst. Da ist zum einen die Tendenz des Drahtes, sich zusammenziehen zu wollen, wenn er von der Rolle gewickelt wird (Casting). Schneiden Sie ein Stück Draht von ca. 1 m Länge ab und legen Sie es auf die Arbeitsfläche. Der Draht sollte sich auf einen Durchmesser von 45 bis 50 cm zusammenrollen. Sind es weniger als 30 cm, kommt es zu Störungen im Drahtvorschub. Wechseln Sie also diese Drahtrolle aus. Zum Zweiten kann der Schweißdraht eine Tendenz zu Spiralen entwickeln. Dieser »Helix-Effekt« verursacht unruhiges Gleitverhalten des abrollenden Drahtes, wodurch schnell ein Loch ins Blech brennt. Abhilfe schafft wiederum der Tausch der Schweißdrahtrolle.

Schweißspray

Schutzgas-Schweißdrähte sind zur besseren Korrosionsbeständigkeit mit Kupfer überzogen. Die Kupferschicht neigt nun aber dazu, sich im Brenner vom Draht zu lösen, was im Bereich des Führungsstückes Ablagerungen verursacht. Die Ablagerungen wiederum blockieren den gleichmäßigen Drahtvorschub, es kommt zu Löchern. Abhilfe schafft die Anwendung von silikonfreiem Schweißspray vor und immer mal wieder zwischen den Schweißungen. Hilft das im Einzelfall nicht mehr, muss die Brennerdüse herunter und gegen eine saubere getauscht werden. Nach Abkühlung sollte die verschmutzte Düse mit Schraubendreher, Dreikantschaber oder Mini-Schleifer gereinigt werden, damit sie beim nächsten Einsatz wieder verwendet werden kann

dazu, um eine ordentliche Schweißnaht oder korrekte Schweißpunkte zu setzen.
Wer allerdings meint, er könne auch ohne den ziemlich unbequemen Schutzschild arbeiten, der muss nicht lange warten, bis ihn der »Sandmann« heimsucht. Der Lichtbogen der Schweißflamme ist so hell, dass die Netzhaut und die Augennerven geschädigt werden.
Das macht sich bei geschlossenen Augen in einem sandfeinen Rotflimmern bemerkbar und kann als äußerst unangenehm bezeichnet werden. Daher gilt eben unbedingt, lieber mehr zu üben und dafür das Augenlicht zu behalten, als alles jetzt und sofort können zu wollen.

Vorsichtsmaßnahmen beim Schweißen

Vor Beginn der Schweißarbeiten sollte man sich vergewissern, dass alle notwendigen Sicherheitsvorkehrungen getroffen sind. Eine Lederschürze und eine alte Lederjacke eignen sich gut als Schutz gegen Funkenflug. Langstulpige Handschuhe und Ledergamaschen verhindern recht zuverlässig ungewolltes Ansengen. Das schon erwähnte Schutzschild schützt vor Verblendung der Augen und besonders beim Überkopfschweißen gegen Funkenflug. Ratsam ist es, zusätzlich zum Schutzschild eine klare Brille zu tragen, wenn man die Schweißarbeit unter dem Auto stehend durchführt. Feste Arbeitsschuhe mit intakten Gummisohlen

Empfohlene Wartungsarbeiten

PRAXISTIPP

Schutzgas-Schweißen ist einfach und recht komfortabel in der Handhabung, besonders mit einem neuen Gerät. Damit das so bleibt, sollten einige Wartungsarbeiten regelmäßig durchgeführt werden. Bevor Sie jedoch mit der Wartung beginnen: Immer den Netzstecker ziehen!

- Das Schweißgerät freut sich über gelegentliche Zuwendung in Form von reinigender Pflege: Vom Schmutz befreien, auch Stromkabel und Massekabel, um guten Stromübergang zu gewährleisten. Kabel und Schlauchpaket dürfen mit Gummipfleger für längere Haltbarkeit behandelt werden, auf keinen Fall aber mit Kontaktspray oder fetthaltigen Pflegemitteln.
- Brennerdüse(n) spätestens nach Gebrauch mit Schweißspray, Schraubendreher oder Dreikantschaber reinigen.
- Vorschubrollen und Brenner auf Verschleiß und korrekten Sitz prüfen.
- Schlauchpaket vor Beginn der Schweißarbeit gerade ausrollen, Ummantelung auf Risse oder sonstige Beschädigungen prüfen.
- Gasanschlüsse auf Dichtheit abhören.
- Drahtführungsspirale reinigen und rechtzeitig Ersatz besorgen.
- Stromquelle (Steckdose) ab und an säubern, um elektrische Überschläge zu vermeiden. Gerät zuvor abschalten, Netzstecker ziehen.

sind ein großes Plus an Sicherheit. Wie bereits erwähnt, muss sich der Schweißer auch vom ordnungsgemäßen Zustand seines Schweißgerätes überzeugen und sich an einem sauberen, öl- und fettfreien Arbeitsplatz umsichtig ans Werk machen. Wird am verzinkten Karosserieblech geschweißt, sollte eine Atemschutzmaske angelegt werden, da Zinkdämpfe lungenschädigend sind. Sowohl um der Brandgefahr durch Funkenflug als auch einer möglichen Beschädigung des Lackes oder der Verglasung vorzubeugen, sollten Karosseriepartien außerhalb des Schweißbereichs abgedeckt werden. Dazu eignen sich dicke und schwer brennbare Materialien am besten.
Die Fahrzeugbatterie muss unbedingt abgeklemmt werden, da Spannungsspitzen des Schweißgeräts nicht nur die Batterie zum Überkochen bringen können, sondern weil auch sämtliche elektrischen Verbraucher in Mitleidenschaft gezogen werden. Muss die Instandsetzung in unmittelbarer Nähe der Kraftstoffanlage erfolgen, empfehlen wir Ihnen, kein Schweißgerät zu verwenden! Die Explosionsgefahr, die durch Funkenflug beim Schweißen oder auch beim Flexen (Trennschleifen) immer präsent ist, sollte nicht unterschätzt werden. Das Instandsetzen eines Tankeinfüllstutzens sollten Sie deshalb durch Verkleben oder Nieten des Reparaturblechs in Angriff nehmen und sicherstellen, dass keine Benzindämpfe aus dem Einfüllstutzen entweichen können. Dies kann geschehen, indem man wassernasse Lappen in das Einfüllrohr stopft und den Tank nach Möglichkeit durch die Ablassschraube entleert. Zur Blechbearbeitung ist die Karosseriesäge besser geeignet als die Trennscheibe, weil sich keine Funken bilden. Wenn Sie im Motorraum oder am Bodenblech arbeiten, prüfen Sie zuvor nach, wo die Kraftstoff- und Bremsleitungen verlaufen. Es wäre ein enormer Schaden und ein gewaltiges Risiko, wenn Sie versehentlich eine solche Lebensader Ihres Autos durchtrennen.

Die Abschnittsreparatur

Wenn man ein Karosserieteil nicht komplett wechseln kann, ist eine Abschnittsreparatur sinnvoll. Ob nun die Beschädigung zu gering oder ein entsprechendes Neuteil nicht erhältlich ist, ändert nichts an der Tatsache, dass dabei das Schweißgerät auf den Plan tritt. Bei einem angeschraubten Kotflügel, bei der Heckklappe oder der durchrosteten Tür eines Großserienfahrzeugs halten wir es allerdings für Zeitverschwendung, Reparaturversuche durchzuführen. Hier kostet es am Ende weniger, das beschädigte Teil einfach auszuwechseln.
An einem hinteren Seitenteil ist es für den Heimwerker nahezu unmöglich, das beschädigte Blech komplett zu ersetzen. Es müssten alle während der Karosserieproduktion gesetzten Schweißpunkte aufgebohrt und das Seitenteil an den vorgegebenen Trennstellen abgeschnitten werden. Das ist eine schwierige Arbeit, da manche Schweißpunkte versteckt an Karosserieverstärkungen angebracht sind. Es empfiehlt sich in so einem Fall, das Auto einer Karosserie-Werkstatt zu übergeben.

Dennoch Raum für Do-it-yourself

Zu Hause in der Garage kann man nur die verbeulte oder durchrostete Blechpartie instand setzen. Was dabei die Festigkeit der einzelnen Karosserie-Elemente betrifft, so kann man den notwendigen Schnitt

nicht nach eigenem Gutdünken setzen, sondern muss sich an den vorgegebenen Schnittbereich des Fahrzeugherstellers halten. Alle Karosserieelemente sind computerunterstützt berechnet. Ein Verändern der Festigkeit, besonders im Bereich der Fahrgastzelle, kann unter Umständen fatale Folgen haben.
Abschnittsreparaturen sollten nach Möglichkeit immer mit überlappenden Schnittkanten ausgeführt werden. Dabei entsteht zum einen weniger Wärmeverzug, weil keine durchgehende Schweißnaht zwingend notwendig ist, zum anderen muss der Zuschnitt weniger exakt sein als bei stumpf geschweißten Blechen.

Die nötigen Ersatzbleche
Meist weiß man vor der Karosseriearbeit an durchgerostetem Blech nicht hundertprozentig, ob die Reparatur- oder Original-Einschweißbleche ausreichen oder ob man sich mit selbst zugeschnittenen Blechen behelfen muss. Es stellt sich oft erst beim Austrennen der »kranken« Bleche heraus, was zu tun ist.

Original-Einschweißbleche
Sie werden vom jeweiligen Auto-Hersteller im Ersatzteilprogramm geführt und sind speziell für den Reparaturbedarf ausgelegt. Ob A-Säulen-Ecken, Frontblech oder Innenkotflügel: Die Blechteile dürfen nicht einfach auf das Altteil aufgesetzt werden, sondern müssen an den vorgesehenen Schweißpunkten und -nähten eingesetzt werden. Dies setzt sorgfältige Vorarbeit voraus. Laxe Arbeit muss man im geringsten Fall mit sehr zeitintensiver Nacharbeit bezahlen, wie Schweißnähte abschleifen, intensiv spachteln und aufwändig schleifen. Wenn es ganz dumm läuft, reißen die Schweißpunkte wegen zu hoher Einzelbelastung oder die vorgegebene Verformungszone ist zerstört. Um die vom Hersteller vorgegebene Verformungszone zu erhalten, sollten daher keine zusätzlichen Versteifungen eingeschweißt oder aus Gründen der Einfachheit gar Versteifungen weggelassen werden. Beides kann zu unvorhersehbaren Verformungen bei einem Unfall führen. Auch rechtliche Folgen hinsichtlich des Versicherungsschutzes gilt es da zu bedenken.

Reparaturbleche
Diese vorgefertigten Bleche gibt es für die auf den jeweiligen Fahrzeugtyp bezogenen »Hauptverschleißteile«. Dies sind vor allem Schweller, Radläufe, schraubbare Kotflügel, Front- und Heckbleche. Reparaturbleche sind so geformt, dass man sie über das korrodierte Altteil setzen kann. Um eine langfristige Wirkung der Reparatur zu erreichen, muss allerdings dem Thema Korrosionsschutz eine besondere Bedeutung beigemessen werden. Nur blankes und satt mit Schweißfarbe bestrichenes Blech kann dem Rost dauerhaft trotzen. Reparaturbleche können ohne Bedenken nur mit Lochpunkt-Schweißungen verbunden werden, da die große Blechüberlappung genügend Haltekräfte aufbaut. Gängige Reparaturbleche haben

PRAXISTIPP

Bleche vom Anbieter

Zu den bewährten Anbietern von Karosserie-Ersatzteilen gehört die van Wezel GmbH in Kamen. Sie unterbreitet ihr Angebot als »die Lösung für den freien Teilemarkt« allerdings für den Großhandel, nicht den Endverbraucher. Sie können sich aber über das Internet (www.vanwezel.de) mit der Angebotspalette vertraut machen und dann im Ersatzteilhandel gezielt nachfragen. Mit Tochterfirmen in Europa und Übersee, die exklusiv für van Wezel produzieren, gewährleistet das Unternehmen kostengünstige Stahl- und Kunststoffteile vor allem für Volumenmodelle, also für in großen Stückzahlen gefertigte Fahrzeuge. Die Firma tritt mit dem Anspruch auf, wirkliche Identteile zu bieten, also äquivalente Ersatzteile in der Qualität der Originalteile. Um dabei Vorurteilen entgegenwirken zu können, unternimmt sie intensive Prüfungen und baut ihr Sortiment auf handfesten Ergebnissen. Zu diesem Zweck wurde im Hause van Wezel das »Equipart Team« geschaffen, eine spezialisierte Qualitätsabteilung, die sich mit den Problemen bei Karosserienachbauten befasst. Sie prüft Fahrzeug bezogen die Qualität von allen Artikeln wie z.B. Kotflügeln, Motorhauben, Frontverkleidungen, Kühlergittern, Stoßfängern. Dem Kunden können dann Bleche und ähnliche Teile angeboten werden, die als dem Original ebenbürtig anzusehen und europaweit unter dem Markennamen Equipart erhältlich sind.
Andere Anbieter unterbreiten ähnliche Offerten. Wir stellen hier lediglich ein allerdings seit Jahren am Markt bewährtes Beispiel vor.
Sie erreichen die Firma van Wezel GmbH in Südfeld 7a / 59174 Kamen postalisch unter Postfach 4128 / 59164 Kamen sowie telefonisch unter 0049 [0] 2307 / 9477-0 oder per Fax 0049 [0] 2307 / 9477-11. Die E-Mail-Adresse lautet: van_wezel_gmbh@t-online.de

Qualität ernst genommen: Bei Van Wezel lagern permanent aktuelle Fahrzeuge um Passgenauigkeit und Form am realen Fahrzeug prüfen zu können.

Manpower erforderlich: Die Passgenauigkeit zeigt sich immer erst bei der Montage.

Schutzverpackung: Karosserieteile müssen so verpackt geliefert werden, dass auch Stöße beim Verladen möglichst keinen Schaden und zusätzliche Arbeit anrichten können.

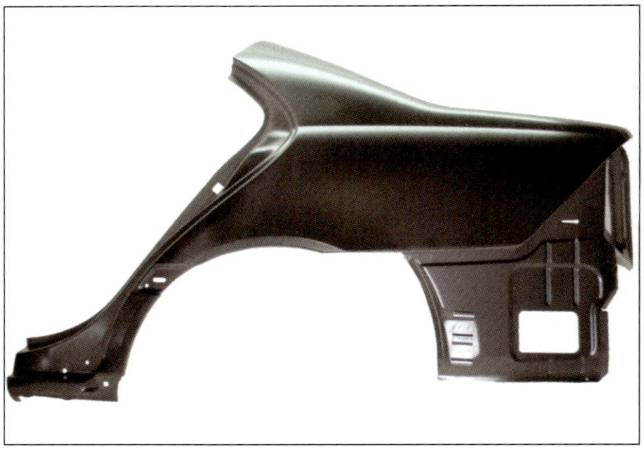

Teilabschnitt: Viele Bleche sind nicht nur über den Fahrzeughersteller in guter Qualität lieferbar. Fragen Sie bei Ihrem Händler auch nach Zubehörteile in OE Qualität.

die Auto-Zubehör-Händler oft auf Lager, für ausgefallene Typen oder selten benötigte Blechteile eines beliebten Autotyps zeigt man Ihnen sicher gerne den aktuellen Lieferkatalog.

Ersatzbleche

Natürlich kommt es vor, dass aus den verschiedensten Gründen das benötigte Blech als Ersatzteil nicht lieferbar ist. Als gangbarer Ausweg aus diesem Dilemma bleiben dann häufig die freien Anbieter von Ersatzteilen (siehe Beispiel im Praxistipp) oder auch Autoverwerter. Die Verwerter bieten allerdings keine garantierte Qualität. Falls es Ihnen aber um möglichst billige Reparatur von Türen, Motorhaube oder Stoßfängern geht, sind sie eine gute Alternative. Wenn sich allerdings auch in deren Angebot nichts Passendes findet, muss das Blechstück eben von Hand selbst hergestellt werden.

Vollrestauration und Korrosionsschutz

Sollten Sie vorhaben, Schweißarbeiten im größeren Umfang an Ihrem Fahrzeug auszuführen, empfehlen wir Ihnen, sich vor Beginn mit einem DEKRA-TÜV-Gutachter kurzzuschließen, der nach Möglichkeit den weiteren Verlauf der Schweißarbeiten beobachten kann. Dadurch können von vornherein Komplikationen vermieden werden, die bei einer Vorführung nach Fertigstellung oft genug eintreten. Der Ingenieur kennt dann das Fahrzeug von Grund auf, was ihm anschließend erleichtert, sich für einen satt glänzenden Lack oder duftendes Leder wirklich zu begeistern, statt misstrauisch nach nicht vorhandenen Schwachpunkten unter der makello-

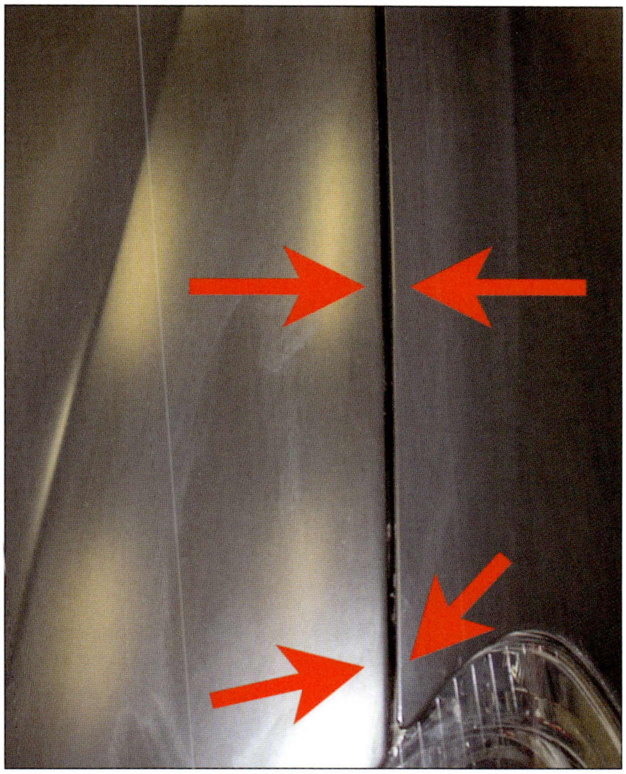

Passt: Das Spaltmaß verläuft parallel und nach Herstellervorgaben zur Kante der Motorhaube.

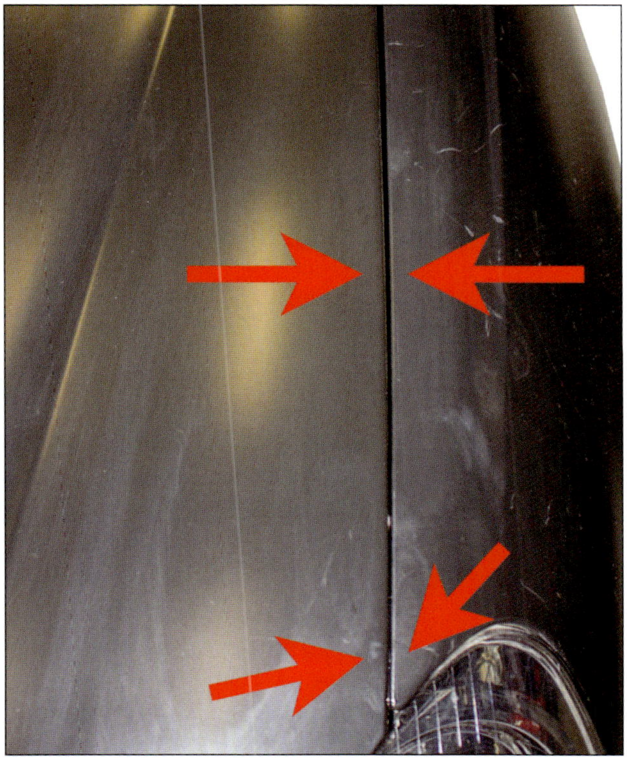

Viel Nacharbeit erforderlich: Der Kotflügel ist zu »rund« und lässt einen gleichmäßigen Spaltverlauf nicht zu.

GUT ZU WISSEN

Das notwendige Werkzeug

Wenn Sie Bleche selbst zuschneiden wollen, sollten Sie mit Pappschablonen arbeiten. Trennen Sie zunächst das betreffende Altblechteil heraus. Hinter das entstandene Loch wird eine Pappe geklemmt und der Ausschnitt angezeichnet. Je nachdem, wo das Ersatzblech »eingeflickt« wird, muss klar sein, ob es stumpf oder überlappend verschweißt wird. Wenn Sie die Schablone genau auf den Ausschnitt zuschneiden, bleibt nur noch die Stumpfschweißung. Also: Vor dem Schneiden der Pappe überlegen, welche Schweißart man anwenden möchte oder muss. Sie brauchen dann folgende Werkzeuge:

- Abkantzange,
- Lochpunktzange,
- Blechknabber,
- Blechschere,
- Karosseriesäge,
- Teppichschere,
- Schraubstock,
- Holzhammer,
- Gripzangen,
- Einhandschleifer mit Metallbearbeitungsscheibe und natürlich das
- Schutzgas-Schweißgerät.

sen Oberfläche zu stochern. Korrosionsschutz ist beim Schweißen Thema Nr. 1. Die ganze Schweißkunst bringt herzlich wenig, wenn nicht für Haltbarkeit gesorgt wird. Eine unbehandelte Schweißnaht ist schon nach wenigen Tagen von Flugrost umlagert und muss mit erneutem Arbeitsaufwand gesäubert werden. Wir haben uns daher angewöhnt, alle Schweißteile nach dem Abschleifen sofort zu entfetten und gleich zu grundieren. Dann kann das Auto aus der Garage fahren, ohne dass man befürchten muss, die Arbeit noch einmal zu tun. Welches Korrosionsschutzmittel für welchen Zweck geeignet ist, erfahren Sie im entsprechenden, später folgenden Kapitel.

Zum Korrosionsschutz gehört auch Vorbeugung: Schweißen Sie nach Möglichkeit nicht mehrere Bleche übereinander ohne Versiegelung oder Hohlraumschutz dazwischen. Mit dieser Methode baut man sich die nächste Durchrostung schon sicher mit ein. Denken Sie bei Schwellern und Abschlussecken daran, Ablauflöcher zu schaffen. Tun Sie das nicht, herrscht in den Hohlräumen Treibhausklima.

Reparaturblech herstellen und einschweißen

Arbeitsschritte

- Nehmen Sie eine gründliche Sichtprüfung vor.
- Decken Sie den Lack und die Verglasung gegen Funkenflug ab. Legen Sie Arbeitsschutzkleidung an.
- Trennen Sie die durchrostete Blechzone großflächig ab. Entgraten Sie die Blechkanten.
- Schneiden Sie eine Pappschablone der Schweißart entsprechend zu.
- Legen Sie die Pappschablone auf die Blechtafel und skizzieren Sie z. B. mit Ölstift an.
- Schneiden Sie das angezeichnete Blech mit Knabber oder Karosseriesäge aus.
- Passen Sie das Blech der Formgebung des Altteils mit Hilfe von Schraubstock, Holzhammer und Knabber an.
- Wird überlappend geschweißt, Blech abkanten und Lochpunkte bohren.
- Bohrungen und Kanten entgraten. Bei stumpf eingeschweißten Blechen müssen die Kanten auf ca. 15 mm beidseitig blank geschliffen werden.
- Schweißteile mit Schweißfarbe bestreichen.

Blechzuschnitt: Aus einem geraden Blech wurde bei diesem Renn-M3 das Bodenblech hergestellt. Gleichzeitig konnte hier dann die Aufnahme für den Wagenheber für den Renneinsatz hergestellt werden.

- Schweißen Sie das Blech ein. Zuerst an zwei Ecken anpunkten, dann Lochpunkte im Kreuzgang verschweißen. Wird stumpf geschweißt, muss das Blech zwischendurch immer wieder in die korrekte Lage gerichtet werden. Da eine durchgehende Naht geschweißt werden muss, ist es kein Fehler, nach einigen Zentimetern eine Abkühlungspause einzulegen.
- Nach dem Abkühlen Schweißpunkte beschleifen und am besten gleich grundieren.

Beispiele üblicher Reparaturen

Wenn Sie einen Unfallschaden in Eigenregie beheben wollen, müssen Sie das Fahrzeug ganz genau hinsichtlich Verkehrssicherheit und Arbeitsaufwand inspizieren. Ein kleiner Fleck kann sich im Nachhinein als astreine Werkstattarbeit herausstellen, wenn nicht nur das Karosserieblech verbeult wurde, sondern auch die Trägerstruktur einen Schlag abbekam. Sehen Sie sich also Spaltmaße und tragende Elemente wie Längsträger, Querträger, Dachsäulen und Schweller besser zweimal an. Wenn Sie bei der Sichtprüfung nicht sorgsam sind, kostet Sie das eine Menge Geld. Hat sich am Chassis tatsächlich ein tragendes Element in Falten gelegt, sollten Sie den erfahrenen Karosserieflaschner die Arbeit tun lassen.

Es gibt in der Karosserie-Instandsetzung keine Patentlösungen. Wir können in unserem Karosseriebuch nur an Beispielen zeigen, wie Lösungen aussehen können. Wenn Sie auf diesem Gebiet Erfahrungen gemacht haben, die Sie für mitteilenswert halten oder andere, vielleicht bessere Lösungsvorschläge bereithalten, so würden wir uns über ein Feedback von Ihnen natürlich freuen.

Wir haben fünf Arbeitsbeispiele ausgewählt, die im Alltag sehr häufig vorkommen. Man hat mit ihnen auch einen Anhaltspunkt, welche Arbeit zu Hause in der Garage oder in der Mietwerkstatt erledigt werden kann und welche in einen autorisierten Karosseriebetrieb gehört.

Radlauf ersetzen

Das erste Arbeitsbeispiel betrifft die Instandsetzung eines durchrosteten Radlaufs mit einem Reparaturblech. Nach erfolgter Sichtprüfung und Abklärung der Ersatzteilfrage wird der Trennschnitt angezeichnet. Wir hatten schon vom Einhalten der vom Hersteller vorgegebenen Schnittlinien gesprochen. Gibt es, wie in unserem Beispiel, ein originales Ersatz- oder Reparaturteil, brauchen Sie sich um diese Schnittlinien keine Gedanken zu machen. Die Hersteller der Reparaturbleche taten das bereits für Sie.

Arbeitsschritte

- Legen Sie den neuen Radlauf über das Altteil und zeichnen Sie mit einem Ölstift, z. B. Edding 3000, die Schnittlinie an.

- Jetzt muss geschnitten werden. Am schnellsten, wenn auch nicht gerade leise, trennt die Karosseriesäge. In Heimwerkerkreisen beliebter ist der Einhandschleifer, auch Flex genannt.
  Mit dem Einhand-Winkelschleifer sollte man allerdings respektvoll umgehen. Schutzbrille und ordnungsgemäßer Zustand von Werkzeug und Metalltrennscheibe sind Pflicht. Hände schützen ist meistens gut, beim Flexen aber eher ein Dilemma: Ohne Handschuhe fetzen einem Funken auf die Hand, mit Handschuhen läuft man dauernd Gefahr, einen der meist zu groß geratenen Fingerlinge in die Trennscheibe zu bekommen. Finden Sie den richtigen Kompromiss!

- Haben Sie das kranke Blech herausgeschnitten, müssen Sie die Schnittkanten sauber entgraten. Sie sollten sich ja möglichst nicht schneiden, und zweitens müssen dort später Grundierung und Lack dauerhaft haften können. Das Entgraten geht mit dem Einhandschleifer sehr schnell und gut. Meist bleibt jedoch noch ein kleiner Rand stehen. Dem kann man mit einem Dreikantschaber beikommen.

- Als Nächstes wird das Blech rund um die Schnittkanten auf 10–15 mm Breite blank geschliffen. Auch dazu nimmt man den Winkelschleifer – natürlich nicht mit der Trenn-, sondern mit der Schleifscheibe. Diese ist dicker und hat einen anderen Gewebeaufbau. Sehr gut geeignet zum Blankschleifen von Blech sind auch Exzenterschleifer.

- Jetzt wird mit der Abkantzange das Altblech auf der blanken Fläche wie von der Zange vorgegeben etwas nach innen gebogen. Damit entsteht ein glatter Übergang vom Alt- zum Neuteil. Man fängt am besten an einer Seite unten an und arbeitet sich auf die andere

GUT ZU WISSEN

Das benötigte Werkzeug

Hier noch einmal eine Übersicht aller für die Radlaufreparatur empfehlenswerten oder erforderten Werkzeuge und Hilfsmittel:

- Einhandschleifer mit Trenn- und Schleifscheiben,
- Exzenterschleifer mit großen Schleifscheiben,
- Karosseriesäge,
- Abkantzange,
- Lochpunktzange oder Blechbohrer,
- mindestens zwei Gripzangen,
- Schlosserhammer,
- Blechknabber oder zumindest Blechschere,
- Dreikantschaber,
- Schutzgas-Schweißgerät.

Sonstige Hilfsmittel und Materialien:

- Reinigungsbenzin zum Entfetten,
- Schutzbrille,
- Schweißer-Schutzausrüstung,
- Hohlraumwachs,
- Decken als Lack- und Glasschutz.

Radhaus im Teilersatz: Die marode Blechpartie wurde vollständig ersetzt.

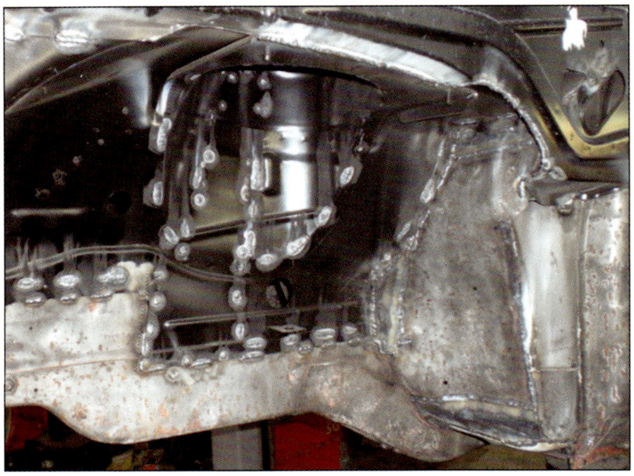

Unsichtbare Versteifung: Die Schweißnähte ergeben eine höhere Steifigkeit für den M3 CUP-Racer.

durch. Achten Sie darauf, dass die Überlappungsfläche einigermaßen konstant bleibt.
Das Neuteil, in diesem Fall also der Radlauf, muss ebenfalls auf der Überlappungsfläche blank geschliffen werden, und zwar von innen. Danach folgt die hin und wieder mühselige Anpassungsarbeit von Neu zu Alt. Das Spaltmaß sollte ringsum gleich sein und beim Anpassen keine allzu großen Spannungen an den Tag legen. Wenn Sie nacharbeiten müssen, immer daran denken, dass keine Grate stehen bleiben dürfen und dass die Blechüberlappung blank sein muss.

- Schließlich müssen für eine Lochpunktschweißung noch die Befestigungslöcher in den neuen Radlauf gebohrt werden. Ist man im Besitz einer Lochpunktzange (Hazet), dann geht das recht unkompliziert. Anderenfalls muss man mit der Bohrmaschine und einem 4–5 mm-Blechbohrer vorlieb nehmen.

Frontschaden mit Einschweißblech reparieren

Als zweites Beispiel haben wir uns einen Frontschaden vorgenommen. Er soll als Muster für eine Unfallreparatur gelten, bei der mit Einschweißblechen gearbeitet werden muss. Wenn in Ihrem persönlichen Fall das gründlich inspizierte Auto wirklich nur einen so leichten Frontschaden hat wie in unserem Beispiel, kann die Arbeit beginnen. Besorgen Sie sich die passenden Ersatzteile und alle für die Instandsetzung notwendigen Kleinteile vor dem Schweißen, besser Sie haben fünf zu viel als eines zu wenig. Wählen Sie den Arbeitsplatz so, dass das Auto zur Not auch mal über Nacht oder zwei, drei Tage stehen kann. Wenn es schnell gehen soll, schlägt nur zu gerne der Fehlerteufel zu. Man hat weniger Ärger, wenn man sich etwas mehr Zeit lassen kann. Die Vorgehensweise ist sehr ähnlich der in unserem ersten Beispiel. Auch die benötigten Werkzeuge und Materialien entsprechen den im vorangegangenen Lexikon genannten.

Arbeitsschritte:

- Bei einem Einschweißblech brauchen Sie sich um die Schnittlinien keine Gedanken zu machen, denn es gibt nur einen sehr schmalen Schnittbereich. Einschweißbleche sollte man deshalb, sofern möglich, immer ganz einsetzen und nicht auf ein bequemeres Maß zurechtstutzen. Die Einschweißbleche unterliegen einer ständigen Qualitätsprüfung der Automobilhersteller und sind aus voller Absicht in dieser oder jener Größe und Form erhältlich.

- Sind alle Anbauteile demontiert, trennt man mit der Karosseriesäge oder dem Winkelschleifer das deformierte Blechteil entlang der Karosseriesicke ab. Decke oder Funkenschutz gegen Beschädigung von Lack und Verglasung sind von Vorteil. Wenn Sie die beschädigten Blechteile herausgetrennt haben (in unserem Beispielfall war es die vordere linke Ecke), setzen Sie das Neuteil in die Karosserielücke, um die Passform zu überprüfen. Meist haben die Einschweißbleche Überlappungskanten. Setzen Sie die gegenüberliegende Seite des Anschlussblechs mit der Abkantzange ab. Jetzt ist das Neuteil gut zum Einjustieren geeignet.

- Neuteil und Anschlussbleche müssen so lange mit Karosseriewerkzeug nachgearbeitet werden, bis die Spaltmaße gleich eng sind und ohne große Spannung zusammenpassen. Nun werden die Bleche an den zu verschweißenden Partien blankgeschliffen und gut entgratet. Wo möglich und notwendig, bohrt man Löcher für die Schweißpunkte (an den vorgegebenen Überlappungen und dort, wo noch ein wenig vom Altblech stehen bleiben konnte).

- Nach dem Bohren die Lochränder entgraten. Anschließend wird Schweißfarbe aufgetragen, die hinter dem Unfallteil liegenden Hohlräume werden konserviert. Findet man die dunklen Karosserie-Ecken stark verschmutzt vor, sollte man erst einmal gründlich reinigen. Die gesäuberte Ecke gut trocknen lassen. Erst danach mit der Wachs-Konservierung beginnen, sonst wird Feuchtigkeit mit eingeschlossen.

- Das Einschweißblech mit Gripzangen an die verbliebene Karosserie heften. Die Zangen müssen so gut sitzen, dass sie einerseits das Blech unverrückbar festhalten und andererseits den Schweißvorgang nicht behindern. Eine Behinderung ist gegeben, wenn eine Gripzange ihren besten Halt ausgerechnet über einem der zuerst zu verschweißenden Lochpunkte hat. Dann muss ein anderer Platz gefunden werden.

- Arbeitsplatz fürs Schweißen einrichten, das Schweißgerät überprüfen und die Schutzkleidung anlegen. Arbeiten Sie von oben nach unten und heften Sie zuerst das Blech an allen vier oder mehr Ecken fest. Als Nächstes werden die Lochpunkte verschweißt. Auch hier ist es wichtig, dass die Bleche gut aufeinanderliegen. Ist der Abstand zwischen den Blechen zu groß, reißt die Verbindung gerne wieder auseinander. Ist das Blechteil mit den Schweißpunkten allein noch nicht fest genug, werden die Bleche stumpf mit ein paar kurzen Nähten, Steppnähte genannt, verbunden.

- Vermeiden Sie Brandlöcher! Je länger Sie sich mit dem Brenner an einer Ecke des Blechs aufhalten, desto höher ist auch die Gefahr, dass Sie statt eines Schweißpunktes ein größeres Loch in das Blech brennen. Achten Sie darauf, das Blech nur kurze Zeit zur Rotglut zu bringen und gestalten Sie die Steppnähte kurz genug, um mehr Verbindung als Schaden zu verursachen.
Hat man dennoch ein Loch ins Blech geschossen, ist es klüger, ein Weilchen zu warten und den Schaden erst dann zu beheben, wenn man die eigentliche Schweißarbeit erledigt hat. Überstürzte Rettungsaktionen verursachen meist nur noch größere Löcher und erhöhte Frustration.

- Ist das Einschweißblech erfolgreich eingesetzt, müssen nur noch die Schweißpunkte plan geschliffen werden. Entfetten und grundieren Sie das Blech. Alles Weitere finden Sie im Kapitel zum Lackaufbau. Unterschätzen Sie diese Arbeit nicht, vor allem nicht den erforderlichen Zeitaufwand. Sie werden beim Lesen dieser Kapitel merken, was alles auf Sie zukommt bei ordnungsgemäßer Ausführung der Reparatur.

Batteriekasten instand setzen

Unser drittes Arbeitsbeispiel demonstriert Schweißarbeiten im Bereich des Batteriekastens. Wir hatten es dazu mit einem älteren Fahrzeug zu tun. Die entsprechenden Zonen sind aufgrund der Ausscheidung von Batteriegasen und mangelndem Regenwasserablauf besonders korrosionsgefährdet. Wir setzten die vorgefundenen Rostnester mit einer Kombination aus selbst hergestellten Blechen, Reparaturblechen und Originalblechen instand.
Da unsere beiden vorangegangenen Arbeitsanleitungen sehr ausführlich waren, können wir uns hier knapper fassen. Die verschiedenen Arbeitsgänge sind Ihnen ja inzwischen vertraut.

Zuerst instand setzen: Rund um die Haubenaufnahme und den Batteriekasten wurden Bleche instand gesetzt oder erneuert.

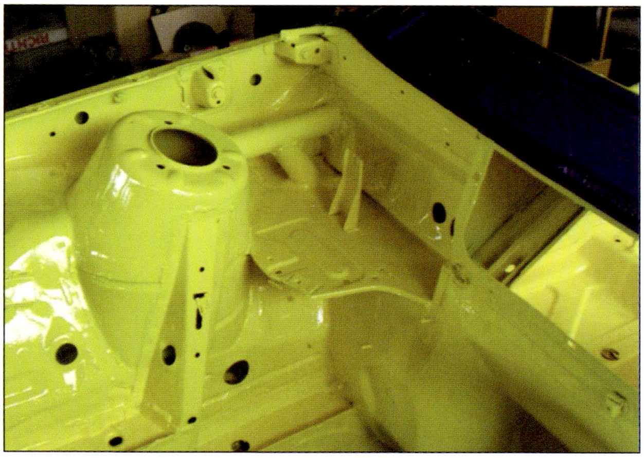

Reparatur mit Käfig: Die Instandsetzungsarbeiten ermöglichten es, die Aufnahmen für den Überrollkäfig mit einzubauen.

Arbeitsschritte:

- Sichtprüfung vornehmen, Fahrzeugbatterie abklemmen, Lack und Verglasung gegen Funkenflug abdecken. Arbeitsschutz anlegen (Kleidung, Handschuhe, Schutzbrille; später den Schild benutzen).

- Trennen Sie die durchrosteten Blechzonen großflächig heraus. Entfernen Sie allen losen Rost und schleifen Sie die Schadensstelle blank. Entgraten Sie gründlich alle Blechkanten.
- Schneiden Sie der Schadensstelle entsprechend eine Pappschablone zu. Legen Sie die Pappschablone auf die Blechtafel und skizzieren Sie (z. B. mit Ölstift) die Umrisse an.
- Schneiden Sie das angezeichnete Blech mit Knabber oder Karosseriesäge aus.
- Passen Sie mit Hilfe von Schraubstock, Holzhammer und Knabber das Blech der Formgebung des alten Blechteils an.
- Bohren Sie im Abstand von ca. 3 cm die Lochpunkte. Entgraten Sie Bohrungen und Kanten. Die Kanten müssen auf ca. 15 mm beidseitig blank geschliffen werden.
- Bestreichen Sie die Schweißteile mit Schweißfarbe.
- Punkten Sie wieder zuerst an zwei Ecken an. Verschweißen Sie dann alle Lochpunkte im Kreuzgang.
- Nach dem Abkühlen die Schweißpunkte beischleifen und am besten gleich grundieren. Im Bereich des Unterbodens Steinschlagschutz auftragen.

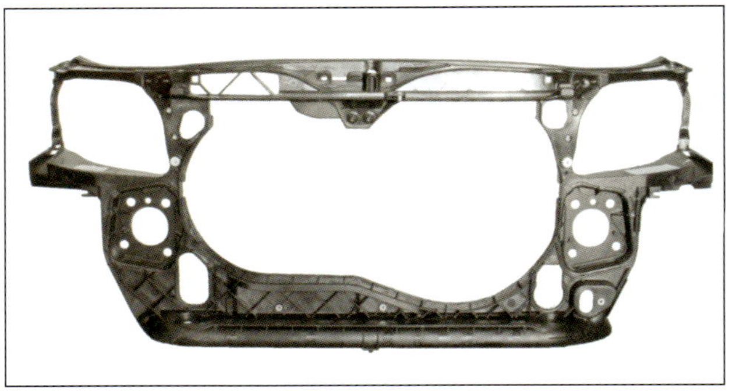

Arbeit abwägen: In vielen Fällen können Lieferanten komplette Reparaturbleche liefern. So kann der Ersatz günstiger ausfallen, als eine Instandsetzung.

Gefühl mit Power: Nur eine Richtbank erlaubt es gestauchte Karosserieteile passgenau zurückzuverformen. Tragende Teile oder Verstärkungen werden erst nach dem Richten herausgenommen.

Frontmaske richten

Arbeitsbeispiel vier verfolgt die Instandsetzung eines im Frontbereich stark korrodierten Fahrzeugs. Innenkotflügel, Frontmaske und Frontblech müssen sauber und TÜV-gerecht eingeschweißt werden. In diesem Beispielfall ist die Sichtprüfung besonders wichtig. Bauen Sie am besten alle Anbauteile aus, die durch Verschraubungen oder sonstige Haltemechanismen wie Clips oder Haltenasen lösbar sind. Beseitigen Sie mit einer Drahtbürste den Schmutz aus den Ecken. Wenn das Karosserieblech frei unter der Werkstattlampe liegt, nehmen Sie einen großen, stabilen Schraubendreher zu Hilfe. Damit wird im Blech gestochert, bis alle korrodierten Stellen entdeckt sind.

Sie werden zustimmen: Das TÜV-gerechte Schweißen eines älteren Fahrzeugs ist nicht ganz ohne Risiko. Wie Sie selbst herausfinden werden, steckt hinter einer durchaus brauchbaren Fassade oftmals doch der Rostteufel. Bei der ersten Bekanntschaft mit solch einem Fahrzeug verschätzt man sich oft mit dem Aufwand. Was da in Form von Arbeit und Kosten auf einen zukommt, drängt einen schnell an den eigentlichen Entscheidungspunkt: Selbermachen oder in die Werkstatt geben. Allein für Blechteile sind schnell ein paar Hundert Euro hinzublättern. Hinzu kommt der Aufwand für Lack, Spachtel, Schleifmaterialien und Werkzeug. Außer Acht lassen darf man bei dieser Sorte Auto zudem keinesfalls die sonstigen Mängel, die der TÜV-Prüfer ins Protokoll geschrieben hat. Unterm Strich summieren sich so noch Reifen, Fahrwerksteile und Verschleißteile zu einem Berg, der aus rein betriebswirtschaftlicher Sicht unüberwindbar scheinen kann. Wenn Sie sich dennoch entschließen: Der Arbeitsablauf ist wieder ganz ähnlich dem bereits bekannten. Folgende Arbeitsschritte sind notwendig:

Arbeitsschritte:

- Sichtprüfung vornehmen. Fahrzeugbatterie abklemmen. Falls notwendig, Lack und Verglasung gegen Funkenflug abdecken Arbeitsschutz anlegen (Kleidung, Handschuhe, Schutzbrille; später den Schild benutzen).

- Trennen Sie die durchrosteten Blechzonen großflächig heraus. Entgraten Sie gründlich alle Blechkanten.

- Schneiden Sie der Karosserielücke entsprechend eine Pappschablone zu. Legen Sie die Pappschablone auf die Blechtafel und skizzieren Sie (z. B. mit Ölstift) die Umrisse an.

- Schneiden Sie das angezeichnete Blech mit Knabber oder Karosseriesäge aus. Passen Sie mit Hilfe von Schraubstock, Holzhammer und Knabber das Blech der Formgebung des alten Blechteils an.

- Wenn überlappend geschweißt werden soll, Blech abkanten und im Abstand von ca. 3 cm Lochpunkte bohren.

- Entgraten Sie Bohrungen und Kanten. Die Kanten müssen bei stumpf eingeschweißten Blechen auf ca. 15 mm beidseitig blank geschliffen werden. Bestreichen Sie die Schweißteile mit Schweißfarbe.

- Nun beginnt das Einschweißen des Bleches. Punkten Sie wieder zuerst an zwei Ecken an. Verschweißen Sie dann alle Lochpunkte im Kreuzgang. Wird stumpf geschweißt, muss das Blech zwischendurch immer wieder in die korrekte Lage gerichtet werden. Da eine durchgehende Naht geschweißt werden muss, ist es kein Fehler, nach einigen Zentimetern eine Abkühlungspause einzulegen.

- Nach dem Abkühlen die Schweißpunkte beischleifen und am besten gleich grundieren. Im Bereich des Unterbodens Steinschlagschutz auftragen.

Schweißen an tragenden Elementen

Das fünfte Beispiel soll das Ersetzen durchrosteter A-Säulen (Fensterpfosten) sein. Bei diesen Säulen handelt es sich um tragende Fahrzeugelemente. Es gilt also außerdem, noch umsichtiger als bisher zu arbeiten und die Neuteile und Verbindungsbleche TÜV-gerecht einzuschweißen. Das bedeutet konkret, sich vor Beginn der Schweißarbeiten mit den TÜV-Anforderungen und Abnahmekriterien vertraut zu machen. Wir empfehlen in solchen Fällen dringend, einen professionellen Instandsetzer oder einen Sachverständigen das Fahrzeug begutachten zu lassen. Denn ein harmlos aussehender Schaden kann ganz schnell einen wirtschaftlichen Totalschaden bedeuten. Wichtig für eine fachgerechte Instandsetzung sind selbstverständlich auch die Vorschriften des jeweiligen Automobilherstellers. Es gibt keine gesetzliche Vorschrift, dass an einem Pkw nur der Fahrzeughersteller oder eine von ihm beauftragte Person Instandsetzungsschweißungen durchführen darf. Nur bauartgenehmigungspflichtige Bauteile nach § 22a StVZO, wie beispielsweise Teile der Beleuchtungsanlage, Heizungen oder Sicherheitsgurte, unterliegen derzeit solchen Vorschriften. Zwar enthält der § 30 StVZO indirekt die Forderung nach einer sachgerechten Instandsetzung: Fahrzeuge müssen so ausgerüstet sein, dass »ihr verkehrsüblicher Betrieb niemanden schädigt oder mehr als unvermeidbar gefährdet, behindert, oder belästigt«, doch gibt es keine gesetzlichen Richtlinien, die die ausführende Personengruppe oder die auszuführende Schweißarbeit definitiv vorschreiben. Das kann im Extremfall ein Freibrief für Pfuscher und Schluderer sein. Andererseits müssen Sie als Feierabendschweißer auch keine Tauglichkeitsprüfung ablegen, die Ihre Schweißtätigkeit legalisiert. Wir legen Ihnen dennoch ans Herz, Instandsetzungen an tragenden Teilen eines Fahrzeugs erst dann zu wagen, wenn Sie das Schutzgas-Schweißgerät wie das Alphabet beherrschen und sich in einer Werkstatt oder bei einem fachkundigen Bekannten die Arbeit bereits angesehen haben. Noch einmal sei es dick unterstrichen: Ihr Leben und das anderer Verkehrsteilnehmer hängt von der Qualität Ihrer Schweißarbeit ab. Nur eine fachgerecht und mit Umsicht ausgeführte Schweißung erfüllt die an sie gestellten Ansprüche. Orientieren Sie sich deshalb vor Beginn einer Schweißarbeit an der folgenden Tabelle.

Noch ein Wort zum autogenen Schweißen

Einsatzmöglichkeiten und praktische Erfahrungen mit dem Schutzgas-Schweißgerät haben wir umfassend dargelegt und dessen Anwendung in der Karosserie-Instandsetzung vermittelt. Mit der Anleitung zum Autogenschweißen möchten wir eher zurückhaltend sein. Natürlich lassen wir diese traditionelle Schweißmethode nicht unbehandelt, aber es war absolut angebracht, zunächst die einfachere und gebräuchlichste Schweißmethode darzustellen.

GUT ZU WISSEN

Gesetze, Vorschriften und Regeln der Technik

Folgende Gesetze, Vorschriften und Regeln der Technik sind bei Instandsetzungsschweißarbeiten an Personenkraftwagen zu beachten:

(1) Straßenverkehrs-Zulassungs-Ordnung (StVZO):
§ 17 (1) StVZO: Die zuständige Verwaltungsbehörde kann bei Unvorschriftsmäßigkeit eines Fahrzeuges die Zulassung entziehen.
§ 22a StVZO: Bauartgenehmigungspflichtige Fahrzeugteile darf nur der Teilehersteller oder von ihm Beauftragte instand setzen.
§ 29 StVZO: Fahrzeughalter muss entsprechend Anlage VIII StVZO sein Fahrzeug regelmäßig auf Verkehrssicherheit überprüfen lassen.
Anlage VIII mit Richtlinien für die Durchführung von StVZO: Zwischenuntersuchungen (Ziff. 1.2. [6]). An Rahmen und tragenden Teilen dürfen Richt- und Schweißarbeiten nur von geschultem Personal vorgenommen werden. Die Weisungen der Fahrzeughersteller sind ferner zu beachten.
§ 30StVZO: Fahrzeuge müssen so gebaut und ausgerüstet sein, dass ihr verkehrsüblicher Betrieb niemand schädigt oder mehr als unvermeidbar gefährdet, behindert oder belästigt und die Insassen insbesondere bei Unfällen vor Verletzungen möglichst geschützt und Ausmaß und Folgen von Verletzungen gering sind.
§ 31 StVZO: Fahrzeug darf nur in vorschriftsmäßigem Zustand in Betrieb genommen werden.
Zu beziehen beim Kirschbaum-Verlag, Bonn.
(2) Straßenverkehrs-Ordnung (StVO):
§ 23 StVO: Fahrzeug darf in nichtvorschriftsmäßigem Zustand nicht in Betrieb genommen werden.
Zu beziehen beim CH. Beck-Verlag, München.
(3) VdTÜV-Merkblätter:
Kr 711 : Hinweise für das Schweißen an Kraftfahrzeugen und ihren Anhängern.
Kr 728: Hinweise für die Beurteilung von Korrosionsschäden und deren Reparatur an Personenkraftwagen.
Zu beziehen bei der Vereinigung der Technischen Überwachungs-Vereine, Essen.
(4) Gesetz zur Ordnung des Handwerks (Handwerksordnung):
Zu beziehen beim Heider-Verlag. Bergisch Gladbach.

(5) Ausbildungsordnungen und Ausbildungsrahmenpläne für Kfz-1, Karosseriebau-2 und Schmiedehandwerk-3: Mindestanforderungen für die im Rahmen der Abschlussprüfung nachzuweisenden Fertigkeiten und Kenntnisse.
1) Zu beziehen beim Verlag Handwerk, Dortmund.
2) Zu beziehen beim Zentralverband Karosserie- und Fahrzeugtechnik (ZKF), Frankfurt.
3) Zu beziehen beim Bundesverband Metall, Essen.
(6) DIN-Normen:
DIN 8563 Teil 1: Sicherung der Güte von Schweißarbeiten – allgemeine Grundsätze.
DIN 8563 Teil 2: Sicherung der Güte von Schweißarbeiten – Schmelzschweißverbindungen an Stahl, Bewertungsgruppen.
DIN 8560: Prüfung von Stahlschweißern. Zu beziehen beim Beuth Verlag, Berlin, Köln.
(7) DVS-Richtlinien und -Merkblätter:
DVS 1113: DVS-Lehrgang Gasschweißen.
DVS 1123: DVS-Lehrgang Lichtbogenhandschweißen.
DVS 1131: DVS-Lehrgang Schutzgasschweißen.
DVS 1134: DVS-Lehrgang Dünnblechschweißen.
DVS 1171: Schweißfachmann, Ausbildung und Prüfung.
DVS 2502: Instandsetzungsschweißen von Personenkraftwagen – Kennzeichnung und Schweißeignung von Grundwerkstoffen.
DVS 2503: Instandsetzungsschweißen von Personenkraftwagen – Fügeverfahren im Karosseriebau.
DVS 2504: Instandsetzungsschweißen von Personenkraftwagen – Wiederherstellen des Korrosionsschutzes von Unterboden und Hohlräumen.
DVS 2505: Instandsetzungsschweißen von Personenkraftwagen – Instandsetzungsaufgaben an der Fahrzeugkarosserie.
Sämtliche DVS-Richtlinien und -Merkblätter sind zu beziehen beim Deutschen Verlag für Schweißtechnik (DVS), Düsseldorf.
(8) Unfallverhütungsvorschrift: »Schweißen, Schneiden und verwandte Arbeitsverfahren« (VBG 15).
Herausgegeben vom Hauptverband der gewerblichen Berufsgenossenschaften. Carl Heymanns Verlag, Köln/Berlin.

Denn die Autogenmethode ist für den speziellen Einsatz vorgesehen. Die theoretischen Grundlagen zu Kapitelbeginn haben Sie auf Flaschen und Brenner eingestimmt. Sie haben sich denken können, dass es sich dabei um ein nicht ganz einfaches Geschäft handelt. Wir sagen es Ihnen gleich vorweg: Bevor Sie mit dem Autogenschweißgerät einen Blechschaden ordentlich richten können, werden Sie viele Stunden am Schweißtisch mit Übungsblechen und Karosserieteilen vom Schrott verbringen müssen. Sollten Sie sich aber immer noch von dieser Schweißtechnik angezogen fühlen und es selbst probieren wollen, müssen Sie die unbedingt notwendigen Sicherheitshinweise kennen. Und wir müssen Ihnen auch den Rat geben, die Geduld nicht zu verlieren, denn Ihre Schweißerei wird am Anfang eher einer Schweinerei gleichsehen.

Regeln und Hinweise

- Gewinde der Sauerstoffflaschen niemals ölen oder fetten, es besteht Explosionsgefahr!
- Acetylenflaschen nie liegend oder sehr schräg stehend benutzen. Da Aceton mit herausgerissen werden kann, besteht Explosionsgefahr.
- Nicht mehr als 1000 Liter Acetylen in der Stunde entnehmen.
- Beim Anschließen des Druckminderers an eine volle Flasche vor dem Öffnen des Flaschenventils Einstellschraube (am Druckminderer) zurückdrehen. Erst danach wieder langsam öffnen.
- Schutzbrille und schwer entflammbare Kleidung tragen.
- Rauchen beim Schweißen hat fatale Folgen!
- Für den Einsatz am Autoblech kommt nur das Nach-links-Schweißen infrage. Beim Nach-rechts-Schweißen bleiben vom Blech nur Löcher übrig.

Verzinnen der Blechkarosserie

Im Gegensatz zum Hartlöten, auf das wir nur in groben Zügen eingegangen sind, wollen wir uns das Verzinnen näher anschauen. Gerade ein vielleicht recht kostbares älteres Fahrzeug, das sich in Restauration befindet, muss nicht unbedingt mit der einfacheren, aber spürbar weniger belastbaren Spachtelmethode behandelt werden. Das Verzinnen stellt eine sehr gute Alternative dar. Verzinnen erfordert etwas mehr handwerkliches Geschick und Zeit, aber das Ergebnis einer guten Arbeit kann selbst Künstler im Spachteln stark beeindrucken.

Vom Löten zum Verzinnen

Das Lötverfahren besteht ja darin, die Werkstoffe an den Lötflächen zu erhitzen und das flüssige Lot in den Lötspalt laufen zu lassen. Es füllt ihn aus und erkaltet. Wenn Sie es richtig gemacht haben, dann ist die Verbindung absolut fest, weil die Metalle mit dem Lot an den Randzonen eine chemische Verbindung eingegangen sind. Es besteht allerdings während der ersten Versuche die Gefahr, dass das Lot nur »klebt« und die Verbindung in einem ziemlich unpassenden Moment reißt. Hier ist deshalb ein wenig Übung notwendig.
Vom Löten zum Verzinnen ist es also nur ein kleiner Schritt. Für den Einsatz von Schmierzinn (Schwemmzinn) zum Auffüllen von Vertiefungen und Unebenheiten im Blech sprechen vor allem drei Eigenschaften des Zinns:

- Es ist gegen Temperaturschwankungen, wie sie im Autoleben vorkommen, sehr unempfindlich und macht Vibrationen klaglos mit, ohne dass die Gefahr des Abplatzens besteht.

Repariertes Teil	Verbindungsart	Reparaturteil	Weitere Bedingungen
Primär tragend, stark beansprucht, z. B.: A-Säulen, Längsträger, Querträger	Schutzgasschweißung oder Widerstandspunktschweißung	Originalteile oder in Materialform und -stärke gleichwertige Bleche. Evtl. Abschnittsbleche.	Nur nach Herstellervorschriften. Keine Einflussnahme auf die Charakteristik der Knautschzonen.
Sekundär tragend, schwach beansprucht, z. B. Radlauf, Schweller, Heckabschlussblech.	Schutzgasschweißung oder Widerstandspunktschweißung. Falls vom Hersteller erlaubt: Kleben	Originalteil, Reparaturblech, selbst gefertigtes Reparaturblech.	Keine vorstehenden Kanten (gefährliche Fahrzeugkonturen); Dichtheit.
Reine Verkleidung, z. B. Außenkotflügel, Kofferraumklappe, Motorhaube	Schweißen, Kleben, Nieten, Schrauben etc.	Sichere Befestigung, in weiten Grenzen frei wählbar, solange die Dichtigkeit der Reparaturstelle gewährleistet ist.	Keine vorstehenden Kanten (gefährliche Fahrzeugkonturen); Dichtheit.

- Da Zinn eine Metalllegierung mit ähnlichen Eigenschaften wie das Autoblech ist, haftet es vorzüglich auf Blech.
- Zinn bietet die Möglichkeit, auch scharfe Karosseriekanten dauerhaft nachzugestalten. Versucht man dies mit Polyesterspachtel, werden die Kanten leider nicht so sauber und kantig wie das Blechoriginal.

Vorteilhaft bei tiefen Beulen

Sind nach dem Schweißen nur geringe Unebenheiten zu beseitigen, ist man mit Spachtel besser bedient. Bei geringer Schichtdicke gibt es auch keine Haftungsprobleme. Seine Vorteile gegenüber dem schnelleren und handwerklich weniger anspruchsvollen Spachteln kann das Verzinnen allerdings beim Ausgleichen von tieferen Blechschäden ausspielen, wie sie nach umfangreicher Rostbehandlung oder dem Einsetzen eines Reparaturbleches entstehen.
Das Schwemm- oder Schmierzinn kann zur Not auch 10 mm dick aufgetragen werden, ohne die Haltbarkeit der Reparatur negativ zu beeinflussen. Wenn man solch eine Schadensstelle mit Spachtel zu beheben versucht, ist alle Mühe umsonst gewesen: Spätestens nach einem halben Jahr platzt der Lack wieder vom Spachtel oder ganze Spachtelecken haben sich vom Blech vibriert. Wenn Sie sich also für das Verzinnen entscheiden oder entscheiden müssen, machen Sie sich ans Werk.

Werkzeuge und Materialien:

- **Exzenterschleifer mit groben Schleifscheiben.**
- **Bohrmaschine mit Zopfbürsten.** Nehmen Sie die ältere, wenn Sie zwei Bohrmaschinen haben, da die Bohrmaschine beim Arbeiten mit Aufsätzen axial sehr stark belastet wird und die Lager schnell verschleißen.
- **Autogen-Schweißgerät und Brenner mit 2 bis 4 mm Düseneinsatz.**
- **25%iges Schwemmzinn.**
- **Löthölzer.** Diese hölzernen Spachtel werden zum Modellieren des Zinns verwendet und sind meist aus Palmholz, aber auch aus Buchen- oder Weißdornholz gefertigt. Entsprechend den vielfältigen Karosserieformen gibt es eine ganze Menge unterschiedlich geformter Löthölzer. Man kann diese Modellierwerkzeuge als Set im Fachhandel kaufen oder sie auch vom Schreiner nach Wunsch anfertigen lassen.
- **Gleitmittel für Löthölzer.** Wenn mit dem Lötholz das heiße Zinn bearbeitet wird, kann es passieren, dass das Holz verbrennt und unbrauchbar wird. Um das zu vermeiden, legt man die Löthölzer in eine Flüssigkeit, die das Verbrennen verhindert und als Gleitmittel dient. Für diesen Zweck eignet sich Bienenwachs am besten. Motoröl und Paraffinöl eignen sich ebenfalls sehr gut.
- **Verzinnungspaste mit Pinsel.** Sie ist das Bindemittel und sorgt für eine gute Haftung des Schwemm- oder Schmierzinns auf der Blechoberfläche. Die Paste muss zur Verarbeitung erwärmt werden. Dabei scheidet sie nach Erreichen der richtigen Temperatur das enthaltene Flussmittel aus. Dieses färbt sich kaffeebraun und zeigt damit an, dass die richtige Temperatur erreicht ist.
- **Fusselfreie Leinenlappen und eine Karosseriefeile.** Nachdem die Verzinnungspaste das Flussmittel ausgeschieden hat, muss dieses abgewischt werden. Erst dann kann der Zinnauftrag erfolgen. Der Lappen darf allerdings keine Rückstände auf dem Blech hinterlassen. Sind Kunststofffasern in dem Lappen enthalten, so verbrennen sie sofort bei Berührung mit dem heißen Blech. Leinenlappen eignen sich für diesen Arbeitsgang am ehesten, weil sie kurzfristig sehr temperaturstabil sind und keine Spuren hinterlassen.

Das Schwemm- oder Schmierzinn

Die Hauptbestandteile dieses Materials sind Blei und Zinn. Sie sind in einem festgelegten Verhältnis miteinander vermischt und zu einer Zinnstange geformt. Der Zinnanteil bestimmt die Höhe und den Bereich der Verarbeitungstemperatur. Für das Verzinnen ist ein Anteil von 2% bis 30% möglich. In der Werkstattpraxis hat sich ein Anteil von 25 bis 30% als besonders vorteilhaft erwiesen. Das Schwemmzinn ändert seinen Aggregatzustand von fest zu flüssig in einem relativ breiten Temperaturbereich. Beim 25%igen Schwemmzinn liegt dieser Übergang in der sehr breiten Spanne zwischen 186 und 260 °C. In diesem Temperaturbereich kann das Zinn sehr gut modelliert werden. Die exakte Bezeichnung des Schwemmzinns lautet: L-Pb Sn 25 Sb. Dabei steht

- L für Lot,
- Pb für Blei,
- Sn für Zinn,
- 25 für den Zinnanteil,
- Sb für das Metall Antimon.

Exzenterschleifer und Zopfbürsten

Bevor die Verzinnungspaste aufgetragen wird, muss wie beim Schweißen die Blechoberfläche metallisch blank sein. Je nach der Beschaffenheit der Schadensstelle muss auch das Schleifwerkzeug ausgesucht werden: Ist das Blech einigermaßen eben, ist der Exzenterschleifer das passende Werkzeug. Verwenden Sie grobe Schleifscheiben, sonst kleben die feinen Schleifporen nach wenigen Sekunden widerstandslos zu. Das Glätten des Schwemmzinns sollten Sie nicht maschinell machen, da Sie sonst schwerwiegender Gesundheitsgefährdung durch freigesetzte Bleipartikel ausgesetzt sind.
Die Zopfbürsten genannten Schleifvorsätze für die Bohrmaschine eignen sich ganz vorzüglich zur Bearbeitung welliger und verdellter Bleche. Verwenden Sie zum Schleifen nach Möglichkeit immer eine andere Bohrmaschine (ggf. die ältere und/oder billigere) als zum Bohren. Denn bei häufigem Schleifen haben Sie nach kurzer Zeit so viel Spiel im Axiallager des Bohrfutters, dass ein exaktes Bohren von Löchern nicht mehr möglich ist.

Verzinnen und Schleifen

Arbeitsschritte:

- Die Schadensstelle großflächig metallisch blank schleifen, um einen breiten Übergangsbereich zum unbeschädigten Blech zu erhalten. Dabei sind ca. 50 mm rund um die Arbeitsfläche die Regel. Wird der Übergang kleiner gewählt, entstehen schnell Kanten oder Absätze im Schwemmzinn.

- Auf das blank geschliffene Blech tragen Sie nun die Verzinnungspaste auf.

- Erwärmen Sie die Schadensstelle von außen nach innen – das Flussmittel verfärbt sich mit zunehmender Temperatur kaffeebraun. Zum Erwärmen verwendet man eine Lötlampe oder das Autogen-Schweißgerät mit einer 2–4 mm-Brennerdüse. Die Flamme muss bläulich leuchten, denn man arbeitet mit Acetylenüberschuss.

- Wenn das Flussmittel auf der Verzinnungspaste schwimmt, kann es mit dem Leinenlappen abgewischt werden.

- Auf der jetzt silbrig glänzenden Fläche kann das Schwemmzinn vom Zinnstab herunter verteilt werden. Zinnstab und Blech müssen gleichmäßig auf Temperatur gebracht werden.

- Ist die Stabspitze teigig, kann man sie auf dem Blech abtupfen. Sie müssen so viele Tupfer verteilen, bis die Schadensteile »aufgefüllt« ist.

- Mit den Löthölzern können Sie die aufgetragenen Tupfer glätten. Achten Sie darauf, dass die Schadensstelle auf Temperatur bleibt. Geben Sie zu viel Feuer, fließt das Lot weg; ist die Verarbeitungstemperatur unterschritten, lassen sich die Tupfer nicht glatt streichen.

Ist die gewünschte Form modelliert, muss das Zinn erst abkühlen, um weiter bearbeitet zu werden. Achtung! Die Schadensstelle darf aufgrund schnellerer Kühlung nicht abgeschreckt werden, sonst verändert sich die molekulare Zusammensetzung der Metalle nachteilig.

- Hat das Zinn Zimmertemperatur erreicht, kann es mit der Karosseriefeile (Fräserfeile) bearbeitet werden. An den Übergängen dürfen keine Kanten oder Absätze mehr fühlbar sein. Vorsicht: Feilen Sie an den Rändern keine Unebenheiten in das weiche Material!

- Die Oberfläche mit Wasser reinigen, Flussmittel- und Fettreste beseitigen und die abgehobelten Zinnreste separat entsorgen, da sie stark bleihaltig sind und somit umweltbelastend.

Alternative Techniken

Falls nicht geschweißt oder gelötet werden soll oder wenn sich diese Verfahren im gegebenen Fall nicht ausdrücklich empfehlen, können alternative Verfahren zum Einsatz kommen. Auch bei der industriellen Ka-

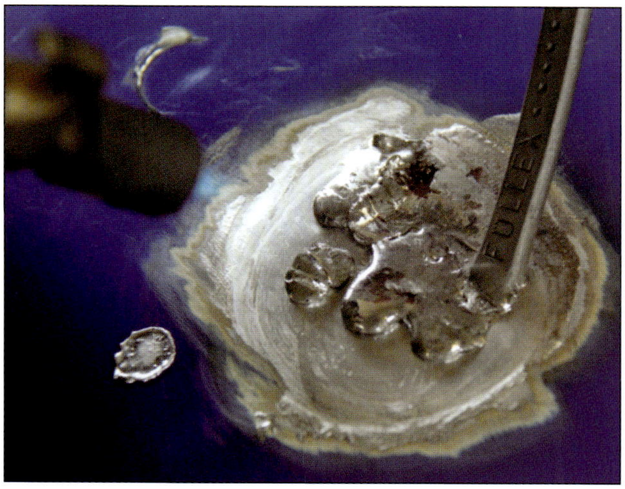

Erfahrung erforderlich: Um die richtige Verbindung zum Blech hinzubekommen, muss viel geübt werden.

rosserieherstellung werden als Fügetechniken das Nieten und das Kleben eingesetzt.

Reparaturbleche vernieten

Wenn es bei der Instandsetzung nicht so sehr auf ästhetische Gestaltung ankommt, beispielsweise Innenkotflügel oder die Spritzwand im Motorraum, kann man hier auf das Vernieten von Blechen zurückgreifen. Der Not gehorchend, können freilich auch die Seitenwände bei einem alten VW-Bus mit Nieten und Dichtmasse gegen Eindringen von größeren Mengen Feuchtigkeit geschützt werden. Hände weg allerdings von Trägern und Trageprofilen, hier sind die Alunieten ein unkalkulierbares Risiko! Um sich nicht über Gebühr der Explosionsgefahr auszusetzen, darf das durchgerostete Blech rund um den Tankeinfüllstutzen nicht ohne vorherigen Ausbau der kompletten Tankanlage geschweißt werden. Für eine derartige Reparatur bietet sich deshalb das Vernieten des Reparaturblechs geradezu an, gibt es doch bei dieser Reparaturmethode in der Regel keine Funkenbildung. Selbstverständlich muss auch der Einhand-Winkelschleifer zum Schleifen und Blechtrennen bei diesen hochbrisanten Arbeiten ausgesteckt bleiben. Hier kommen Meißel und Säge zum Einsatz, am besten eine druckluftbetriebene Stichsäge.

Reparaturbleche verkleben

Ihr relativ eingeschränkter Einsatzbereich setzt der Klebemethode noch immer eine natürliche Grenze. Ein Stiefmütterchendasein hat das Kleben indessen keineswegs verdient. Denn wenn nicht geschweißt werden soll, weil der betreffende Hobbyhandwerker wenig Übung darin hat und nicht über das Werkzeug verfügt, oder nicht geschweißt werden darf, ohne den Ausbauaufwand – z.B. im Heckbereich – in beträchtliche Dimensionen zu treiben, bietet sich die Verklebung als erprobt haltbare Verbindung an. Durch Kleben kann im Prinzip mit dem gleichen Aufwand wie beim Vernieten eine Blechpartie instand gesetzt werden, die sich für das Schweißen nicht empfiehlt.

Laborversuche, Crashtests und ausgiebige Probefahrten haben nachgewiesen, dass Klebeverbindungen die gleichen Festigkeitswerte erreichen können wie Punktschweißnähte. Das Kleben kann mit ein wenig Übung von jedem handwerklich etwas Erfahrenen ausgeführt werden. Lötmaterialien sind gar nicht, Spachtel nur in geringem Maße erforderlich. Die Methode ist universell und wirtschaftlich. Sie hat übrigens noch weitere Vorzüge:

- Der serienmäßige Korrosionsschutz bleibt erhalten.
- Es gibt keine Wärmeeinwirkung, die zu Spannungen führen oder das Materialgefüge verändern könnte.
- Die Verbindung ist wasserdicht und frei von elektrochemischen Korrosionsmöglichkeiten.

Um eine haltbare Klebeverbindung herzustellen, müssen die zu fügenden Teile und Flächen allerdings den voraussichtlichen Belastungen entsprechend gestaltet und die Klebstoffe genau nach Herstelleranweisung eingesetzt werden. Dauerhaft unter Beanspruchung haltbare Klebeverbindungen kann man z.B. nicht mit stumpfem und nur wenig besser mit geschäftetem Stoß der Fügeteile erreichen. Gerade beim Kleben von Blechen empfiehlt sich die Überlappung: Für dünne Bleche ist die einfache Überlappung hinreichend, dickere Bleche im Karosseriebereich klebt man perfekt mit einer gefalzten Überlappung. Wichtig für eine gut haftfähige Klebeverbindung ist ferner die gründliche Reinigung der Verbindungsflächen von Oxidschichten, Rost, Zunder, Farbresten und Fetten (Wachse, Polituren). Gute Fettlöser für diesen speziellen Zweck sind Aceton, Methylenchlorid und Trichloräthylen. Der verwendete Zweikomponentenkleber und die zum Ausgleichen nötige Spachtelmasse müssen gut aufeinander abgestimmt sein. Sie dürfen während der Aushärtzeit selbst bei Erwärmung nicht fließen und dürfen nach dem Aushärten nicht durch Wärme oder Lösemittel aufzuweichen sein. Die Klebemittel (Epoxidharze) lassen genug Zeit zur Verarbeitung, dürfen aber nicht bei Temperaturen unter 18 °C verarbeitet werden. Soll bei niedrigeren Temperaturen gearbeitet werden, dann muss man den Klebebereich kurzfristig erwärmen. Auch zum schnelleren Aushärten ist Erwärmung (Heizstrahler, Heißluftföhn) ratsam.
Und so funktioniert das Ganze:

Kleben eines Blechstückes im hinteren Seitenteil

Arbeitsschritte:

- Zeichnen Sie auf das schadhafte Karosserieteil die Trennlinien (Ölkreide) auf. Decken Sie die umliegenden Ausstattungsteile ab und schneiden Sie das schadhafte Blechstück mit der Karosseriesäge (Maschinenkreissäge) heraus.

- Achten Sie auf saubere Schnittlinien und entfernen Sie im Bereich der Verbindungsflächen (innerhalb ca. 30 mm) alle Dämpfungs- und Dichtungsmaterialien.

- Schneiden Sie ein entsprechend passendes Neuteil aus Karosserieblech zu. Sehen Sie dabei einen Überlappungsbereich von 20 mm vor.
- Bereiten Sie den überlappenden Verbindungsbereich (20 mm) mit einer Absetzzange vor. Bördeln Sie den Absatz im Klebefalz des Unterbleches etwa in Blechdicke.
- Mit einem Schleifaufsatz in der Handbohrmaschine wird das Unterblech einseitig, das Oberblech beidseitig blank geschliffen.
- Fasen Sie das Oberblech im Bereich der Überlappung mit 30° an.
- Passen Sie das Neuteil exakt in die Karosserie ein und fixieren Sie es mit Klemmzangen. Zur späteren Fixierung beim Kleben bohren Sie in Klebeflächenmitte in Abständen von rund 100 mm Löcher für Blindniete. Senken Sie die Löcher in Neuteil (dieses dazu wieder ausbauen) und Karosserie mit einer Kalottenzange, damit der Nietkopf später etwa 0,5 mm unterhalb der Oberkante des Oberbleches liegt.
- Reinigen Sie jetzt sehr gründlich die Klebeflächen und tragen Sie dann den Kleber satt auf. Der Auftrag geschieht auf die Klebeflächen von Karosserie und Neuteil.
- Nun muss das Neuteil eingesetzt und exakt ausgerichtet und fixiert werden. Das Einsetzen wird erheblich erleichtert, wenn Ihnen ein Saugheber zur Verfügung steht. Falls die Temperatur unter 18 °C liegt, erwärmen Sie die Klebebereiche.
- Vernieten Sie dann das Neuteil mit Stahl-Senkkopf-Blindnieten in der fixierten Einbaulage und entfernen Sie überquellenden Kleber mit Holzspan und Spachtel, keineswegs mit Lösemittel. Mischen Sie den Zweikomponenten-Spachtel an und tragen Sie ihn zum Ausgleich aller Höhenunterschiede auf.
- Lassen Sie Kleber und Spachtel aushärten. Beschleunigen Sie den Vorgang ggf. durch Heißluft oder Heizstrahler.
- Nach dem Aushärten sind die Klebe- und Spachtelbereiche voll belastbar. Beschleifen Sie jetzt und bereiten Sie die Reparaturlackierung vor.

Klebungen unzulässig: Klebungen an Karosserieteilen unterliegen klaren Regeln. An tragenden Teilen wie an dieser Spritzwandecke sollten Sie auf Klebungen verzichten, wenn sie nicht speziell dafür freigegeben sind.

Schutz und Schönheit durch Lack

Autolack von heute ist extrem belastbar. Dabei ist die eigentliche Decklackschicht, die dem ganzen Autolack die Farbe gibt, nur etwa 0,04 mm dick, nur vier Hundertstel eines Millimeters. Dieser Hauch muss an allen Stellen so intensiv decken, dass die darunter liegenden drei oder vier Schichten des Lackaufbaus – Phosphatierung, Tauchgrundierung, Füller und eventuell noch Vorlack – nirgends durchschimmern.

Der Lack soll bei guter Pflege über Jahre seinen Glanz behalten und vor allem seine Aufgabe bestens erfüllen, das Blech der Karosserie gegen Rost und Korrosion zu schützen. Rost entwickelt sich selten von der lackierten Seite des Bleches her. Er arbeitet sich am ehesten von der weniger gut geschützten Rückseite her durchs Blech. Autolack muss so gut sein, dass ihm auch schwere Strapazen in sengender Sonne und strömendem Regen, arktische Kälte und tropische Hitze über Jahre nichts anhaben können. Selbst grobkörnige Schmutzspritzer, Salzwasser, Vibrationen und Verwindungen sollten ihm nicht schaden.

Ein Blick in die Geschichte

Diese strengen Anforderungen konnte der Lack nicht immer vollkommen erfüllen. In der »Kinderzeit« des Automobils war die Karosserie noch aus Holz wie bei der Pferdekutsche. Weil Holz als lebender Werkstoff jahrzehntelang arbeitet, sich dehnt und auch reißt, überzog man nach einer Leinölimprägnierung die ganze Karosse mit Leinenstreifen, grundierte mit Bleiweiß, spachtelte etliche Schichten darüber, musste sie mit Bimsstein schleifen und pinselte danach Strich um Strich und Lage um Lage die damaligen Öl- und Kopallacke darüber.
Das trocknete dermaßen langsam und zog so viel Staub auf den klebrigen Lack, dass man zum Schutz dagegen die Arbeitsräume knöcheltief unter Wasser setzte. Die Lackierer hatten tropfnasse Arbeitsschürzen zu tragen. Diesen historischen Anti-Statik-Trick können Sie noch heute für Ihre Heimwerker-Lackiererei anwenden, wobei ein nasser Werkstatt- oder Garagenboden bereits ausreicht.

Fortschritt mit Nitrolack

Mit dem Aufkommen der Stahlblech-Karosserien lernte man den Umgang mit Spritzpistolen und sprühte mit ihnen Nitro-Zellulose-Lacke auf die Autos. Das ging wesentlich schneller, war in einigen Autofabriken noch bis in die 1950er-Jahre gebräuchlich und ist heute in Form der Nitro-(Kombinations-)Lacke in der Heimwerker-Lackiererei eine gute Alternative zu den weit verbreiteten Acrylharz-Lacken.
Ein Lackaufbau mit den für damalige Verhältnisse schnell trocknenden Nitrolacken dauerte etwa drei bis vier Tage. Weil Nitrolacke nicht den angestrebten Hochglanz hatten, mussten sie zuletzt noch zeitraubend geschliffen und poliert werden. Viele Oldtimer-Enthusiasten schätzten allerdings diesen weicheren Polierglanz und konnten sich mit dem härteren Glanz der neuen Kunstharzlackierungen lange nicht anfreunden.
Technisch unbefriedigend war beim Nitro-Zellulose-Lack aber nicht nur die mehrtägige Wartezeit, bis das Fahrzeug fertig lackiert war, sondern auch die mangelnde Elastizität des mehrschichtigen Lackaufbaus aus Nitro-Zellulose-Grundierung, Spachtel-Füller und vier oder mehr Schichten Nitro-Decklack. Bei den Schwingungen des Blechs bildeten sich mit der Zeit hauchfeine Risse, durch die Feuchtigkeit bis zum Blechgrund eindringen und dort Rost ansetzen konnte. Damals war also Rost von außen durch die Lackschicht nichts Außergewöhnliches. Mangelnde Haftfähigkeit der Nitro-Zellulose-Grundierung auf dem Karosserieblech kam der Unterrostung zudem entgegen.

Mehr Tempo mit Kunstharzlack

Wesentlich beschleunigt wurde der Lackierprozess mit der Anwendung des elastischeren und haftfesten Kunstharzlackaufbaus. Zum schnellen Trocknen wurde die Methode entwickelt, den Lack in besonderen Trockenöfen mit 120 bis 190 °C einzubrennen. Das ist das Verfahren, das in zahlreichen Abwandlungen bis heute angewendet wird. Bei der Serienlackierung unserer Tage wird zuerst das Karosserieblech entfettet. Denn Fett muss vorher in der Tiefziehpresse die Formgebung der einzelnen Blechteile erleichtern, sonst können Blechkanten bei solch enormer Krafteinwirkung brechen. In der ersten Stufe des Lackaufbaus wird die Karosserie daher chemisch mit einer Phosphor-Säure-Lösung behandelt. Durch diese so genannte Phosphatierung, kombiniert mit einer Zinkstaub-Schicht (Zink geht mit Eisen an seiner Oberfläche eine rostabweisende Verbindung ein), wird die Blechfläche etwas angeraut und damit die Haftung des Lackaufbaus wesentlich verbessert. Die Phosphatierungsschicht beträgt nur etwa 3/1000 bis 5/1000 mm. Sie wird anschließend mit kräftigen Duschen abgespült, um alle Phosphorüberschüsse zu beseitigen. Denn diese würden später den Lackaufbau zerstören. Inzwischen ist noch eine Reihe moderner Abwandlungen dieses Lackierablaufs üblich geworden, wobei diese Varianten am Prinzip des Lackaufbaus nichts ändern. So benutzt man beispielsweise Zweikomponentenmaterial beim Phosphatieren oder bei den Decklacken, vor allem bei Metallic-Lacken. Dabei handelt es sich um Stoffe, die erst kurz vor der Verarbeitung zusammengebracht werden dürfen, weil sie eine chemische Reaktion eingehen, die nicht mehr rückgängig gemacht werden kann. Einige Autowerke sprühen auf das phosphatierte Karosserieblech noch zusätzlich eine Rostschutz-Zwischenschicht oder erzeugen diese durch Tauchen. Als Uni-Farbtonlacke werden in Europa zumeist Alkyd- oder Acryl-Melaminharz-Lacke verwendet.

Die neuen Wasserbasislacke
Jüngste Entwicklungen auf dem Gebiet der Lackiertechnik sind Wasserbasislacke. Im Gegensatz zu herkömmlichen Lacken beträgt bei ihnen der organische Lösemittelanteil nur gerade so viel, wie notwendig ist, die Farbpartikel zu binden. Die eigentliche Verdünnungsfunktion (zum Farbspritzen) übernimmt das Wasser. So entstehen die bunten Karossen viel umweltfreundlicher und wesentlich weniger gesundheitsbelastend.
Die Einsparung an Lösemittel beträgt zwischen 75 und 90%. Da zudem der beim Farbsprühen entstehende Wasserdampf elektrostatisch höhere Haftung auf dem Karosserieblech bietet als die organischen Lösemittel, gehört dieser Lackart zweifellos die Zukunft. Lediglich Klarlackschichten von Zweikomponentenlacken sind dabei manchmal noch Hürden wegen schwachen Glanzgrades und schlechtem Verlauf. Aber schon sind Pulverlacke auf dem Sprung, mit denen auch diese Hindernisse genommen werden.
In Deutschland wurde die Wassertechnologie 1987 erstmals serienmäßig eingesetzt. Seitdem hat fast die gesamte Automobilindustrie mit hohem Investitionsaufwand darauf umgestellt. Derzeit werden über die Hälfte aller in Deutschland gefertigten Fahrzeuge mit Wasserbasislacken beschichtet. In Europa liegt der Anteil schon bei über 20 Prozent, weltweit bei etwa 15 Prozent. Zu den bedeutendsten Produzenten von Wasserbasislacken für die Fahrzeugserienlackierung und von entsprechenden Materialien für die Autoreparaturlackierung gehört die BASF (Marke: Glasurit).

Der Weg zu weniger Lösemittel

Die Lackiertechnik im Automobilbau hat in den letzten Jahren aufgrund der Forderungen nach Umweltschutz und Nachhaltigkeit überall in der Welt große Fortschritte gemacht. In Deutschland ist seit 2001 die »Deutsche Lösemittel-Verordnung« in Kraft. Sie verpflichtet alle Fahrzeugreparatur- und Lackierbetriebe dazu, die Emission von Lösemitteln drastisch zu senken. Die Verordnung gibt für die nächsten Jahre einen festen Zeitplan vor, an dem sich die Betriebe orientieren müssen. Bis zum 25. August 2003 mussten beispielsweise alle Betriebe ihre Lackieranlagen bei der zuständigen Aufsichtsbehörde angezeigt haben.
Viele Unternehmen setzen bereits seit einiger Zeit Wasserbasislacke ein. Alle anderen Betriebe mussten sich spätestens bis zum 31. Oktober 2004 entschieden

GUT ZU WISSEN

Die großen Lackhersteller

Im »Verband der deutschen Lackindustrie eV« befasst sich eine spezielle Arbeitsgruppe mit dem umfangreichen Gebiet Autolackierung. In dieser »Fachgruppe Autoreparaturlacke« sind als Mitgliedsfirmen neun Hersteller zusammengeschlossen:

- DuPont Auto Refinish, Köln
- Glasurit GmbH, Münster
- Lesonal GmbH, Stuttgart
- Nexa Autocolor, Hilden
- PPG Autorefinish, Hilden
- R-M Autolacke, Dortmund
- Sikkens GmbH, Stuttgart
- Spies Hecker GmbH, Köln
- Standox GmbH, Wuppertal

Die Hersteller von Reparaturmaterialien für die Kfz-Lackierung müssen ein technisch hochwertiges und anspruchsvolles Sortiment vorhalten, damit Handwerksbetriebe jederzeit in der Lage sind, die Wünsche ihrer Kunden zu erfüllen, und auch die Heimwerker zu den richtigen Produkten kommen. Mehrere Tausend Farbtöne der verschiedenen Automarken, die zu den Originalfarbtönen genau passen, müssen ständig verfügbar sein. Deshalb werden Autoreparaturlacke überwiegend von solchen großen multinational tätigen Konzernen angeboten.
Informationen zum Thema finden Sie unter www.autoreparaturlacke.de. Dort kann eine zwölfseitige Broschüre »Für einen klaren Durchblick bei allen Fragen zur Lösemittel-Verordnung« kostenlos bestellt werden. In dieser sind die wichtigsten Fakten und Termine zur Verordnung zusammengefasst. Weitere Informationen finden Sie unter www.farbe.de. Auch vom Deutsch-Französischen Institut für Umweltforschung (DFIU) ist ein praxisorientierter Leitfaden zum Einsatz von Wasserbasislacken in kleinen und mittleren Unternehmen der KFZ-Reparaturlackierung erarbeitet worden.

haben, wie sie die Grenzwerte der Lösemittel-Verordnung erreichen wollen. Wer nicht auf Wasserbasislacke umstellte, musste mit einem zum Teil erheblichen technischen oder administrativen Aufwand rechnen.

Zum Beispiel: Schwarzheide und Eisenach

Schon Anfang Oktober 1993 ging im brandenburgischen Schwarzheide die erste Neuinvestition seit der Übernahme des Chemiewerkes durch die BASF in Betrieb. Seither hat BASF an diesem Standort im neuen Bundesland über 1,1 Milliarden Euro für moderne Produktions- und Infrastrukturanlagen investiert. Denn ein Großteil der Wasserbasislacke, die die BASF Coatings AG in ganz Europa vertreibt, kommt aus Schwarzheide. Rund 15.000 Tonnen Wasserbasislacke werden dort jährlich produziert. Diese Menge reicht für über dreieinhalb Millionen Pkw.

In Schwarzheide werden Metallic- und Uni-Wasserbasislacke für die Erstlackierung von Fahrzeugen hergestellt. Die Metallics haben dabei den größten Anteil an der Produktionskapazität. Die BASF produziert heute Wasserbasislacke für die Fahrzeugerstlackierung in Schwarzheide und in Würzburg, aber auch in Frankreich, Kanada, Brasilien und Mexiko.

Die BASF Coatings AG nimmt mit ihren Qualitätsstandards eine Vorreiterrolle in der europäischen Lack-Branche ein. Der Wasserbasislackfabrik Schwarzheide bestätigte die Deutsche Gesellschaft zur Zertifizierung von Qualitätsmanagementsystemen (DQS) bereits im September 1995 Qualitätsarbeit nach DIN ISO 9001. Im Dezember 1997 folgte die Zertifizierung nach den besonders anspruchsvollen Qualitätsnormen der amerikanischen und deutschen Automobilindustrie (QS 9000 und VdA 6.1). Zertifiziert wurden auch die Coatings-Standorte Münster und Würzburg.

Neuinvestition Opel in Thüringen

Ein Exempel für den aktuellen Stand moderner Lackiertechnologie wurde vor zehn Jahren in Eisenach gesetzt. In diesem im März 1994 eingeweihten Werk setzte Opel als zu diesem Zeitpunkt erster Autohersteller ausschließlich Wasserlacke ein. Aufgrund dessen erreichten die Emissionen organischer Lösemittel in Eisenach das weltweit niedrigste Niveau und unterschritten den gesetzlichen Grenzwert ganz enorm, nämlich um 75 Prozent.

Der konsequente Einsatz wasserlöslicher Lacke sowie die Wiederverwertung von Produktionsrückständen in allen Bereichen gehören zu einem nachhaltigen System, das nach der ISO-Norm 14001 und der Öko-Audit-Verordnung der Europäischen Gemeinschaft zertifiziert ist. Schon 1981 hatte das Unternehmen einen Wasser verdünnbaren Grundlack eingesetzt und dadurch den Lösemittelanteil von 60 auf gerade einmal fünf Prozent verringert. Sechs Jahre später wurden im Werk Bochum zum ersten Mal wasserverdünnbare Metalliclacke eingesetzt: Wasser statt organischer Lösemittel vom Tauchgrund bis zum abschließenden Klarlack.

Inzwischen wird wasserverdünnbarer Füller in den Werken Rüsselsheim, Bochum, Eisenach, Antwerpen, Zaragoza, Ellesmere Port, Azambuja und Gliwice eingesetzt; wasserverdünnbare Basislacke verwenden die Werke Rüsselsheim, Bochum, Eisenach, Azambuja und Gliwice. Lediglich der wasserverdünnbare Klarlack wird bisher nur im Werk Eisenach gespritzt.

Mehr Wirkung bei weniger Lösemittel

Wie bereits erwähnt, werden nur noch fünf Prozent Lösemittel im Tauchbad und ebenfalls fünf Prozent Lösemittelanteil im Hydro-Grundlack benötigt. Dieser wird elektrostatisch mittels Rotationszerstäuber aufgetragen. Der Decklack enthält die Farbpigmente und die für den Metallic-Effekt notwendigen Alupartikel. Durch die statische Aufladung erhöht sich der Wirkungsgrad auf bis zu 90 Prozent, während der Lösemittelanteil auf 12 Prozent schrumpft. Der mit Wasser verdünnbare Klarlack enthält ebenfalls nur noch einen 12-prozentigen Anteil Lösemittel statt früher 55 Prozent. Modernste Fertigungstechnologie gelangt seither auch in den anderen Bereichen der Lackiererei des neuen Eisenacher Opel-Werks zum Einsatz. Bei der Verarbeitung des Unterbodenschutzes für die Karosserien, der die Fahrzeuge vor Steinschlag und Korrosion schützt, übernehmen vier computergesteuerte Handhabungsautomaten das Auftragen. Vollautomatisch erfolgt auch die Versiegelung der Karosserienähte: Roboter leisten 90 Prozent dieser für den Menschen anstrengenden Tätigkeit und tragen die Dichtmasse mit gleich bleibender Präzision auf.

Der Nano-Lack von Mercedes-Benz

Was damals Pionierleistungen waren, ist heute so gut wie durchgängig Standard in der modernen Autofertigung. Audi zum Beispiel verwendet in Deutschland und Brasilien nur noch wasserverdünnbare Füller und Basislacke. Auch diese Materialien sind nicht ganz lösemittelfrei, sie enthalten noch Restlösemittel, so genannte Co-Lösemittel. Der 2K-Klarlack von Audi, der

ebenfalls noch Lösemittel enthält, hat einen deutlich höheren Festkörper (relativ ca. 20% mehr) als der früher eingesetzte 1K-Klarlack.
Auf Wasser zur Verdünnung beruhen auch die ganz neuen Lacke von Mercedes-Benz. Anfang Dezember 2003 teilte das Unternehmen mit, dass nach über vierjähriger Entwicklungszeit zum Jahresende ein neuartiger Klarlack in Serie geht. Er ist dank modernster Nano-Technologie deutlich kratzfester als herkömmlicher Lack. Die Modelle der E-, S-, CL-, SL- und SLK-Klasse sind weltweit die ersten Automobile mit diesem innovativen Lacksystem. Andere Mercedes-Modelle erhalten die kratzbeständigere Nano-Lackierung ab Frühjahr 2004. Der neu entwickelte Klarlack enthält mikroskopisch kleine Keramikpartikel. Sie haben einen Durchmesser von weniger als 20 Nanometern und sind damit einige Zehntausend Mal dünner als ein Haar. Die Nano-Partikel (ein Nanometer entspricht einem Milliardstel-Meter) verbessern die Kratzbeständigkeit der Lackierung um das Dreifache und sorgen dauerhaft für einen sichtbar besseren Glanz. Sie bilden beim Aushärten im Trockner (140 °C) der Lackiererei eine sehr dichte Netzstruktur.
Dieses »Netz« schützt den Lack deutlich besser vor Kratzern zum Beispiel in mechanischen Autowaschanlagen. Waschanlagen verursachen den Großteil der Lackkratzer. Kleinste Hartstoffpartikel wie Straßenstaub oder Sand setzen sich in den rotierenden Waschbürsten fest und zerkratzen während des Waschvorgangs die Lackoberfläche. Die Haarkratzer fallen bei dunklen Lackfarben besonders auf.
Nach Extremtests in einer Laborwaschanlage mit einer genau dosierten Menge Feinstaub (feinster Quarzsand) im Waschwasser wurde beim neuen Lack ein um rund 40 Prozentpunkte höherer Lackglanz gemessen als bei herkömmlichen Klarlacken. Bei einer herkömmlichen Lackierung lag der mit einem speziellen Gerät gemessene Restglanz nach den zehn Labor-Waschzyklen bei rund 35 Prozent, beim Nano-Klarlack bei über 72 Prozent. Die zehn Testdurchläufe entsprachen 50 bis 100 normalen Autowäschen. Bei Langzeituntersuchungen mit rund 150 Versuchswagen in mehrjährigem Einsatz wurden die deutlich bessere Kratzfestigkeit und die höhere Brillanz der Uni- ebenso wie der Metallic-Lackierung ebenfalls bestätigt.
Der neue Lack: Im Labor wird die Farbbeständigkeit des in den Mercedes-Lackierstraßen elektrostatisch aufgebrachten neuen Lackes unter standardisierten Lichtverhältnissen untersucht. Er gilt als Beispiel für das große Zukunftspotenzial der Nano-Technologie, mit der bis in die atomaren Strukturen der Werkstoffe vorgedrungen wird, um sie verändern zu können. Der Nano-Klarlack hat ein mehr als vierjähriges Entwicklungs- und Erprobungsprogramm absolviert. Mit ihm lösen die Fachleute den bisherigen technischen Zielkonflikt zwischen Kratz- und Chemikalienbeständigkeit.

Ein weiteres Beispiel: BMW

Die BMW AG (heute BMW Group) hat in den zurückliegenden Jahren für rund 150 Millionen Euro die Lackiererei in ihrem Münchner Stammwerk modernisiert. Auf dem Gelände der ehemaligen Gießerei im Ostteil des Werksgeländes entstand in zwei Bauabschnitten die weltweit modernste Lack-Vorbehandlung für Fahrzeug-Rohkarossen. 2003 lief die Serienfertigung in den neuen Bereichen komplett an. Mit der Investition unterstreicht BMW neben der Technologie-Modernisierung auch gleich noch nachhaltig die Absicht, den Produktionsstandort München zu stärken und Arbeitsplätze langfristig zu sichern.
Im ersten Bauabschnitt wurde die Anlage für die kathodische Tauchlackierung (KTL) in einem mehr als 200 Meter langen und gut 20 Meter breiten Gebäude errichtet. Die kathodische Tauchlackierung bildet die Basis für alle weiteren Lackier-Schritte eines Fahrzeugs. Nach der Einfahrt der Rohkarossen in das Gebäude durchlaufen diese insgesamt elf Tauchbecken. Dort werden sie mittels des für BMW völlig neu entwickelten »RoDip3-Verfahrens« vollständig eingetaucht und mehrfach um die eigene Achse gedreht. Die dabei aufgebrachte Phosphatierung und die KTL-Schicht sind der entscheidende Faktor für den Korrosionsschutz moderner Automobile übrigens nicht nur bei BMW.
Im Rahmen des zweiten Bauabschnitts zur Modernisierung der Lackiererei entstanden eine neue Beschichtungsanlage für den Unterbodenschutz sowie zwei vollautomatische Füller-Linien. Der Füller zwischen KTL-Lackierung und Decklack orientiert sich im Farbton bereits an der Farbe des fertigen Fahrzeugs und sorgt für einen verbesserten Schutz des Autos vor Korrosion und Steinschlag. Der Bau zwischen dem neuen KTL-Gebäude und der bisherigen Lackiererei war bis zum Jahresanfang 2002 fertiggestellt und im Jahresverlauf 2002 in Betrieb genommen worden. Die Serienfertigung begann mit dem Jahresanfang 2003. Die neuen Anlagen zur Lack-Vorbehandlung repräsentieren jeweils den aktuellen Stand der Produktionstechnik. Das BMW-Werk München verfügte damit bei

der Inbetriebnahme über die weltweit modernsten Einrichtungen dieser Art.

Die Pulverlacke
Anfang der 90er-Jahre, als die Lackspezialisten des Dingolfinger BMW-Werkes zusammen mit den Wissenschaftlern des Forschungs- und Innovationszentrums München mit der Entwicklung und Erprobung der Pulverlack-Technologie begannen, war der langfristige Erfolg noch nicht abschätzbar. Heute markiert diese Ressourcen schonende Technologie im automobilen Lackierprozess immer noch eine weltweite Ausnahmestellung. Das Verfahren wird seit vielen Jahren im größten Automobilstandort der BMW Group im Werk Dingolfing sehr erfolgreich in der Serienfertigung eingesetzt. Umweltfreundlich werden mit dieser Technologie höchste Farbbrillanz und Fahrzeuganmutung erreicht. Die BMW Group dehnt den Einsatz dieser Technologie schrittweise aus.

Der Ablauf beim industriemäßigen Lackieren

Die phosphatierte Rohkarosserie erhält ihre Lack-Grundierung heute nicht mehr mit der Spritzpistole. In der Fahrzeug-Produktion werden zu diesem Zweck Rohkarosserien komplett durch ein großes Tauchbad gezogen. Jedoch bilden sich dabei unterschiedlich dicke Schichten beim Abtropfen.

Kataphorese-Grundierung KTL
Um die besonders empfindlichen Stellen, z.B. die Karosseriekanten, besser zu schützen, wurde ein Verfahren entwickelt, bei dem man mit elektrischem Strom und wasserlöslichen Lacken die Rohkarosserie gewissermaßen mit den elektrisch aufgeladenen Farbteilchen galvanisiert. Das Verfahren nannte man »Elektrophorese-Grundierung«. Doch inzwischen hat man herausgefunden, dass die umgekehrte Polung, die das neuere »Kataphorese-Verfahren« ausmacht, eine noch dichtere und gleichmäßigere Grundierung bringt. Das ist vor allem in den Fahrzeug-Hohlräumen von großer Bedeutung, denn dort besteht die Rostgefahr besonders.
In den innen hohlen Längs- und Querträgern der Karosserie lässt sich das Tiefziehfett nicht immer einwandfrei beim ersten Entfettungsvorgang beseitigen, so dass die Restbestände elektrischen Widerstand bieten und gerade dort eine besonders wirksame Rostschutzschicht verhindern. Deshalb müssen die Karosserie-Hohlräume überaus sorgfältig zusätzlich behandelt werden.

Industrielle Fertigung: Reinigung, Entfettung und Grundierung erfolgen heute bei fast allen Herstellern im Tauchbad.

Der Trockenofen

Nach diesem Tauchbad wird die Grundierung in der Regel mit 160 bis 190 °C im Trockenofen eingebrannt. Dadurch geht die Trocknung schneller vonstatten, und die Grundierung wird besonders elastisch. Die Trocknung wird vielfach auch durch Infrarotbestrahlung realisiert. Als Zwischenarbeit werden eventuell unebene Stellen an Schweißnähten oder Blechfalzen sonderbehandelt und steinschlaggefährdete Teile, z. B. die zur Fahrbahn zeigenden Türschweller unter den Seitentüren, mit Kunststoff beschichtet. Auch der serienmäßige Unterbodenschutz wird vielfach direkt nach der Tauch-Grundierung aufgebracht.

Die Füllerschicht

Als nächste Schicht des Lackaufbaus kommt der Füller oder Grundlack auf die Grundierung. Die Bezeichnung »Füller« ist ganz wörtlich zu nehmen. Er soll feine Unebenheiten ausfüllen und die Poren der Grundierung schließen. Durch diese Poren-Rauheit der Grundierung würde der hauchdünne Decklack nur sehr matten Glanz erhalten.
Der Füller wird in der Autofabrik nicht im Tauchbad aufgebracht, sondern automatisch in einem Spritztunnel gespritzt. Dann kommt auch diese etwa 0,025 mm dicke Schicht in einen rund 175 °C heißen Trockenofen.

Decklack spritzen

Je weiter der zeitlich sehr schnell fortschreitende Lackaufbau abrollt, umso anspruchsvoller wird es mit den Zwischenkontrollen. Denn der farbgebende Decklack soll auch eine einwandfreie hochglänzende Oberfläche bilden können. Je nach Deckkraft der beabsichtigten Farbgebung werden ein der Farbgebung angepasster Vorlack oder der eigentliche Decklack aufgebracht.
Außerdem wird die Karosse mit scharfem Licht sorgfältig auf äußerliche feinste Unebenheiten abgesucht.

GUT ZU WISSEN

Lackierung bei Mercedes-Benz

Auch die nobelsten Automarken folgen dem hier von uns geschilderten Weg der modernen Automobillackierung. Eine Veröffentlichung von Mercedes-Benz zum Jahreswechsel 2003/04 beschreibt den Lackiervorgang im Konzern wie folgt:
Unsere Lackierung besteht aus fünf Schichten mit einer Dicke von insgesamt rund 100 Mikrometern (0,1 Millimeter). Jeder Lack in seiner Schicht ist das Ergebnis eines aufwändigen, mehrjährigen Entwicklungsprozesses und erfüllt in seiner nur einige Mikrometer dünnen Schicht jeweils eine ganz bestimmte Aufgabe.

- Der aufwändige Lackierprozess beginnt mit der Phosphatierung der Karosserie. Dabei wird eine sehr feine, aber durchaus wirkungsvolle Zinkphosphatschicht aufgetragen, die das Blech vor Korrosion schützt und zugleich eine gute Basis für den nachfolgenden Schritt bildet.
- Die Elektro-Tauchgrundierung dient ebenfalls in erster Linie dem Korrosionsschutz. Die Karosserien tauchen dabei in ein Bad mit wasserverdünnbarem Lack ein, der mittels elektrophoretischer Reaktion alle Hohlräume, Ecken, Falze und Kanten der Karosserie erreicht. Phosphatierung und Elektro-Tauchlack haben zusammen eine Schichtdicke von nur etwa 22 Mikrometern.
- Anschließend folgt der so genannte Füller. Auch er ist wasserverdünnbar und enthält nur eine sehr geringe Menge organischer Lösemittel. Seine Aufgabe ist es, Steinschläge abzufedern und die Blechstruktur auszugleichen. Schnell rotierende Zerstäuber laden die Lackpartikel elektrostatisch auf, sodass sie von der Karosserie angezogen werden. Dieses Verfahren garantiert eine gleichmäßige Verteilung des Füllers, dessen Schichtdicke etwa 25 Mikrometer beträgt.
- Die nächste Lackschicht (15 Mikrometer) ist der so genannte Basislack. Er enthält die vom Kunden gewünschte Farbe in Pigmentform. Wenn er ein Metalliclack ist, enthält er auch winzige Aluminiumplättchen, die für den eleganten Effekt sorgen. Auch der Basislackauftrag wird durch Elektrostatik im Wirkungsgrad gesteigert. Die von Mercedes-Benz verwendeten Basislacke sind wasserlöslich und enthalten bis zu 80 Prozent weniger organische Lösemittel als konventionelle Lacke.
- Als oberste Schicht (40 Mikrometer) sorgt der transparente Klarlack für Glanz und Witterungsbeständigkeit. Er wird im Alltagseinsatz eines Personenwagens besonders stark belastet. Neben Umwelteinflüssen wie saurem Niederschlag, Baumharz, Vogelkot, Staub oder Ruß muss der Klarlack auch starke physikalische Beanspruchungen durch Steinschlag, Sonnenlicht, Abrieb und Temperaturschwankungen verkraften können.

Individuelle Fertigung: Der Lackauftrag in speziellen Bereichen oder für die Sonderfertigung erfolgt aber auch in den modernen industriellen Fertigungsstraßen per Mensch.

Lackroboter: Die Großserie wird durch den Einsatz von Lackierrobotern kostengünstiger.

Erforderlichenfalls wird an mangelhaften Stellen nachbehandelt und mit enthärtetem Wasser gewaschen. Dann trocknet man wieder, und mit antistatischen Tüchern werden Staubpartikel entfernt. Erst danach wird der Vorlack und nach dessen Einbrennen schließlich der Decklack oder, wenn auf Vorlack verzichtet wird, gleich der Decklack in wasserberieselten Spritzkabinen durch Lackierautomaten in der bestellten Farbe aufgetragen. Selbstverständlich werden auch Vor- und Decklack jeweils im Trockenofen zwischen 130 und 160 °C eingebrannt. Was danach auf dem Blech sitzt, ist zusammen nicht mehr als 0,06 bis 0,2 mm »dick«. Es hat trotzdem bei einer mittelgroßen Karosserie pro Schicht 3,5 bis 7 kg Material erfordert. Allein der Decklack kommt auf etwa 4 Kilogramm. Spätestens bei diesen Zahlen wird einem klar, dass man mit nur einigen wenigen Lacksprühdosen kein komplettes Auto lackieren kann.

Die richtige Lackpflege

Die auf solche Weise hergestellte Lackschicht Ihres Fahrzeugs braucht gute Pflege, um lange Zeit ihre Schutzfunktion und ihren ästhetischen Eindruck behalten zu können. Wasser und Universalreiniger reichen mit ihrem engen Aufgabenspektrum zwar häufig, aber auf jeden Fall nicht immer und schon gar nicht auf lange Sicht aus. Professionelle Reinigungsmittel sind oft genug nicht zu vermeiden.
Gerade eine schonende Fahrzeugreinigung erfordert zur Beseitigung von Insektenresten, Industriestaub, Teerflecken oder Öldunst die jeweiligen Spezialreiniger. Wir möchten Ihnen aus dem äußerst umfangreichen Angebot solcher Mittel, die zu einem großen Teil schon Ihr Fahrzeughersteller liefert und die jede große Tankstelle anbietet, einige empfehlenswerte Produkte nennen.

Reinigung mit diversen Hilfen

Die Komplettreinigung des Lackes ist zwar durchaus ein Thema für den Heimwerker, vor allem aber eines für Werkstätten und Autohändler. Viele Pflegemittel sind auch ganz besonders auf diese professionellen Anwender zugeschnitten. Prinzipiell gilt, dass man Lack sowohl chemisch durch Lack anlösende Mittel, wie auch physikalisch durch feines kreideartiges Schleifkorn als Beimischung reinigen kann. Lackreiniger fühlen sich zwar fettig-wachsartig an, und nach ihrem Gebrauch perlt das Wasser auch gut vom Blech ab. Aber nach der Lackreinigung müssen Politur und Konservierer angewendet werden. Denn die Wachsanteile im Lackreiniger haben vor allem den Zweck, die Schärfe des Schleifkornes zu mildern.

PRAXISTIPP

Der Lackexperte rät

Im Zusammenhang mit der Weltpremiere ihres neuartigen Nano-Klarlacks haben Experten der Stuttgarter Automobilmarke Mercedes-Benz den Pkw-Besitzern auch Tipps zur Wagenpflege gegeben. Was wenig erstaunt: Es sind die gleichen Pflegehinweise wie für herkömmliche Lacke.

- Lackpflege beginnt bei der Autowäsche. Um Verkratzungen durch Sand, Staub oder andere Mikropartikel zu vermeiden, die sich an der Karosserieoberfläche ablagern, ist eine gründliche Vorreinigung empfehlenswert. Deshalb die Karosserie zuerst immer mit dem Hochdruckreiniger absprühen und danach in die automatische Waschanlage fahren.
- Nach der Wäsche sollte man das Auto trocken ledern, um Wasserflecke auf der Lackierung zu vermeiden.

Insektenreste, Teerflecken und Vogelkot möglichst rasch entfernen. Trocknen sie an, können sie den Lack angreifen. Mit einem weichen Schwamm und reichlich Wasser lassen sich solche Schmutzflecken meist schnell und problemlos beseitigen. Bei Teerflecken sollte man ein spezielles Mittel (z. B. aus dem Pflegesortiment von Mercedes-Benz) verwenden. Die gereinigten Stellen anschließend mit einem weichen Tuch nachpolieren.

- Zwei Mal pro Jahr sollten Autobesitzer den Lack ihres Wagens konservieren. Dass diese Pflegemaßnahmen erforderlich sind, erkennt man mit einer einfachen Kontrolle: Perlt das Wasser nach der Wagenwäsche nicht mehr in Tropfen auf der Karosserieoberfläche ab, ist bei älteren Fahrzeugen mit stumpfem Lack eine Lackkonservierung fällig. Dafür eignet sich ein hochwertiges Polish. Bei neueren Fahrzeugen genügt Glanzkonservierer, der ebenso wie das Polish hauchdünn mit Polierwatte in kreisenden Bewegungen aufgetragen wird.
- Ist der Lack unansehnlich, empfehlen die Fachleute eine Intensivkur, bei der man am besten spezielle Poliermaschinen verwendet: Mit Lackreiniger wird matter Lack zuerst wieder aufgefrischt und anschließend mit Polish auf Hochglanz gebracht. Auch in diesem Fall sorgt Glanzkonservierer für dauerhafte Brillanz.
- Die in Wagenfarbe lackierten Stoßfänger und Außenspiegelgehäuse bedürfen ebenfalls regelmäßiger Pflege. Glanzkonservierer schützt auch hier die Lackierung und erhält den Glanz.

Diese Hinweise belegen: Einen »Geheimtipp« zur Lackpflege gibt es nicht. Es ist das seit vielen Jahren bewährte Rezept, das immer wieder – und so auch von uns – angeboten und wärmstens empfohlen wird.

Sieht das Auto einmal wirklich aus wie nach der Teilnahme an einer Rallye oder hat ein Mechaniker Abdrücke seiner ölverschmierten Schrauberhände am Lack hinterlassen, helfen gute Vorreiniger. Diese Mittel sind fettlösend und unterwandern auch dicke Schmutzkrusten. Je nach Hersteller werden sie als Kaltreiniger, Vorreiniger, Profireiniger oder Bremsenreiniger angeboten. Sie erfüllen alle denselben Zweck. Das einszett-Produkt »Rapid Profi Reiniger« ist ein solches ideales Hilfsmittel bei Montage und Reparatur. Der Reiniger hat durch hochwirksame Lösungsmittel enorme Kraft an Teer, Öl, Fett, Silikon, Wachs, Klebstoff und Bremsstaub. Aufgrund der Verwendung von natürlichem Treibmittel CO2 liegt der Füllgrad der Aerosoldose bei annähernd 99%. Rapid Profi Reiniger beschädigt Gummi oder Kunststoff nicht. Man sprüht ihn auf die Oberfläche und reibt, falls notwendig, mit einem Tuch den gelösten Schmutz ab. Flüssigkeitsreste abdunsten lassen.
Ehe wir detaillierter auf Polituren und Lackreiniger eingehen, möchten wir aber zunächst auf die Säuberung des Fahrzeugs von ganz bestimmten Verschmutzungen zu sprechen kommen.

Insektenreste beseitigen

Insektenleichen, die die Wagenvorderseite im Sommer zu Tausenden auffängt, sollten Sie möglichst schnell mit heißem Wasser abwaschen, ohne etwa auf dem Lack mit dem Fingernagel zu kratzen. Ein altes Hausmittel ist ein Packen patschnasser Zeitungen, die man über Nacht auf die Wagenvorderseite legt und erforderlichenfalls mit angelehnten Latten gegen die Frontseite drückt. Das nasse Papier weicht in einigen Stunden die angetrockneten Fliegenleichen auf, und sie lassen sich am nächsten Morgen in der Regel mit warmem Wasser und Schwamm ohne große Mühe abwaschen. Die nassen Zeitungen dürfen aber nicht auf dem Lack antrocknen, sonst hat man Druckerschwärze auf dem Lack, die sich nur mit Politur beseitigen lässt. Haben Sie zu lange mit dem Reinigen gewartet, ge-

lingt es nicht mehr so einfach mit Wasser und Papier, weil der Eiweißgehalt den Fliegenschleim stark durchhärtet. Sprühen Sie dann einen Insektenentferner auf die verschmutzten Stellen und lassen ihn einige Minuten einwirken.
Gute Insektenentferner z. B. von einszett (1z), Pingo, Aral, Caramba oder Sonax (mit besonders gutem Kriechvermögen) enthalten eiweißlösende Zusätze. Mit dem Fliegenschwamm – einem grobporigen, harten Nylonschwamm – sollten Sie vor allem die Scheinwerfergläser und die betroffenen Scheiben reinigen. Auf dem Lack sollten Sie damit eher vorsichtig umgehen, damit er keine Kratzer hinterlässt.

Kühlrippen reinigen
Im Sommerhalbjahr sollten Sie bei der Wagenwäsche mit dem Dampfstrahler gelegentlich die Kühlrippen von der Motorseite her ausblasen. Denn durch den Fahrtwind bleiben zwischen den Kühlerlamellen Insekten stecken. Auch verkrusteter Staub lagert sich dort ab, sodass die Kühlwirkung stark beeinträchtigt werden kann. Das Spritzen von der Frontseite her nutzt nichts, denn dadurch wird der Dreck noch fester zwischen die Kühlerlamellen gepresst.
Bevor Sie aber die Lanze des Hochdruckreinigers zur Hand nehmen, säubern Sie von innen her alle Kühlerwaben mit einem guten Motorreiniger zum Lösen des fettigen Schmutzes. Anschließend mit einem guten Insektenlöser satt einsprühen und einige Minuten warten. Denn mit dem Wasserstrahl allein lassen sich, wie wir nun schon wissen, hart angetrocknete Insektenreste nicht vertreiben.

Teerflecken entfernen
Bei der Fahrt über frisch asphaltierte Straßen hinterlässt fein vernebelter Straßenabrieb kleine schwarze oder braune Teerflecken nicht nur an den Wagenseiten, sondern kaum wahrnehmbar auf dem ganzen Wagen. Ungeeignet ist die Maßnahme, nach der Wagenwäsche mit einem Messer oder auch mit dem Fingernagel solche Teerflecken abkratzen zu wollen, das gibt nur Kratzer. Auch mit normalen Lackpflegemitteln lassen sie sich zumeist nicht beseitigen. Allenfalls löst das Pflegemittel die fast unsichtbar kleinen Teerfleckchen leicht an, sodass sie in Wolken oder Streifen verschmiert werden.
Teerflecken lassen sich mit Petroleum oder speziellen Teerentfernern auflösen. Danach ist eine Behandlung mit Auto-Shampoo und Lackkonservierer unumgänglich. Petroleumrückstände können den Lack angreifen, vor allem bei nachfolgender starker Sonneneinstrahlung. Besser sind deshalb moderne Teerentferner mit Emulgatoren, bei deren Einsatz sich nach kurzer Einwirkzeit die herunterlaufenden braunen Teertropfen mit klarem Wasser abspülen lassen. Eine Nachbehandlung ist dann gar nicht mehr notwendig. Für die Mittel zur Teerfleckenbeseitigung gilt als strenger Grundsatz: Nicht vor 3 Monaten damit am Neuwagenlack und nicht vor 6 Monaten an nachlackierten Stellen operieren! Anderenfalls sehen Sie vielleicht bis zur Grundierung durch.

PRAXISTIPP

Vorsicht mit Teerentfernern

Besonders wirkungsvolle Teerentferner können Kunststoffe anlösen. Da Streuscheiben oder Klarsichtgläser von Heckleuchten und Scheinwerfern inzwischen meist aus Kunststoff bestehen, sollte man sie nicht mit Teerentferner ansprühen und eventuell doch dorthin geratenen Sprühnebel sogleich sorgfältig abwischen. Andernfalls könnten sich die Leuchtengläser durch die anlösende Wirkung trüben. Das sieht nicht gut aus und beeinträchtigt die Funktion.

Industriestaub »entkalken«
Wenn Sie mit vorsichtiger Nagelprobe festgestellt haben sollten, dass Sie Flugrost, Zementstaub oder ähnliche Verunreinigungen auf der Karosserie haben, sind nicht unbedingt Lackreiniger oder Autopolitur zu empfehlen. Diese Lackpflegemittel lösen zwar Industrieschmutz gut vom Lack ab, haften dann aber mit ihm zusammen im Poliertuch und schmirgeln den weiteren Lack spinnwebenfein zuschanden.
Nehmen Sie stattdessen ganz einfach Entkalker für den Haushalt. Damit betupfen Sie die Kalk- oder Zementspritzer kräftig und werden rasch sehen, wie die Flüssigkeit schäumt. Sie frisst regelrecht Kalk und Zement. Mit einem sehr nassen Schwamm wird sofort nachgewaschen, wenn die Spritzer vollkommen aufgeschäumt haben. Bei Bedarf noch mehrmals nachtupfen und zuletzt den Lack unbedingt mit Konservierer pflegen.

Lackreiniger und Polituren

In dieser großen Gruppe von Pflegemitteln gibt es fließende Grenzen zwischen den einzelnen Produkten.

Manche werden als Reiniger-Politur bezeichnet, sie sind sehr mit Schleifpolituren und Lack-Polituren verwandt. Lackreiniger können tief in den Lackporen sitzende Verschmutzungen besser als Schleifpolituren herauslösen, dagegen besitzen sie nicht die gleichen Fähigkeiten beim Glattbügeln feinster Schrammen.
Während Polituren meistens von der Motorhaube über Dach, Seitenteile und Heckklappe bis zum Abschlussblech übers ganze Autoblech angewendet werden, sieht die Sache bei den Lackreinigern oft anders aus. Sie kommen zum Einsatz, wenn Parkplatzrempler den Lack Ihres Wagens verunziert haben. Auch bei versehentlich mitlackierten Karosserieteilen sind Lackreiniger durchaus angebracht.

Reiniger durchweg wirksam und gut

Lackreiniger sind für neue und junge Lacke Gift. Sie haben dort nichts zu suchen, und auch auf neuwertigen Lacken sind sie nur mit Vorsicht anzuwenden. Im Nu kann die obere Lackschicht angelöst und der Lack schwer geschädigt sein. Das gilt vor allem für nachlackierte Stellen, die mit lufttrocknendem Lack behandelt wurden. Bei einem Vergleich von fünf Lackreinigern (1z, Johnson, Pingo, Rex und Sonax) bewies sich durchweg Qualität. Jedes der Mittel bediente allerdings ausgeprägt einen bestimmten Aspekt der Lackreinigung. So zeigte Pingo besondere Milde und war auch zur Beseitigung von Sprühnebel und kleinen Schrammen auf noch frischen Lacken gut geeignet. Rex gefiel durch sehr flüssige Konsistenz und dadurch bedingte schnelle und großflächige Bearbeitung. Sonax und 1z konnten beim verschärften Einsatz, der Beseitigung von Jahre altem Sprühnebel und vor allem dem wieder Flottmachen ausgekreideter Lacke, überzeugen. Alter Lacknebel ließ sich ohne großen Kraftaufwand entfernen, ohne den Lackunterbau sichtbar zu beschädigen.

Schleifpolituren sorgsam verwenden

Wie wir bereits betont haben, kann auch eine Politur bereits eine ziemlich scharfe Waffe zur Lackpflege sein. Sie sollte erst dann angewendet werden, wenn der Lack schon gealtert ist und matt zu werden beginnt. Einen solchen Lack kann man durchaus noch als »gut erhalten« bezeichnen, aber er hat eine etwas bissigere Pflege dann schon nötig.
Schleifpolituren sind die schwersten Geschütze, die nur bei stark verwitterten Lacken zum Abschleifen der obersten toten Schicht und dann lange Zeit nicht mehr angewendet werden sollten. Schleifpolierpaste ist fast schon so grob wie Handwaschpaste und wird von den meisten Pflegemittel-Herstellern gar nicht für Selbstpfleger angeboten. einszett führt eine qualitativ hochwertige Schleifpolitur im Programm, die in der Regel ausgezeichnete Ergebnisse bringt. Ob sie zum Auspolieren von Schrammen nach einer Streifberührung mit einem fremden Fahrzeug oder zum Wegpolieren des fremden Lackes benutzt wird, das Ergebnis stimmt.

PRAXISTIPP

Kein Fall für Universalmittel

Lackverschmutzungen wie Vogelkot oder Blüten- und Baumsekrete lassen sich nur selten mit Insektenentferner beseitigen. Vogelkot ist scharf ätzend, er muss mit heißem Wasser umgehend beseitigt werden, besonders bei Seevögeln, sonst »brennt« er regelrechte Narben in den Lack. Bei Blüten- und Baumtröpfchen sollten Sie es mit Spiritus oder Teerentferner versuchen.
Ausscheidungen von Vögeln können so aggressiv sein, dass sie innerhalb von 24 bis 48 Stunden die oberste Deckschicht des Autolacks zerstört haben. Polieren nützt da herzlich wenig. Es können Lackrisse entstehen, die nur noch mit Abschleifen der Schadensstelle und anschließendem Nachlackieren kuriert werden können. Schauen Sie sich Ihr Fahrzeug also öfters mal auf derartige Verschmutzungen hin an. Vogelkot ist schnellstens mit möglichst warmem Wasser abzuspülen. Wenn Sie zu lange warten, hat er sich dauerhaft eingeätzt.

Professionelles Lösungsmittel: Natürlich wird es eher in der Lackaufbereitung benötigt, hat aber gute Löseeigenschaften für viele Anhaftungen, oft auch für Klebstoffe.

Polituren mit hohem Abtrag: Die Einschätzung der »Abrasion« findet sich bei 1z unten auf dem Etikett (1)

Am starken Farbabrieb, der in der Polierwatte hängen bleibt, können Sie die scharfe Wirkung erkennen, die manchen Selbstpfleger und auch manche Wagenpfleger an Tankstellen verlockt, schon bei geringem Anlass zu dieser Brisanzgranate zu greifen. Das ist keine gute Idee, denn der Autolack hält dies nur ein paar Mal aus, und bald schaut die Grundierung heraus, vor allem in der Nähe der Kanten und Karosseriekrümmungen. Außerdem nimmt Schleifpolierpaste schnell die härteste oberste Schicht des Lackes weg. Darunter ist der Lack weicher und weniger widerstandsfähig, sodass er in immer kürzeren Zeitabständen Politur braucht. Jede Berührung mit verschmutzten Fingern hinterlässt dann schon deutliche Schmierspuren.
Bei mattem und vor allem bei verwittertem Metalliclack reicht die Pflege mit einer Metallic-Politur noch nicht aus. Eine bewährte Radikalmethode besteht darin, den verwitterten Metalleffektlack mit extra starkem Lackreiniger ohne Rücksicht auf streifige Rückstände aufzuarbeiten. Danach wird der entstandene Schmierfilm mit alkohol- oder nitrogetränkten sauberen Lappen abgewaschen, gut getrocknet und anschließend mit einem Lackkonservierer auf Hochglanz gewienert. So kann man allerdings nur dann vorgehen, wenn man ganz sicher noch die serienmäßige Erstlackierung des Herstellers auf der Karosse hat. Bei Werkstattnachlackierungen oder gar Sprühdosenlackierungen besteht die große Gefahr, dass zu viel Farbe im mit Lösungsmittel getränkten Lappen hängen bleibt.

Erkennbare Unterschiede bei Polituren

Im Gegensatz zur doch deutlich schärfer wirkenden Schleifpolitur hat Auto- und Lackpolitur reinigende und polierende und in gewissen Grenzen auch konservierende Wirkung. Die Politur ist nicht glasig-trübe wie die Konservierer, sondern milchig-sahnig mit zumeist grünlicher, bläulicher oder rötlicher Einfärbung. Das blassmilchige Erscheinungsbild wird durch die Beimischung der polierenden Schleifmittel bewirkt. Sie tragen die »tote« und verschmutzte Deckschicht des Lackes ein wenig ab und legen den darunter sitzenden gesunden Lack frei. Deshalb färbt die Wagenfarbe leicht in der Polierwatte ab. Wenn die Watte sehr kräftig Farbe annimmt, ist das Mittel schon zu scharf. Bei von uns erprobten sechs Mitteln konnten 1z-Produkte rundum überzeugen: sehr schnelle Trocknung, hohe Glanzwirkung und beispielhafte Effizienz. Die Qua-

Für die Pflege zwischendurch: Schnellwachse der Marke A1 Polish & Wax von Dr. Wack, sind zur einfachen Bearbeitung der Oberflächen bestens geeignet.

Geniale Übersicht: Die wertmäßige Anzeige über die roten Kästen bei 1z definiert die Eigenschaften der Politur in drei Kategorien.

Besondere Aufgabe: Diese Politur ist für die Aufbereitung von Scheiben auch aus Kunststoff geeignet.

litätstradition der 1935 in Köln gegründeten Firma (1z war zu dieser Zeit das Autokennzeichen von Köln) ist schon bei der Handhabung zu spüren. Die Packungsgröße ist für den Heimwerker ausreichend klein, die Haltbarkeit gut und die Verarbeitung im Rahmen des Möglichen mühelos. Die Sonax-Politur trocknete demgegenüber recht langsam und verleitet dazu, so lange zu warten, bis der Belag vollständig angetrocknet ist. Dann jedoch lässt sich der Wachsfilm nur noch unter größter körperlicher Anstrengung rückstandsfrei abpolieren. Im noch leicht feuchten Zustand sauber auspoliert, kann sich das Ergebnis allerdings unbedingt sehen lassen. Polituren von Johnson, Rex, Nigrin (inzwischen im Vertriebsverbund mit Armor All und Caramba) und Pingo waren unsere weiteren Probesubstanzen. Das Preis-Leistungs-Verhältnis dieser Polituren ist auf den ersten Blick besser als das von einszett oder Sonax. Aber einen nachhaltigen Eindruck hinterließen die Pflegemittel nicht. Wirklich gute Ergebnisse mit diesen Produkten konnten wir nur auf Lacken erzielen, die eine Behandlung mit Politur eigentlich noch nicht bräuchten. Widerspenstiger Abrieb, müder Glanz und eine Neigung zur Streifenbildung waren verschiedentlich zu registrieren. Da jedoch Polituren auf jedem Lack unterschiedliche Ergebnisse bringen, ist es schwierig, sich auf einen gültigen Ratschlag festzulegen. Empfehlen möchten wir dennoch die »Lackpolitur Profiline« von einszett. Auch dieses Produkt basiert auf natürlichen Wachsen und polymeren Pflegebestandteilen sowie Schleifmitteln. Die Zwei-Komponenten-Politur verleiht neuwertigen und leicht verwitterten Lacken starken Tiefenglanz und beseitigt gleichzeitig Schleifspuren und Lackunebenheiten. Das Mittel ist als Tiefenglanzfinish universell auf allen auf dem Markt befindlichen lösungsmittel- und wasserbasierenden Normal- und Metalliclacken einsetzbar. Hervorzuheben ist die hervorragende leichte Verarbeitung mittels Poliermaschine: Beste Glanzergebnisse erzielt man in Kombination mit einem weichen Soft-Pad oder Lammfell bei mittleren bis hohen Umdrehungen. Ein Auto mittlerer Größe per Hand sorgfältig zu polieren, kostet viel Kraft und Ausdauer und nimmt mindestens zweieinhalb bis drei Stunden Zeit in Anspruch. Wenn Sie eine Möglichkeit zum maschinellen Polieren haben, sollten Sie sie deshalb unbedingt nutzen.

Wachspflege muss sein

Schleifpolituren und Polierpasten haben in der Regel neben der schleifenden und reinigenden Wirkung keine Konservierungseigenschaften. In einem zweiten Gang ist also unbedingt noch Politur und/oder Reiniger und vor allem Konservierer zu verarbeiten. Vor allem behandelte, stärker verwitterte Lacke müssen noch mit Konservierer auf dauerhaften Hochglanz gebracht werden. Der Lack muss vor dem Konservieren allerdings völlig wolken- und streifenfrei auspoliert sein. Streifen und Wolken, in der Polierschicht eingeklebte Schmutz- und Farbpigmentteilchen, die man beim Polieren verschmiert hat, kann ein Konservierer nicht beseitigen.
Da mit jeder Politur ein wenig mehr Lackpartikel abgetragen werden, kreidet der Lack allmählich aus und wird matt. Schon deshalb muss man den polierten Autolack mit einem Pflegewachs nachbehandeln. Die Bewertung der einzelnen Wachse ist schwierig, da tiefer, satter Glanz immer eine sehr sorgfältige Vorarbeit voraussetzt. Wurden bei der Lackreinigung Spuren von Lacknebel oder Farbkratzer übersehen oder Streifen mit einpoliert, so verstärken sich diese Lackfehler im klarlackartig glänzenden Wachs wie durch eine Lupe betrachtet. Was die Schutzdauer angeht, muss man den Angaben der Hersteller vertrauen oder seine eigenen Erfahrungen sammeln. »Hartglanz« von 1z konnte uns mit einem glasklaren, tief glänzenden Finish überzeugen, zumal die Verarbeitungszeit kurz ist und keine Gefahr des Festbackens besteht. »Diamant Polish« von Pingo erzeugte ebenfalls eine glasartige, sehr glatte und widerstandsfähige Oberfläche. Die Hartwachse von Johnson, Pingo und Sonax bieten auch gute Ergebnisse, fallen im direkten Vergleich gegenüber »Hartglanz« und »Diamant-Polish« im Tiefenglanz jedoch sichtbar ab.

Konservierer einsetzen

Welche Reiniger oder Schleifpolituren Sie auch immer eingesetzt haben: Am besten ist es stets, nach der Lackreinigung den Wagen noch einmal gründlich mit klarem Wasser abzuschwammen, damit restliche Lösemittel und Emulgatoren (das sind Chemikalien zur besseren Verträglichkeit der unterschiedlichen Flüssigkeitsbestandteile) möglichst aus den Lackporen geschwemmt werden. Erst auf den völlig sauberen Lack wird Konservierer mit dem Lappen möglichst dünn aufgetragen, danach mit einem zweiten Lappen einmassiert und schließlich mit einem dritten Lappen oder mit Polierwatte auf Hochglanz gebracht. Lack-Konservierer gibt es flüssig in kleinen Kanistern und als Paste in Tuben oder kleinen Dosen. Hartwachspasten sind inzwischen ziemlich out, denn ihre Verarbeitung ist anstrengender. Meist haben solche Pasten etwas reinigende und polierende Zusätze und sind deshalb bei neuen Lacken nur mit Vorsicht anzuwenden. Zum Konservieren eines älteren Lackes, der vorher mit Schleifpolitur gründlich geputzt wurde, sind sie jedoch zu empfehlen. In hochwertigen Lack-Konservierern und konservierenden Auto-Polituren sind nicht nur übliche Paraffin-Wachse, sondern auch das besonders gut aushärtende und daher hochwertige Wachs der Carnauba-Palme zu finden. Carnauba (oder Karnauba) ist das härteste bekannte Wachs natürlicher Herkunft.

Es ist in Wasser praktisch nicht löslich, mischt oder löst sich jedoch in organischen Lösungsmitteln wie Petrolether, Ethylacetat, Benzol und Toluol, Chloroform, Terpentinöl sowie Schwefelkohlenstoff. Die Dichte liegt knapp unter 1, der Schmelzpunkt zwischen 80 und 88 °C. Nahezu alle Lack-Konservierer und Autopolituren sind ferner mit Spuren von Silikon angereichert.

Gute Ergebnisse im Test

Wir haben einige der Lackpflegemittel, die wir hier empfehlen, auch durchaus praktisch erprobt. Von regelrechten Tests möchten wir dabei aber nicht reden: Die Einsatzbedingungen waren nicht immer vergleichbar, und auf eine exakte Bewertung wollten wir uns auch gar nicht einlassen. Es geht uns hier nur um den Eindruck, den man von Verwendung und Wirkung einzelner Produkte gewinnt, und der ja auch schon Anhaltspunkte liefert. Bei den Waschkonservierern haben wir Mittel von einszett, Johnson, Pingo, Rex und Sonax ausprobiert. Die Produkte werden meist im Einliter-Behälter verkauft, was wirtschaftlich sein mag. Manchmal aber ist eine Packungsgröße von 250 ml (einszett) eben gerade hinreichend. Es gab keine großen Ausreißer nach oben oder unten in der Qualität, doch die von uns registrierte Wirkungsdauer war recht unterschiedlich. einszett »Metallic PolishWax« auf Basis natürlicher Wachse und polymerer Pflegebestandteile baute in unserem Fall auch auf einem (noch recht neuen) Unilack mit Klarlack einen Schutzfilm mit exzellenter Konservierung auf: hochglänzende Oberfläche, brillanter schlierenfreier Tiefenglanz ohne Grauschleier. Gerichtet auftreffendes Licht wurde ohne Streulicht reflektiert. Das Mittel, das für gut erhaltene ältere Lacke ebenso wie für neuwertige einsetzbar ist, hielt trotz teils ergiebigem Niederschlag sechs Wochen das Versprechen, Regentropfen vom Lack abperlen zu lassen.

Sonax und Johnson konnten ebenfalls mit hoher Glanzwirkung überzeugen, hatten aber nach gut drei Wochen auf einem ebenfalls recht neuen Fahrzeug ihre Schutzwirkung verloren. Pingo und Rex wurden schon eine Woche nach dem Auftrag mit Streusalz und Schnee konfrontiert, was die Wirkungsdauer der beiden Produkte stark herabsetzte: Kaum vierzehn Tage, und die konservierende Wirkung war so gut wie dahin. Wir glauben nicht, dass es Ihnen Probleme bereitet, Pflegeessenz und eine bestimmte Menge Wasser zu vermischen.

Gerade in diesem schwer überschaubaren Bereich der Pflegemittel ist aber eine allgemein verständliche Bedienungsanleitung angebracht. 1z gefiel uns übrigens auch hierbei mit seiner Arbeitsvereinfachung: Ausreichend PolishWax gleichmäßig dünn mittels Poliervlies, frisch gewaschenem Baumwolltuch oder Polierschwamm auf die Fahrzeugoberfläche auftragen, gleichmäßig unter Druck verreiben und anschießend auf Hochglanz polieren.

PRAXISTIPP

Gut abwarten

Bei Nach- und Reparaturlackierungen mit ofentrocknendem Lack durch eine Lackierwerkstatt etwa vier Monate, bei lufttrocknendem Lack mindestens sechs Monate warten, bis man Lackpflegemittel anwendet. Waschen Sie die Nachlackierung vorsichtig mit klarem Wasser ab, damit sich kein Schmutz festsetzt.

Die geeigneten Arbeitsmittel

Weiche Lappen nach Art der Poliertücher braucht man eine ganze Menge, je weicher und flauschiger, umso besser. Handlich zurechtgeschnittene Stücke aus zerschlissenen Haustextilien, also alte Frottiertücher, Trikot, weich gewaschener Cordsamt oder nicht mehr tragbare Wäsche, sind durchaus brauchbar und ersparen die Anschaffung besonderer Poliertücher. Benutzen Sie aber keine Nylon- oder Perlonreste, sie sind nicht saugfähig. Natürlich müssen die Lappen zur Lackpflege einwandfrei sauber sein, denn Verschmutzungen durch Schweiß, Öl, Kraftstoff oder gar Lacklösemittel wie das besonders aggressive Aceton können den Lack schädigen. Staub und Dreck in den Lappen zerkratzt den Lack, anstatt ihn zu glätten. Es lohnt sich durchaus, besonders geeignete Lappen nach Gebrauch wieder auszukochen, denn mit frischen Lappen lässt sich der Lack leichter auf Hochglanz bringen. Bei der Lackpflege selbst sollten Sie in der Regel mit jeweils drei Tüchern arbeiten:

- Als Erstes den bereits von der Arbeit mit Pflegemittel durchtränkten Lappen zum Einbalsamieren des Lackes verwenden. Dazu eignet sich auch Leinentuch oder zerschlissener Cordsamt.
- Den zweiten Lappen, der schon Spuren des Pflegemittels zeigen darf, benutzen Sie zum Auspolieren.
- Für den endgültigen Hochglanz nehmen Sie einen möglichst frischen, besonders weichen Lappen, der die letzten Trübungen und Streifen hinwegfegt.

Von Zeit zu Zeit werden die Lappen um eine Stufe degradiert, sodass immer ein frischer Lappen für die letzte Nacharbeit zur Hand ist. Wenn Sie Ihre Poliertücher bei der Arbeit in der Hand zusammenknüllen, sind sie bald verschmutzt und nicht mehr rationell zu brauchen. Falten Sie sie sorgfältig, um sie bis zum letzten Quadratzentimeter sparsam auszunutzen.

Polierwatte ist zur Lackpflege nicht unbedingt nötig, wenn Sie weiche und saugfähige Lappen haben. Aber das letzte Auspolieren zum Hochglanz fällt mit ihr zweifellos leichter. Es muss jedoch keine besondere Autopolierwatte sein, denn die ist meistens teurer als die mindestens genauso gute Verbandwatte aus Kaufhäusern oder Drogerien. Seien Sie beim Abreißen einer frischen Lage Watte nicht zu sparsam. Das Stück sollte so groß sein, dass es allseitig über Ihre Hand hinausragt, sonst erfassen Sie bei jeder Wischbewegung nur eine kleine Lackfläche und müssen umso länger arbeiten. Auch lässt sich ein größeres Wattestück öfter auseinanderziehen und neu falten, sodass diese Großzügigkeit letzten Endes doch sparsam ist und vor allem Arbeitszeit spart. Poliermaschinen lohnen sich, denn Lackpflege ist eine mühsame Arbeit. Wenn der Wagen wieder im Hochglanz dasteht, spürt der im Polieren ungeübte Heimwerker seine müden Arme. Da verspricht die Anschaffung einer Poliermaschine mühelose Polierarbeit in wesentlich kürzerer Zeit. Leider aber zahlt sich der Kauf einer Universalmaschine für Schleifen, Schneidtrennen und Polieren nicht aus, denn solche Maschinen arbeiten mit zu hoher Drehzahl fürs Polieren. Es kann dem Lack ausgesprochen übel bekommen, wenn zwischen der Polierscheibe und Lack Reibungswärme entsteht, welche die Poliermittel zersetzt. Zusammen mit dem abpolierten toten Lack bilden sich fast steinharte Krümel oder eine zähe Klebe-

Profiset von Flex: Der Rotoexzenter mit verschiedenen Polieraufsätzen und passender Politur kommt im praktischen Koffer.

Polierfehler: »Hologramme« entstehen nicht nur gar nicht erst, sondern lassen sich sehr leicht mit dem Rotoexzenterset von Flex entfernen.

masse, die Kratzer in den Lack zieht. Die geeignete Maschine zum Polieren ist ein Exzenterschleifer, bei dem Drehmoment und Drehzahl eingestellt werden können. Wer sich mit dem Gedanken trägt, nicht nur das eigene Auto zu polieren, dem seien neben guten Bosch-Maschinen auch die Firmen Festo und Fein empfohlen. Mit Polier- oder Lammfellaufsatz lassen sich hervorragend spiegelnde Oberflächen erzielen. Allerdings bezieht sich das »Maschinelle« am maschinellen Polieren nie auf den Auftrag des Poliermittels, sondern nur den Abtrag des angetrockneten Poliermittels. Also: Niemals die Politur oder das Wachs auf die rotierende Scheibe auftragen und wild herumschleudern! Hierbei hat Handarbeit Vorrang.

Neuwertiger Lack

Er zeigt bei der Wäsche mit klarem Wasser noch jenen Hochglanz, den er vom Hersteller mitbekommen hat. Allenfalls zeigt auf dem gewaschenen Lack zerfließendes Regenwasser, dass ihm die schützende Wachsschicht abhanden gekommen ist. Neuwertiger Lack sollte also von Zeit zu Zeit mit Lack-Konservierer behandelt werden, auch Wasch-Konservierer zusammen mit der Wagenwäsche schadet nichts, ist aber nicht notwendig. Häufiger oder gar allwöchentlicher Gebrauch von Wasch-Konservierer ist nicht ratsam. Auto-Shampoo soll nur verwendet werden, wenn es vom Verschmutzungsgrad unbedingt erforderlich ist. Auto-Politur und Lackreiniger sind auch auf neuwertigem Lack tabu, denn ihre schleifende oder Lack anlösende Wirkung hebt die oberste und besonders widerstandsfähige Lackschicht ab und beeinträchtigt die Lebensdauer. Als neuwertig kann man den Lack etwa bis zu einem Lebensalter von vier Jahren bezeichnen, solange noch keine auskreidenden Farbteilchen sichtbar sind.

Matter Lack

Beschränkt sich die Autopflege auf einen halbjährlichen Besuch in einer automatischen Waschanlage, wird der Lack etwa von seinem vierten Lebensjahr an matt. Durch geeignete Pflege kann matter Lack wieder Hochglanz erhalten, aber er wird immer wieder matt, denn die Wirkung des Lackpflegemittels lässt je nach verwendetem Produkt wieder nach. Eine Lackauffrischung währt zwischen zwei Wochen und drei Monaten, wenn nach der Politur ein Lack-Konservierer verarbeitet wird, sogar bis zu einem halben Jahr. Solch ein an sich guter Lack sollte dementsprechend etwa alle sechs Monate mit Politur und Konservierer behandelt werden. Da Politur bei jedem Arbeitsgang ein wenig Lack abnimmt, ist ein Lack-Konservierer als Finish dringend zu empfehlen, sonst verschwindet der schweißtreibend herauspolierte Hochglanz ganz schnell wieder. Entsteht bei der Bearbeitung mit Lack-Konservierer nur ein streifiger, wolkiger Hochglanz, war doch schon zu viel Farbpigment ausgekreidet. Vielleicht war der schon etwas raue Lack in seinen Poren stärker verschmutzt, als dies durch ersten Augenschein erkennbar war. Der Lack-Konservierer hat diese abgestorbenen Farb- und die Schmutzteilchen nur abgehoben, aber nicht beseitigen können. Die Schmutzteilchen wurden nur anderweitig verteilt. Es ist also wieder an der Zeit, eine Lackpolitur zu verabreichen. Bei Bedarf verträgt schmutzig matter Lack auch einen Lackreiniger. Die schärfer wirkende Schleifpolitur ist hier nicht angebracht.

Angegriffener Lack

Stumpfer und verwitterter Lack ist stark ausgekreidet, auf seiner Oberfläche sitzen viele lockere Farbpartikelchen, vor allem, wenn der Lack einige Jahre ohne Wagenpflege so still vor sich hingealtert ist. Bei solchem Lack ist das Bindemittel für das Farbpigment abgebaut. An sich ist der Lack kaputt, und das Nachlackieren wäre eine gute Idee. Wer dennoch den Kampf mit den Elementen aufnehmen will, der sollte sich mit einem Sortiment Lappen, Schleifpolierpaste, Lackreiniger, einer Lackpolitur und Lack-Konservierer ausstatten. Im Prinzip wird das ganze Lackpflege-Sortiment benötigt.

In der Regel steckt unter der ausgekreideten Schicht noch ein Rest vom guten Lack, den es durch die richtigen Pflegemittel hervorzuholen gilt. Das ist eine schweißtreibende und meist mehrtägige Arbeit, doch man erhält oft noch erstaunliche Ergebnisse, wenn eine trübe und völlig glanzlose Fläche plötzlich wieder in sattem Hochglanz erstrahlt. Das ist nur in mehreren Arbeitsgängen möglich, die mit einem Lackreiniger beginnen und mit einer stark schleifenden Polierpaste sowie der etwas milderen Lackpolitur ihre Fortsetzung finden. Zuerst muss der Lackreiniger oder die Schleifpolitur die Schicht der toten Farbkörperchen und die hartnäckige Verschmutzung beseitigen, bis ein wolken- und streifenfreier Glanz erzielt ist. Als zweiter Gang empfiehlt sich eventuell nochmals ein Lackreiniger, denn die Streifen können hartnäckig sein. Der dritte Gang ist das Verarbeiten einer Lackpolitur. Das Sahnehäubchen dieser Leistung ist natürlich die Konser-

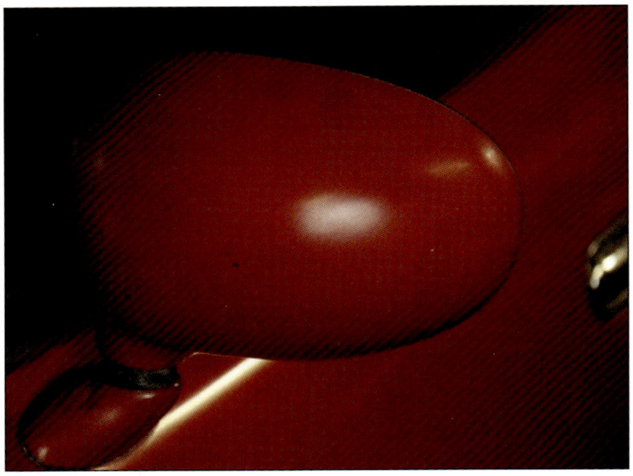

Matter Außenspiegel: Der Lack ist matt und rau und an einigen Stellen sogar schon ausgekreidet.

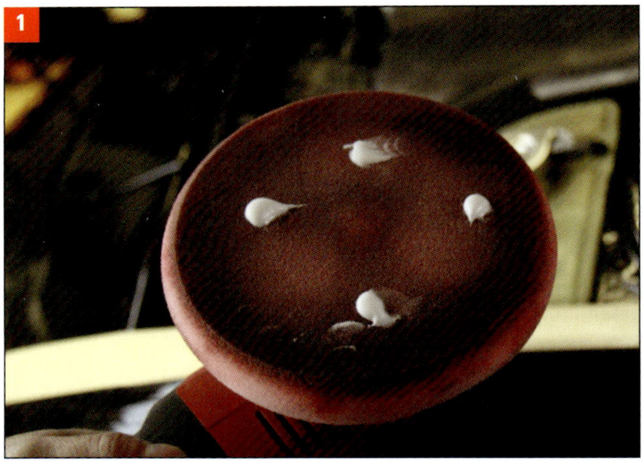

Schritt 1: Poliermittel auf den Polierschwamm auftragen. Vier Tupfen Schleifpolitur von Flex reichen oft für ganze Motorhauben.

Schritt 2: Mit dem Rotationspolierer werden die beschädigten Partikel in der Oberfläche abgetragen. Der Feinschliff erfolgt wiederum mit der Zwangsexentermaschine.

Schritt 3: Schleifreste gründlich mit einem Mikrofasertuch entfernen.

Schritt 4: Wachspolitur mit einem Schwamm zur Versiegelung auftragen.

Schritt 5: Nach dem Ablüften des Wachses wird der Spiegel mit einem neuen Mikrofasertuch neuwertig.

vierung mit Hartwachs. Der wiedererstandene Hochglanz eines ausgekreideten Lackes ist aber nicht von langer Dauer. Der Lack wird erneut auskreiden. Dagegen hilft nur immer wieder Lack-Konservierer in kurzen Zeitabständen, etwa alle zwei Monate.

Die richtige Flächengröße

Selbst ein wirklich kundiger Pflegemittelverkäufer kann mit dem unbefangenen Kundenwunsch »Ich möchte für meinen Wagen ein wirklich gutes Lackpflegemittel« überhaupt nichts anfangen. Er müsste sich, nimmt er den Begriff Kundendienst ernst, eigentlich vorher den Lack des betreffenden Wagens anschauen. Das wird in der Praxis allenfalls an der Tankstelle möglich sein, wo der Wagen sowieso vor der Zapfsäule steht.
Darum müssen Sie in der Regel selbst Bescheid wissen. Die Wahl des gerade richtigen Lackpflegemittels richtet sich nach dem Zustand des zu pflegenden Lackes, zu dessen Beurteilung wir die vorstehenden Beschreibungen gaben, und nach der Vertrauenswürdigkeit der Pflegemittelmarke.
Berücksichtigen Sie auch stets die Flächengröße bei der Anwendung des Pflegemittels. Mit Lack-Konservierern wird auf den sauber gewaschenen Lack nur eine Glanz- und Schutzschicht aufgebügelt. Deshalb kann man sie auch in einem Zug auf eine große Fläche auftragen. Das Wachs lässt man nach dem Einmassieren trocknen und bringt es dann mit Polierlappen oder Watte in zwei Arbeitsgängen auf Hochglanz. Das gilt auch, wenn der ursprünglich stark verschmutzte oder verwitterte Lack vorher mit Lackreiniger oder Polierpaste behandelt werden musste und nun im abschließenden Arbeitsgang konserviert wird.
Mit Lackpolituren, Lackreinigern und Polierpasten, die nur bei stumpfen und stark verschmutzten Lacken verwendet werden sollen, wird die verwitterte und ausgekreidete oberste Lackschicht abgetragen. Bearbeitet man eine zu große Fläche in einem Zug mit Lackreiniger oder Politur, dann trocknen in den Rückständen die gerade eben abgelösten toten Farbpartikelchen oder Schmutzteile mit an und verharzen zu einem zähen, schmierigen Film, der nur schwer wegzuschrubben ist. Dann hilft nur eine Mischung aus verdünnendem Lack-Konservierer und Politur. Beide zusammen gibt man auf einen Polierlappen, um den verharzten Schmierfilm aufzulösen. Vermeiden ist jedoch viel besser als jede Nachbearbeitung. Beachten Sie deshalb unbedingt: Mit Polituren oder Lackreinigern jeweils nur eine kleine Lackfläche bearbeiten!

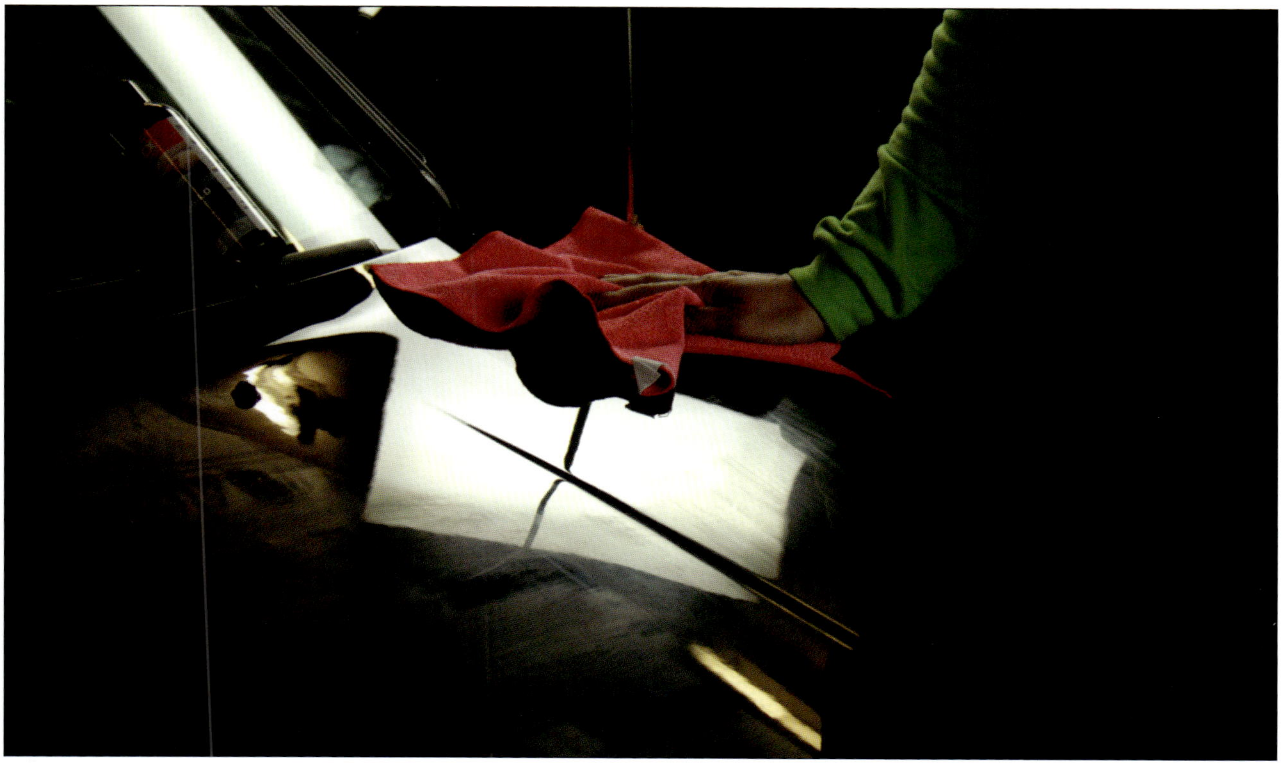

Teilbereiche Auswählen: Bearbeiten Sie ein Karosserieteil nach dem anderen, damit die Bearbeitungsflächen nicht zu groß werden.

Spachteln und Schleifen

Autolack von heute ist extrem belastbar. Dabei ist die eigentliche Decklackschicht, die dem ganzen Autolack die Farbe gibt, nur etwa 0,04 mm dick, nur vier Hundertstel eines Millimeters. Dieser Hauch muss an allen Stellen so intensiv decken, dass die darunter liegenden drei oder vier Schichten des Lackaufbaus – Phosphatierung, Tauchgrundierung, Füller und eventuell noch Vorlack – nirgends durchschimmern.

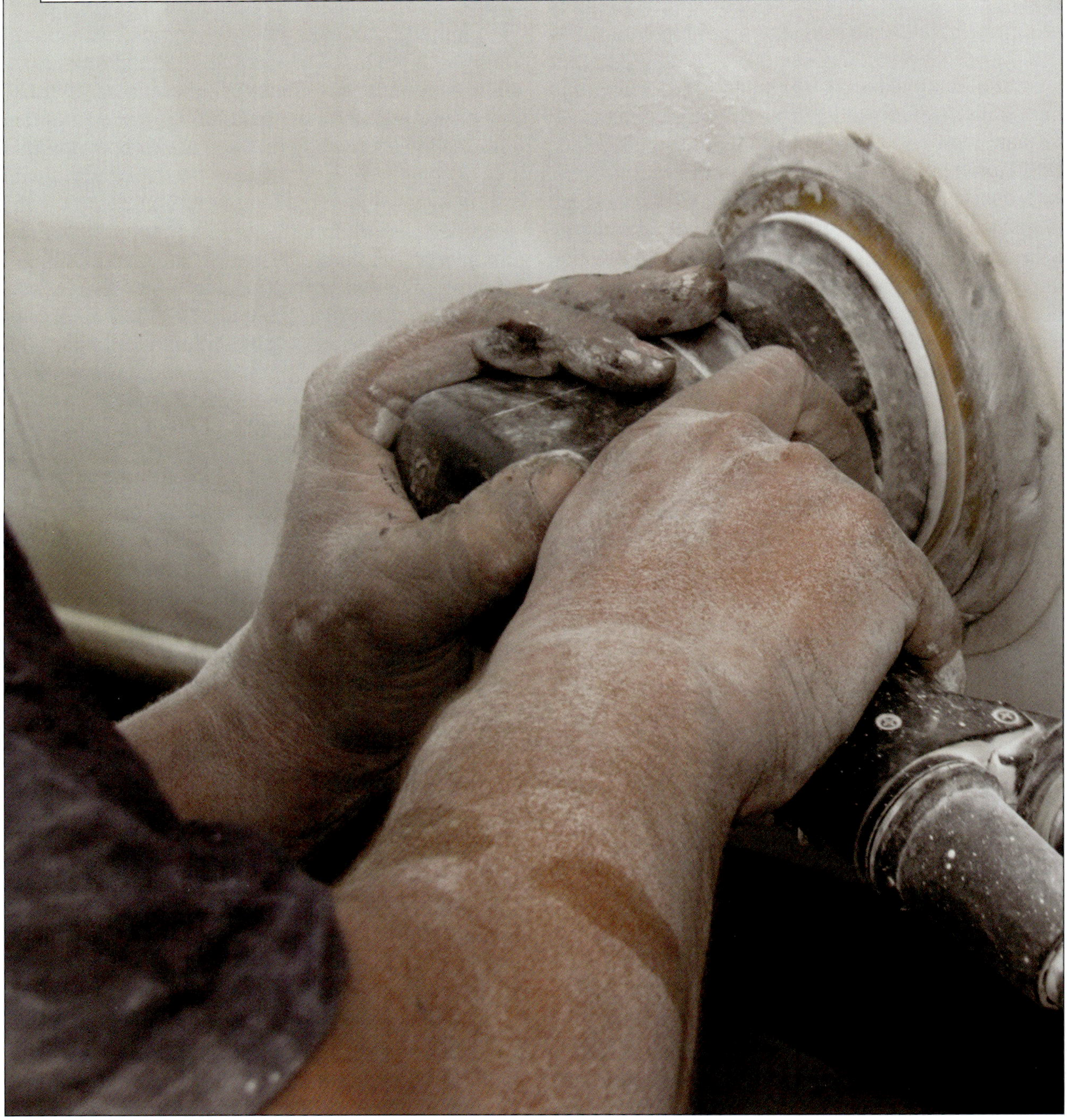

Professioneller Lackaufbau ist ebenso wie z. B. die besprochene Blechbearbeitung eine handwerklich anspruchsvolle Arbeit. Nach allen Regeln der Kunst sorgfältig aufgebauter Lack muss drei wesentliche Funktionen erfüllen. Er soll...

- Dellen, Kratzer oder aufgrund vorhergegangener Karosseriearbeiten entstandene Unebenheiten ausgleichen, um dem späteren Decklack eine ebene und porenfreie Oberfläche zu bieten. Er muss ferner...
- ausreichend Haftung und Widerstandsfähigkeit gegen Risse zwischen dem Karosserieblech und dem Decklack schaffen, sonst blättert der Lack nach kurzer Zeit wieder ab. Und schließlich soll die fachmännisch aufgebaute Lackschicht einen wirksamen...
- Korrosionsschutz bieten. Dazu muss die Zwischenschicht bereits vor dem Decklack luftdicht abschließen, um Feuchtigkeit vom Blech fernzuhalten.

Es ist ganz klar, dass nur sauber ausgeführte Vorarbeit in der Endabrechnung eine hochglänzende, plastisch wirkende Lackierung ergibt.

Das Wundermittel Spachtel

Nur in seltenen Fällen kommt man bei der Lack-Vorbereitung des Autobleches ohne Spachtel aus. Darum gilt das geflügelte Wort, dass der gute Karosserie-Handwerker drei Talente in sich vereinen muss: Spachteln, lackieren und schleifen können. Selbst bei einem neuen Ersatzteil, das lackiert werden soll, geht es nicht ohne Spachtel und Füller, wenn man die feinen Transport-Kratzer unsichtbar machen will oder auch schon mal eine Beule entfernen und ausfüllen muss.
Grundsätzlich wird zwischen Einkomponenten- (1K) und Zweikomponenten(2K)-Spachtel unterschieden:

- 1K-Spachtel sind luft- oder lichttrocknend und härten durch die UV-Strahlung.
- 2K-Spachtel trocknen durch Zugabe eines speziellen Härters, der gleichmäßig mit dem Spachtel durchmischt werden muss.

Die einzelnen Spachtelarten unterscheiden sich ferner durch ihre chemische Basis:

- Polyesterspachtel,
- Epoxidharzspachtel,
- NC-Spachtel (Nitro-Basis) sowie
- Acryl- und Kunstharzspachtel.

Der Kunstharzspachtel ist nicht sonderlich weit verbreitet, weil er nur unter einer Kunstharzlackierung brauchbar ist. Von anderen Lacken wird er in Runzeln hochgezogen.
Welchen Spachteltyp man wo einsetzen kann und welche Alternativen es gibt, sollte man schon vor dem Einkauf wissen. Nicht alles hält den Werkstatt- und Heimwerkeransprüchen stand oder findet flächendeckend Akzeptanz. Bewährte und überschaubare Produkte bietet seit geraumer Zeit die Firma Akemi (Chemisch-Technische Spezialfabrik Erich Höntsch GmbH, Nürnberg) in ihrem »Autoprogramm« an.

2K-Polyester-Spachtel

Er ist der Erfolgreichste und der Vielseitigste auf dem Markt. Auch in der Lackierwerkstatt wird fast ausschließlich Spachtelmasse auf Polyesterbasis verwendet, denn diese Spachtelsorte erfüllt nahezu ideal die von der Reparaturwerkstatt gestellten Anforderungen. Sie ist nicht nur vielseitig, sondern auch preiswert. Die kurze Verarbeitungszeit des Polyesterspachtels ist ein weiterer großer Vorteil. Was mit wenig Aufwand zügig verarbeitet werden kann und gute Ergebnisse bringt, ist bei hauptberuflichen Karosserie-Instandsetzern sehr beliebt. Nachteile dieses Spachteltyps sind die schwierige Mischerei mit nur wenigen Prozent des benötigten Härters als zweite Komponente (2 bis 4% des Gesamtgewichts) und die nur drei bis sechs Minuten anhaltende Verarbeitbarkeit. Dazu kommt, dass sich die Spachtelmasse beim Trocknen verdichtet, was bis zu 7% Materialschwund ergibt. Andererseits ist der Spachtel dann auch schon nach 15 bis 30 Minuten ausgehärtet, kann also sehr schnell weiterverarbeitet werden. Der zum Polyesterspachtel gehörige Dibenzoylperoxid-Härter (ätzend!) wird erst direkt vor der Verarbeitung in die in den nächsten Minuten aufzubrauchende Spachtelmenge eingemischt. Nach der Topfzeit von nur wenigen Minuten beginnt der Polyesterspachtel auf dem Werkzeug zu krümeln und ist unbrauchbar.

Füll- und Feinspachtel

Aufgrund seiner Vielseitigkeit und einfachen Handhabung gibt es den 2K-Poly-Spachtel für nahezu alle Einsatzgebiete. Der Großteil des möglichen Spachtel-Arbeitsspektrums lässt sich mit Zieh- oder Füllspachtel abdecken. Die Bestandteile des Füllspachtels sind kreidefarbige Füllstoffe oder Metallpulver und Polyesterharz. Das Material füllt Unebenheiten bis etwa 5 mm Tiefe. Regelrechte Löcher lassen sich damit aber nicht stopfen, dazu ist die Eigenstabilität des Füllspachtels zu gering. Unter den Anbietern solcher Füll-

spachtel sind die Marken Prestolith und Akemi sehr beliebt. Gut verbreitet im Farbenhandel ist auch der Ratio-Spachtel von Glasurit. Natürlich bieten auch die Spraydosen- und die Pflegemittel-Hersteller Füllspachtel an, z. B. Auto-K und Dupli-Color.
Dieselbe chemische Basis wie der Füllspachtel, jedoch mit viel feineren Füllstoffen eingedickt, hat der Feinspachtel. Er zeichnet sich durch Cremigkeit und gute Streichfähigkeit aus. Fein- oder Softspachtel verwendet man zum Glätten kleinerer Unebenheiten oder zur Nachbehandlung von bereits mit Füllspachtel behandeltem Blech. Rundungen, Kanten und Sicken lassen sich mit Feinspachtel sauber nachziehen. Problematisch wird es nur, wenn an scharfen Kanten gespachtelt werden muss, denn die weiche Konsistenz des Spachtels verhindert einen wirklich »kantigen« Schliff.

Sauberkeit ist sehr wichtig: Vermeiden Sie das Eindringen von Staub, Schmutz und Härter in die offene Spachtelmassendose.

Metallic- und Faserspachtel

Metallic- und Aluspachtel haben fein gemahlene Metallpartikel als zweite Füllstoffkomponente in einem höheren Anteil als Standard-Spachtel. Das macht die aufgetragene Schicht sehr elastisch und weniger anfällig gegen Karosserievibrationen. Zum einen liegt das in der besseren Haftfähigkeit begründet und zum anderen in einem geringeren spezifischen Gewicht. Die Verarbeitung dieser Spachtelart ist dieselbe wie bei den bereits beschriebenen 2K-Polyester-Spachteln. Ist eine Unebenheit im Blech ziemlich stark oder sind sogar kleine Löcher im Blech (Durchrostungen), ist der Füllspachtel nur bedingt geeignet. Er platzt bei zu dicken Schichten vom Blech. Dann muss ein mit Glasfasern verstärktes Polyesterharz her. Wegen der kurzen Glasfaserpartikel, die in das Polyesterharz dicht eingemischt sind und diesem nach dem Aushärten eine außerordentliche Reiß- und Bruchfestigkeit in sich selbst geben, hat die Fachsprache sehr anschaulich den Begriff »Sauerkrautspachtel« geprägt, zumal er auch oft diese Farbe aufweist (bei Akemi olivgrün).
Faserspachtel kann in etwas stärkeren Schichten aufgetragen werden. Der Heimwerker aber geht nur über 10 mm, wenn ein zerknautschtes oder rostperforiertes Blech auch auf der Innenseite nach entsprechender Vorbehandlung eine abdeckende und stabilisierende Faserspachtelschicht erhält. Zu den 2-Komponenten-Polyesterspachteln gehört der Härter in einer kleinen Tube. Günstig ist ein farbiger Härter (bei Akemi z. B. rot), denn mit diesem lässt sich die einwandfreie Durchmischung mit der Spachtelmasse an der gleichmäßigen Durchfärbung besser erkennen. Die im Härter enthaltenen Styrole ermöglichen die schnelle Durchtrocknung des Spachtels und damit seine zügige Weiterbearbeitung.

Zum Finish: NC-Spachtel

Konkurrenz bekommt der 2K-Feinspachtel vom Nitro-Kombi (NC)-Spachtel. Diesen Spachteltyp benötigt man als letzten Feinstrich vor der Decklackierung. Im Handel unter den Bezeichnungen Messer- oder Ziehspachtel bekannt, handelt es sich chemisch betrachtet um einen Einkomponenten-Spachtel auf Nitro-Kombinationsbasis. Ob Sie zuvor mit dem gerade besprochenen Füllspachtel gearbeitet haben oder nicht, hat auf die Verarbeitung des Finish-Spachtels keinen Einfluss. Beide Spachtelarten sind ohne Einschränkungen miteinander verträglich. Eine dünne Schicht Messerspachtel braucht man fast immer, denn auch sehr feine Schleifspuren und vor allem aus dem alten Lack herausgerissene Lacksplitter, die nur ganz feine Vertiefungen hinterlassen haben, müssen ausgeglichen werden. Wird das versäumt, lassen sich die Vertiefungen im dünnschichtigen Decklack gegen das Licht nicht verbergen.

Schwund einkalkulieren

Zwei-Komponenten-Polyester-Spachtel und Nitro-Kombi-Spachtel haben beim Trocknen »Schwund«. Die sowieso nur dünne Spachtelschicht sinkt in die Vertiefungen und Schleifrillen ein. Deshalb müssen oftmals mehrere Messerspachtelschichten übereinander gelegt werden, aber alle nur ganz dünn. Denn Kombispachtel wird beim Trocknen in dicken Schichten spröde – wenn er überhaupt durchtrocknet. Für Nitro-Kombi-Spachtel benötigt man keinen besonderen Härter, hat aber, wenn man sie aus der Tube oder der Dose entnommen hat, auch nur wenige Minuten Verarbeitungszeit. Dann bilden sie Krümel, und der Rest auf dem Spachtelmesser ist nicht mehr zu gebrauchen.

Tube oder Dose?

Messerspachtel gibt es im Programm aller Lackhersteller, als Heimwerkerpackungen zumeist in Tuben. Aber die Verarbeitung aus der Tube ist gewöhnungsbedürftig: Beim Ausdrücken aus einer länger gelagerten Tube »blutet« der Spachtel zuerst einmal kräftig aus und zieht anschließend verhärtete Krümel vom Tubenrand in den Spachtelstrang. Selbst das sauberste Spachtelwerkzeug vermag damit keinen Glattstrich aufs Blech zu streichen. Aus der Dose verarbeitet sich Messerspachtel wesentlich besser, doch leider bieten nur wenige Hersteller kleine Heimwerkerportionen von z. B. 100 Gramm in Dosen an. Eine Kilo-Dose rechnet sich für das Finish eines einzigen Karosserieteils kaum, 250 Gramm reichen da allemal. Diese Packungsgröße hat beispielsweise Akemi im Programm.

Der Spachtelaufbau

Eine saubere, spiegelglatte Lackierung ist nur möglich, wenn die darunter liegenden Schichten des Lackaufbaus einwandfrei geschliffen wurden. Jede Nachlässigkeit beim Schleifen, jede Unebenheit, jeder geringfügige Kratzer, der auf den matten Spachtelschichten und der matten Grundierung gar nicht so auffällt, wird durch den darüber gesprühten Decklack nicht etwa ausgebügelt, sondern optisch verhundertfacht.

Der routinierte Heimwerker verwendet den Polyesterspachtel trotz der »Topfzeit« nicht in einem Topf oder Napf, weil das unnötigen Verlust gäbe. Er benutzt zwei Spachtelwerkzeuge. Das Mischverhältnis Härter zu Spachtel sollte 3% betragen. Ein abweichendes Mischungsverhältnis ist weniger wirksam und schadet eher, als es nützen könnte. Bei mehr als 5% Härterzugabe tritt eine Schnellhärtung ein, die zu Spannungsrissen und spröder Harzstruktur führt. Bei Härteranteilen von deutlich weniger als 3% lässt sich zwar bei wärmerer Witterung die dann besonders knappe Topfzeit strecken, aber es besteht die Gefahr, dass nicht vollständig durchmischte Anteile überhaupt nicht härten.

PRAXISTIPP

Das Spachtelprogramm von DuPont Refinish

Auf dem Markt gibt es ein Spachtelprogramm von DuPont Refinish, das alle Bedürfnisse des heutigen Hightech-Autoreparaturlackmarktes abdecken soll. Die fünf neuen Spachtel der »Nummer 1 unter den Autoreparaturlackherstellern weltweit« stellen selbst sehr anspruchsvolle Autolackierer zufrieden.

- 710R ist ein 1K-Spachtel für kleine Kratzer und Dellen, der ultrafeine Pastenkonsistenz mit kurzen Trockenzeiten kombiniert. Er wird in einem auffallenden roten Farbton angeboten und ist als handliche 250-g-Metalltube lieferbar.
- 749R ist ein Universal-2K-Polyesterspachtel, der sich perfekt für größere Reparaturen eignet. Er hat hervorragende Fülleigenschaften und kann direkt auf verzinkten Untergründen verarbeitet werden.
- 769R ist ein sehr feiner 2K-Polyesterspachtel von äußerst homogener Struktur. Er kann aber gerade nicht auf verzinktem Stahl, sonst aber auf fast allen Untergründen verarbeitet werden.
- 779R verfügt über exzellente Eigenschaften und ist ein High-End-2K-Polyesterspachtel. Er wurde speziell für den universellen Einsatz auf Untergründen einer großen Bandbreite einschließlich verzinkten Stahls entwickelt.
- 795R ist dagegen ein feiner 2K-Flüssig-Polyesterspachtel für die Anwendung in der Spritzpistole. Er verbindet hohe Füllkraft und verminderte Läuferbildung mit ausgezeichneter Schleifbarkeit.
  Die Spachtel 749R, 769R und 779R sind neben der üblichen Abpackung in 2-kg-Dosen auch in 2-kg-Kartuschen für den Spachtelspender erhältlich. Als Härter kommen 762R und 764R, für den Spritz-Spachtel der Härter 791R zum Einsatz.
- Füller: Das DuPont-Programm wird von einem Sortiment chromatfreier Füller vervollständigt, die ausgezeichnete Haftung auf metallischen Untergründen mit hochwirksamem Korrosionsschutz verbinden.

Kontakt: www.dupontrefinish.de

Die so genannte Topfzeit

Das Anmischen des Spachtels und die anschließende Verarbeitung müssen sehr schnell gehen, sonst ergibt sich kein zufriedenstellendes Ergebnis. Es darf keinen Zeitverlust geben, denn die »Topfzeit«, in der ein Spachtel verarbeitet werden kann, bevor er Krümel bildet, ist kurz. Sie beträgt bei Idealtemperatur (etwa 20 °C):

- für Faser-Spachtel etwa 10 bis 15 Minuten,
- für Zieh- und Füllspachtel nur etwa 5 Minuten.

Sehr stark abhängig ist diese Topfzeit von der Umgebungstemperatur. Bei nur noch +10 °C Außentemperatur verlängert sich die Topfzeit schnell um 200%, da ist man auf die Hilfe von Trocknern angewiesen. Bei sehr sommerlichen Temperaturen hingegen schrumpft die Topfzeit so zusammen, dass ordentliche Arbeit kaum mehr durchführbar ist, weil der Spachtel quasi schon beim Durchmischen auf den Klingen härtet. Günstigere Verarbeitungszeiten, kürzere oder längere, die man vielleicht aus Erfahrung gewonnen zu haben scheint, können durchaus schädliche Spätfolgen haben.

Vollständig trocknen lassen

Bevor man dem Spachtel mit Schleifscheiben zu Leibe rückt, muss er erst vollständig durchtrocknen. Bei warmem, trockenem Wetter stellt dies den Heimwerker kaum vor Probleme. Die Wartezeiten bewegen sich, abhängig von Spachteldicke und Spachtelart, in der Größenordnung von 15 bis 55 Minuten. Ungeduld ist auch hier fehl am Platze: Ist der Spachtel noch zu weich, reißt es beim maschinellen Schleifen richtige Spachtelfetzen aus der Arbeitsfläche heraus. Unabänderlich ist allerdings dabei, dass auf blankem Metall jedes Tröpfchen neuen Rostanflug bewirkt, auch wenn es mit bloßem Auge kaum oder gar nicht erkennbar wird. Die Trocknung beschleunigen ist deshalb bei feuchter oder kühler Witterung unabdingbare Voraussetzung für einen dauerhaften Lackaufbau. Als Trocknungshilfe bieten sich Heißluftgebläse oder Heizstrahler an. Letzterer ist auch sehr praktisch zur Grundierungs- und Lacktrocknung. Heizlüfter sind dagegen zur Lacktrocknung nicht geeignet, da sie Staub in den frischen Lackaufbau blasen.

Spachtelmesser und Japanspachtel

Spachtelklingen zum Auftragen und »Ziehen« des Spachtels sind nicht teuer. Man sollte sich mehrere kaufen, um einerseits nach der praktischen Lackiererart 2K-Spachtel in »Zweimesser-Technik« auf zwei Klingen anzumischen, und um andererseits je nach Größe der zu bearbeitenden Fläche die passende Klingenbreite greifbar zu haben. Die dünnen und biegsamen Japan-Flächenspachtel eignen sich sehr gut zum Ziehen des Spachtels, da sie sich quasi jeder gewünschten oder vorgegebenen Form anpassen. Diese Spachtelwerkzeuge gibt es in den verschiedensten Klingenbreiten und Qualitäten. In jedem Fall empfiehlt sich der Einsatz von Edelstahlklingen, da sie robust sind und lebenslang rostfrei bleiben.

Wurde versehentlich versäumt, die Spachtelklingen nach dem Verarbeiten vollständig zu säubern, so lassen sich Stahlklingen unproblematisch reinigen. Die Reste der verhärteten Spachtelmasse lassen sich auch noch nach mehreren Tagen mit Aceton oder notfalls mit einer Feile entfernen. Bei Kunststoff-Spachtelklingen läuft man immer Gefahr, alte Krümel mit in die Spachtelfläche einzuschleusen. Darüber hinaus werden ihre Kanten nach kurzer Zeit uneben. Deshalb ist der Einsatz von harten, reinigungsfreundlichen und vor allem 100% geraden, gratfreien Stahlklingen angeraten.

Reinigungs- und Arbeitsmittel

Die Werkzeuge allein reichen zum Arbeiten mit Spachtelmasse natürlich nicht aus. So wird in jedem Fall Waschbenzin zum Entfetten der Arbeitsfläche benötigt, ebenso kommen Nitro- oder Kunstharzverdünnung als Reinigungsmittel infrage, je nachdem von welcher Art Spachtel, Grundierung und Sprühlack sind. Von Kraftstoff ist abzuraten, denn dieser enthält Zusätze, die sich sehr nachteilig auf den späteren Lackaufbau auswirken können, beispielsweise Kraterbildung, Bläschen, Ablösungen oder Trübungen fördern.

Als schärfstes Lösemittel zum sorgfältigen Waschen der Spachtelwerkzeuge oder auch mit Spritzpistole sprühbar, etwa zum Abwaschen einer Fehllackierung, ist Aceton sehr gut geeignet. Da dieser Reiniger jedoch eine sehr aggressive Lösung ist, sollten die auch auf der Packung aufgedruckten Sicherheitshinweise unbedingt befolgt werden. Auf keinen Fall mit offenen Flammen oder sonstigen Zündquellen beim Umgang mit Aceton hantieren – Lebensgefahr! Ein umsichtiger Umgang gilt nicht nur für Aceton, sondern auch für sämtliche anderen Verdünnungen, Lösungsmittel, Spachtelmassen und Härter. Waschpinsel, um den Reiniger oder das Lösungsmittel aufzutragen, und eine flache Schale zum Waschen der Spachtelwerkzeuge sind die Grundausstattung. Wird beispielsweise eine Fehllackierung oder ein Teil der Altlackierung abgebeizt, muss unbedingt ein Gefäß unter das Fahrzeug gestellt werden, welches die Farb-Abbeiz-Lösung auffängt. Ebenso bietet sich eine weitere Waschschale für Kleinteile an.

Das richtige Spachteln

Wenn der Heimwerker auf Faserspachtel zurückgreift, ist folgendes Vorgehen angeraten. Zunächst die Schadensstelle von eventuell vorhandenem grobem Rost befreien und anschließend mit Roststabilisator gut einstreichen. Ist der Untergrund vorbereitet, kann der Spachtel nach der »Zweimesser-Technik« gemischt und mit einem passenden Spachtelmesser aufgetragen werden. Ist die erste Schicht aufgetragen, werden die Spachtelmesser sofort in Aceton gereinigt.

Narbige Karosseriepartien

Die Wartezeit während des Trocknens kann mit dem Herrichten Ihres Schleifmaterials oder der Vorbereitung anderer pflegebedürftiger Blechpartien überbrückt werden. Ist der Spachtel vollständig durchgetrocknet, kann der mit groben Schleifscheiben bestückte Winkelschleifer oder der Exzenterschleifer zum Einsatz gebracht werden. Nach dem Verschleifen der Kanten, Absätze und Grate wird der Heimwerker feststellen, wie gut die geleistete Arbeit war. Sieht die Fläche im Wesentlichen plan aus, kann anschließend der Füllspachtel zum Zug kommen.
Zu beachten ist, den Faser-Spachtel nicht so hoch zu spachteln, dass er flächengleich zu seiner Umgebung liegt. Er muss mehrere Millimeter tiefer liegen oder entsprechend zurückgeschliffen werden. Sonst stehen beim späteren Schleifen für die Decklackierung angeschnittene Glasfasern aus der Schicht und bilden Poren, an denen der Decklack nicht einwandfrei verläuft. Dies ergibt eine matte und schlechte Lackierung.

Blechübergänge und kleinere Unebenheiten

Ob man nun eine zweite Schicht über den Faser-Spachtel legt, ein »Wellblech« glätten muss, den Übergang zwischen neuem Blechteil und Altteil ausgleichen will – Füllspachtel ist immer das richtige Arbeitsmaterial. Er lässt sich aufgrund seiner Konsistenz sehr fein verteilen und erfordert, wenn man etwas Übung darin hat, nur relativ wenig Nacharbeit. Auch der Füllspachtel wird wie alle 2K-Polyester-Spachtel am einfachsten mit der »Zweimesser-Technik« angemischt und in Spachtelmesser-Portionen verarbeitet. Er kann direkt auf das Blech aufgetragen werden oder auf einen zuvor aufgetragenen Haftgrund. Nach jedem verarbeiteten Spachtelmesser sollte die Klinge in Aceton gereinigt werden, damit verhärtete Krümel keine Riefen in die nachfolgende Spachtelportion ziehen.
Der in der Regel 2–3 mm starke Spachtelauftrag benötigt bei Raumtemperatur etwa 15–20 Minuten zum Trocknen. Füllspachtel sollte erst im Trockenschliff mit Körnung P80/120 und anschließend im Nassschliff mit Körnung P240 oder 320 bearbeitet werden. Der Trockenschliff gelingt gut mit einem weichen Gummiteller und aufgesteckten oder -geklebten Schleifscheiben. Der Exzenterschleifer bietet den Vorteil, mit der Drehbewegung eine Art Ellipse auf der Bearbeitungsfläche zu beschreiben, was eine schleifrillenarme Oberfläche garantiert.
Der Nachteil des Trockenschliffs ist, wie bereits erwähnt, dass sich die Schleifscheiben recht schnell zusetzen. Der Heimwerker muss, um ein gutes Schleifergebnis zu erzielen, alle paar Minuten die Schleifscheibe wechseln und sich einen dementsprechend großen Vorrat davon zulegen. Selbst wenn die Spachtelfläche glatt aussieht, ist sie es nicht wirklich. Wenn man mit dem Finger darüber streicht, ist spürbar, wie rau die Fläche noch ist. Die Poren des Füllspachtels sind noch zu groß, um Decklack übergesprüht zu bekommen. Es muss noch eine weitere Zwischenschicht über den Füllspachtel gelegt werden. Dazu eignet sich entweder 2K-Poly-Feinspachtel oder 1K-Nitrokombispachtel.

Finish mit Fein- oder NC-Spachtel

Wenn die Schadensstelle bereits mit 2K-Polyester-Spachtel aufbereitet ist, sollte man auf derselben chemischen Basis weiterarbeiten. Fein- oder Softspachtel auf 2K-Polyesterbasis lässt sich in nahezu jede Form ziehen und drücken und besticht durch ausgezeichnete Feinporigkeit. Diese Eigenschaft wird leider erst nach dem Auftragen der Decklackierung sichtbar. Das Auftragen des Spachtels bleibt gleich wie bei den zuvor genannten 2K-Polyester-Spachteln. Ebenso die sorgfältige Reinigung der Spachtelklingen, denn je näher der Heimwerker dem Decklack kommt, desto sorgfältiger muss vorgegangen werden.
Der Einsatz des NC-Messerspachtels bietet sich vor allem dann an, wenn ein lediglich grundiertes und meistens leicht verkratztes Neuteil lackiert werden

muss. Auch tiefe Lackkratzer sind mit NC-Spachtel ideal auszugleichen. Erst dieser Spachtel auf Nitro-Kombinationsbasis schafft die feinporige Fläche, auf der der spätere Decklack wirklich »steht«, also Hochglanz bringt. Er kann nur in hauchdünnen Schichten verarbeitet werden und sinkt beim Trocknen durch seine starken Lösungsmittelanteile mehr oder weniger ein.

Im Gegensatz zum grobporigen Polyesterspachtel muss der Messerspachtel in mehreren dünnen Schichten übereinander gezogen werden. Aber die Gesamtschichtstärke sollte nicht mehr als etwa einen Millimeter betragen, eine dickere Schicht ist spröde oder trocknet mit Spannungsrissen ein. Auch der feinste Nadelkratzer und jede gröber sichtbare Schleifkornrille, gröber als P320-Papier, muss mit Messerspachtel ausgeglichen werden, ebenso jede kleinste Aussplitterung in der Altlackierung, die mit übersprüht werden soll. Der später aufgesprühte Decklack deckt solche winzigen Kratzer nicht gnädig zu, sondern macht sie durch seinen Hochglanz erst richtig sichtbar.

Übergänge zum Altlack gewährleisten

Es ist also gar kein Fehler, mit dem Messerspachtel großzügig zu arbeiten und mit dem breiten Japan-Flächenspachtel-Werkzeug auch eine hauchdünne Schicht über die vorher matt geschliffene Altlackierung, die mit überlackiert werden soll, zu ziehen. Auch wenn 95% davon beim Endschliff wieder heruntergeputzt werden, sind doch mit Sicherheit alle porigen Stellen und feinen Kratzer in der Altlackierung gefüllt. Diese qualitätsverbessernde Spachtel-Großzügigkeit macht klar, dass mit einer winzigen Spachteltube nicht viel anzufangen ist, sondern besser eine Dose mit Nitro-Kombinations-Spachtel gekauft wird. Das Spachteln muss sofort unterbrochen werden, wenn in der Spachteloberfläche Rillen und Grate zu sehen sind. Zu prüfen ist: Haben sich an der Werkzeug-Arbeitskante trockene Spachtelkrümel oder zurückgebliebene Schleifstaubkörner angesetzt, die jetzt ihre Spur ziehen? Ist die Werkzeug-Arbeitskante fein genug auf dem Ölstein mit Wasser abgezogen?
Zwischen jeder neuen Portionsaufnahme ist das Werkzeug sorgfältig in Aceton zu waschen. Jede Spachtelportion muss konsequent entsorgt werden, wenn sich darin Krümel zeigen. Sparsamkeit ist in diesem Fall fehl am Platze, sondern verhindert nur jede ordentliche Arbeit.

Nach der ersten dünnen Spachtelschicht empfiehlt sich eine Pause von wenigstens einer Stunde. Es wird kaum gelingen, in einer Schicht wirklich flächenglatt zu spachteln, denn der Nitrokombinationsspachtel schwindet beim Trocknen. Man sieht also alle feinen Rillen, Schrammen und Poren wieder. In dieser Trockenpause kann bereits mit dem Abdecken und Abkleben des Wagens für die Decklackierung begonnen werden.
Zweckmäßig ist es auch, mit Schleifpapier P600 auf einem ganz glatten Schleifklotz kurz und behutsam trocken über die Spachtelschicht zu schleifen. Dem Auge vorher nicht sichtbare Unebenheiten in der Spachteloberfläche zeigen sich nun sehr deutlich durch Glanzunterschiede. Jetzt wird die nächste Schicht Messerspachtel noch feiner, aber in anderer Strichrichtung gezogen, sodass möglichst nur die eingesunkenen feinen Vertiefungen wieder ausgefüllt sind. Wieder mindestens eine halbe Stunde trocknen lassen und noch eine dritte, ganz dünne Schicht drüberspachteln. Erst mehrschichtiger Spachtelaufbau sichert, dass alle Unebenheiten flächenglatt ausgefüllt sind.

Spachtelgrate und Füllspachtelaugen

Grate lassen sich ohne Aufreißen des frischen Spachtels nicht vermeiden. Man kann aber nach dem Durchtrocknen mit einem kleinen Schleifklotz und einem Stückchen Schleifpapier (etwa Körnung 320) abzuschleifen versuchen. Bei guter Spachtelqualität lassen sich diese Grate auch mit der sauberen Kante einer Spachtel einebnen. Vorsichtiges Vorgehen ist Voraussetzung, damit der Spachtel nicht doch noch aufgerissen wird.
Bei der feinen Spachtelarbeit ist zu bedenken, dass anschließend die Spachtelschicht vollständig bis zu ihrer tiefsten Riefe heruntergeschliffen werden muss. Wenn also in einer feinen Rille noch der Untergrund (Polyspachtel, Blech oder Altlack) erkennbar ist, muss nach dem Trocknen des Spachtels unbedingt noch eine weitere dünne Schicht aufgebracht werden, bis alle Riefen gedeckt sind.

Feuchtigkeit und Krümel vermeiden

Für die oben genannten Arbeiten sollte man sich zum einen ausreichend Zeit nehmen, da die damit verbundenen notwendigen Arbeitsgänge selten an einem einzigen Wochenende zu Ende gebracht werden können. Zum anderen sollte man diese Arbeiten nur bei trockener Witterung und nur kurze Zeit betreiben, sonst zieht vor allem der grobporige Polyesterspachtel seiner Kapillarwirkung wegen Feuchtigkeit in die Poren. Die Folge sind Unterrostungen des Lackaufbaus und Bläschenbildung im Lack. Abhilfe schafft ein Überzug mit Farblack über der letzten trockenen Spachtelschicht. Denn auch wenn noch nicht fertig gespachtelt und geschliffen ist, sollte man Spachtel und Füller gegen Witterungseinflüsse und Schmutz mit Grundierung oder noch feinporigerem Lack schützen. Das sieht unter Umständen zwar scheußlich aus, aber es schützt und kann vor der Weiterarbeit ohne Weiteres heruntergeschliffen werden. Spachtelwerkzeug sorgfältig in Aceton waschen, sorgsam mit fusselfreiem Lappen trocknen und auf vollkommen gratfreie Arbeitskante mit der Fingerspitze prüfen. Man spürt es besser, als es zu sehen ist. Benötigt wird ferner eine Spachtelklinge, mit der die erste dünne Schicht aus der Spachteldose weggenommen und entsorgt wird. Die dort stets vorhandenen Spachtelkrümel müssen nämlich beim Verarbeiten entfernt werden. Je nach Formung der Schadensstelle gibt man dann mit dem bestgeeigneten Spachtelwerkzeug, in der Regel ein möglichst breiter Flächenspachtel, an die Arbeitskante einen breiten Strang Messerspachtel. Dieser wird wie ein Brotaufstrich ganz dünn und in schnellen Zügen auf die Schadensstelle gezogen. Sofort die nächste Spachtelbreite daneben anschließen lassen und mit eventuell formgebend durchgebogener Spachtelklinge zu vermeiden suchen, dass zwischen den beiden Spachtelflächen ein Spachtelgrat entsteht. Hilfreich für ein sauberes und ruhiges Arbeiten sind dabei zügige Bewegungen.

Haftgrund als letzte Schicht

Je nachdem, wie man den Lackaufbau gestalten will, ist Haftgrund die letzte Aufbauschicht oder die vorletzte vor dem Decklack. Folgende Arbeitsreihenfolge ist zu empfehlen: Füllspachtel, schleifen, Haftgrund, schleifen, Messerspachtel, schleifen, Decklack. In vielen Lackierbetrieben verfährt man weniger zeitraubend und nicht ganz so perfektionistisch: Füllspachtel, schleifen, Spritzfüller, schleifen, Grundierung, schleifen, Decklack. Unabhängig davon, welche Entscheidung gewählt wird, kommt man schwerlich ohne Vorlegelack oder Haftgrund aus. Zuerst Haftgrund-Sprühdose tüchtig in der Hand schütteln, bis die Mischkugeln einige Minuten gut hörbar geklickert haben. Ist die Verarbeitungstemperatur eher niedrig, bringt man die Sprühdosen in einem Wasserbad auf ausreichend Druck von 4 bis 5 bar. Den ersten Sprühspritzer mit zumeist dicken Tropfen aus dem Steigrohr sollte man seitab auf das Abdeckpapier spritzen. Danach alle blanken Metallflächen und Füllspachtelschichten in mehreren dünnen Schichten deckend überziehen.
Die Sprühtechnik ist die gleiche wie bei den Lacksprühdosen. Obwohl Haftgrund sehr schnell abtrocknet, soll man ihn vor der Weiterarbeit 30 Minuten durchtrocknen lassen, damit alle Lösungsmittelanteile entweichen können. Der Haftgrund wird grundsätzlich nicht geschliffen, wenn Messerspachtel darübergezogen werden soll. Ansonsten bei einer Arbeitsplatztemperatur von mehr als 15 °C nach etwa zwei Stunden Wartezeit die ganze Fläche nass mit 240er- oder 320er-Papier schleifen. Fläche durchtrocknen lassen. Danach wird nochmals Haftgrund gesprüht.

Das Schleifen

Wer sauber spachtelt, hat weniger Nacharbeit. Doch auch der beste Lackierer kann sich nicht völlig um das Schleifen herummogeln. Schleifen ist eine Wissenschaft für sich. Jeder Profi schwört auf ein anderes Schleifwerkzeug und weiß einen Weg, wie es nun aber endgültig am einfachsten und schönsten geht. Im Grunde aber läuft es doch immer wieder gleich ab.

Werkzeuge für Grob- und Feinschliff

Das Angebot an Schleifwerkzeugen ist immens: Elektrisch oder pneumatisch betriebene Geräte, viele, viele Hersteller, Trockenschliff, Nassschliff, Draht- und Zopfbürsten für die Bohrmaschine, Exzenterschleifer, Bandschleifer, »klassisches« Schleifpapier, Schleifecken. Um die bei Ihnen möglicherweise eingetretene Verwirrung etwas zu mildern, stellen wir im Folgenden die Geräte vor, die wir im Heimwerkerbereich für sinnvoll halten oder mit denen wir bei unseren Arbeiten gute Erfahrungen gemacht haben.
Als vielseitig einsetzbares Grundwerkzeug kann eine Bohrmaschine beim Grob- und Trockenschliff nützlich sein. Es gibt eine ganze Reihe von Schleifwerkzeugen, die mit einem Spanndorn in das Bohrmaschinenfutter

eingesetzt werden können. Für das Ausschleifen von Schrammen und schwer zugänglichen Ecken eignen sich die verschieden geformten Schleifkörper. Grober Schmutz und loser Rost lassen sich gut mit Drahtbürsten wegputzen. Zu empfehlen sind Bürsten mit schraubbarem Einspanndorn. Besser als Drahtbürsten, aber auch teurer, sind die »Scotch-Brite«-Reinigungsscheiben von 3M. Ein zügiger Trockenschliff ist auch mit dem »Gummiteller« und aufgeklebter Schleifpapierscheibe möglich. Bei feinerer Schleifpapierkörnung lässt sich damit eine Reparaturfläche auch einigermaßen plan schleifen. Empfehlenswerter ist dafür aber ein Handschleifklotz oder ein guter Schwingschleifer.
Zum Wegkratzen des Rostes aus kleinen Steinschlagschäden eignen sich Rostradierer. Das sind mit Kunststoff umhüllte Drahtstifte, die auch zum Putzen der Zündkerzen-Elektroden geeignet sind.
Beim feineren Trocken- und erst recht beim Nassschliff kommt es darauf an, dass sich die Reparaturstelle einwandfrei flächenplan den benachbarten Karosserieteilen anpasst. Es ist eine Art Formschleifen, denn am Auto sind ja nahezu alle Blechteile irgendwie gewölbt, um die nötige Eigenstabilität der Karosserie zu erreichen. Dieses »Formschleifen« ist nicht mit kleinformatigen Schleifwerkzeugen möglich, sondern nur mit flächenglatten Werkzeugen größerer Abmessung. Dazu besorgt man sich Schleifklötze verschiedener Größe und handlicher Form. Man kann sie in einer Schreinerei besorgen, denn es handelt sich nur um einige verschieden große, dicke Brettstücke bis etwas über Handgröße aus dem Materialabfall.
Es soll sauber plan gehobeltes oder geschliffenes hartes Holz (z. B. Buche) sein, damit die Schleiffläche auch wirklich eben wird, sonst ergibt sich ein welliger Spachteluntergrund. Im Fachhandel gibt es auch handliche Spannblöcke für das Schleifpapier zu kaufen. Dies hat den Vorteil, dass man das Schleifpapier nicht mit den Fingern festhalten muss (wie bei Holzklötzen aus der Schreinerei). Weniger geeignet sind allerdings Spannblöcke mit Gummiunterlage, da sie zu nachgiebig sind und daher nicht vollkommen einebnen. Besser sind solche mit dünner Korkunterlage oder Spannblöcke aus stabilem Kunststoff.

Trocken- oder Nassschliff

Trockenschliff wird in der Regel nur beim grobkörnigen »Putzen« angewendet, wenn in größeren Mengen vollkommen durchgetrocknetes Material beseitigt werden soll. Mit feinerer Körnung wird allenfalls an blankem Metall trocken geschliffen. Es empfiehlt sich Korund-Schleifleinen, wenn man wegen des sofort ansetzenden Rostes kein Wasser verwenden will oder kann und die schnelle Trocknung schwierig ist. Wird das Schleifleinen mit Kreide eingestrichen, ist sogar mit Trockenschliff schon fast polierende Wirkung zu erzielen. Damit wird dem Schleifkorn die Schärfe zum Teil genommen, und es kann nur noch ganz flache Schleifrillen ziehen.
Dagegen wird man Spachtel- und Lackschichten nicht mit feiner Körnung trocken schleifen, denn durch die Schleiferwärmung verklebt der feine Schleifstaub (auch solcher alter und durchgetrockneter Schichten) zu leicht. Er verschmiert das Schleifpapier, sodass es schon nach kurzer Zeit gewechselt werden muss.
Als Werkzeug recht verbreitet ist der Winkelschleifer, schon allein deshalb, weil das Einsatzgebiet ungeheuer vielfältig ist. Ein Billiggerät mit 115 mm Scheibenaufnahme kann man schon für weniger als 50 Euro erwerben. Ein weiteres elektrisches Schleifgerät ist der Exzenterschleifer. Er kann vieles, was der Winkelschleifer kann, noch ein wenig besser: Die Schleifrillentiefe ist geringer, die Oberfläche deshalb etwas glatter und die Gefahr des Durchschleifens etwas kleiner. Die Schleiffläche verklebt auch nicht ganz so schnell. Man sollte sich aber trotzdem einen ordentlichen Vorrat an Schleifscheiben der benötigten Körnung zulegen. Denn nach 3 bis 5 Minuten ist in der Regel auch die Schleifscheibe des Exzenterschleifers verbraucht.
Die Anbieter der Exzenterschleifer warten mit einem großen Zubehörprogramm auf, sodass auch unmöglich erscheinende Schleifprobleme meist gelöst werden können. Die Auflageteller dieser Schleifgeräte sind in drei oder mehr Elastizitätsstufen erhältlich. Es lohnt sich bei Anschaffung eines Exzenterschleifers in jedem Fall, auch die verschiedenen Gummi-Auflageteller mitzukaufen: Harte Teller für ebene Flächen und weiche für enge Rundungen und zur Formgebung.
Wasserzugabe bewirkt, dass die Berührungsstellen von Schicht und Schleifpapier gekühlt werden, sodass diese Stellen nicht »verschmoren« und der Schleifstaub das Schleifpapier verschmiert. Nassschliff hilft allerdings auch nicht mehr, wenn eine verunglückte dauerklebrige Spachtel- oder Lackschicht geschliffen werden soll. Die schiebt man dann besser mit einem Spachtelmesser ab. Außerdem bewirkt der Nassschliff bei viel Wasserzugabe, dass der Schleifstaub zwischen der Papierkörnung herausgeschwemmt wird. Bei geringer Wasserzugabe entsteht eine Art weicher Polier-

paste, welche die Schärfe des Schleifkorns mildert und damit einen wesentlich feineren Schliff bewirkt, als er bei gleicher Körnung mit Trockenschliff möglich wäre. Bei Nassschliff bleibt das Schleifpapier länger brauchbar, die schärfsten Schleifkornspitzen werden zunehmend eingeebnet, wobei ein feineres Schleifbild erreicht wird.

Wasserfestes Papier und maschinelles Nassschleifen

Nassschliff ist nur mit solchen Schleifpapieren möglich, die ausdrücklich die Bezeichnung »Waterproof« (= wasserfest) tragen. Schleifpapier ohne diesen Aufdruck, auch Schleifleinen, löst sich bei Wasserzugabe sehr schnell auf. Nach jedem Nassschliff muss die betreffende Fläche mit viel Wasser und einem garantiert fettfreien Tuch abgewaschen, mit einem Frottierhandtuch bestmöglich vorgetrocknet und danach möglichst schnell nachgetrocknet werden.
Das Waschwasser darf nicht an der Schleifstelle antrocknen, weil Rückstände aus dem Leitungswasser wie Kalk und Salze für den weiteren Lackaufbau schädlich sind. Sie können zu Bläschenbildung im Lack führen.
Diesem nassen Verfahren steht bei Maschineneinsatz üblicherweise die Gefahr eines elektrischen Kurzschlusses entgegen. Wer über einen Druckluft-Anschluss verfügt, kann natürlich beim Nassschliff mit einem Profigerät loslegen. Für die Mehrheit der Hobby-Instandsetzer empfiehlt sich an planen, geraden Flächen ein Handschleifklotz mit aufgespanntem Nassschleifpapier. Für große Radien oder Rundungen kann man Korkklötze verwenden. Falze, Knicke und enge Rundungen lassen sich mit einem Hartgummiklotz gut bearbeiten.

Schleif-Hilfsmittel

- Wassereimer aus Kunststoff, damit es keine Kratzer beim Hantieren am Auto gibt. Man braucht ihn zum Waschen des Karosserieteils und für den Wassernachschub beim Nassschliff.
- Schwamm zum Waschen der Arbeitsfläche und zum Wasserzugeben oder Wegwischen des Schleifschlamms beim Nassschliff.
- Fensterleder und Lappen zum Nachtrocknen beim Abschwammen der Arbeitsfläche.
- Staubbindetuch: Alles Pusten hilft nicht gegen die letzten Staubfusseln auf der Lackierfläche, und Handwischen ist wegen der unvermeidbaren Hautfeuchtigkeit riskant. Deshalb muss ein richtiges Staubbindetuch her. Seine klebrige Oberfläche erfasst auch das feinste Staubkörnchen.

Die Normung von Schleifpapier

Ob ein Schleifpapier grob oder fein und wie fein schleift, soll an der Körnungszahl zu erkennen sein. Je feiner der Schliff werden soll, umso höher muss die Zahl sein. Nun gibt es allerdings zwei verschiedene Zahlenreihen, die denn doch Verwirrung stiften können.
Die »traditionelle« nationale Zählweise beginnt etwa bei 40 und steigt über 60, 80, 120, 150, 180, 220, 240, 280, 320, 360, 400, 500 bis 600. Weil aber bei dieser Körnungskennzeichnung von Hersteller zu Hersteller die Schleifrillentiefe und -dichte bei gleicher Körnungszahl oft recht unterschiedlich war, hat man schon vor mehr als einem Jahrzehnt eine internationale Normung eingeführt. Bei ihr ist den Zahlen der (oft recht klein gedruckte) Buchstabe »P« vorangestellt. Diese »P«-Reihe beginnt schon unter P40, läuft aber über P600 hinaus bis P1200. Bei der P-Reihe hat man größere Zahlen gewählt, weshalb beispielsweise P400 nicht dem »400er«-Papier alter Lesart entspricht. Beim groben Schliff mit den niedrigen Körnungen ist das für die Autobastelei nicht so tragisch. Aber den Nassschliff vor der Decklackierung darf man keineswegs mit P600 ausführen. Stattdessen sollte P1200 als Ersatz für den »600er«-Bogen genommen werden. Achten Sie beim Einsatz von Feinschliffpapier unbedingt darauf, dass eine »P«-Kennzeichnung vorliegt, ehe es zu Pannen kommt. Hier zum Vergleich beide Zahlenreihen, soweit sie für den Feinschliff wichtig sind:

Genormt nach P	Alte Kennzeichnung
P240	180
P280	220
P320	240
P360	280
P400	320
P500	360
P600	–
P800	400
P1000	500
P1200	600

Körnung und Schleifarbeit

Schleifmethode/ Untergrund	Maschinell trocken	Manuell trocken	Manuell nass	Zu beachten
Geknittertes Blech	P40 / P60	P60 / P80	P60 / P80	Nicht verkanten.
Füllspachtel	P80 / P120	P120 / P150	P120 / P150	Ohne anschließenden Feinspachtelauftrag gelten Werte wie Feinspachtel.
Feinspachtel	P180	P180	P240	Schleifpapier setzt sich beim Trockenschliff schnell zu.
NC-Spachtel	P240	P240	P240 / P320	Nicht bis zum Füllspachtel durchschleifen.
Haftgrund	P360 / P400	P400	P400 / P600	Für guten Verlauf des Acryl-Decklacks unbedingt vorschleifen.
Altlack	P600 / P800	–	P800 / P1000	Sorgt auch bei Glanzlackierung für guten Verlauf des Decklacks.

Trägermaterial für Schleifmittel

Als Trägermaterial dienen (im Preis ansteigend) Papier, wasserfestes geöltes Papier (aufgedruckte Bezeichnung »Waterproof«) oder Gewebe (nicht wasserfest!). Darauf sind die Schleifkörner elektrostatisch aufgeleimt. Als Schleifkorn werden (ebenfalls im Preis ansteigend) Glas (das über manche harte Oberflächen wirkungslos hinweggleitet, also mehr für Holz geeignet ist), Flint (Feuerstein, zumeist als Flintpapier gekennzeichnet), Korund (oft auf so genanntem »Schmirgelleinen«), Aluminiumoxid für harte Werkstoffe und das extrem harte Siliciumkarbid für weiche Werkstoffe verwendet. Unterschiedliche Schleifwirkung zeigt überdies auch beim gleichen Schleifpapier und gleicher Körnung Trocken- und Nassschliff. Der Nassschliff (nur mit »Waterproof«-Papier möglich) ist stets feiner.

Alten Lackaufbau prüfen

Falls beim Trockenschliff zum Freilegen der Schadensfläche das Schleifpapier zuschmiert, also Schleifstaub zusammenklebt und sich zwischen der Körnung absetzt, besteht der Verdacht, dass der abgeschliffene Lackaufbau nicht mehr von der Erstlackierung stammt, sondern dass es ein nachträglich aufgesprühter oder gestrichener lufttrocknender Lack ist. Deshalb ist vor der Weiterarbeit der alte Lackaufbau sorgfältig danach zu prüfen, ob eventuell eine zweite Lackschicht unter dem obersten Lack sichtbar wird oder an einer Spachtelschicht eine Nachlackierung erkennbar ist. Auch eine schräge Anstrahlung mit einer sehr hellen Lampe lässt nachlackierte und nachgearbeitete Stellen erkennen. Diese Nachlackierung muss nicht unbedingt abgetragen werden. Es ist durchaus möglich, dass sie als Untergrund für den neuen Lackaufbau brauchbar ist. Um eine perfekte Lackierung zu erzielen, ist aber ein Feinschliff der Grundierung doch notwendig. Beim Nassschliff mit 400er- (P800) oder 500er-Papier (P1000) zeigen sich hin und wieder feine Wellen, die auf dem matten Haftgrund nicht erkennbar waren. Bei Kunstharzlack reicht ein Feinschliff mit 360er-Papier (P500) aus, ohne dass später nach der Lackierung Schleifrillen beim Blick gegen das Licht erkennbar wären.

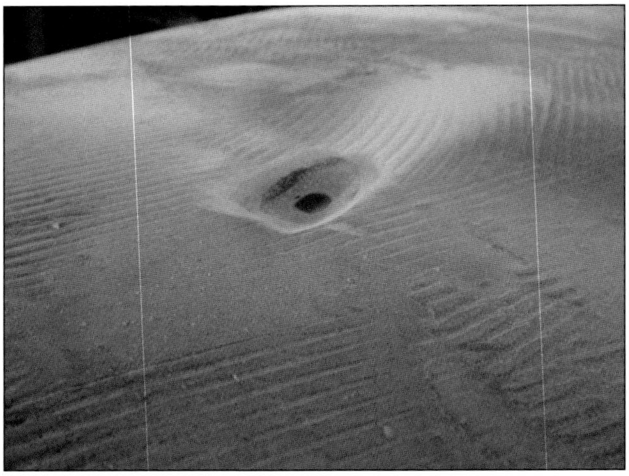

Verblüffende Mehrarbeit: Gelegentlich ist die Spachtelschicht unter dem Altlack so dick, dass sie komplett runter muss.

Hat man es mit Nitro-Kombi-Lacken zu tun, muss der Haftgrund vor dem Lackieren mit 400er-Papier (P800) nass geschliffen werden. Ansonsten wird die Lackfläche bei ungeschliffenem Haftgrund matt oder man sieht feine Schleifspuren bei entsprechenden Lichtverhältnissen sehr deutlich. Bei Acryllacken reicht Nassschleifen mit 400er-Papier (P800) vor dem Sprühen von Decklack leider nicht aus. Erst mit dem superfeinen 500er-Schleifpapier (P1000) sind durch den hauchdünn aufgetragenen Lack Schleifspuren nicht mehr erkennbar. Nur auf einer solcherart anpolierten Fläche zeigen die Acrylverbindungen den vollen Glanz. Hier ist die Lackvorbereitung also sehr sorgfältig auszuführen, denn Fehler werden beim Lackaufbau kaum verziehen.

Schadensstelle nicht zu klein ansetzen

Auch ein nur wenige Zentimeter langer, tiefer Kratzer ergibt eine etwa handflächengroße Reparaturstelle. Bei einer Beule ist sie entsprechend größer. Man darf nicht zu ängstlich nur auf den beschädigten Quadrat-Millimetern herumschleifen und spachteln. Solch eine Spar-Reparatur hebt sich hinterher nur ungünstig von ihrer Umgebung ab, weil sie meist doch nicht ganz flächenglatt zum unbehandelten Teil abschließt und die nachlackierte kleine Fläche um den Hochglanz-Mittelpunkt immer einen »blinden Hof« aus mattem Lack zeigt, der sich nur schwer im Glanz anpassen lässt.
Außerdem lassen sich erst bei einer etwas großzügiger angelegten Reparatur die zeitsparenden Arbeitsgeräte wie Schleifscheibe, Schwingschleifer, Flächenspachtel benutzen. Man muss ja, um matte Stellen im Lack zu vermeiden, sowieso bis zur nächsten Kante oder Sicke des betreffenden Autoteils durchlackieren. Andererseits sollte man aber auch nicht zu großzügig über die noch gesunden Flächen des beschädigten Autoteils herfallen, denn die Qualität der serienmäßigen Erstlackierung ist weder von der Lackierwerkstatt noch durch Heimwerkerlackieren zu erreichen. Darum muss man von ihr so viel retten, wie nur möglich ist.

Rostiges und verbeultes Blech schleifen

Nur zum ganz groben Schliff in den Falten eines verbeulten oder durchrosteten Blechs eignet sich ein schnell drehender Winkelschleifer. Für die an die eigentliche Schadensstelle angrenzende Fläche ist er zu scharf, er reißt ungleichmäßige Rillen und Riefen ins Blech, die hinterher wieder mühsam ausgespachtelt werden müssen. Keine Rillen reißt ein Exzenterschleifer mit entsprechend gewählter Schleifscheibe. Eine auf die Bohrmaschine gespannte Drahtbürste oder die sehr wirksame Scotch-Reinigungsscheibe von 3M, die schnell und gründlich alten Lack und Rost wegputzt, sind ebenfalls eine Empfehlung wert.

Bei Durchrostungslöchern ist aber darauf zu achten, dass sich das Kunststoffgespinst der Reinigungsscheibe nicht in den scharfen Rostlochkanten verfängt, man darf also diese Stellen nicht »gegen den Strich« putzen. Ist die Schadensstelle flach, lässt sie sich auch gut mit einem Exzenterschleifer und Trockenschleifpapier grober Körnung 40, 80 oder 120 »putzen«.

Schadensstelle nicht zu groß

Die Schadensstelle wird bei diesem ersten Grobschliff nur eng begrenzt bearbeitet, denn von der benachbarten intakten Blechfläche soll wenigstens der Lackunterbau, wenn er noch intakt ist, erhalten bleiben. Auch innerhalb der eigentlichen Schadensstelle wird nur dort bis aufs blanke Blech heruntergeschliffen, wo durch Blechknickungen der Lack nicht mehr fest auf dem Untergrund sitzt oder sich Durch- oder Unterrostungen zeigen. Schleifpapier mit feinerer Körnung sollte nicht benutzt werden, denn die groben Schleifrillen garantieren ein besseres Haften der nachfolgenden Spachtelschicht. Eine etwa 4 cm breite zusätzliche Randzone rund um die Schadensstelle kann danach mit 200er-Papier (= P240) etwas feiner trocken geschliffen werden. Am besten eignet sich für diesen Rundschliff ein Schwing- oder Exzenterschleifer, denn mit ihm vermeidet man unebene Rillen, die hinterher wieder mühsam gespachtelt werden müssten. Nassschliff kommt für diesen Arbeitsgang nicht infrage, denn er ist erstens für feinere Schleifarbeiten gedacht und zweitens würde Wasser auf dem blanken Blech sofort Rostanflug bewirken.

Füllspachtel schleifen

Arbeitsschritte:

- Bei 20 °C Arbeitstemperatur ist ein guter Füllspachtel nach etwa 15 Minuten so weit durchgehärtet, dass man nass schleifen kann. Bei Trockenschliff muss 5 bis 10 Minuten länger gewartet werden. Anfänger können es vermutlich kaum vermeiden, ohne kleinere Wellen zu spachteln. Diese unscheinbaren Wellen stören später durch die Spiegelung des Lack-Hochglanzes erheblich. Um diese Spachtelwellen einzuebnen, nehmen Sie einen völlig plan gehobelten Schleifklotz aus Hartholz. Sie können auch einen Schwingschleifer verwenden.

- Weil der Füllspachtel dicker gespachtelt ist, kann je nach Stärke der Wellen ein gröberes Schleifpapier in Körnung P180 oder sogar P120 für den ersten Schleifgang benutzt werden. Damit schleift man vorerst nur so lange, bis mit dem Schleifbrett alle Wellen weggeputzt sind und das Schleifkorn gerade den Grund der vorherigen Wellentäler anzuschleifen beginnt. Es dürfen nur noch diejenigen Stellen mit dieser Körnung weiter geschliffen werden, die über die angrenzenden Flächen hervorstehen.

- Jetzt werden in einem zweiten Schleifgang, eventuell mit Schwingschleifer, bei mittlerer Körnung (P240) die groben Schleifrillen herausgeschliffen. Wenn nötig wird die ganze Fläche so weit zurückgeschliffen, dass sie einen knappen Millimeter tiefer als die anschließende Fläche liegt. Berücksichtigen Sie, dass zwecks besserer Porendichte für den Decklack noch Messerspachtel drüber kommt. Dieses Zurückschleifen ist natürlich nicht notwendig, wenn die Spachtelschicht schon sowieso etwas tiefer als die angrenzenden Flächen liegt. Wieder wird am besten nass geschliffen, aber auch Trockenschliff ist möglich, wenn die Spachtelschicht sehr gut durchgehärtet ist.

- Wenn bei dieser Schleifarbeit an der einen oder anderen Stelle wieder bis aufs blanke Blech geschliffen wird, ist das nicht schlimm, es muss ja sowieso noch Haftgrund über alles gesprüht werden. Um es sich später leichter zu machen, sollte diese Spachtelschicht schon rillenlos und eben geschliffen sein.

- Selbstverständlich wird der Messerspachtel nass geschliffen. Wie lange man braucht, um die Spachtelschicht völlig glatt, aber nicht glänzend (!) zu schleifen, hängt von der Geschicklichkeit beim vorhergehenden Spachteln selbst ab. Einige Spachtelgrate zwischen den einzelnen Spachtelstrichen und vor allem eine feine Riefigkeit in den Spachtelstrichen selbst lassen sich aber auch vom erfahrenen Lackierer kaum vermeiden.

- Nun sollte der Feinschliff mit 400er-Schleifpapier vorgenommen werden. Damit muss man sich aber bei einer nicht sehr gut geratenen Spachtelschicht stundenlang abmühen, denn das feine Schleifpapier trägt die Spachtelschicht sehr fein, also sehr langsam ab.

- Bei etwas grob geratener Spachtelschicht sollte man den Nassschliff mit 280er-Papier auf einem etwa handgroßen Hartholzklotz beginnen, aber sofort aufhören, wenn alle groben Grate und Unebenheiten abgeschliffen sind. Bei nur geringen Spachtelfehlern bzw. in Fortsetzung nach dem Beischleifen wird nun mit 320er-Papier (oder P400) vorgeschliffen bzw. weitergeschliffen, damit

1 ***Erfahrung erforderlich:*** Der Maschinenschliff mit dem Exenterschleifer ergibt schon sehr ebene Flächen.

2 ***Gefühl erforderlich:*** Das Schleifen an Kanten und Sicken muss mit Gefühl und scharfem Auge erfolgen.

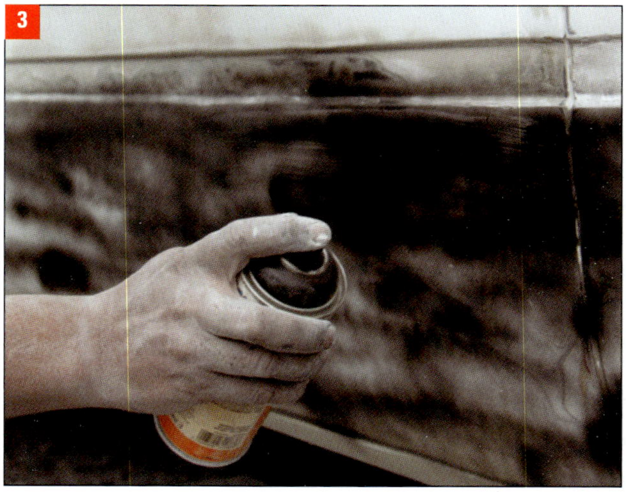

3 ***Trick in Schwarz:*** Etwas dunkle Sprühfarbe hebt die Absenkungen im nächsten Schleifgang gut hervor.

die feinen Spachtelfehler verschwinden und die gröberen Schleifspuren des 280er-Papiers eingeebnet werden. Bei diesem Schliff muss die Fläche bereits völlig glatt werden.

- Wenn man beim Schleifen des Messerspachtels eine eventuell darunter liegende Polyesterspachtel-Schicht »anschneidet«, ist feststellbar, dass man mit Schleifpapier auf der Hand flache Mulden in den Polyspachtel schleifen kann, während sich rundum der Messerspachtel nicht so leicht wegschleifen lässt. Der Grund liegt in der unterschiedlichen Härte und Porigkeit des Materials. Polyspachtel ist härter und grobporiger, wird vom Schleifkorn entsprechend leichter abgeschliffen. Die Fläche muss noch einmal sorgsam getrocknet und mit einer dünnen Schicht Messerspachtel überzogen werden. Sobald eine Polyspachtelschicht unter dem Nitro-Kombi-Spachtel zum Vorschein kommt, nur noch mit Hartholzbrett als Schleifpapierunterlage weiterschleifen, um Schleifmulden zu vermeiden.

Fingerspitzengefühl entwickeln

Spätestens bei diesem Feinschliff wird der Heimwerker feststellen, dass seine Fingerspitzen ein unverzichtbares Werkzeug darstellen. Fingerspitzen fühlen manchmal besser als die Augen sehen können. Auch feine Riefen, Vertiefungen oder Spachtelschichtränder, die in der matten Spacteloberfläche vom Auge nur mit Mühe zu erkennen sind, spürt man unter den nassen Fingerspitzen ohne Weiteres.
Darum sollte zuletzt die ganze Fläche, die lackiert werden soll, mit 400er-Papier (oder P600) äußerst sorgfältig geschliffen werden, bis auch alle Spachtelschichtränder nur noch ganz unscharf in die Altlackierung übergehen, dabei wird zwischendurch das Schleifpapier immer wieder sorgfältig abgespült, damit kein festgeklemmtes Sandkorn gröbere Schleifrillen in die Fläche zieht. Die geschliffene Fläche sollte ständig mit den Fingern nachgefühlt oder betastet werden. Zuletzt wird die ganze Fläche sorgsam mit frischem Wasser abgewaschen und gründlich durchgetrocknet.

Altlackierung vorschleifen

Bei dieser Gelegenheit bietet es sich an, auch die gesamte restliche Fläche der Altlackierung bis zu den nächsten Kanten und Sicken zu schleifen. Dazu nimmt man bei Nassschliff das schon feinere Schleifpapier mit Körnung 320. Die Altlackierung wird dabei nicht weggeschliffen, sondern die gesamte Fläche nur mattiert. Zuletzt wird der Schleifstaub mit viel Wasser und einem sauberen Tuch abgewaschen und getrocknet. Dieser Arbeitsgang gilt auch für verfleckten und angeätzten Lack, der überlackiert werden muss.

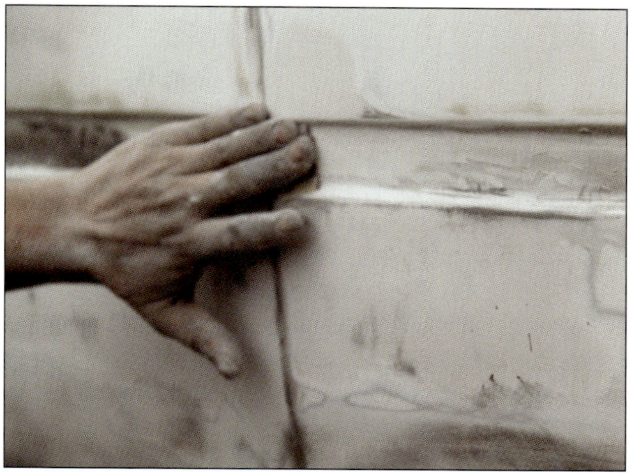

Übung erforderlich: Im Laufe der Zeit erlernt man Unebenheiten zu erfühlen.

Fahrzeug behelfsmäßig abdecken

Bevor das Fahrzeug mit Haftgrund eingesprüht wird, muss es an den Stellen abdeckt werden, an denen es nicht lackiert werden soll. Dieses Abdecken und Abkleben vor der Endlackierung ist eine anspruchsvolle Arbeit, weil die Grenzkanten für den neuen Lack genau abgeklebt werden müssen.
Diese Sorgfalt ist beim Abdecken vor dem Haftgrundsprühen nicht notwendig, weil ja nur die metallblan-

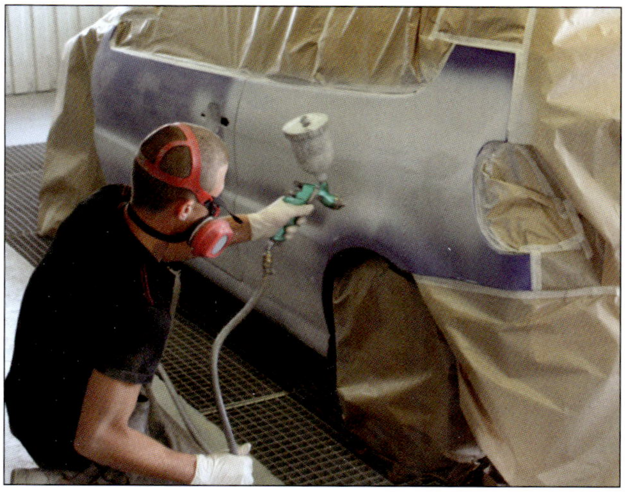

Schnell mal drüber: Für alle Arbeiten mit Sprühnebel sollten immer Karosserieflächen und Scheiben abgedeckt werden.

ken Stellen und Füllspachtelschichten mit Haftgrund gesprüht werden müssen. Man klebt darum zunächst etwas großzügig um die zu übersprühenden Flächen, natürlich innerhalb der später zu lackierenden Gesamtfläche, abdeckende Zeitungsbögen mit Tesakrepp an. Daran anschließend folgt ein weiterer Ring Zeitungsbögen, der dachziegelartig unter dem inneren Zeitungsbogenring anschließt, damit kein Sprühnebel von der Arbeitsstelle herunter gelangen kann. Die restlichen, von den zu bearbeitenden Stellen weiter entfernten Fahrzeugteile werden vollständig mit Tüchern abgedeckt.

PRAXISTIPP

Perfekte Abdeckung

Als perfekte Abdeckung eignen sich beispielsweise alte Betttücher. Der nicht so feine Haftgrundnebel dringt auf größeren Abstand nicht durch das Gewebe. Solche Tücher sind auch besser zu »verlegen« als z. B. Zeitungspapier. Ebenso perfekt wie mit Tüchern lässt sich natürlich mit professionellen Papierbahnen von der Rolle abdecken. Kontakt: www.dupontrefinish.de

Abbeizen statt schleifen

Schleifrillenfrei bleibt das Autoblech, wenn eine kleinere Fläche Nachlackierung abgebeizt wird. Eine Nitro-Kombi- oder Acryllackfläche wird sich auch nach einigen Jahren immer noch mit Aceton abwaschen lassen. Man braucht also in diesem Falle kein scharfes Abbeizmittel zu nehmen. Ein Kunstharzlack härtet allerdings im Laufe einiger Jahre durch UV-Strahlen so stark aus, dass Aceton nicht mehr richtig angreift. Das gilt meist auch für serienmäßige Einbrennlackierung, bei der mit Aceton wenig zu bewerkstelligen ist.
Vor einer Neu- oder Reparaturlackierung ist es oft nicht notwendig, den alten Lack gänzlich zu entfernen. Er wird nur matt geschliffen, und zwar im Nassschliff mit Schleifpapier der Körnung 400. Dann wird die Fläche entfettet und wenn nötig mit Roststabilisator behandelt. Hat man es allerdings mit einer schlechten Nachlackierung zu tun oder ist der Altlack rissig, versprödet oder gar unterrostet, dann muss er komplett heruntergeschliffen werden. Denn sonst hält die Neulackierung nicht lange.

Viel Chemie im Spiel

Die Abbeizerei ist keine umweltfreundliche Variante. Man muss mit etlichen Säuren und Chemikalien arbeiten und entsprechende Sicherheitsvorkehrungen treffen. In jedem Fall sind Mundschutz, besser Atemschutz- bzw. Lackiermaske angeraten. Ebenso sollte man mit Handschuhen und großer Kunststoffschürze arbeiten.
Das behandelte Fahrzeug muss auf einem sickerfesten Boden stehen, damit das Abbeizer-Lack-Gemisch nicht das Erdreich verseucht. Abbeizreste dürfen auf keinen Fall in die Kanalisation gelangen. Abbeizer-getränkte Lappen und die aufgefangene Beize müssen in den jeweiligen Sondermüll-Sammelstellen abgegeben werden. Auskünfte über das Wie und Wann erteilen die Gemeindeverwaltung oder das Landratsamt. In einer Werkstatt mit Leichtwasserabscheider ist diese Prozedur noch am ehesten durchführbar. Es gilt also vorher zu prüfen, ob das Schleifen letztlich nicht doch der einfachere Weg ist.

Wirkungsvoller Abbeizer erforderlich

Wenn auf einer größeren glatten Fläche schadhafter Lack beseitigt werden soll, ist ein sehr wirksamer Abbeizer erforderlich. Was in Malerfachgeschäften zum Abbeizen eines alten lackierten Küchenschrankes angeboten wird, zeigt beim Auto kaum ein befriedigendes Ergebnis. Dementsprechend sollte beim Einkauf ein entsprechend wirksames Abbeizmittels verlangt werden.

Altlack Abbeizen

Arbeitsschritte:

- Alle nötigen Sicherheitsvorkehrungen zum Abbeizen treffen.

- Bei Verwendung von Abbeiz-Spray alle nicht abzubeizenden Stellen sehr sorgsam abkleben. Der Abbeizer-Sprühnebel würde sonst weithin die Lackierung zerstören oder mindestens schädigen.

- Streichbaren Abbeizer mit Holzstab aufrühren. Beim Streichen aber auf keinen Fall den Pinsel direkt in die Abbeizerdose tauchen, weil dadurch Farbteilchen eingeschleppt werden, die den Abbeizer zum Teil verbrauchen. Stattdessen Abbeizer portionsweise in ein kleines Glas oder in den Dosendeckel abfüllen und daraus mit dem Pinsel satt auf die Lackierung auftragen.

- Je nach Hartnäckigkeit zieht die Lackschicht recht bald oder nach mehrmaliger Anwendung Blasen und Runzeln. Diese lose Schicht wird mit einer kantenscharf geschliffenen Spachtelklinge behutsam abgeschoben.

- Zeigt sich die abzubeizende Lackfläche hartnäckig, dann ist zumeist eine noch vorhandene Schutzschicht aus Lackpflegemittel der Grund. In diesem Fall wird die alte Lackfläche mit einigen Schleifstrichen (grobe Körnung 80 oder 120) angeritzt, sodass der Abbeizer in diese Ritzen eindringen und den Lackaufbau von dort aus seitlich lösen kann.

- Je nach spezieller Gebrauchsanweisung wird zuletzt die abgebeizte Fläche mit Waschbürste und Wasser oder mit nitrogetränktem Lappen äußerst sorgfältig abgewaschen. Es darf auch nicht die geringste Spur des Abbeizmittels zurückbleiben.

- Wenn nach dem Nachwaschen die abgebeizte Fläche sehr rau ist, sollte sie noch einmal trocken überschliffen werden (mittelfeine Körnung P240).

PRAXISTIPP

Aufschrift beseitigen

Muss nur eine nachträglich auf die Erstlackierung aufgemalte Aufschrift beseitigt werden, verwendet man besser keinen Abbeizer, sondern das sehr wirksame Aceton. Abbeizer könnte auch die hochwertige Erstlackierung angreifen, bei Aceton besteht diese Gefahr für die Einbrennlackierung in der Regel nicht. Steht kein Abbeizer zur Verfügung, ist sowieso Aceton ein sehr brauchbarer Ersatz bei luftgetrockneten Nachlackierungen. Bei ofengetrockneten Werkstatt-Lackierungen wird Aceton allerdings nicht immer ausreichen.

Herantasten: Die Temperatur kann bei unterschiedlichen Folien unterschiedlich hoch ausfallen.

Geduldspiel: Je detaillierter die Folierung, umso mehr Fummelarbeit entsteht beim Ablösen.

Die Praxis des Lackierens

Lackauftrag ist nicht gleich Lackauftrag. Sicherlich haben Sie schon einige nicht so gut gelungene Arbeitsergebnisse gesehen. Zum Lackieren sind neben dem bestmöglichen Material auch einiges an Erfahrung und so mancher Trick erforderlich, um ein glänzendes Ergebnis zu erzielen.

Lack und Auftragsverfahren

Was auf einem Küchenschrank oder einer Zimmertür optisch hervorragend aussehen kann, erfüllt keinesfalls die hohen Ansprüche an Glätte und Glanz von Autolack. Der Pinselstrich ist als paralleles Wellenbündel sofort zu erkennen. Ohnehin gelingt es allenfalls bei einem waagerecht aufgelegten Teil durch satten Farbauftrag und leichtflüssig verdünnten Lack, dass dieser zu einer spiegelblanken Fläche verläuft. Also muss ganz anders gearbeitet werden, will man auch nur Teile der Karosserie seines Autos frisch lackieren. Noch schwieriger wird die Situation, soll eine Ganzlackierung erfolgen. Klar ist: Es muss gespritzt werden. Das allein reicht noch nicht aus. Schon die Vorbereitungen sind von entscheidender Wichtigkeit.

Lackart und Menge

- Ist die Lackart einwandfrei bestimmt worden? Bei den meisten Autos sollten hier keine Probleme auftauchen. Es kann aber trotzdem sein, dass die zu überarbeitende Stelle bereits eine Reparatur hinter sich hat. Es ist wichtig auszuprobieren, ob sich der Lack, den wir nun verarbeiten möchten, auch mit dem Lack auf der Karosseriefläche verträgt.
- Lässt sich der Lack bei der gegebenen Arbeitsplatztemperatur einwandfrei verarbeiten und verträgt er sich auch mit den bereits bearbeiteten Lackmaterialien problemlos?
- Ist die vorhandene Lackmenge ausreichend? Sind so viele Sprühdosen zur Hand, dass der Lack für die ganze Reparaturstelle ausreicht?
- Stehen die erforderlichen Arbeitsmittel für Vorbereitungsarbeiten wie beispielsweise Spachtelmasse, Grundierung und unterschiedliche Schleifpapiergrößen sowie Reinigungsmaterial und Lappen zur Verfügung?

Lackfarbton an Fahrzeugen

- Habe ich den richtigen Lackfarbton ausgewählt? Die Farbtonbezeichnung der Automobil-Originallackierung ist, je nach Hersteller und Automodell, an unterschiedlicher Stelle der Karosserie angebracht. Die nachfolgende Tabelle zeigt Ihnen, wo Sie an Ihrem Fahrzeug den Farbton-Code finden können. Der dort ausgewiesene Farbton-Code befindet sich auch auf der Lackspraydose von Auto-K (Firma Kwasny).
- Halten Sie sich immer an die Arbeitsanweisungen des jeweiligen Lackherstellers. So können Sie das eine oder andere Problem hinsichtlich der Farbtonanpassung oder möglicher und oft leicht vermeidbarer Lackierfehler vermeiden.
- Verwenden Sie immer ausschließlich die Lackprodukte eines Herstellers. Marktführende Hersteller wie die Firma Peter Kwasny GmbH (Auto-K, Spraymax) stimmen ihre Produkte sehr genau aufeinander ab. Die optimalen Ergebnisse können natürlich nur dann erreicht werden, wenn auch die Abstimmung der Komponenten untereinander passt.

Wahl der Waffen: Auch mit der Spraydose sind vollwertige Reparaturen durchführbar. Auch Profis greifen gerne in Sachen Smartrepair auf die Dosen der Firma Kwasny zurück. Bis zur Flächengröße von etwa zwei DIN A4 Seiten kann durchaus auf die Lackierpistole verzichtet werden.

Achten Sie darauf, dass die Lackprodukte nicht überlagert sind. Eigenartige Ergebnisse beim Probesprühen stellen schnell heraus, ob der Garagenfund noch als Beschichtung geeignet ist oder besser am Schadstoffmobil der Gemeinde abgegeben werden sollte.

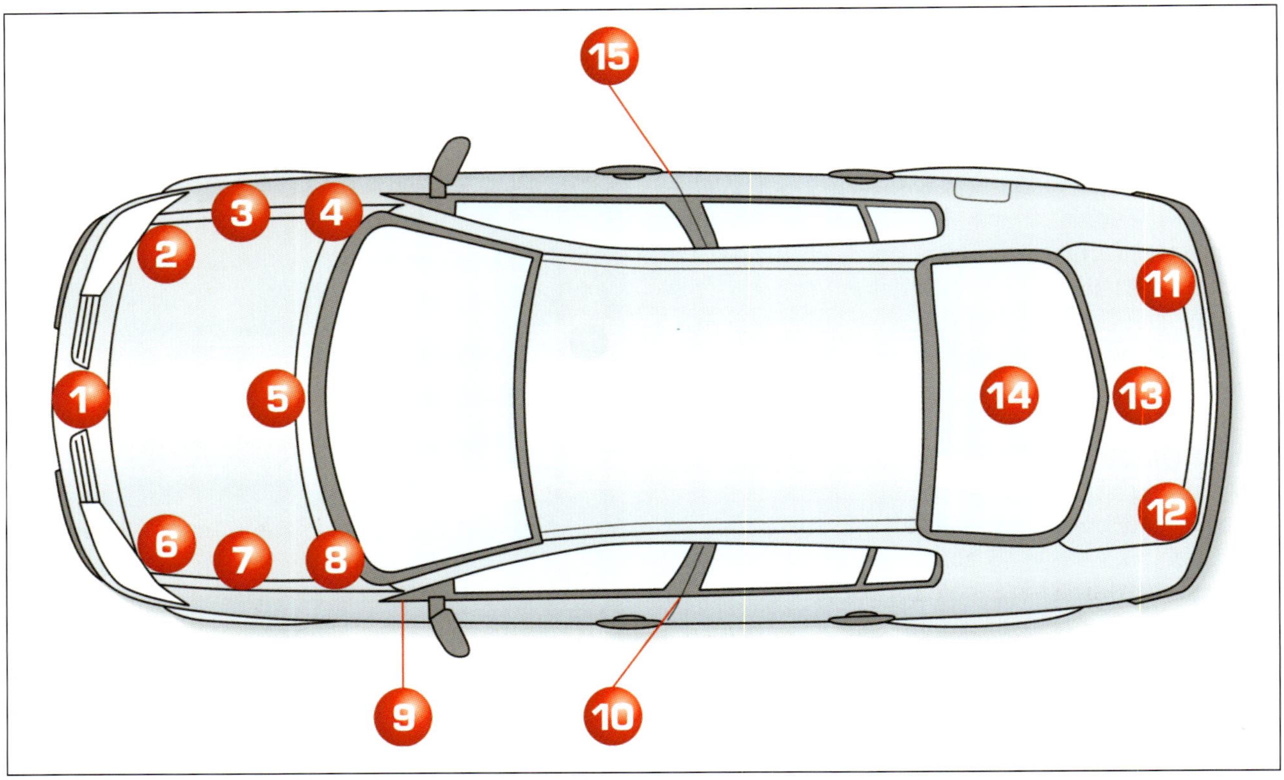

Farbcode: Die Position der Farbangabe (die Positionen finden Sie in der Tabelle weiter unten wieder) in Form eines Lackcodes kann von Hersteller zu Hersteller sehr unterschiedlich ausfallen. Auch das Baujahr spielt eine wichtige Rolle.

Lackstift, Spraydose oder Lackierpistole

Eigentlich treffen Sie die Entscheidung, nach welchem System Sie Ihren Karosserieschaden beheben möchten, grundsätzlich selber. Sicherlich werden Sie durch zwei wesentliche Fragestellungen geleitet. Zum einen ist es die Erwartung an das Ergebnis nach der Reparatur, und zum anderen sind es Aufwand und Kosten, die Sie in Ihr Projekt investieren möchten.

Die Lackstiftreparatur

Dieser Lackauftrag eignet sich nur für kleine Stellen. In den meisten Fällen ist es auch nicht möglich den Lackauftrag trotz gründlichster Vorarbeit und abschließendem Polieren völlig unsichtbar zu gestalten. Kleinere »Schürfwunden« lassen sich aber dennoch hinnehmbar gut instand setzen.
Ein klarer Vorteil liegt in der recht geringen Vorbereitungszeit. In den meisten Fällen kann das Abdecken der Karosserie entfallen. In der Regel müssen, wenn überhaupt, Bereiche der Karosserie für die Vor- und Nacharbeiten mit unterschiedlichem Schleifpapier abgedeckt werden.

Hersteller	Position des Lackcodes
Audi	1,2,4,7,8,9,11
BMW	3,7
Citroën	2,3,4,5,8,10
Fiat	3,8,10,11,15
Ford	1,2,3,5,9,10,11,15
Honda	4,8,10
Mazda	1,2,5,10,11
Mercedes	1,6,8,10,15
Mitsubishi	1,2,4,6,8,12
Nissan	1,2,4,6,8,12
Opel	1,2,3,6,7,8,10,11,15
Peugeot	1,2,4,7,8,10
Renault	1,2,3,4,5,7,10,11,15
Seat	8,11,(*)
Škoda	2,8,10,11,(*)
Toyota	2,3,4,5,8,9,11
VW	1,2,4,7,8,9,11

(*) Die Modelle dieser Hersteller haben weitestgehend die Codierung der Mutterkonzerne übernommen. Orientieren Sie sich an der Kennzeichnungspositionierung von Volkswagen.

Die Spraydose

Auch wenn der Farbton ähnlich aussieht, werden Sie beim Auto auf die Lackierung mit so genannten Unifarbtönen oder besser RAL-Farbtönen verzichten müssen. Im gut sortierten Autozubehörhandel bekommen Sie Spraylacke, die dem Originalfarbton entsprechen. Sie müssen allerdings, wie schon beschrieben, die entsprechende Farbnummer am Fahrzeug ablesen und natürlich auch die entsprechende Spraydose zu dieser Farbnummer kaufen und einsetzen. Der Verarbeitungsaufwand ist deutlich höher als der bei der Lackstiftreparatur. Ohne die Abdeckung von Fahrzeugteilen zum Schutz vor Sprühnebel geht es nicht. Für die Verarbeitung müssen Sie für eine ausreichende Belüftung sorgen. Auch die Verarbeitungstemperatur von etwa 25 °C bis 30 °C muss erreicht werden, um eine gute Abbindung und Aushärtung zu gewährleisten. Am besten verarbeiten Sie die Lacke im Freien oder in speziell dafür geeigneten Räumlichkeiten (Werkstatt oder Garage). Direkte Sonneneinstrahlung wirkt sich negativ auf die Verarbeitungszeit aus. Durch die recht schnelle Abtrocknung der Lackoberfläche sollten Sie lediglich Flächen bis zu einer Größe von etwa zwei DIN A4-Blättern (das entspricht etwa zwei Innenseiten dieses Buches) bearbeiten. Für größere Flächen reicht das Material nicht aus. Eine Ganzlackierung eines Pkw entfällt somit in der Regel. Weiterhin sollten Sie keine Teile lackieren, die mit Kraftstoff in Berührung kommen. Gerade Ottokraftstoffe können den Lack wieder anlösen.

Die Lackierpistole

Brauchbare Lackierpistolen kosten meist über 250 Euro und das zu Recht. Es handelt sich nicht nur um ein einfaches Lackvernebelungsgerät, sondern um ein »Hightech«-Gerät mit definiertem Sprühnebelaustritt und einstellbarem Luft- und Farbaustritt. In der Regel werden Sie ein solches Gerät nicht zur Verfügung haben. Diese Gerätschaften lassen sich aber auch in Mietwerkstätten anmieten. Die Lackverarbeitung erfordert zudem recht viel Erfahrung und Feingefühl, um die Gratwanderung zwischen Läufer und matten Stellen zum hochglänzenden Erfolg zu führen. Auch für dieses Verfahren bleibt das Abdecken des Fahrzeuges nicht aus. Gerade für den Klarlack muss die Abdeckung sehr gründlich ausgeführt werden, da sehr viel Lacknebel entsteht, der sogar noch in der Lackierkammer sichtbar bleibt. Die Lackmaterialien sollten eigentlich nicht frei verkäuflich sein. Hier geht es nicht darum Ihnen spezielles Material vorzuenthalten, son-

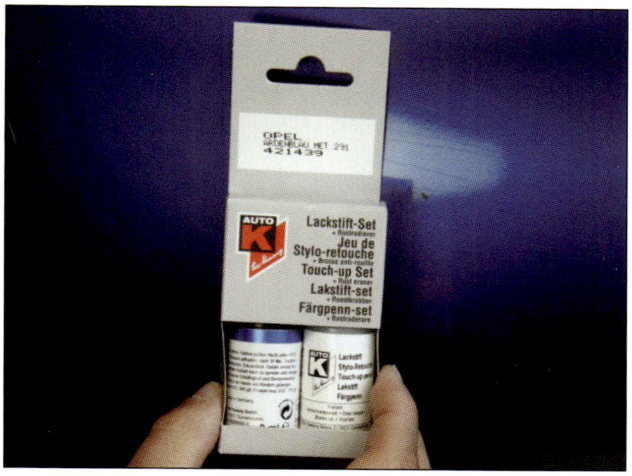

Lackstift: Zur einfachen und schnellen Behebung von kleinen Lackschäden, wie beispielsweise einem Steinschlag.

Spraydose: Zum Lackieren von kleinen bis mittelgroßen Flächen sind Spraydosen noch geeignet. Die Arbeit mit ihnen ist schnell und praktisch.

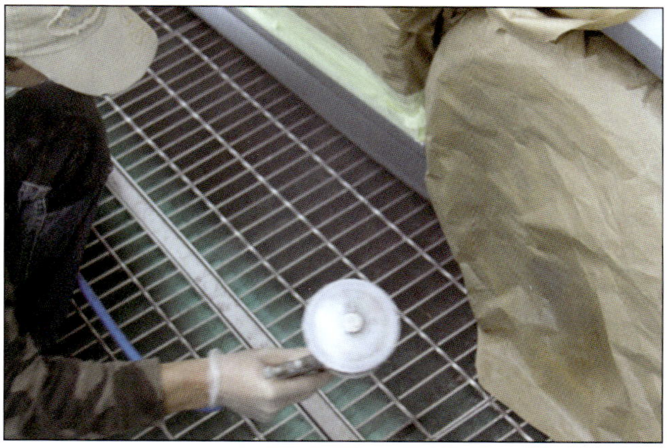

Pistole: Im Profibereich gibt es kaum Beschränkungen hinsichtlich der Flächengröße und der Verarbeitungszeit. Allerdings muss das hochwertige Werkzeug abschließend aufwändig gereinigt werden.

dern vielmehr darum, dass für die Lösungsmittel und Chemikalien, die hier zum Einsatz kommen, besondere Schutzmaßnahmen erforderlich sind. Diese sind zumeist aber lediglich in den Werkstätten zu erwarten. Die Zweikomponentenlacke sind nach der Aushärtung auch einigermaßen benzinfest. Allerdings erfolgt auch hier bei dauerhafter direkter Einwirkung eine Ab- oder Anlösung. Aus diesem Grund sollten Sie die Tankstutzen grundsätzlich gründlich abdecken. Für eine hausgemachte Ganzlackierung muss der Arbeitsplatz völlig staubfrei und möglichst gedeckt sowie absolut zugfrei sein. Bei den erwünschten Temperaturen werden vor allem im Freien stets allerlei Insekten durch die Luft schwirren. Der richtige Platz kann bei einer Teillackierung am kompletten Auto eine Lackierkabine in der Mietwerkstatt sein.

Spray, speziell für den Lackierer

Natürlich gibt es auch Spraylacke, die ausschließlich von den Lackierprofis verarbeitet werden (sollen). Hier stecken auch wieder die besonderen Verarbeitungshinweise und die gesetzlichen Anforderungen an Gesundheits- und Umweltschutz dahinter. So bietet die Peter Kwasny GmbH unter dem Label »SprayMax« eine innovative Lösung für die schnelle, kostengünstige und effektive Lackreparatur kleineren bis mittleren Umfangs an. Dieses System »SprayMax« wurde für die Kleinschadenreparatur (das so genannte Spot-Repair) entwickelt. Damit sind kleine bis mittlere Lackreparaturen am sichtbaren Objekt oder in der Fläche bezeichnet. SprayMax ist tatsächlich eine sinnvolle, kostengünstige Ergänzung oder Alternative zur Lackierpistole. Ähnliche Lackierergebnisse waren bisher nur mit einer werkstattüblichen Lackierpistole möglich. Bei SprayMax entfallen aufwändige Rüst- und Reinigungszeiten, wie Kompressoreinstellungen, Mischvorgänge und Reinigung der Spritzgeräte.

Eine neue Sprühkopftechnik

Das für den Anwender besonders Gute: Die Lackiererei kommt mit diesem neuen Produkt sozusagen zum Fahrzeug. Das System erreicht seine Parameter mit professioneller Breitstrahlzerstäubung durch eine neue Sprühkopftechnik. Infolge innovativer Treibgastechnologie werden hohe Lackausbringungsmengen gewährleistet. Der hohe Zerstäubungsdruck bleibt bis zur Entleerung der Dose erhalten. Da die Lackpartikel sehr fein zerstäubt werden, wird eine gleichmäßige Verteilung der Schichtdicke erreicht.

GEFAHRENHINWEIS

Gesundheitsgefahr

Lacknebel in den Atemwegen kann zu schweren Gesundheitsschäden führen. Die Lösungsmittel, die beim Lackieren freigesetzt werden, sind in der Regel auch nicht minder ungiftig. Zudem besteht erhöhte Brandgefahr. Oftmals sind Lösungsmitteldämpfe leicht entzündlich.

- Führen Sie niemals Lackierarbeiten in geschlossenen Räumen aus, die nicht speziell dafür ausgelegt worden sind.
- Tragen Sie bei Arbeiten immer eine Staubschutzmaske und auch bei Spachtelarbeiten geeignete Gummihandschuhe.

Sicherheitshinweise beachten

Auf Lackspraydosen und Lackiermaterialien sind Sicherheitshinweise aufgedruckt. Lesen Sie die Hinweise gründlich und halten Sie sich an die Empfehlungen, um Ihre Gesundheit zu schützen und die Umwelt nicht zu schädigen.

Schneller als die Spritzpistole

Bei kleinen bis mittleren Reparaturen ist SprayMax schneller als die Lackierpistole. Das Ergebnis ist perfekt und nicht von einem solchen mit Lackierpistole zu unterscheiden. Dabei ist das System kompatibel mit lösemittelhaltigen und wasserbasierenden Lacksystemen. Der Anwender gibt dem SprayMax-Händler den Farbcode des Herstellers für sein Fahrzeug an. Danach wird die mit Treibmittel und Lösemittel vorbefüllte 400-ml- oder 250-ml-Dose mit dem Originalfarbton des jeweiligen Automobilherstellers befüllt (z. B. Opel Ardenblau, Farbcode 291). Hierfür ist ein pneumatisches Abfüllgerät für Lackspraydosen verfügbar, wie z. B. das reinigungsfreie Fill-Clean-Gerät von Kwasny. Dieses Abfüllgerät ist an das Druckluftnetz angeschlossen und ermöglicht eine außerordentlich einfache und schnelle, farbtonindividuelle Befüllung von Lackspraydosen. Einzigartig ist die Vereinigung von zwei Komponenten in einer Lackspraydose – die SprayMax-2K-Technologie. In die Dose ist ein separater Härterbehälter integriert. Der Härter wird durch Knopfdruck freigesetzt und mit dem Lackmaterial vermischt. Das 2K-Sortiment umfasst verschiedene 2K-Grundierungen (z. B. 2K Epoxy-Grundierfüller), 2K-Fill In-Produkte (zum Befüllen mit dem Abfüllgerät) sowie 2K-Klarlacke und weitere Spezialprodukte. Zur Komplettierung und zum besseren Handling ist der Lackspraydosenhandgriff erhältlich.

PRAXISTIPP

Produktlinien

SprayMax ist ein Aerosol-Lackiersystem zur Verarbeitung durch den Fachmann/professionellen Verarbeiter. SprayMax ist ein in sich abgestimmtes Lackiersystem für Kleinschadenreparaturen und basiert auf der einzigartigen SprayMax-Technologie (Applikationstechnologie und 2K-Technologie). Das Profi-Sortiment umfasst Grundierungen, Originalfarbtöne (individuell abfüllbar oder als Ready-Mix), Klarlacke und Spot-Blender (Einblendtechnik).

Auto-K. Das Sortiment umfasst heute eine Vielzahl an Produkten für eine schnelle, kostengünstige und farbtongenaue Lackreparatur von den Vorbereitungsprodukten wie Spachtel, Schleifpapier und Klebeband über Original-Farbtöne als Lackspray oder Lackstift, bis hin zu zahlreichen Spezial- und Effektlacken. Im Bereich Autolacksprays sind die Auto-K-Aktionsmarken Spraila (für den Autoteilehandel) und Racing (für Baumärkte) erhältlich.

belton ist die Marke für dekoratives und kreatives Sprühlackieren und bietet dem Heimwerker und Do-it-yourselfer eine breite Produktpalette an verschiedenen Grundierungen, exakten RAL-Farbtönen sowie Spezial- und Effektlacke. Neueste Innovation ist »beltonfree«, ein wasserbasierender, nahezu lösemittelfreier, geruchsneutraler, besonders umweltfreundlicher Sprühlack.

Profiliga: Auch Lackierereien greifen in Sachen Kleinschaden gerne auf die Sprühdose zurück. Nur für Profis wird »Spraymax« als Reparaturserie im gewerblichen Bereich angeboten.

Die Vorbereitung

Ob Sie nun mit dem Lackstift arbeiten wollen, eine Teilfläche mit der Sprühdose lackieren oder den professionellen Weg mit der Lackierpistole einschlagen: Zu Beginn der Lackierung stehen einige Vorbereitungsarbeiten an. Neben einigen Überlegungen müssen Vorbereitungsarbeiten abgeleistet werden, die wie der Name schon sagt, vor den eigentlichen Lackierarbeiten fertiggestellt sein müssen. Nur in wirklich schweren Fällen sind alle Arbeitsgänge notwendig, die wir im Folgenden vorstellen wollen. Manchmal allerdings sind sogar noch weitere gefragt. Deshalb sollten Sie zuerst einen Plan aufstellen. Dazu müssen Sie sich den Schaden erst einmal sehr gründlich ansehen. Die Ergebnisse Ihrer Besichtigung können Sie auf dem Auswertungsformular auf der nächsten Seite eintragen. Hat der Lackschaden schon vor einiger Zeit stattgefunden, nehmen Sie erst einen Eimer klares Wasser und einen Schwamm zur Hand. Denn unter dem Straßenschmutz ist der Schadensumfang nicht so ohne Weiteres erkennbar, vor allem, wenn er schon bis hin zu rostigen Stellen reicht. Stellen Sie fest, wo die Sprühdose eingesetzt werden soll und machen Sie sich Ihre Notizen.

Größe der Lackierfläche beachten

Die Größe der zu lackierenden Fläche ist sehr wichtig für die Auswahl des Lackierverfahrens. Sicherlich würde niemand versuchen mit einem Lackstift einen Kotflügel komplett zu lackieren. Schon aus der Verarbeitung heraus sind der Reparaturfläche Grenzen gesetzt. Auch die Qualität Ihrer Lackierarbeit hängt erheblich von der Größe der Reparaturfläche an, die Sie lackieren wollen. Bei 30 °C können Sie mit geeigneten Lacksorten gerade noch eine handgroße Fläche sauber lackieren, sonst gibt es durch zu schnelles Abtrocknen »blinde Höfe«. Während an einem Ende noch Lack gesprüht wird, ist ein Teil der Fläche schon staubtrocken. Der weithin stäubende Sprühstrahl mattiert dann unvermeidbar den schon abtrocknenden Teil der Lackierung durch einen Farbnebel, dessen einzelne Tröpfchen nicht mehr miteinander verlaufen können.

Abbaubare Teile entfernen

Vergessen Sie bei einer geplanten Lackierung keinesfalls den zusätzlichen Arbeitsgang Teileabbau. Sie müssen am besten alle Zier- und Anbauteile, Chromstreifen und Markenzeichen, Scheinwerfer und Stoßstangen abbauen, die sich rund um die Reparatur-

Lackart

	Lackart		
	Kunstharz (1K)	Acryllack (2K)	Leider unklar!
Haube			
Dach			
Heckklappe			
Türen rechts			
Türen links			
Seiten Links			
Seitenteil rechts			
Kotflügel links			
Kotflügel rechts			

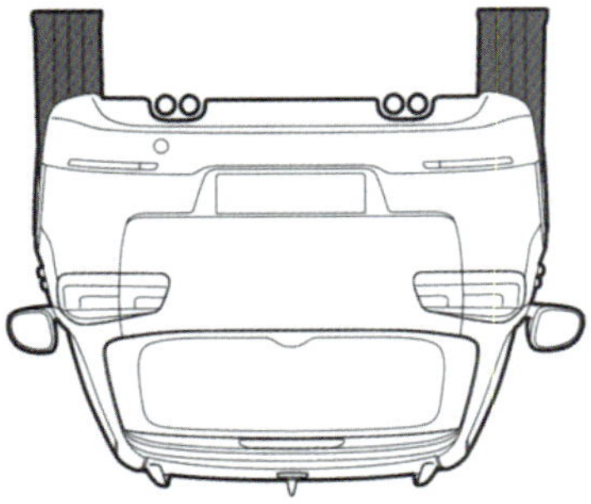

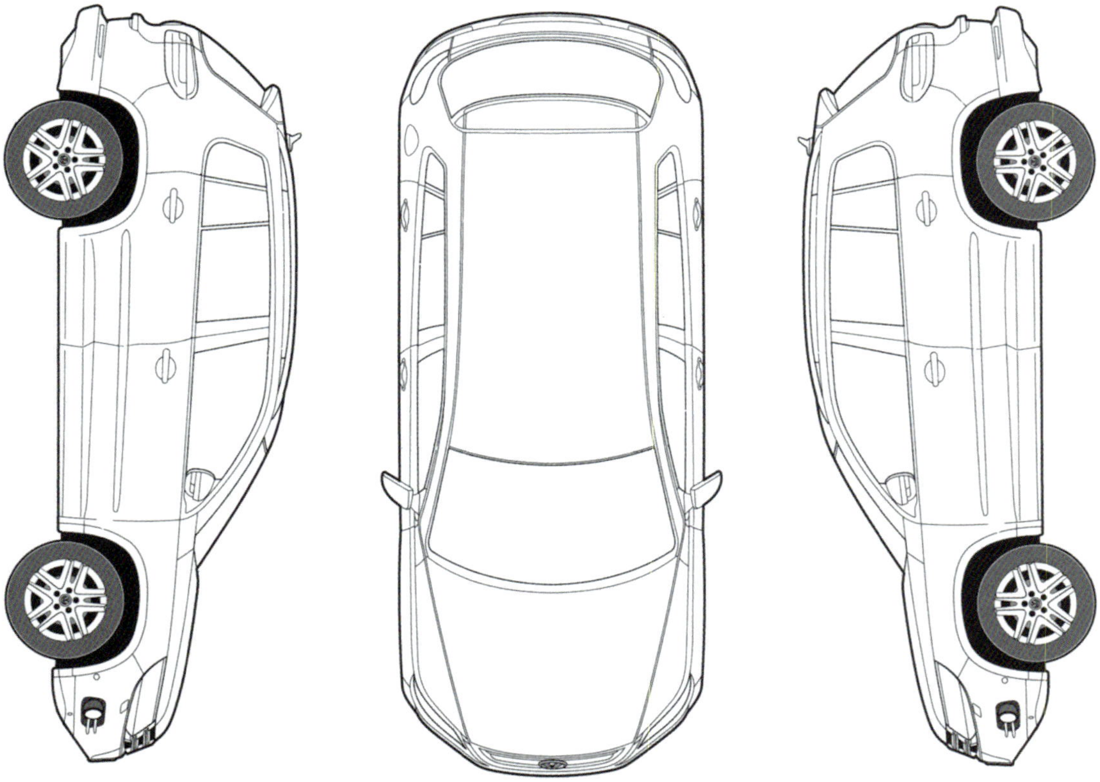

Legende

- LT Teillackierung
- L Lackierung Bauteil
- LI Smartrepair
- P Polieren
- A Aufbereitung

Beispiel

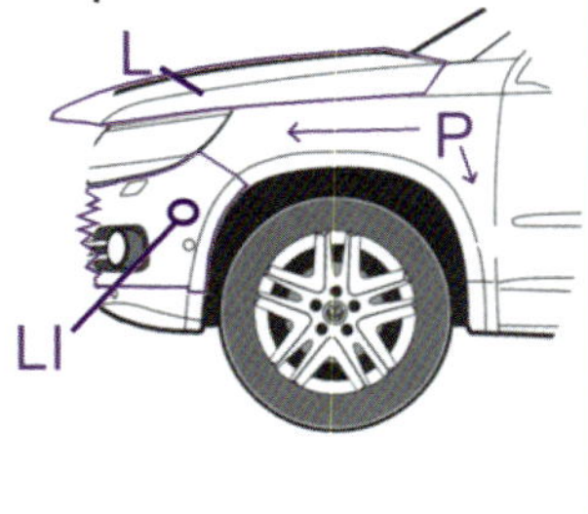

Aufnahmebogen: In dieses Formular können Sie die Arbeiten, die an Ihrem Fahrzeug anstehen, eintragen und erhalten so einen Überblick über das gesamte Projekt, das Sie angehen möchten.

fläche befinden. Wer glaubt, sich diese Arbeit sparen zu können, hat stattdessen mühsames Abkleben der Teile zu leisten. Und trotzdem vermeidet man die Farblackflecken auf der Chromzier oder dem unlackierten Kunststoff dadurch fast niemals völlig.
Vor allem aber kommt es dann in absehbarer Zeit nahezu immer zu Durchrostungen unter den Rändern dieser Anbauteile. Abbauen ist daher die beste Lösung.

Der Arbeitsplatz

- Ist ein geeigneter Arbeitsplatz vorhanden? Ist die Arbeitsplatzumgebung gut belüftet und dennoch weitgehend staubfrei? Muss der Arbeitsplatz zum Zweck des Staubbindens eingenässt werden und ist das überhaupt möglich?
- Wenn es sich um einen Arbeitsplatz im Freien handelt: Ist dort Staubfreiheit wirklich erreichbar? Wie sind die Witterungsbedingungen: Es muss trocken, möglichst warm und so gut wie windstill sein.

Schwierigkeiten bei der Arbeit im Freien

Auf einem kleinen Hof im Freien sind die erforderlichen Bedingungen für einwandfreies Lackieren kaum zu erfüllen. Dennoch wird in Ermangelung von Räumlichkeiten wie etwa einer Garage oder gar einer Werkstatthalle die Arbeit oft auch im Freien stattfinden. Dann allerdings sind Sie ganz erheblich vom Wetter abhängig. Verschaffen Sie sich ein Bild davon, bevor Sie mit Abkleben oder Sprühdosenschütteln beginnen: Wie steht es um den Wind, ist etwa Regen angesagt, herrscht feuchter Nebel, ist eine zu starke Sonneneinstrahlung zu erwarten? Versuchen Sie nun aber nicht, der zu heißen Sonne durch Lackieren unter Bäumen zu entgehen. Von oben rieselt ununterbrochen feiner Staub herunter. Eventuell herabfallender Vogelkot, Baumfrüchte oder Blätter schaffen dem schattigen Platz unter Bäumen als »Lackierwerkstatt« nur Nachteile.

Dichtgummis und Abdeckungen

Gummiumrandungen um Fenster, Dichtleisten oder Türdichtungsgummis, die abgeklebt werden sollen, reibt man mit einem verdünnergetränkten Läppchen (Nitro-Verdünnung) sorgfältig ab. Das Abklebeband haftet sonst dort nicht zuverlässig. Noch besser ist es, die Dichtgummis zum Lackieren zu entfernen. Zeitungsbogen oder besser Abdeckpapier, das zum Abkleben und Abdecken des Fahrzeugs benutzt werden sollen, muss staubfrei sein. Denken Sie daran, dass Sie auch an der gegenüberliegenden Seite des Fahrzeugs nicht das kleinste Fleckchen unbedeckt lassen dürfen,

Geduldig vorarbeiten: Je besser und genauer die Abklebung erfolgt, umso besser sind mögliche Übergänge zu bearbeiten.

denn der feine Sprühnebel der Lacksprühdosen »vagabundiert« selbst bei Windstille erstaunlich weit. Wenn Sie links vorne auf dem Kotflügel eine Dose Lack versprüht haben, können Sie im ungünstigsten Falle an einem unbedeckten rechten hinteren Kotflügel Sprühnebel abpolieren.

Abkleben und entfetten

Jetzt wird die zu lackierende Fläche an ihren Begrenzungen, also den Konstruktionskanten, den Sicken, Falzen oder Zierleistenuntergründen usw., mit schwach gekrepptem Klebeband (Tesa, Scotch 3M) abgeklebt. Darüber klebt man die Zeitungsbögen. Den Luxus doppelter Klebestreifen an der Lackfläche leistet sich der Fachlackierer meist nicht. Aber wir haben festgestellt, dass es bei mangelnder Routine mit den etwas unhandlichen Zeitungsbogen zu schwierig ist, eine wirklich saubere und gerade Flächenkante zu kleben. Deshalb: Zuerst Begrenzungsklebeband sehr sorgfältig kleben und darüber dachziegelartig den Zeitungsbogen mit dem Kleberand. Weiter außen werden mit wenigen Klebestreifenstückchen weitere Papierbögen angeklebt, ebenfalls dachziegelartig unter die zuerst geklebten, damit der »vagabundierende« Farbnebel nicht unter die nächste Papierabdeckung auf das Auto, sondern abweisend darüber geblasen wird. Auch Zierteile, die nicht demontiert werden mussten (oder sollten), wie z. B. Stoßstangen oder eine Auspuffblende müssen mit Papier eingewickelt und mit Klebestreifen gesichert werden. Den Rest des Fahrzeugs kann man mit Decken abschirmen. Das ist auch viel einfacher als das Abkleben mit Papier. Nicht nur die eigentliche Schadensstelle, sondern die ganze Fläche bis zur nächsten Kante oder Sicke, die schließlich überlackiert werden soll, muss nach dem Abschleifen oder Abbeizen äußerst sorgfältig entfettet werden. Das betrifft nicht etwa nur Motorenöl und Abschmierfett, sondern ebenso alle Lackpflegemittelrückstände wie Wachs oder Silikon sowie jeden Fingerabdruck (Handschweiß ist selbst in dieser unscheinbaren Form für den Lackaufbau gefährlich) und Absonderungen von Bäumen in der Blütezeit. Zum Entfetten eignet sich in erster Linie Silikonentferner, wie er von Pflegemittelherstellern und den Autolack-Produzenten im Fachhandel vertrieben wird. Gut geeignet ist auch Waschbenzin, aber kein Kraftstoff mit seinen Lack beeinflussenden Zusätzen. Verwendbar sind ferner Nitro- oder Kunstharzverdünnung, allerdings nicht immer erfolgreich. Aceton kann einerseits gesunde Lack- oder Spachtelschichten angreifen und verdunstet andererseits so schnell, dass die von ihm gelösten Fettrückstände sofort wieder antrocknen; man sollte es nicht zum Entfetten verwenden.

Silikonentferner, Waschbenzin oder Verdünnung werden mit einem Pinsel oder einem gut durchfeuchteten Lappen aufgetragen, verwischt und mit einem sauberen Leinentuch abgerieben. Zum Schluss noch einmal einen sauberen Lappen mit frischer Verdünnung einfeuchten und die ganze Fläche nachwischen.

Staub binden

Staub und Ablagerungen aus der Umgebung haben grundsätzlich immer Einfluss auf die Arbeiten mit Lack und Lackmaterialien. Das trifft auch schon in der Vorbereitung zu. Sobald Lack nach einem Spray-Verfahren aufgetragen werden soll, wird die Arbeit deutlich feiner. Hier gilt es auch den feinsten Staub von der zu bearbeitenden Oberfläche zu lösen und einzufangen. Druckluft würde ihn lediglich aufwirbeln. Mindestens die Autoseite, auf der ein Teil lackiert werden soll, muss im ersten Schritt mit feuchtem Leder abgewischt werden, damit der dort inzwischen vom Schleifen abgesetzte Staub gebunden und beseitigt wird. Noch besser, aber natürlich auch teurer, sind professionelle Staubbindetücher, die es trocken (antistatisch) und feucht (klebrig in Honig getränkt) gibt.

Der richtige Umgang mit Spraydosen

Zwar erscheint der Umgang mit Spraydosen »kinderleicht«. Fehler aber zeigen sich leider erst beim Lackieren und bleiben leider meist auch sichtbar. Wir möchten Ihnen an dieser Stelle einige Grundregeln für den Umgang mit Spraydosen an die Hand geben:

- Die Oberflächen müssen sauber, trocken und fettfrei sein. Die Vorarbeiten wie Entrosten, Spachteln, Schleifen und Reinigen müssen bereits abgearbeitet worden sein.
- Die ideale Arbeitstemperatur für das Lackmaterial liegt zwischen +20 und +25 °C. Direkte Sonneneinstrahlung muss vermieden werden (Bild 1).

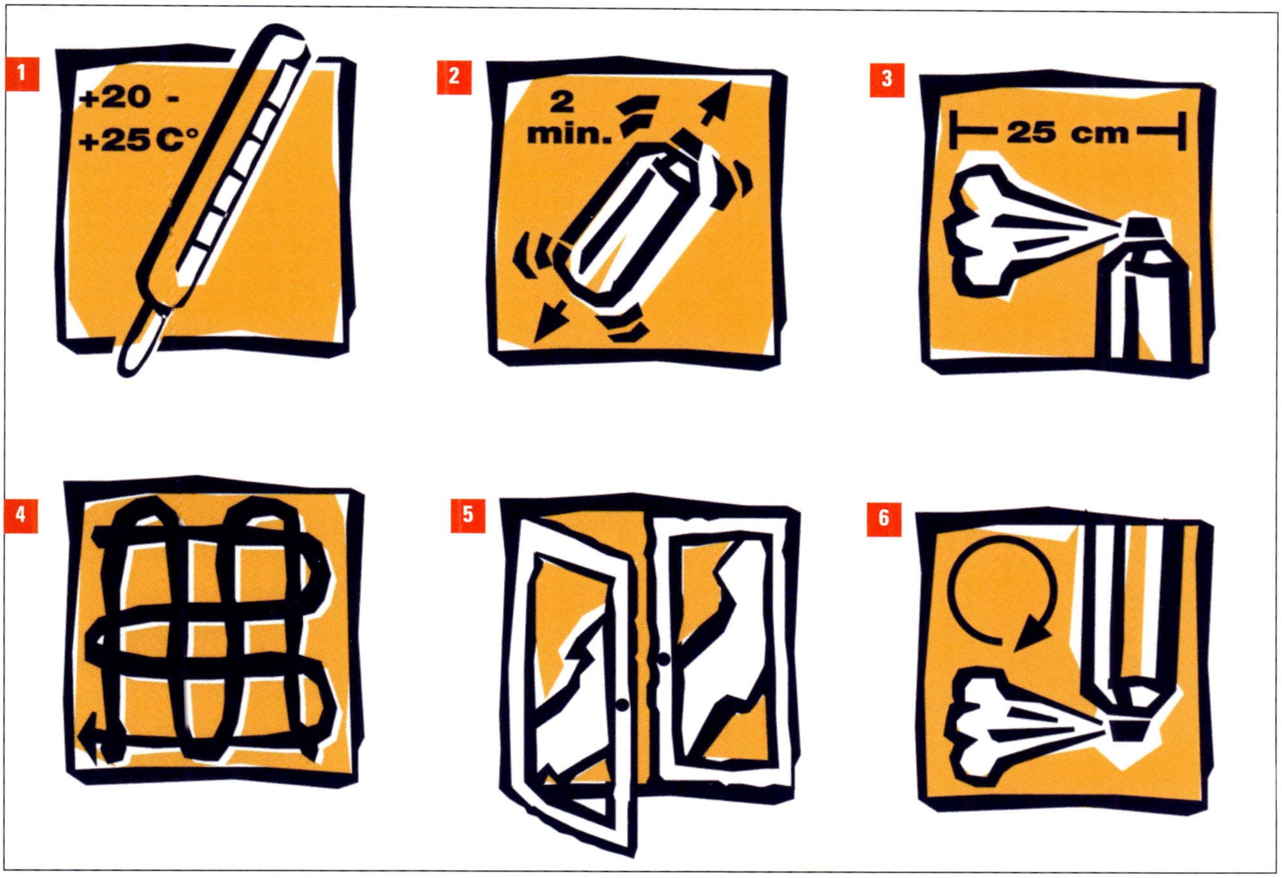

Klare Reihenfolge: Diese Schema sollten Sie nie verlassen. 1 Verarbeitungstemperatur, 2 Lackmaterial gut durchschütteln, 3 Sprühabstand einhalten, 4 im Kreuzgang sprühen, 5 Arbeitsraum gut belüften, 6 Sprühkopf nach Gebrauch gründlich reinigen.

- Flächen, die nicht lackiert werden sollen, mit Klebeband und Papier überkleben, anschließend die Oberflächen grundieren.
- Dose gründlich schütteln, mindestens 2 Minuten vom hörbaren Anschlag der Mischkugeln an gerechnet, damit sich die Farbpigmente des Lackes gleichmäßig vermischen (Bild 2).
- Beim Sprühlackieren Dose immer senkrecht halten. Durch Probesprühen den Farbton prüfen. Die Probesprühung kann entweder auf dem Abdeckpapier oder auf einem Probeblech erfolgen. Der richtige Sprühabstand beträgt idealerweise 25 cm. Mit dem Sprühlackieren außerhalb des Objekts beginnen (Bild 3).
- Mehrere dünne Schichten im Kreuzgang aufsprühen. Darunter versteht man das Aufbringen zunächst einer horizontalen, dann einer vertikalen Schicht. Zwischen den Kreuzgängen jeweils 2–3 Minuten warten (Bild 4).
- Um Geruchsbelästigungen und Sprühnebel zu vermeiden, empfiehlt es sich, im Freien zu sprühen (Bild 5).
- Nach Beendigung der Arbeit Dose auf den Kopf drehen und Ventil leer sprühen. So vermeiden Sie ein Verkleben des Sprühkopfes. Weitere Hinweise, auch zur Verarbeitung, finden Sie auf den Dosen selbst (Bild 6).

Vorarbeiten, reinigen und abdecken

Die eigentlichen Arbeitsschritte haben wir Ihnen schon im vorherigen Kapitel vorgestellt. Hier möchten wir Ihnen die Vorgehensweise mit Lackmaterial aus der Sprühdose vorstellen und werden dazu auch nochmals kleine Teile der Arbeitsschritte beim Spachtel anschneiden.

Die nötigen Hilfsmittel

Natürlich brauchen Sie wie für jede qualifiziert ausgeführte Arbeit das richtige Handwerkszeug. Beim Lackieren können Ihnen aber auch noch einige unscheinbare Hilfsmittel sehr nützlich werden. So schützen z.B. Arbeitshandschuhe aus dünner Folie die Hände vor farbiger Kriegsbemalung durch die nicht immer ganz sauber arbeitenden Sprühköpfe der Lackdosen.

Eimer, Schwamm und Fettlöser

- Wassereimer aus Kunststoff sind nötig, damit es keine Kratzer beim Hantieren am Auto gibt. Man braucht Eimer zum Waschen des Karosserieteils und für den Wassernachschub beim Nassschliff.
- Schwamm wird zum Waschen der Arbeitsfläche und zum Wasserzugeben oder Wegwischen des Schleifschlamms beim Nassschliff benötigt. Fensterleder und Lappen brauchen Sie zum Nachtrocknen beim Abschwammen der Arbeitsfläche.
- Staubbindetücher sind unumgänglich. Alles Pusten hilft nicht gegen die letzten Staubfusseln auf der Lackierfläche. Handwischen ist wegen der unvermeidbaren Hautfeuchtigkeit und der Fettrückstände riskant. Deshalb muss ein richtiges (feuchtes) Staubbindetuch her. Seine klebrige Oberfläche erfasst auch das feinste Staubkörnchen. Trocknungshilfe sind Heißluft-Heizlüfter oder Heizstrahler. Letzterer ist auch sehr praktisch zur Grundierungs- und Lacktrocknung. Lüfter können aber leicht Staubpartikel aufwirbeln und dann sogar auf die Lackfläche aufblasen.
- Waschbenzin sowie Nitro- oder Kunstharzverdünnung brauchen Sie je nach Art von Spachtel, Grundierung und Sprühlack zum Entfetten der Arbeitsfläche. Von der Verwendung von Kraftstoff ist abzuraten. Er enthält Zusätze, die sich nachteilig auf den späteren Lackaufbau auswirken. Sie können Kraterbildung, Bläschen, Ablösungen oder Trübungen bewirken.
- Aceton ist ein ganz besonders aktives Lösemittel zum sorgfältigen Waschen der Spachtelwerkzeuge zwischen jedem Arbeitsgang und zum Abwaschen einer fehlerhaften Lackierung. Sie sollten aber in jedem Fall mit geeigneten Gummihandschuhen arbeiten.
- Waschpinsel und flache Schale sind nötig zum Waschen der Spachtelwerkzeuge und zum Abbeizen.

Zeitungen und Abklebebänder

Wir haben es schon mehrfach gesagt: Die Umgebung der zu lackierenden Fläche muss sorgsam abgedeckt werden. Das Material dazu ist einfach zu beschaffen.

- Alte Zeitungen genügen zum Abdecken der nächsten Umgebung durchaus. Bedenken Sie aber dabei, dass gewöhnliches Zeitungspapier Feuchtigkeit durchlässt und in der nächsten Nachbarschaft des Sprühdosenstrahls Lackverdünnung oder gar Farbe durch das Papier auf die geschützte Fläche dringen kann. In diesem Falle sind die zwar kleineren Bögen illustrierter Zeitschriften sicherer.
- Das gesamte restliche Auto wird beim Lackieren mit Papierbögen oder billiger mit Zeitungspapier abgedeckt. Der Lacksprühstrahl »vagabundiert« nämlich gern in der Gegend umher. Schon ein kleiner Lufthauch kann die winzigen Lacktröpfchen bis zum anderen Wagenende treiben. Wer das Abdecken versäumt, hat hinterher mühselige Polierarbeit.

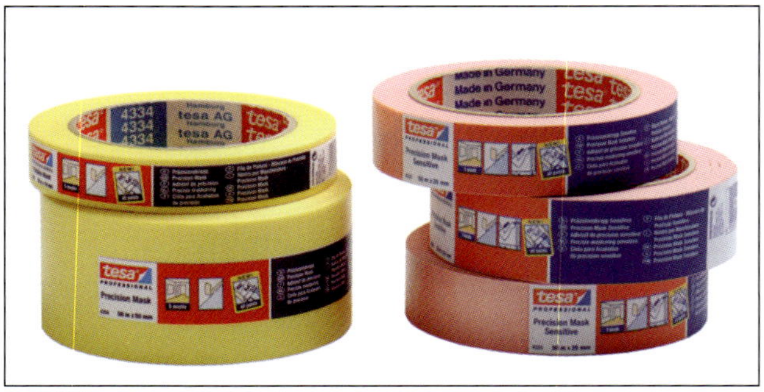

Spezielles Lackierband: Die Anwendungsbereiche für Klebeband sind sehr vielfältig. Informieren Sie sich beim Kauf genau auf den Packungshinweisen.

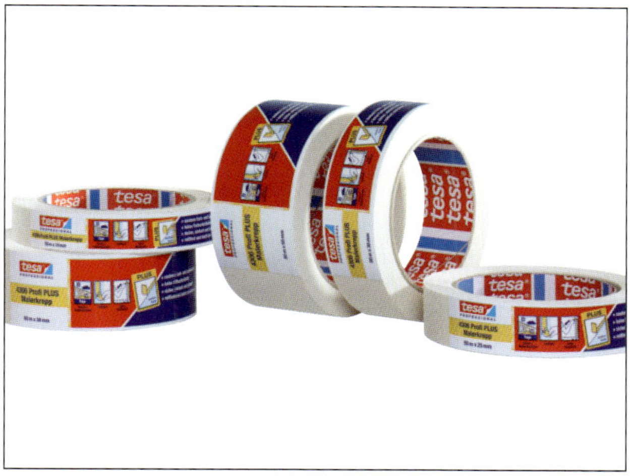

Unterschiedliche Breiten: Achten Sie darauf, unterschiedliche Breiten einzukaufen. So sind Sie flexibler.

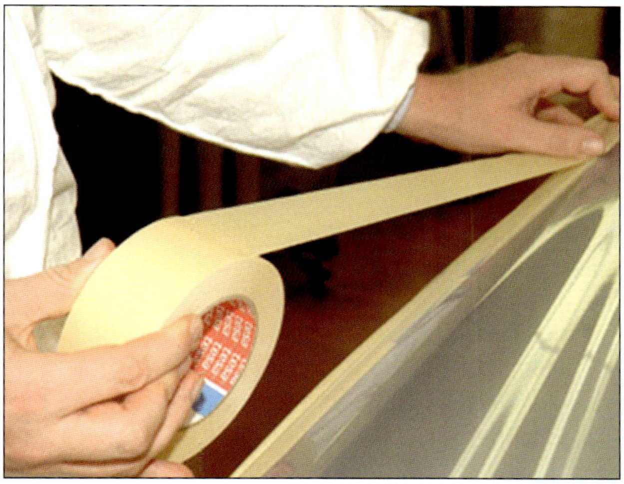

Feines Krepp: Je besser und genauer die Abklebung erfolgt, umso besser sind mögliche Übergänge zu bearbeiten.

Abdeckfolien mit Klebeband: Auch diese Variante ist nicht nur für den Profi erhältlich. Einfach mal im Fachgeschäft oder in der Fachabteilung nachfragen.

Sehr sorgfältig ist die Wahl der richtigen Abklebebänder zu treffen. Es genügt nicht, im nächsten Discountladen oder Papiergeschäft irgendeine Rolle Band einzukaufen. Vor allem, wenn Sie Ihren Wagen zweifarbig lackieren wollen, kann es an der Grenzkante zur anderen Farbe beim Abziehen des Klebebandes eine böse Überraschung geben, weil die Farbe unter das Kreppband gekrochen ist. Sie brauchen stattdessen ein nur leicht gekrepptes, flaches, wasser- und wärmefestes Abklebeband für die Lackierungskante. Trotz der nur schwachen Kreppung, die man braucht, um das Band auch in Kurven und Bögen in gleichmäßiger Biegung aufkleben zu können, muss die Kante beim Aufkleben noch einmal mit flacher Messerklinge oder mit dem Fingernagel sorgfältig angedrückt werden. Dabei sollte es quer zum Abklebeband und nicht längs der Klebebandkante mit mäßigem Druck angedrückt werden. Anderenfalls verzieht sich die Kante und es gibt eine Lackkante mit Knick. Das Abklebeband muss flach sein, sonst wird die Lackkante zu dick, und die Lackierung sieht dort aus wie eine aufgeklebte Folie. Wir empfehlen Ihnen bewährte Bänder von Tesa (www.beiersdorf.de; Beiersdorf AG, Unnastraße 48, 20245 Hamburg, Tel.: 040/4909-0, Fax: 040/4909-3434; Email: Kontakt@beiersdorf.com).

Klebebänder für Mehrfarben-Lackierung

Falls Sie Ihr Fahrzeug recht bunt gestalten wollen, müssen die einzelnen Lackkanten besonders exakt, randscharf und flach ausgeführt werden. Dazu genügt Kreppband nicht mehr, es muss eine flache Klebefolie sein. Für Einfach-, Doppel- und Dreifach-Zierlinien gibt es bereits vorgefertigte Zierlinien-Schablonenbänder von Beiersdorf (»tesa«) und von 3M im Scotch-Programm. Für Dekorationslackierungen braucht man sehr schmale Abdeckbänder von der Art des Tesaflex-Linierbandes in 3 mm oder 6 mm Breite oder von 3M Scotch Farblinienband (3,6 mm breit). Diese Klebebänder sind sehr dehnbar und lassen sich in engen Radien und Kurven glatt ankleben. Sie sind wasser- und hitzefest und außerdem transparent, sodass sich darunter liegende Markierungen gut erkennen lassen. Für Schriften und Figuren, die man nicht mit Linierband einrahmen kann, wird selbstklebender Schablonenfilm benötigt. Aus ihm lassen sich mit dem entsprechend scharfen Federmesser die gewünschten Schriftzüge oder Figuren ausschneiden. Für diesen Zweck angebotenes Material ist jedoch oft nicht hitzebeständig.

Klar erkennbar: Das Profiabdeckband zeigt beim Aufkleben auf der Glasscheibe keine Maserung, die dem Lack erlaubt, das Klebeband zu unterlaufen. 1 Profiband, 2 Malerkreppband.

Harte Grenze: An den Stellen, die genau abgedeckt werden müssen, kommt das Profiabdeckband zum Einsatz.

Randbereiche zuerst: Zuerst werden immer die Randbereiche abgedeckt. Drückt man das Klebeband im Übergang nicht an, ergibt sich eine »Nebelkante« mit weichem Verlauf statt harter Grenze.

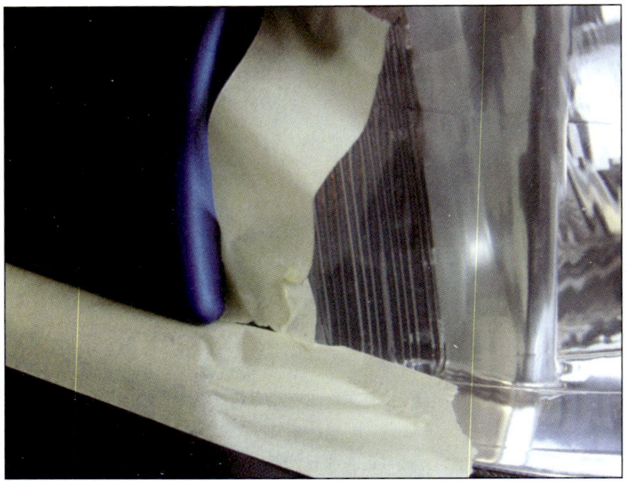

Geduldsspiel: Schieben Sie das Klebeband so weit es geht in die Lücke, ohne dass es anklebt.

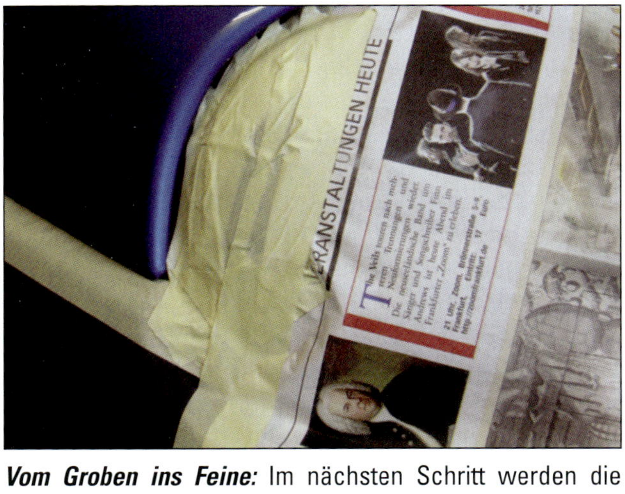

Vom Groben ins Feine: Im nächsten Schritt werden die Flächen mit Zeitungspapier oder Abdeckpapier (Lackiermaterial) und/oder Folie abgedeckt.

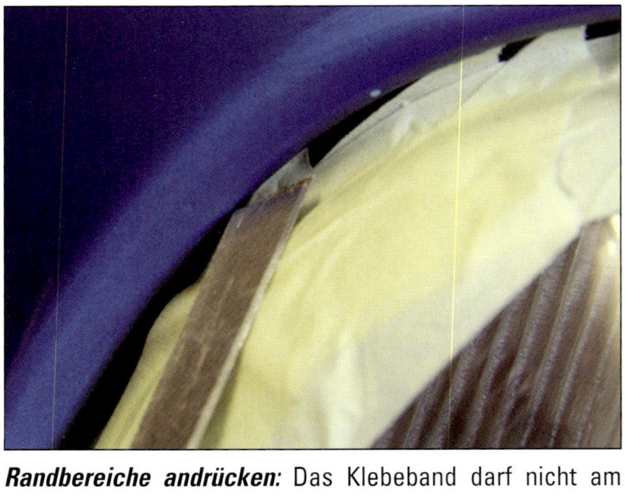

Randbereiche andrücken: Das Klebeband darf nicht am Lackbereich anliegen. Zum Andrücken eignet sich ein Messer recht gut.

Richtig abdecken

Der Umgang mit Abdeckbögen aus Papier oder auch großformatigen Zeitungsblättern ist gerade dann recht schwierig, wenn es darum geht präzise abzukleben.

Dieser Arbeitsschritt kann aber mit wenigen einfachen Tricks deutlich erleichtert werden.

- Decken Sie zuerst die großen Flächen der Karosserie mit Folie ab.
- Fixieren Sie die Folie mit Klebeband und schlagen Sie die überstehende Folie nach innen ein. Auch diese Bereiche werden nun mit Klebeband fixiert.
- Decken Sie nun den Bereich zur Reparaturstelle mit Zeitungspapier ab.
- Je näher Sie an den Reparaturbereich kommen, umso genauer müssen Sie arbeiten. Lassen Sie deshalb den eigentlichen Reparaturbereich zuerst einmal frei.
- Kleben Sie nun die Ränder und Kanten ab, die eine genaue Lage des Klebebandes erfordern oder die eine präzise Kante ergeben sollen.
- Decken Sie abschließend die Lücke zwischen der genauen und der groben Abdeckung mit etwas Klebeband ab.

Grundierungen, Haftgrund und Spachtelmassen

Wer sich etwas genauer mit den Lackmaterialien befasst, wird schnell feststellen, dass es gerade bei den Top-Herstellern wie beispielsweise Kwasny/Auto-K sehr unterschiedliche Spraymaterialien gibt, die vor einer Lackierung verarbeitet werden können. Sehen wir uns also zunächst mal unterschiedliche Produkte an und klären die Aufgaben und das Einsatzgebiet.

Rostschutzgrundierung: Die Farbe Rotbraun lässt bei der weiteren Arbeit leicht erkennen, wenn die Grundierungsschicht erreicht ist.

Rostschutz und Grundierungen

Rostschutzgrundierung

Korrosionsschutz im Lackbereich. Eine gute Korrosionsschutz-Grundierung ist ein hochaktiver Rostschutz auf Zinkphosphatbasis. Damit können alle metallischen Teile am Auto erfolgreich gegen Korrosion geschützt werden. Eine chromatfreie Grundierung mit Korrosionsschutzpigmenten. Sie haftet gut und sorgt für eine gleichmäßige Lackierung und ist ideal als erste Schicht im Lackaufbau einsetzbar. Hervorragend eignet sich die Auto-K-Korrosionsschutz-Grundierung bei Untergründen wie blankes, geschliffenes Blech, geschliffenes Aluminium sowie ausgehärtete und geschliffene Lackierungen. Vorteil gegenüber anderen Produkten: Auto-K Korrosionsschutz-Grundierung erlaubt nachträgliches Punktschweißen, wobei der Korrosionsschutz voll erhalten bleibt.

Zinkstaubspray

Korrosionsschutz in unlackierten Bereichen. Zinkstaub-Spray ist eine hochwirksame, metallische Rostschutzgrundierung auf Zinkbasis. Der hohe Zinkgehalt versiegelt langfristig und garantiert einen hohen Korrosionsschutz, auch bei Temperaturen über 400 °C. Er ist hervorragend geeignet für alle Kfz-Teile, die nicht überlackiert werden müssen, z B. Auspuffanlagen, Schweißnähte, verzinkte Teile und Karosserieinnenseiten.

Zink-Alu-Spray

Korrosionsschutz für unlackierte, verzinkte Flächen und Bauteile. Zink-Alu-Spray ist besonders geeignet als Korrosionsschutz für wasser- und witterungsgefährdete Konstruktionen. Zur Ausbesserung von beschädigten Zinkflächen, zum Beschichten von Innenblechkanten beim Punktschweißen. Auto-K Zink-Alu-Spray ist anwendbar für Heizungsanlagen, Rohrleitungen, Stahlaufbauten, Heizkörper, Geländer, Leitplanken usw.

Filler und Haftgrund

Die Kombination aus Filler/Haftgrund ist die ideale Grundierung für das Ausbessern von Lackflächen. Er grundiert und füllt in einem Arbeitsgang, ist universell anwendbar und gut schleifbar. Durch den hohen Festkörpergehalt werden Poren und feine Schleifrillen mit dem Auto-K Filler/Haftgrund sehr fein ausgeglichen und eine geschlossene, glatte Oberfläche erzielt. Das anschließende Schleifen mit feinem Schleifpapier schafft einen gleichmäßigen Untergrund, der eine bestmögliche Voraussetzung für die erfolgreiche Decklackierung darstellt.

Zinkstaubspray: Der optimale Korrosionsschutz für unlackierte Flächen oder Reparaturmaßnahmen am Unterboden und auch an der Auspuffanlage.

Kunststoff-Haftvermittler

Der Kunststoff-Haftvermittler bildet eine Schicht, die es ermöglicht auf der oft sehr glatten Kunststoffoberfläche zu lackieren. Er verbessert die Haftung des nachfolgenden Lackauftrages auf Kunststoffoberflächen wie beispielsweise Spoilern, Kunststoff-Außenspiegeln und Kunststoffstoßstangen.

Alu-Grundierung

Diese Grundierung erzeugt speziell auf Aluminiumoberflächen eine Basis für den weiteren Lackaufbau. Eine Alu-Grundierung ist besonders geeignet für alle Aluminium-Untergründe und zeichnet sich durch eine hervorragende Haftung auf allen Aluminium-Flächen aus.

Rostschutzgrundierung: Die Farbe Rotbraun lässt bei der weiteren Arbeit leicht erkennen, wenn die Grundierungsschicht erreicht ist.

Spachtelmassen

Auch in Sachen Auswahl der Spachtelmasse kann einiges schiefgehen oder zumindest Probleme verursachen. Betrachten wir uns auch diese einmal hinsichtlich der Eigenschaften genauer. In der Reihenfolge werden wir Ihnen die Materialien von »grob« nach »fein« vorstellen. Das soll nicht eine zwangsläufige Reihenfolge darstellen, sondern lediglich eine mögliche Folge für die weitere Bearbeitung oder Verfeinerung der Arbeitsschritte offenlegen. Die Firma Kwasny/Auto-K, deren Produkte hier zur Verfügung gestellt wurden, stellt in ihren Produktbeschreibungen auch Anwendungen vor, mit denen man sicherlich nicht unbedingt im Autobereich gerechnet hätte, die aber einem passionierten Schrauber sicherlich sehr gefallen werden.

Filler und Haftgrund: Die Farbe Grau lässt bei der weiteren Arbeit leicht erkennen, wenn die Schicht angeschliffen wird.

Glasfaserspachtel

Glasfaserspachtel ist die klassische Reparaturmasse, die aufgrund der hohen Eigenstabilität auch Bereiche

Kunststoffhaftvermittler: Die Verarbeitung ist extrem wichtig, um vorzeitiges Abblättern des Lacks zu verhindern.

Alugrundierung: Auch dieser Haftvermittler bietet einen deutlich verbesserten Halt der Lackschichten auf dem Material.

Glasfaserspachtelmasse: Kleine Faser und erkennbarer Kunstharz ergeben nach dem Aushärten eine sehr belastbare Tragschicht.

Unterschiedliche Spachtelmassen mit unterschiedlichen Eigenschaften: Ob nun Universal-, Kombi- oder Feinspachtel verwendet wird, hängt auch von der Reparaturfläche ab. Aber es ist auch möglich, mit Feinspachtel größere Stellen aufzuarbeiten.

überbrücken kann. Eine häufige Anwendung findet sich in der Korrosionsreparatur, dann aber bitte nur an nicht tragenden Teilen. Er ist eine hochwirksame Mischung aus Polyesterharz und reißfesten Glasfasern. Er zeigt nach dem Aushärten eine außerordentliche Reiß- und Bruchfestigkeit. Damit lassen sich Metallrisse und punktgroße Durchrostungen überbrücken sowie Reparaturen an Booten, Wohnwagen, Surfbrettern und vielen Gegenständen aus Kunststoff, Keramik und Beton ausführen.

Füllspachtel

Ein Füllspachtel ist zum Ausgleichen und Füllen von Unebenheiten an Autokarosserien, Gegenständen aus Metall, Stein, Beton, Kunststoff, Keramik und Holz geeignet. Auch als Füllschicht über Auto-K-Glasfaserspachtel zu verwenden.

Elastischer Füllspachtel

Elastischer Füllspachtel ist mit Metallpulver durchmischt und auch nach der Aushärtung sehr elastisch. Die sehr guten Hafteigenschaften machen den elastischen Füllspachtel ideal für die Anwendung an stark vibrationsbeanspruchten Metall- und Kunststoffteilen, wie Kotflügeln oder Türen. Auch für Reparaturen an trockenem Stein und Beton sowie an Gegenständen aus Kunststoff und Keramik geeignet.

Universalspachtel

Die Universalspachtelmasse eignet sich zum Glätten von Beulen, Dellen und Vertiefungen an Metall-, Aluminium- und Kunststoffteilen (Stoßstangen) sowie an verzinkten Karosserien. Seine Stärke ist die universelle Anwendungsmöglichkeit in den verschiedensten Bereichen.

Kombispachtel
Kombinationsspachtelmasse eignet sich sehr gut zum Glätten von kleineren Unebenheiten und zum Schließen von Poren in ausgehärteten Polyesterspachtel-Schichten. Ein besonderer Vorteil dieser Spachtelart ist seine leichte Anwendbarkeit und Schleifbarkeit.

Feinspachtelmasse
Mit Feinspachtelmasse lassen sich glatte, porenfreie Oberflächen bei Teilen aus Kunststoff, Metall und Keramik erzielen. Er haftet hervorragend auf aufgerauter, trockener Fläche, lässt sich leicht verarbeiten, schleifen und härtet ohne Rissbildung oder Schwund aus. Auto-K-Feinspachtel ist mit feinen Füllstoffen angereichert und kann auch als Füllschicht über Glasfaserspachtel verwendet werden.

Spritzspachtel
Spritzspachtel ermöglicht einen dünnen und extrem gleichmäßigen Auftrag ohne Riefen und Dickenunterschiede. Guter Spritzspachtel hat füllende Eigenschaften, kann Unebenheiten, Kratzer und Schrammen ohne großen Zeitaufwand ausgleichen. Er schützt vor Korrosion, sorgt für glatten Untergrund, haftet gut und gewährleistet eine gleichmäßige Lackierung.

Spritzspachtel: Der gleichmäßige und feingliedrige Auftrag ermöglicht hervorragende Lackoberflächenergebnisse.

So wird Lack aufgetragen

Lackieren mit Profigerät

Nur selten wird man als Heimwerker eine fachgerechte Kompressor-Ausrüstung mit völlig öl- und feuchtigkeitsfreier Druckluft von 4 bis 6 bar besitzen. Dazu gehören dann noch eine Lacksprühpistole mit verstellbarem Sprühdüsenkopf für Fächer- und Rundstrahl bei 0,8 mm Düsenöffnung und die notwendigen Gerätschaften zum Mischen und Nachprüfen der Lackflüssigkeit. Wenn man allerdings auf diese Gerätschaften zurückgreifen kann, ist bei entsprechendem Geschick eine professionelle Ganzlackierung möglich.

Endlackierung vom Fachmann
Denkbar ist eine Arbeitsteilung zwischen Heimwerker und Fachmann. Nachdem man alle Vorbereitungsarbeiten selbst übernommen hat, kann man die doch recht problematische Endlackierung vom Fachlackierer in einer Lackierwerkstatt ausführen lassen. Auch manche Mietwerkstätten haben die Endlackierung durch einen dort angestellten Fachlackierer mit einer Lackierkabine in ihr Dienstleistungsprogramm aufgenommen. Für die Komplettlackierung eines Kompaktfahrzeugs (Golf-Klasse) ohne Vorarbeiten muss aber mit einem Preis von 800 bis 1500 Euro gerechnet werden. Metallic- oder Effekt-Lacke kosten noch einige Hundert Euro Aufpreis. Diese Preise sind aber andererseits nur ein Bruchteil der üblichen Lackierwerkstatt-Preise.
Die Dienstleistungen der Mietwerkstätten weichen zwar ein wenig voneinander ab, aber durchweg wird der Lack kabinengetrocknet (60 bis 180 °C), je nachdem, wie zerlegt das Fahrzeug in die Lackierbox geschoben wird. Die geleistete Arbeit entspricht also durchaus der Lackierwerkstatt-Qualität, die mit lufttrocknendem Lack nicht erreichbar ist. Fragt man danach, wird schon bei den Vorarbeiten fachmännischer Rat erteilt.

Sprühdose und Sprühköpfe

GUT ZU WISSEN

Eine Lackspraydose ist etwa zur Hälfte mit Lack und Verdünnungsmittel befüllt. Die andere Hälfte macht das Treibgas (Propan-Butan) aus. Schon in der Dose verdunstet ein Teil dieses Treibgases, sodass sich über dem Lackspiegel eine Gasdruckkammer bildet. Bei voller Sprühdose und +20 °C entstehen dort etwa 2–5 bar. Der Gasdruck treibt den Lack durch das bis auf den Boden reichende Steigrohr heraus, wenn durch Druck auf den Sprühkopf das Ventil geöffnet wird. Wie die Lacksprühdose zu handhaben ist (Schütteln vor Gebrauch, Entleeren des Ventils nach Gebrauch) wird auf jeder Gebrauchsanweisung genau beschrieben.

Falls Sie diese Möglichkeit, preiswert zu einer fachmännischen Ganzlackierung zu kommen, ins Auge fassen, sollten Sie sich mit Ihrem Fahrzeug ein genaues Angebot einholen. Rechnen Sie durch, wie viele Kilometer Hin- und Rückfahrt mit den Kosten noch drin sind, bevor die Sache im Vergleich zum Preisangebot einer Lackierwerkstatt in Ihrer Nähe unrentabel wird. 100 Kilometer Anfahrt können sich bei einem guten Angebot durchaus rechnen, oft sind 150 bis 200 Kilometer bei einem Schnäppchen eine Reise wert. Natürlich gibt es bei diesen Mietwerkstätten auch Teillackierungen nach eigener Vorbereitung. Auch dafür sind die Angebote oft verlockend günstig. Bei vorhandenem Platz und ein wenig Übung im Umgang mit dem Lackierwerkzeug können Sie das jedoch auch ganz allein.

Handlingvorteil: Der Kunststoffgriff mit Betätigung erleichtert die korrekte Führung der Sprühdose erheblich.

Lackieren mit der Spraydose

Mit großer Wahrscheinlichkeit werden die meisten Leser dieses Buches auf die Lackierung mit der Spraydose zurückgreifen wollen. Auf die Grenzen sind wir ja bereits eingegangen und möchten Ihnen auf den nächsten Seiten die Arbeitsschritte und die Besonderheiten näher bringen, die Sie unbedingt beachten müssen. Zudem stellen wir Ihnen einige Tipps und Kniffe zur Seite, die Ihr Ergebnis der Lackierung erheblich verbessern werden.

Schließlich werden andere Ihren Reparaturerfolg ausschließlich am Ergebnis bewerten. Die aufwändigen Vorarbeiten sieht man nämlich anschließend umso weniger, je besser das Ergebnis ausgefallen ist. Die Bemerkung: »Klasse, man sieht richtig, wie du die einzelnen Spachtelschichten aufgetragen hast ...« ist sicherlich nicht als Lob gedacht.

Ergiebigkeit und Deckkraft

Die Frage, für welche Fläche eine 150-Milliliter-Lacksprühdose ausreicht, ist kaum zu beantworten. Auch die Herstellerangaben, sofern man welche findet, lassen eine sehr große Spannweite zu, etwa »für 0,25 bis 0,5 Quadratmeter«. Die Hersteller können auch kaum genauere Angaben machen, denn die Ergiebigkeit hängt vom Heimwerker ab. Die Ergiebigkeit ist größer, wenn der Untergrund feinporig und sorgfältig geschliffen ist und die Farbe der zu sprühenden Fläche schon weitgehend dem Sprühlack entspricht. Die Ergiebigkeit hängt auch von der Verarbeitungstemperatur ab. Zu kalter Lack neigt zu »Läufern« oder auch »Nasen«. Beste Ergiebigkeit registrieren Sie also dann, wenn ein alter, aber geschliffener Lack mit der gleichen Farbe übersprüht wird. Die geringste Ergiebigkeit wird sich einstellen, wenn ein heller Lack gegen grauschwarzen Haftgrund oder ein dunkler Lack gegen weißen Untergrund angehen und seine Deckkraft beweisen muss. Besonders schwierig wird es bei hellem Gelb auf dunklem Untergrund. Denn eine wichtige Rolle spielt auch die Deckkraft des Farbpigments. Identische Verarbeitungsbedingungen vorausgesetzt, ist es durchaus nicht so, dass das Sprühdosen-Sortiment des Herstellers vergleichbare Deckkraft besitzt. Sie schwankt innerhalb der einzelnen Marken ganz erheblich, wofür die enthaltenen Farbpigmente die Ursache sind. Während weiße und sattgrüne Farbtöne durchweg sehr gute Farbdeckung bringen, haben gelbe, hellrote und manche blaue Farbtöne wesentlich geringere Deckkraft. Gerade dann, wenn Sie ein gutes Ergebnis erzielen wollen, greifen Sie auf Markenprodukte wie Auto-K oder auch Duplicolor zurück. Die geringen Mehrkosten rechnen sich schnell wieder. An der Ergiebigkeit beteiligt ist auch die Deckkraft der Lackbasis. Hier liegen die Kunstharzlacke eindeutig an der Spitze der Ergiebigkeit. Nitro-Kombi-Lacke und Acrylharzlacke fallen deutlich ab. Unterschiedliche Ergiebigkeit verschiedener Fabrikate wird durch unterschiedliche Füllkraft verursacht. Darunter versteht man die Fähigkeit des Lackes, auch über weniger fein geschliffenem Untergrund oder ganz ungeschliffenem Haftgrund zu einwandfreiem Hochglanz zu verlaufen. Bei Kunstharzlack ist es tatsächlich nicht unbedingt notwendig, gut verlaufenen und glatten Haftgrund noch einmal fein zu schleifen.

Grundsätzliche Vorgehensweise

Es ist unmöglich, mit einem einzigen Kreuzgang die Farbe deckend aufzusprühen. Wenn man es trotzdem probiert, gibt es unvermeidbar »Läufer« oder auch »Nasen«. Deshalb lackiert der Fachlackierer auch erst einmal einen »halben Kreuzgang«. Damit ist nicht etwa ein Lackieren nur der halben Fläche gemeint, sondern ein Lackieren mit sehr schneller Armbewegung, bei der nur ein dünner Farbhauch über die ganze Fläche gelegt wird. Kein Farbtröpfchen berührt das nächste, sodass sie nicht miteinander verlaufen können, sondern jedes für sich ablüftet. Bei dieser ersten Stufe des Abtrocknens sind die abgelüfteten Lacktröpfchen schon klebrig fest und bilden für die Lacktropfen des nächsten und dann vollen Kreuzganges eine Art Haltegitter. Dabei wird der abgelüftete Lack wieder angelöst und verläuft besonders gut mit dem frischen Lack zu einer glatten Fläche, hält aber den frischen Lack fest.

- Mit einem »halben Kreuzgang« nur einen gleichmäßig dünnen Farbhauch über die ganze Fläche legen. Beginnen Sie mit dem Sprühlackieren grundsätzlich immer außerhalb der Lackierfläche.
- Aufgesprühten Lacknebel ablüften lassen.
- Die meisten Lacke sind schon nach ganz kurzer Zeit, je nach Temperatur zwischen 10 und 40 Sekunden, so weit abgelüftet, dass die nächste Lackschicht aufgesprüht werden kann. Bei dieser Lackschicht, die noch nicht deckend sein wird, sollen die Farbtropfen gut miteinander verlaufen.
- Decklackschicht wiederholen, aber etwas länger ablüften lassen. Weitere Decklackschicht in »Kreuzgang« oder »Schneckenrolle« jetzt »satt« sprühen, dass möglichst der Untergrund nicht mehr durchschimmert. Die Oberfläche soll zu einwandfreiem Hochglanz verlaufen, es dürfen aber auch keine »Läufer« oder auch »Nasen« entstehen.
- Wenn nun das Ergebnis noch nicht wirklich zufriedenstellt, ist es falsch, weiteren Farbnebel aufzusprühen. Denn im Zentrum der angesprühten Stelle gibt es »Läufer oder Nasen« und rund herum haben die wenigen »frei schwebenden« Tröpfchen keinen Verlauf mehr und bilden einen blinden Hof.

GUT ZU WISSEN

Von der Delle zum Klarlack

Fachleute, die ihr Handwerk verstehen, lassen Ihr Auto nach einem Schaden wieder wie neu aussehen:

- Nachdem die Blecharbeiten durchgeführt sind, werden alle nicht zu lackierenden Fahrzeugteile sorgfältig abgedeckt. Nur so sind sie garantiert vor fast unvermeidbaren Verunreinigungen geschützt.
- Anschließend wird die Schadstelle gründlich geschliffen.
- Jetzt wird ein Spachtel aufgetragen, um alle Unebenheiten auszugleichen. Die gehärtete Spachtelfläche wird geschliffen. Ganz fein, denn der Übergang zur Original-Lackierung muss besonders glatt sein.
- Nach sorgfältiger Reinigung wird die Grundierung gespritzt, um die blank geschliffenen Stellen vor Rost zu schützen.
- Die folgende Schicht, der so genannte »Füller«, ist besonders wichtig. Er versiegelt nicht nur hermetisch den Untergrund und deckt feinste Schleifriefen ab, sondern garantiert auch, dass der Lack hinterher gut haftet. Der Füller wird noch einmal besonders fein geschliffen und anschließend gereinigt.
- Dann wird der Vorlack für eine Zweischicht-Lackierung aufgetragen. Das ist der Lack, der dem Farbton Ihres Wagens entsprechen muss. Die Lackierung erfolgt in einer staubfreien Spritzkabine.
- Zu guter Letzt folgt die Klarlack-Schicht, damit Glanz und Oberflächenstruktur der reparierten Stelle der Original-Lackierung in nichts nachstehen. Aber der Klarlack kann noch mehr. Er ist ein zuverlässiger Schutz gegen aggressive Umwelteinflüsse und sorgt dafür, dass Ihr Wagen seine schöne Farbe lange behält.

- Die letzte Farbschicht mindestens mit doppelter Zeit ablüften lassen und nochmals die gesamte Fläche dünn übersprühen, damit die Farbe zu Hochglanz verläuft.
- Zum Schluss wie auch zwischen allen einzelnen Sprühgängen die Sprühdose mit dem Kopf nach unten halten und den Sprühkopf einige Sekunden drücken, bis aller Lacknebel aus dem Steigrohr und dem Sprühkopf gespritzt wurde, sonst klebt das Sprühventil zu. Den meist noch am Sprühventil anhaftenden Lacktropfen abwischen, dabei aber nicht das Sprühventil zuschmieren.
- Wenn auf größeren Flächen mit Lack gearbeitet wurde, unterstützt ein Heizstrahler vorteilhaft die anschließende Trocknung. Heizstrahler nicht zu nahe aufstellen, damit die Lackfläche gleichmäßig erwärmt wird.

Die richtige Sprühtechnik

Der Kreuzgang

Auf den meisten Lacksprühdosen ist ein Gittermuster abgebildet, dessen Fäden jeweils am Ende mit dem nächsten verbunden sind. Nach diesem Muster soll man, ohne abzusetzen, erst waagerecht Streifen um Streifen sprühen und danach noch einmal das Ganze senkrecht auf und ab. Der Lackierer nennt das »Kreuzgang«. Was für den Fachlackierer bei seinen durchweg großen Flächen richtig ist, muss für die kleinen Heimwerker-Reparaturflächen nicht ebenso richtig sein. Denn bei kleinen Flächen hat »Kreuzgang sprühen« folgenden Nachteil: In der Mitte der Hin- und Herbewegung ist die Bewegungsgeschwindigkeit am größten, der Lackfilm wird dort nur dünn. Am Ende der Sprühstreifen wird die Bewegung langsam und kommt beim Wenden zum nächsten Streifen ganz zum Stillstand. In diesem Totpunkt kommt zu viel Lack auf die Fläche. Das gibt die berüchtigten und gefürchteten »Läufer oder Nasen«. Deshalb ist der modifizierte Kreuzgang der bessere Weg für den Heimwerker. In einer Art abgewandeltem Kreuzgang gesprüht, ergibt sich eine völlig gleichmäßig deckende Lackschicht. Die Enden der einzelnen Streifen werden nicht miteinander verbunden, sondern bei jedem einzelnen Streifen lässt man den Sprühkopf los. Erst hin und her, dann auf und ab, eine halbe Handspanne vor und eine halbe Handspanne nach der Lackierfläche auf dem Abdeckpapier beginnen. So ergibt sich eine völlig gleichmäßig besprühte Fläche und eventuelle »Spucktropfen« beim Betätigen des Sprühkopfes tropfen nicht auf die Lackierfläche. Die Sprühdose muss unbedingt über die ganze Breite der Lackierfläche in gleichmäßigem Abstand mit stetiger Bewegung hin und her bzw. auf und ab geführt werden.

Die Schneckenrolle

Eine andere Möglichkeit besteht darin, in einer »Schneckenrolle« Lack aufzusprühen. Diese klassische Lackiermethode stammt aus den 70ern und wird auch angewendet. Nach dem Absprühen der ersten, unbrauchbaren Lacktropfen zielt man auf die Mitte der Lackierfläche und beginnt beim Druck auf den Sprühkopf sofort mit kreisenden Bewegungen in immer größeren Ringen um den zuerst gesprühten Mittelpunkt. Die Drehzahl um den Mittelpunkt bei den immer größer werdenden Ringen muss natürlich abnehmen, damit die Farbdeckung gleichmäßig bleibt. Sprühabstand: Auf den meisten Sprühdosen ist vermerkt, dass man aus 20 bis 25 bzw. 25 bis 30 cm Entfernung den Lack auf die Fläche sprühen soll. Diese Empfehlung gilt aber nicht auf den Zentimeter genau für alle Verhältnisse. Einerseits soll durch den Abstand vermieden werden, dass der Lack zu dicht auf eine zu schmale Fläche gesprüht wird, was sogleich »Läufer oder Nasen« produziert. Andererseits muss auf diese Entfernung das als Lösungsmittel dienende Treibgas bereits so weit verdampft sein, dass es nicht mit zu hohem Anteil in die Lackschicht gerät und erst dort in Form von Bläschen ausschäumt. Das kann die ganze Lackschicht ruinieren und macht zumindest eine mühselige Austupfarbeit notwendig. In der Praxis bedeutet das:

- Bei kühlen Temperaturen aus größerem Abstand, mindestens 30 cm, eventuell bis 40 cm sprühen, damit das jetzt schwerer verdunstende Treibgas schon verschwinden kann und der auftreffende Lack nicht zu dünnflüssig ist.
- Bei hoher Temperatur etwas näher bis 20 oder sogar nur 15 cm herangehen, weil bei größerem Abstand schon zu viel Treibgas verdampft ist. Dann kommt der Lack halbtrocken auf dem Blech an und trocknet dadurch apfelsinenschalenartig oder matt an.

Die optimale Temperatur

Es klang schon mehrfach an, wie wichtig die Temperatur für die fachmännische Ausführung und für das Gelingen einer ordentlichen Autolackierung ist. Völlig freie Wahl der Lackart, die Sie sprühen wollen, haben Sie z. B. nur in dem schmalen Temperaturbereich zwischen 20 und 25 °C. Wenn Sie die Arbeitsplatz-Temperatur nicht dem Lack anpassen können, müssen Sie entweder das Lackieren verschieben, bis die nötige Temperatur herrscht, oder Sie müssen eine Lackart wählen, die bei der vorhandenen Außentemperatur »mitspielt«.

Trockenzeiten und Temperatur

Höhere oder niedrigere Temperaturen beeinflussen den Trocknungsvorgang außerordentlich: Bei 25 °C sind NC-Lacke in knapp 10 Minuten und Kunstharzlacke in rund 20 Minuten staubtrocken. Bei 16 °C ergaben unsere Versuche erheblich längere Trocknungszeiten, z. B. 70 statt 55 Minuten für grifffesten Acrylharzlack. Bei 12 °C schließlich kleben Kunstharzlacke noch tagelang, während Nitrokombi- und Acrylharz-Lacke zwar einwandfrei, aber sehr langsam durchtrockneten. Zum Kunstharzlack muss erwähnt werden, dass er Tageslicht, nicht notwendigerweise Sonnenschein, zum einwandfreien Durchhärten braucht. Man nennt dies oxidative Trocknung, durch UV-Strahlen angeregt. Deshalb können KH-Lacke in einer dunklen Garage oder gegen Abend lackierte Flächen nicht über Nacht durchtrocknen. Arbeitsplatz-Temperaturen unter 20 °C legen eine Trocknungsunterstützung durch einen Heizstrahler nahe. Benutzen Sie aber keinen Heizlüfter, er bläst zu viel Staub in den Lack.

Störfaktoren Kälte und Feuchtigkeit

Bei Frost ist das Lackieren gänzlich ausgeschlossen. Herrscht Kälte, dann hat es keinen Sinn, das Fahrzeug zum Lackieren in eine nur wenige Stunden verfügbare erwärmte Halle oder Garage zu bringen. Das Metall beschlägt dort sofort wie kalte Brillengläser beim Betreten feuchtwarmer Zimmer. Der Feuchtigkeitsniederschlag ist oft nicht sichtbar und wird dann unbekümmert überlackiert. Dadurch bilden sich unter dem Lack, auch bei zuerst gut aussehender Oberfläche, kleine Bläschen, die im Laufe der Zeit weitere Feuchtigkeit durch die Lackporen ziehen, den Lack abheben und in der Regel auch stark unterrosten, so dass die Arbeit nach einigen Wochen oder Monaten wiederholt werden muss. In einer wirklich brauchbaren und geheizten Garage können Sie Ihr Fahrzeug im Winter nur dann ordentlich lackieren, wenn der Wagen mindestens über Nacht der Innenraumtemperatur angepasst werden konnte.

Seien Sie auch vorsichtig bei umschlagender Witterung. Dass man nicht im Regen oder Nebel sein Auto draußen lackiert, braucht sicher nicht erklärt zu werden. Einer frischen Lackierung wird aber auch ein erst nach Stunden einsetzender Nebel oder Regen gefährlich. Der Trocknungsprozess des Lackes ist ja noch nicht abgeschlossen, und die empfindliche Lackoberfläche wird durch die in anderer Weise abtrocknenden Wasser- oder Nebeltröpfchen fleckig oder einfach matt. Für den nur langsam trocknenden Kunstharzlack ist aufkommender Abendnebel ganz besonders schädlich.

Temperatur und Sprühdosendruck

Am besten ist es, wir sagten es bereits, wenn die Temperatur mindestens 20 °C, besser etwa 25 °C beträgt. Sofern das die Sprühdosen direkt betrifft, ist das kein großes Problem. Wir waren zuerst der Meinung, ein entsprechendes Anwärmen der Sprühdosen könnte bei kühleren Außentemperaturen nicht viel Sinn haben, weil der aussprühende Lack bei seiner feinen Verteilung ja doch sofort wieder abgekühlt würde, zumal durch die gleichzeitige Verdunstungskälte des Treibgases. Das ist aber auch nicht der Zweck der Mindesttemperatur, sondern sie soll den Innendruck auf wenigstens 2,5 bar bei etwa 20 °C oder etwa 3,5 bar bei 30 °C bringen, damit der Lack mit höherem Druck feiner versprüht wird und das als Verdünnung dienende Treibgas schon im Sprühstrahl verdampft. Ist die Sprühdose zu kühl, sprüht nasser Lack auf das Autoblech, es gibt verstärkt herunterlaufende Tropfen und Treibgasbläschen im Lack. Die optimale Sprühdosentemperatur lässt sich vergleichsweise leicht erreichen. Die Arbeitsplatztemperatur dagegen muss man als Heimwerker nehmen, wie sie ist. Denn Sie werden kaum eine geheizte Werkhalle zur Verfügung haben, sondern in aller Regel im Freien lackieren müssen. Auch eine Garage wird nur selten dazu brauchbar sein. Sie bietet meist nicht genügend Licht, das man aber beim Lackieren benötigt, um etwaige Fehler schon im Entstehen zu erkennen. Außerdem ist die Gefahr gesundheitlicher Schäden groß, da Sie sicher keine Absauganlage in der Garage haben werden. Nach der Lackierarbeit bekommen Sie dann eventuell Kopfschmerzen durch die verdunstenden Lösemittel. Wenn Sie aber im Winter Ihre mühselig erwärmte Garage aufreißen, weil Sie den Lackdunst darin einfach nicht mehr ertragen können, ist die Temperatur sofort unter dem Optimum. Lackierarbeit in der Garage und bei ungünstiger Außentemperatur ist also am ehesten möglich, wenn man das zu lackierende Autoteil abmontieren kann und nur dieses in die Garage nimmt. Damit ist dann auch die Bewegungsfreiheit gesichert.

Der richtige Lack

Die Sprühdosen-Wahl

Die gewünschte Farbe sucht man sich im Fachgeschäft aus dem Verkaufsregal heraus. Manchmal ist nur eine Marke vertreten, oft stehen verschiedene Lacksprühdosen-Marken friedlich beieinander. Das scheint auch so in Ordnung, denn alle diese Spraydosen sehen sich, von Etikett und Kopfaufsatz einmal abgesehen, ziemlich ähnlich. Nennt man dem Verkäufer im Fachgeschäft Automarke, Farbname und eventuell noch dessen Kennziffer laut Fahrzeugdatenträger, ist er glücklich, wenn er die betreffende Sprühdose gleich zur Hand hat und nicht extra bestellen muss. Schwieriger scheint es nur dann zu werden, wenn der Farbname nicht mehr einwandfrei zu ermitteln ist oder wenn das Fahrzeug in der Zwischenzeit mit einer anderen Farbe lackiert wurde. Dann hilft keinesfalls eine Farbwahl nach dem Auge aus dem Farbmusterkatalog, sondern das Auto muss her und zuerst einmal mit dem farbigen Sprühdosendeckel verglichen werden. Wenn die Farbe zu stimmen scheint, macht man noch einen kleinen Farbspritzversuch zum Farbvergleich, aber natürlich nicht außen auf dem Auto, sondern im Kofferraum. Dort hat die von Wind und Wetter unbeeinflusste Farbe noch den Originalton, und der allein gilt. Denn bei einer äußeren Vergilbung der Farbe wird sich der Farbton der Sprühdose mit der Zeit auch diesem Ton angleichen. Dabei sind die hierzulande angebotenen Lacksprühdosen durchweg von guter bis sehr guter Qualität. Auch die Farbtongenauigkeiten werden recht gut eingehalten. Man kann ordentliche Arbeit damit leisten, wenn man weiß, welche Lackmaterialien für welche Aufgabe bestimmt und wie sie anzuwenden sind.

Größe und Haltbarkeit von Spraydosen

Um der Verbraucherverwirrung vorzubeugen, gibt es durch gesetzliche Vorschriften nur noch wenige genormte Sprühdosengrößen. Bei den Lacksprühdosen sind eigentlich nur noch die kleinere 150-Milliliter-Dose (International: 6-Unzen-Dose) und die große 400-Milliliter-Dose (international 16 Unzen) üblich. Die großen und im Vergleich zum Inhalt preiswerteren 400-ml-Dosen werden vorzugsweise mit besonders

Große Auswahl: Ob unterschiedliche Hersteller oder Vorbereitungsmaterial, hier findet sich alles, was für die kleine Reparatur gebraucht wird.

marktgängigen Farbtönen, mit dem vielfach benötigten Haftgrund und mit Sonderlacken befüllt.

Lagerfähigkeit

Lacksprühdosen sind nicht unbegrenzt lagerfähig. Die Hersteller sprechen etwa von zwei Jahren. Wir haben selbst mit über fünf Jahre alten Sprühdosen noch brauchbare Ergebnisse erzielt, bei anderen wiederum hatte sich die Farbe vermutlich durch Dosenblecheinwirkung chemisch zersetzt. Bei der Vielzahl der Farbtöne können natürlich auch beim Handel manche Dosen lange liegen. Sie werden gelegentlich als Sonderangebot billig verkauft. Wenn der Händler eine Farbe für Sie erst bestellen muss, ärgern Sie sich nicht, denn Sie haben dann wirklich frischen Lack.

Lackreparatursets

Die schon erwähnte Peter Kwasny GmbH, seit einigen Jahrzehnten einer der international führenden Hersteller von Lacksprays und damit verbundenen Erzeugnissen, bietet für kleine und mittlere Lackschäden das »Auto-K Spray-Set« an. Es enthält 150 ml Autolack im Originalfarbton zum Sprühen mit dem kompletten Zubehör in der Dosenverschlusskappe: Tupfpinsel mit Halterung in der Kappe und ein im Originalton lackierter Deckel zur Aufnahme der gespritzten Farbe und als Rührbecher. Mit dem Pinsel lassen sich auch kleinste Lackschäden auf einfache Weise ausbessern. Das

Auto-K Spray-Set gibt es in professioneller Autolack-Qualität als 2-Schicht-Basis-Lack mit dem entsprechenden 2-Schicht-Klarlack oder als 1-Schicht-Decklack. Die Originalfarbton-Lacksprays sind ideal zur Ausbesserung von kleinen, mittleren und größeren Lackschäden. Fahrzeuganbauteile aus Blech und Kunststoff lassen sich damit farblich anpassen.
Übrigens produziert die Kwasny GmbH alle Produkte von der Lackiervorbereitung (perfekte Vorbehandlung der Schadstelle) wie spachteln und schleifen bis hin zu dieser Decklackierung im Originalfarbton. Lackstifte für die »kleinen« Autolackreparaturen gehören auch dazu.

Spraylacke mischen lassen

Angesichts von zig Tausenden unterschiedlichen Autolack-Farbtönen besitzen gut ausgestattete Farbgeschäfte und qualifizierte Lackierwerkstätten statt eines umfangreichen Farbtonlagers eine Farbton-Mischmaschine von einem Lackhersteller. Damit kann nach genau ausgearbeiteten Mischtabellen fast jeder verlangte Farbton hergestellt werden. Diese lufttrocknenden Kunstharzlacke sind dann vollwertige Autolacke, wiewohl die Farbtongenauigkeit von der Gewissenhaftigkeit des Farbenhändlers (oder Lackierers) abhängt. Diese Lackmischungen können dann beim Lackierbetrieb und oft auch beim Fahrzeugteilezubehörhändler in unterschiedlichen Dosengrößen bezogen werden.

Die Trocknungsstufen des Lackes

Frischer Lack muss für eine Mindestzeit »offen« bleiben, bevor er staubtrocken zu werden beginnt, damit die nachfolgenden Lacktropfen mit den ersten einwandfrei verlaufen können. Er muss andererseits aber auch so bald abzutrocknen beginnen, dass er nicht von der Fläche abfließt und seinen Glanz verliert. Die Trocknungsstufen werden in Stadien unterschieden, die wir Ihnen hier nun zuerst näher bringen wollen.

Zwischenablüften:
Unter Zwischenablüftzeit versteht man die Trocknung des Lackes zwischen den einzelnen Sprühvorgängen. Zwischen jedem Lackauftrag muss eine Zwischenablüftzeit von ca. 5 - 10 Minuten eingehalten werden, sodass keine Über-/Doppelbeschichtungen der bereits lackierten Flächen erfolgen, was zu »Läufer oder Nasenbildungen« führen würde.

Anmischen von Autolack: In den Lackierereien und guten Karosserie-Werkstätten werden die Lacke genau nach Herstellerangaben gemischt. Ist die Lackiererei entsprechend ausgerüstet, kann der Lack sowie der Wunschfarbton mittels Abfüllgerät auch in Spraydosen bezogen werden. Fragen Sie einfach mal nach.

Ablüften
Unter Ablüften versteht man die Zeit, die der Lack noch weich, aber noch nicht staubtrocken ist. Abgelüftet ist der Lack sehr schnell. In diesem Stadium sollen bereits alle Abklebebänder abgezogen werden, die die frische Lackfläche direkt eingrenzen. In diesem Zustand ist der Lack nämlich noch so weich, dass die Lackränder mit dem Abklebband nicht aufreißen, sondern sozusagen in sich verschmelzen. Wartet man länger, gibt es eine harte, meist gratige Kante. Damit das Abklebband beim Abziehen keine weichen Farbfäden ziehen kann, wird es weder flach nach oben, noch in starkem Knick gegen den restlichen Klebestreifen, sondern etwa im rechten Winkel gegen die frische Lackfläche hin abgezogen. Dadurch wird der Lackrand etwas eingebügelt.

Staubtrocken
Staubtrocken ist der frische Lack, wenn er keine umherfliegenden Staubfusseln mehr bindet. Dann kann z. B. das Abdeckpapier wieder unbesorgt abgenommen werden. Aber berühren darf man den Lack noch nicht.

Berührungsfest
Berührungsfest ist der Lack, wenn man bei einem vorsichtigen Versuch an einer unauffälligen Stelle an der Fingerspitze kein Kleben mehr spürt und beim Blick schräg gegen das Licht keine sichtbare Fingerspur zurückbleibt. Danach kann man, wenn es sein muss, mit seinem frisch lackierten Auto gemächlich losfahren. Schnelle Fahrt allerdings würde den überall vorhandenen Staub noch in den Lack pressen.

Grifffest
Grifffest ist der Lack, wenn man ihn mit der ganzen Hand ohne Druck und für wenige Augenblicke ohne Schaden berühren kann. Aber es wäre noch zu früh, ein frisch lackiertes Autoteil in diesem Zustand zu montieren. Dazu muss man meistens etwas intensiver und länger zupacken. Also besser noch warten.

Abklebefest
Abklebefest wird der Lack erst, wenn er so weit durchgetrocknet ist, dass man ihn mit Tesakrepp abkleben kann, z.B. zum Kantenabkleben für eine Zweifarbenlackierung. Ist der Lack nicht ausreichend trocken, kann es passieren, dass sich nach Abziehen des Abklebebandes Mattierung und Klebemittelrückstände im Lack verewigt haben. Es ist deshalb empfehlenswert, einige Tage mit dem Überkleben zu warten, wenn immer dies möglich ist.

Typische Lackfehlerbilder

Fehler entstehen bei einer Lackierung sehr leicht und können oftmals schon durch gründliche Vorbereitung vermieden werden. In der Praxis ist es aber für Sie recht wichtig, entstandene Fehler identifizieren zu können und in der weiteren Vorgehensweise mit entsprechenden Lösungen an das Problem herangehen zu können.

Haftung zu Untergrund
Um Haftungsprobleme zu vermeiden, sollte die zu lackierende Fläche generell immer trocken, sauber und fettfrei sein. Bei problematischen Untergründen, wie z. B. Kunststoffen und Styropor, sollte die entsprechende Spezialgrundierung verwendet werden.

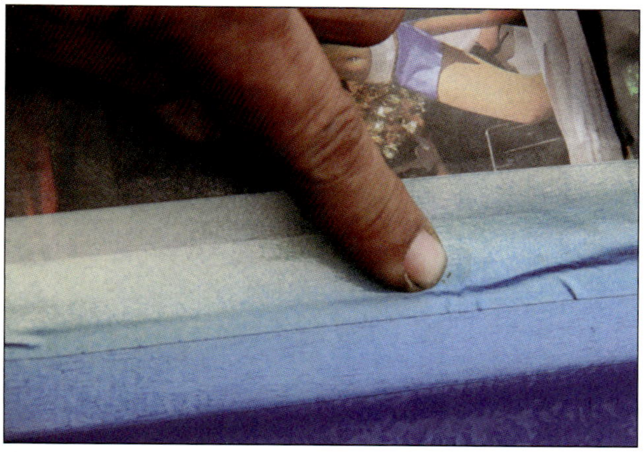

Grifftest am Klebeband: Die nächste Schicht ist dann fällig, wenn der Lack auf der Testfläche am Klebeband gerade noch klebt.

Läufer oder Nasenbildung
Um »Läufer« zu vermeiden, sollten Sie darauf achten, dass Ihr Sprühabstand zum Objekt nie zu gering ist. Es sollten 15 - 25 cm eingehalten werden. Der Lack darf nicht zu dick in einem Auftrag aufgebracht werden. Sprühen Sie mehrere dünne Schichten im Kreuzgang. Darunter versteht man das Aufbringen zunächst einer horizontalen, dann einer vertikalen Schicht. Die Wendepunkte sollten außerhalb des Objektes ausgeführt werden. Alle Arbeitsmaterialien, die Lackspraydose und das zu lackierende Objekt sollten die ideale Verarbeitungstemperatur von 20 bis 25 °C haben. Nach dem Durchtrocknen des Lackes können Sie den Läufer vorsichtig mit 1000er-Wasserschleifpapier ausschleifen und mit anschließendem Polieren mit einer Schleifpolitur unsichtbar machen.

Haftung am Untergrund: Die abblätternden Lackschichten sind das sicherste Zeichen dafür, dass der Lack sich nicht mit den Schichten darunter verbunden hat.

»Weiß angelaufener« Lack

Das »weiß Anlaufen« des Lackes entsteht, wenn bei zu hoher Luftfeuchtigkeit lackiert wurde oder wenn mit zu hoher Schichtdicke lackiert wurde. Der graue Schleier kann nach guter Durchtrocknung der Lackschicht herauspoliert werden. Die optimale Verarbeitungstemperatur liegt zwischen 20 und 25 °C bei geringer Luftfeuchtigkeit. In den meisten Fällen können Sie die Oberfläche nach dem Durchtrocknen des Lackes durch Polieren mit einer guten Poliermaschine und Schleifpolitur leicht wieder herstellen.

Raue und matte Oberfläche

Aufgrund eines zu großen Sprühabstandes verläuft der Lack auf der Oberfläche nicht mehr optimal. Der Lack trocknet bereits in der Luft an und setzt sich als »Sprühnebel« auf der Oberfläche ab. Bei einem konstanten Lackierabstand von ca. 15–25 cm ist dies zu vermeiden.

Ein weiterer Grund könnte die Lackierung eines zu heißen Objektes oder die Lackierung in der prallen Sonne sein. Bei zu großer Hitze kann das Lösemittel auf der Oberfläche nicht mehr entweichen und es entstehen »Blasen«, die die Oberfläche nicht mehr glänzen lassen. Dies vermeidet man durch Lackierung an einem sonnengeschützten Ort. Weiterhin können auch Staubeinschlüsse zu einer matten Oberfläche führen. In den meisten Fällen können Sie Ihr Arbeitsergebnis mit der Poliermaschine noch retten. Sonst hilft nur den Bereich neu anschleifen und neu zu lackieren.

Einschlüsse im halbtrockenen Lack

Vor allem beim länger trocknenden Kunstharzlack ist es fast unvermeidbar, dass sich im feuchten Lack kleine Fliegen niederlassen oder Staub und winzige Fusseln ankleben. Natürlich können Sie Versuchen die Einschlüsse mit Hilfswerkzeugen wie einer feinen Pinzette, einem spitzen Pinsel und einer Dekorationsnadel zu entfernen. Das gelingt aber meist eher nicht.

Gerät eine Fliege oder ein Staubfussel in den noch fließenden nassen Lack, wird das noch so vorsichtige Herauspicken mehr Spuren verursachen als der Einschluss selber. Der nasse Lack kann dann noch in dem »Krater« zusammenfließen, würde man meinen. Das allerdings tut er eher nicht. Aber auf keinen Fall zusätzlich Lack dorthin sprühen.

War ein Staubkorn im Lack, das man nur übersehen hat: Durch übergesprühten Lack wird es etwa zwanzigfach vergrößert. Dann ist es nicht mehr zu übersehen. Lassen Sie den Staub im Lack mehrere Wochen trocknen und polieren dann die Fläche glatt. Klebt eine Fliege oder ein Staubfussel am zunehmend mehr abtrocknenden Lack fest, dann stören Sie sich erst mal gar nicht daran. Lassen Sie den Schmutz in aller Ruhe zusammen mit dem Lack trocknen. Kleinere

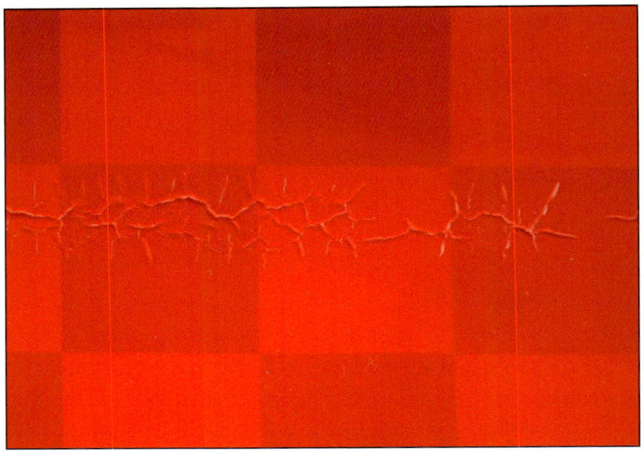

Chemische Unverträglichkeit: Die aufgetragene Lackschicht löst die Schichten darunter an oder reagieren mit ihr.

PRAXISTIPP

Sprühdosen gut schütteln

In der Gebrauchsanleitung jeder Lacksprühdose ist vorgeschrieben, dass sie mehrere Minuten kräftig geschüttelt werden muss. Man braucht dazu keine Stoppuhr, sondern hört schon am Klickern der Mischkugeln, wenn sie nicht mehr zäh durch den Lack treiben. Es ist vorteilhaft, die Lacksprühdose am Vorabend oder wenige Stunden vor dem Lackieren schon einmal kurz aufzuschütteln und hinzulegen, wenn sie vorher stand, oder hinzustellen, falls sie lag. Das unten abgesetzte Farbpigment kann auf diese Weise verlagert werden. Das Schütteln der Sprühdose dient aber nicht nur dem Durchmischen des Farblacks, sondern bei kühler Temperatur noch mehr dem Aufwärmen der Sprühdose. So erhöht man den Innendruck.

Nach dem Schütteln von Kunstharzlack-Dosen richten Sie den Sprühkopf nicht sofort auf das Autoblech, sondern pusten den ersten kurzen Strahl nebenan auf das Abdeckpapier oder in einen Kotflügel des Autos. Denn im Steigrohr der Sprühdose befindet sich immer ein undurchmischter oder vielleicht etwas eingedickter Lackrest vom letzten Dosengebrauch oder vom Befüllen. Dieser »Pfropfen« muss erst abgesprüht werden.

Trocknungszeit zu kurz: Die Lackschicht ist hier schneller getrocknet als die Schichten darunter. Es bilden sich Risse.

Farbtonabweichung: Meistens passen Parameter wie die Verarbeitungstemperatur oder Sprühabstand nicht. Untergrund und eventuelle Vorlackierung müssen stimmen.

Kein Farbverlauf: Entweder zu großer Abstand, zu lange Wartezeit zwischen den Lackiergängen, zu hohe Temperatur beim Lackieren oder zu wenig Lackauftrag.

Weißanlauf des Lackes: In den meisten Fällen findet sich die Ursache in zu hoher Luftfeuchtigkeit.

Nase oder Läufer: typisches Bild bei zu geringer Lackiertemperatur, unzureichender Wartezeit zwischen den Lackschichten oder zu hohem Lackauftrag.

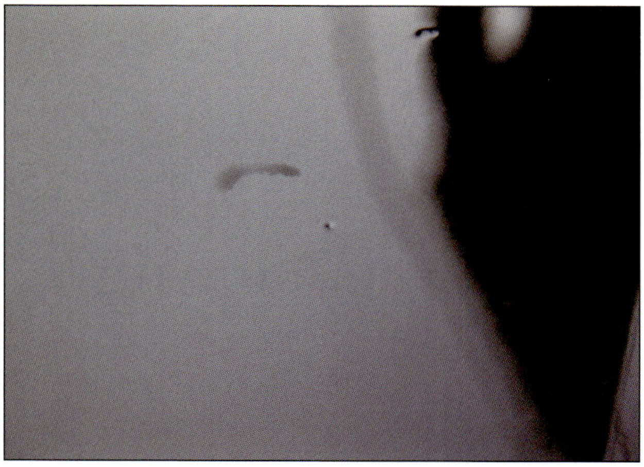

Einschlüsse oder Krater: Krater entstehen oft durch Silikonrückstände, Einschlüsse durch Staub.

Einschlüsse sehen Sie im hochglänzend frisch lackierten Lack immer besser. Nach einigen Tagen werden Sie durch die Alltagsbelastungen des Lacks sogar Schwierigkeiten haben, die unpolierte Fläche mit der Fehlerstelle wiederzufinden. Nach der ersten Politur fallen auch größere Einschlüsse nicht mehr auf.

Farbtonabweichung

Der erste Verdacht liegt immer beim Lackhersteller. Das trifft es aber meistens nicht. Farbtonabweichungen in einer Lackierung entstehen oft dadurch, dass die Spraydose nicht lange genug aufgeschüttelt wurde. Vor der Lackierarbeit sollte die Lackspraydose mindestens zwei Minuten, vom hörbaren Anschlag der Mischkugeln an gerechnet, aufgeschüttelt werden, sodass sich die Pigmente nicht auf dem Dosenboden absetzen.

Es kann auch daran liegen, dass ein zu geringer Lackauftrag erfolgte und die Farbe dadurch nicht genügend deckt (die Grundierung scheint noch durch und kann den Farbton verfälschen). Ebenfalls kann es am Lackieren selbst liegen. Bei Metalliclacken hängt das Lackierergebnis vom Sprühabstand ab. Bei zu geringem Sprühabstand wird der Farbton zu dunkel. Bei zu großem Sprühabstand ist das Endergebnis zu hell. Um dies zu vermeiden, zunächst Probesprühen und den Farbton vergleichen. Auch hier gilt: Der ideale Sprühabstand ist mit ca. 15–25 cm einzuhalten.

Wie man Hochglanz erreicht

Ein anderes Fahrzeug hat unterwegs oder auf einem Parkplatz Ihren Wagen leicht gestreift, Dellen gab es keine, der Lack ist nur matt geschliffen oder trägt unfreiwillig den Lack des Streifenden zur Zier. Bei diesem oder ähnlichen Vorfällen können Sie das Lackiermaterial im Schrank lassen. Sie erzielen ein viel besseres Ergebnis, wenn Sie den »Streifschuss» auspolieren. Das ist der bekannte »kleine Lackschaden«, von dem die Hersteller und Vertreiber von Lackstiften und Tupflack profitieren wollen. Wenn Sie es auf Ihrem Fahrzeug mit matt gewordenem Lack zu tun haben, sieht die Sache aber schon ganz anders aus. So etwas geschieht, weil nachlackierte Stellen nicht so witterungsbeständig sind wie die serienmäßige Erstlackierung. Es ist deshalb möglich, dass nachlackierte Teile nach einigen Jahren milchig-trübe in ihrer Farbe sind und keinen Hochglanz mehr zeigen. Der Lack ist ausgekreidet, wie der Lackierer sagt. In diesem Zustand ist das Farbpigment nicht mehr von Bindemitteln umhüllt, das Bindemittel ist abgebaut, und in krassen Fällen hat man beim Darüberreiben Farbstaub im Lappen oder an der Handfläche. Solchem Lack kann man nur noch mit besonders witterungsbeständigen Lackpflegemitteln für einige Zeit über die Runden helfen, aber im Prinzip ist der Lack zerstört. Eigentlich, so dachten wir, könnte man dem im Grund noch ganz ordentlich aussehenden Lack mit Feinstschliff zum Abtragen der Farbpigmente und übergesprühtem Klarlack zu dauerhaftem frischem Hochglanz verhelfen. Es hat keinen Zweck: Am Anfang sieht es ganz ordentlich aus, wenn man nicht aus Versehen hier oder da den alten Lack bis zum Durchschimmern des Füllers abgeschliffen hat und der Klarlack genügend Eigen-Hochglanz bringt. Aber schon nach einem halben Jahr gilbt der Klarlack nach und wird wegen der unterschiedlichen Schichtstärke fleckig. Sie müssen also wirklich neuen Decklack sprühen, vielleicht sogar neue Farbe lackieren oder die Lackierung ganz erneuern. Im Folgenden demonstrieren wir Ihnen die jeweilige Vorgehensweise.

Der Verlauf muss stimmen

Hochglanz wird durch die Art der Lackgrundstoffe und die Fähigkeit der Lacktröpfchen erreicht, beim Sprühen miteinander zu einer spiegelglatten Fläche zu zerfließen. Der Lackierer nennt das den »Verlauf«. Dieser ist abhängig von der chemischen Zusammensetzung des Lackes, vom Zeitablauf des Trocknungsvorganges und von der Verarbeitungstemperatur. In der Temperatur, besonders in der Umgebungstemperatur, liegt das größte Problem für den Heimwerker, technisch saubere Spachtel- und Grundierarbeit vorausgesetzt.

Von der Temperatur bei der Verarbeitung wird in den Lacksprühdosen-Gebrauchsanweisungen meist nicht sehr ausführlich gesprochen, allenfalls andeutungsweise von der Sprühdosentemperatur. Diese soll beim Sprühen »Raumtemperatur«, manchmal auch »20 °C« haben. Gelegentlich wird auch nur gesagt, »kalte Sprühdosen sprühen nicht gut«. Nicht zu vergessen ist

PRAXISTIPP

Sprühköpfe reinigen und sammeln

Wenn der Sprühkopf trotz Ausblasen nach dem letzten Gebrauch verstopft ist, wurde er nach oben abgezogen und der Schlitz des inneren Sprühkopfröhrchens mit einer Nadel gereinigt. Das ist aber zugunsten des Spritzbildes des Sprühkopfes (das ist nämlich die Düse, die das Sprühbild erzeugt) entfallen. Werfen Sie den Kopf fort und nehmen Sie einen anderen aus einer Sammlung, die Sie sich klugerweise angelegt haben.
Denn es zahlt sich aus, die Sprühköpfe leerer Sprühdosen aufzuheben, wenn Ihnen der Sprühstrahl besonders gut erschien. Sprühköpfe sind Massenartikel, sollen aber Präzisionsarbeit leisten, was sie durchaus nicht immer schaffen. Haben Sie sich einen ausreichenden Vorrat gesammelt, können Sie einen »spuckenden« Sprühkopf wegwerfen und durch einen bewährten ersetzen. Bei lange lagernder Sprühdose kann sich das Steigrohr in der Dose durch abgesetztes Lösungsmittel verstopfen. Dann hilft das feste Eindrücken des Sprühkopfes nicht viel. Besser ist es dann die Sprühdose nicht zu verwenden und im Sondermüll zu entsorgen. Das Freiblasen mit einem spitzen Gegenstand durch das Sprühkopfventil ist nicht nur »überraschend farbintensiv«, sondern auch gesundheitsgefährdend.

ein weiteres Hochglanzproblem der Heimwerkerpraxis: die unterschiedliche »Füllkraft« der Lacke.

Die richtige Auswahl treffen

Obgleich es in den gängigen Autolack-Sprühdosen nur vier unterschiedliche Lackarten gibt, ist die Wahl der richtigen Sprühdose nicht leicht. Man kann sich auch nicht allein nach dem Preis richten. Die Frage, welcher Sprühlack denn nun der beste sei, lässt sich auch nach sorgsamer Abwägung nicht wirklich beantworten.
Die chemische Zusammensetzung des Lackes in unseren Sprühdosen ist sehr unterschiedlich und so auch der mit der jeweiligen Lackspraydose höchst erreichbare Glanzgrad. Bei einwandfrei geschliffenem, also chemisch passendem Untergrund und günstiger Arbeitsplatztemperatur zwischen 20 und 25 °C steht mit seinem Hochglanz der Kunstharzlack an der Spitze. Danach folgen die Nitro-Kombinations-Lacke und mit einem »seidigen« Glanz die Acryllacke.
Acryllack lässt sich durch geeignete milde Poliermittel zu Hochglanz polieren. Das setzt aber bei der mäßigen Füllkraft des Acryllackes wirklich hochwertigen Feinstschliff des Lackuntergrundes voraus. Sie müssen bei Ihrer Lackentscheidung also bedenken, welche Temperaturverhältnisse am Arbeitsplatz herrschen und wie groß die Reparaturfläche ist, um einen bei diesen Gegebenheiten gut zu verarbeitenden Sprühlack zu wählen. Sie müssen wissen, ob der Arbeitsplatz gut staubfrei gehalten werden kann und dadurch die Verwendung eines langsamer trocknenden Lackes möglich ist. Ebenso müssen Sie abwägen, ob wegen Staub- und Insektengefahr eine schnelle Trocknung wichtiger ist und ob man Werkzeug, Handfertigkeit und Geduld haben wird, um den Lackuntergrund sorgsam vorzubereiten und feinst zu schleifen. Vielleicht entscheidet man sich am Ende doch für einen füllkräftigen Lack, um leichte Schleifnachlässigkeit auszubügeln. Schlechte Vorarbeit verzeiht allerdings überhaupt kein Lack. Wie immer man sich aber entscheidet: Wichtig bleibt dann doch noch die Lackverträglichkeit mit eventuell schon früher benutztem anderem Reparaturlack.

Lackart und Verträglichkeit

Grundsätzlich sind alle Lackarten mit einem Kunstharzlack überlackierbar. Kunstharzlacke können aber nur mit Kunstharzlacken überlackiert werden. Acryllacke oder Nitro-Kombilacke lassen sich nicht auf Kunstharz lackieren. Dies würde aufgrund der chemischen Unverträglichkeit zum »Hochziehen« des Lackes führen.

Lackieren mit unterschiedlichen Lackarten

Auch einigermaßen verträgliche Lackarten lassen sich nicht miteinander »nass in nass« verarbeiten. Wenn Sie also eine Reparaturstelle mit Lack eines bestimmten Herstellers begonnen haben und nach Leerung der Dose mit einem anderen Produkt weitermachen, bekommen Sie keinen Hochglanz, sondern vor allem in den Übergangszonen eine haftgrundartige Mattierung. Der Verlauf ist dann durch die unterschiedliche chemische Zusammensetzung der Lacke gestört.
Dieses Verträglichkeitsproblem war in den letzten Jahren schon gut durch die Annäherung der verschiedenen Produkte aneinander etwas gelöst worden. Es entsteht jetzt wieder auf neue Art, weil die groß angelegte Umstellung auf Wasser-verdünnbare Lacke schrittweise und unterschiedlich betrieben erfolgt. Aber generell sind die zu versprühenden Lacke auch mit Wasserbasislacken der Autohersteller oder mit ehedem mit

Pulverlacken beschichteten Reparaturflächen in hinreichenden Grenzen kompatibel.

Kunstharzlacke

Kunstharzlack, zumindest lufttrocknender, verträgt sich mit allen Untergründen, einerlei, ob man ihn über Kunstharz-, Nitrokombinations- oder Acrylharzlack bzw. Kunstharz- oder Nitrospachtel spritzt. Es kann allerdings zu Beeinträchtigungen des Verlaufs und damit des Hochglanzes kommen.

Nitro-Kombinations-Lacke

Nitro-Kombinations-Lack verträgt sich nur sicher mit einem Nitro-Untergrund, mit anderen Lackarten (Kunstharz und Acrylharz) nur dann, wenn sie mit hohen Temperaturen (160 bis 180 °C) vom Werk eingebrannt wurden. Bei ofengetrockneten Nachlackierungen (60 bis 80 °C) und bei luftgetrockneten Lackierungen mit Kunstharz und Acrylharz bzw. Kunstharzspachtel muss man mit Zerstörungen rechnen. Kunstharz wird in der Regel »hochgezogen«, von seinem Untergrund gelöst und in Runzeln abgekräuselt. Acrylharzlack als Untergrund kann durch Lösungsspannung reißen, sodass man unter der Nitro-Lackschicht gegen das Licht grobe Schleifspuren zu sehen vermeint.

Acrylharzlack

Acrylharzlack verträgt sich nur sicher mit einem Acrylharzuntergrund, zumeist aber auch mit einem Nitro-Kombinations-Untergrund und natürlich ebenfalls mit der besonders widerstandsfähigen Einbrennlackierung auf Alkyd-, Acryl- oder Kunstharzbasis. Dagegen löst es lufttrocknenden, ohne Beheizung getrockneten Kunstharzlack und Kunstharzspachtel besonders heftig an und zieht ihn in Runzeln hoch.

Der Unverträglichkeit vorbeugen

Um allen Ärger mit eventuellen Unverträglichkeiten möglichst zu vermeiden, muss man einige Grundsätze und Regeln kennen und beherzigen. Es ist nicht einerlei, welche von den unverträglichen Lackarten oder Lackaufbaumaterialien oben oder unten sind. Die Frage muss immer lauten: Aus welchem Material ist der Untergrund und was passiert mit ihm, wenn ich dies oder jenes Material darüber arbeite? Das gilt nicht nur für das Spritzen, sondern auch für das Spachteln oder Streichen. So geht zwar Kunstharz auf Acrylharz, aber nicht umgekehrt. Bei Zwei-Komponenten-Polyesterspachtel als Füllspachtel für stärkere Unebenheiten gibt es nach unseren Erfahrungen keine Probleme bei lufttrocknenden Lacken.

- Von Nitro-Kombi- und Acrylharzlack kann der Kunstharzspachtel, der an sich so gut zu verarbeiten ist, »hochgezogen« oder »gebrochen« werden. Dagegen ist Nitro-Kombinations-Spachtel als Messerspachtel für alle Decklacke problemlos.
- Haftgrund aller Sprühdosen-Marken bringt als Lackuntergrund in der Regel keine Probleme, da er bei allen Lacksprühdosen-Herstellern entweder auf Nitro-Kombi- oder Acrylharzbasis hergestellt wird, also mit allen Decklacken und Spachteln überlackiert werden kann. Wird Haftgrund über eine Reparaturfläche gesprüht, auf der neben blankem Metall Teile einer luftgetrockneten früheren Kunstharzlackierung sitzen, kräuselt er oft die Anschliffränder dieser Kunstharzschicht hoch. Dieses sehr schwierige Problem ist meist nur durch radikale Beseitigung des alten Kunstharzlackes zu lösen. Oft hilft statt des üblichen Haftgrundes aber der spezielle Rostschutzgrund auf Kunstharzbasis.
- Bei der serienmäßigen Einbrennlackierung (160 bis 180 °C) besteht etwa nach einem Jahr kein Grund zur Sorge, dass irgendein lufttrocknender Sprühlack den Untergrundlack hochziehen könnte. Bei Einbrennnachlackierungen (60 bis 80 °C) besteht diese Sicherheit jedoch nicht. Es kann gut gehen oder auch nicht. Wenn es nach einer gewissen Zeit den von der Lackierwerkstatt verwendeten Kunstharz-Reparaturlack hochzieht, ist der Ärger groß. Zur Vorbeugung sollte man die Altlackierung unbedingt an einer unscheinbaren Stelle anschleifen, denn Anschliffkanten sind besonders kräuselempfindlich. Eine satte Probelackierung auf einer kleinen Fläche bringt nach einigen Stunden das gewünschte Ergebnis. Mit Lupe bewaffnet, begutachtet man den Lack auf Risse, Runzeln oder Kratzer.

> **GEFAHRENHINWEIS**
>
> **⚠ Explosionsgefahr beachten**
>
> Nach den gesetzlichen Sicherheitsbestimmungen muss ein Raum, in dem mit elektrisch angetriebenem Kompressor farbgespritzt wird, mindestens 30 Kubikmeter Rauminhalt und mindestens 10 Quadratmeter Bodenfläche haben. Je Kubikmeter Rauminhalt dürfen pro Stunde nicht mehr als 20 Gramm Lack gespritzt werden, sonst besteht Explosionsgefahr!

- Unsichere Altlackierung sollte man mit der Schleifmaschine herunterputzen oder ablaugen. Firmenaufschriften und dergleichen auf Kombis oder Transportern sind entweder mit Kunstharz aufgepinselt oder als selbstklebende Kunststofffolie ausgeführt. Ist der serienmäßige Einbrennlack darunter noch gut, wird die Beschriftung mit Aceton abgewaschen. Das erübrigt im günstigsten Fall sogar das Überlackieren.

Kleine Lackschäden beheben

Kleine Lackschäden sollte man mit einem Tropfen Farblack ausbessern. Man darf als Selbsthilfe-Lackierer nie aus den Augen verlieren, dass die Erstlackierung von einer Qualität ist, die von der Lackierwerkstatt nachträglich nie erreicht werden kann, auch wenn diese noch so professionell arbeitet. Ist die Erstlackierung irgendwie zu retten oder wenigstens teilweise zu erhalten, dann sollte man dies auch versuchen.

Streifschramme auspolieren

Arbeitsschritte:

- Auf Polierwatte oder ein Lammfell Schleifpolierpaste nehmen und damit die angeschabte Stelle in engen Kreisen polieren. Man sieht schnell, wie die matte Farbe und die vom fremden Wagen abgeht.

Ärgerlich: Streifschaden in der Lackoberschicht. Die Klarlackschicht ist noch nicht durchgeschliffen.

Schritt 1: Schleifpolitur von Flex gleichmäßig auftragen.

Schritt 2 Maschinenarbeit: Zuerst mit der Rotationspoliermaschine vorschleifen und später mit der Zwangsexentermaschine nacharbeiten.

Alles wieder gut: Nach dem Reinigen mit einem Mikrofasertuch sind die Spuren verschwunden. Die Fläche wird nun noch mit Wachs oder einem Polymer neu versiegelt.

- Fleißig mit der Watte oder dem Lammfell weiterpolieren, die Watte öfter wenden, zwischendurch aus der stets wieder zu verschließenden Pasten-Dose frische Polierpaste nehmen und mit frischer Watte alles wegwischen. Achten Sie darauf, dass die Dose mit der Politur nur zur Materialentnahme offen ist, denn sonst kann sich Staub dort absetzen, der beim Polieren ärgerliche Spinnwebschrammen hinterlässt.

- Wenn die bereinigte Stelle noch nicht gefällt, können Sie mit feinstem Schleifpapier (Körnung P1000) die Stelle eng begrenzt behutsam mit dem Finger nass schleifen. Nur ein kleines Schleifpapierstück nehmen, um die Umgebung nicht zu beschädigen.

- Gehen Sie sicher, dass Sie den Lack nicht durchschleifen. Wenn die Schrammenränder ausgeglichen sind, wieder mit Schleifpolierpaste fleißig polieren. Abschließend sollten Sie den Lack mit einem Konservierer schützen.

Fremdlacknebel abpolieren

Arbeitsschritte:

- Falls Sie auf Ihrem Fahrzeug einen Hauch von fremden (hoffentlich dann noch frischen) Lacktröpfchen feststellen, ist dies nicht so schlimm, wenn Sie Ihren Lack immer gut gepflegt haben. Auf gut konserviertem Lack, vor allem bei Lackpflegemitteln mit Silikon, kann der Lacknebel nicht sehr fest haften. Greifen Sie also zu einem ordentlichen Lackreiniger, seine anlösende Wirkung reicht in diesem Falle aus. Er ist besser als Autopolitur, die auch den übrigen Lack leicht schleifend beansprucht.

Lackschäden austupfen: Mit dem Pinsel eines Lackstiftes lassen sich kleinere Schäden abdecken, aber auch vollständig instand setzen.

PRAXISTIPP

So geht der Fachbetrieb vor

Die folgende Vorgehensweise empfiehlt der Lackierspezialist. Sie dürfte von allen Fachbetrieben ähnlich beschrieben und befolgt werden:

- Zum Reparieren eines kleinen Lackschadens (Beule) Fahrzeug abdecken, am besten mit Spezialabdeckplane, die den Farbnebel abweist. Schaden grob mit umweltfreundlichem Zweikomponentenspachtel ausspachteln und fein nachspachteln.
- Altlackierung einschließlich der Randzonen mit Spezial-Exzenterschleifmaschine (automatische Schleifstaubabsaugung integriert) fein abschleifen. Achten Sie auf vorbeugenden Gesundheitsschutz (außenbelüftete Frischluftmasken).
- Beschädigte Stellen grundieren und füllern. Füller nach Trocknung schleifen. Zu lackierende Fläche reinigen.
- Den richtigen Farbton finden. Mischlacke mittels moderner Rührwerkbank aufrühren. Mischrezept durch Rezeptur-Computer auswählen und einstellen.
- Nach Volumenangabe verschiedene Mischlacke gemäß vorgegebener Farbtonrezeptur nacheinander in den Spezialbehälter einbringen, zusammen anmischen, anschließend gut aufrühren, bis benötigte Farbtonmenge erreicht ist.
- Das zu lackierende Fahrzeug in die Lackierkabine fahren. Zu lackierende Fläche nochmals gründlich entfetten und reinigen.
- Angemischten Hydrolack mittels einer nebelreduzierten (HVLP-) Speziallackierpistole in mehrfachen Spritzgängen lackieren. Den 2-Komponenten-Hydrolack im Spezialtrockenofen bei ca. 60 °C 45 Minuten trocknen lassen.
- Fahrzeug aus dem Trockenofen holen und Abdeckung entfernen, reinigen, Sichtkontrolle vornehmen.

Sitzt der Lacknebel sehr fest, versuchen Sie die Entfernung mit Schleifpolierpaste. Diese schleift die ganze Lackschicht und mit ihr den Fremdlacknebel oberflächlich ab.

- Eleganter geht es mit Nitroverdünnung. Nitroverdünnung in einem sauberen Lappen ist lackschonender als die Schleifpolierpaste, aber nur dann, wenn das Fahrzeug noch die serienmäßige Einbrennlackierung vom Werk trägt. Nur diese ist gegen Nitroverdünnung widerstandsfähig genug, während nachlackierte Stellen gleich zusammen mit dem Fremdlack abgewischt oder angelöst und narbig abgerissen werden können. Es ist also unbedingt erst ein vorsichtiger Versuch an weniger auffälliger Stelle notwendig. Nehmen Sie hierzu auf keinen Fall das wesentlich schärfere Lösungsmittel Aceton! Bei einer sehr gegensätzlichen Farbe auf heller Lackierung kann es auch passieren, dass von der Nitroverdünnung der ganze Lack rosarot, gelblich oder hellblau überzogen wird. Deshalb sei nochmals betont: Erst einen Versuch unternehmen!

Steinschlagschaden beheben

Arbeitsschritte:

- Auch hier sollten Sie es sich zweimal überlegen, ob Lack notwendig ist. Meist sind das so unscheinbare Schäden, dass sie leicht mit einem Fliegendreck zu verwechseln sind und erst am frisch gewaschenen Wagen erkennbar werden. Trotzdem müssen Sie diese Schadensstelle im Auge behalten. Wenn Sie gar nichts tun, kann von diesem Punkt aus der angrenzende Lack mit der Zeit unterrostet werden.

- Mit feiner Nadel prüfen, ob rund um das ausgesprengte Lacksplitterchen die Lackränder lose stehen. Falls ja, müssen sie mit der Nadel abgehoben werden. Kommt beim Kratzen mit der Nadel sofort helles Metall ans Licht, ist das Blech noch gesund und nicht angerostet. Sitzt allerdings schon Rost auf dem Grunde des kleinen Kratzers, dann kratzen Sie diesen am besten mit einem Rostradierer punktgenau heraus.

PRAXISTIPP

Lackstifte und Tupflack

In Fachmärkten sind sie eher selten zu finden, aber beim Autohändler sind die Lackstifte durchaus noch im Ersatzteillager vorhanden. Der Nachteil der an sich cleveren Idee mit solchen Stiften ist, dass sie den Tropfen Lack ziemlich dick auftragen. Der kleine Schadfleck von Steinschlag oder Kratzer bleibt daher noch immer weithin sichtbar.
Zudem unterliegt der Autolack einer leichten Nachdunklung oder Ausbleichung, sodass der frische Tupflack tendenziell eine abweichende Farbtönung aufweist. Wenn Sie wirklich einmal einen Tropfen Lack benötigen, können Sie den aus jeder Lacksprühdose gewinnen, indem Sie den Sprühstrahl ganz kurz in den Dosen-Verschlussdeckel lenken und dort mit einem kleinen Tupfpinsel, bei Auto-K-Lack schon mitgeliefert, aufbringen.

- Ist die Schadensstelle nur stecknadelkopfgroß, schmiert man in solch eine Stelle keinen Lack, sondern eine Fingerkuppe möglichst hellbraunen Unterbodenschutz. Massieren Sie ihn kräftig ein. Dann sind Sie an diesem Punkt mit der Arbeit fertig.

- Ist die Schadensstelle jedoch ein bisschen größer, wird auf die entrostete Stelle ein Tropfen Roststabilisator getupft. Lassen Sie den Tropfen gut durchtrocknen.

- Etwas Haftgrund in den Sprühdosendeckel sprühen und mit Tupfpinsel, Streichholz oder Fingerkuppe dünn in die Schadensstelle drücken. Dieser Aufwand muss sein, denn der Decklack allein kann den starkfarbigen Stabilisator zumeist nicht allein im Farbton überdecken. Es ist also ein richtiger Lackaufbau notwendig.

Decklackschicht (Klarlack) ausbessern

Oftmals sind Kratzer und Abplatzungen des Lacks gerade so tief, dass lediglich die oberste Lackschicht, die Decklackschicht betroffen ist. Bei Zweischichtlacken ist das die Klarlackschicht. Bei Einschichtlacken einfach die oberste Lackschicht. Hier macht es natürlich keinen Sinn den gesamten Lackaufbau vom Blech her zu erneuern, sondern die Instandsetzung der obersten Schicht sollte genügen.

Vorsichtig anschleifen

Der Arbeitsschritt »Anschleifen« ist von entscheidender Wichtigkeit. Wenn Sie die Decklackschicht als Pigmentträger durchschleifen, müssen Sie die Reparaturarbeiten erweitern und den Lackaufbau auch für die Basislackschicht neu auftragen. Arbeiten Sie also kontrolliert und gewissenhaft. Schnelligkeit ist jetzt nicht wichtig. Bearbeiten Sie immer eine ausreichend große Fläche und nicht nur den Schadensbereich selbst.

Arbeitsschritte:

- Reinigen Sie den Schadensbereich gründlich und großflächig mit Wasser.
- Lassen Sie das Fahrzeug abtrocknen.
- Decken Sie das Fahrzeug wie schon beschrieben mit einer Abdeckfolie ab.

Klarlack und Unilack anschleifen

- Schleifen Sie vorsichtig mit der Hand, 1000er-Nassschleifpapier und viel Wasser den Schadensbereich als Fläche, bis der Schadensbereich nicht mehr sichtbar oder mit den Fingerkuppen fühlbar ist.
- Wählen Sie den Schleifbereich so, dass er den Schadensbereich etwa drei bis fünf Zentimeter überragt.
- Achten Sie peinlichst darauf, die Farbschichten nicht bis zur Grundierung durchzuschleifen oder die Schicht so weit zu reduzieren, dass die Grundierung schon durchschimmert.

Decklackschicht lackieren

Achten Sie darauf, dass die Räume, in denen Sie nun lackieren wollen, möglichst staubfrei sind. Auch die Raumtemperatur und die Belüftbarkeit sind sehr wichtig. Lackieren Sie nicht den kompletten Schadensbereich. Bleiben Sie mit dem Lackauftrag immer in dem Bereich, der angeschliffen wurde. Vermeiden Sie es, gerade bei Reparaturstellen, die an einer größeren

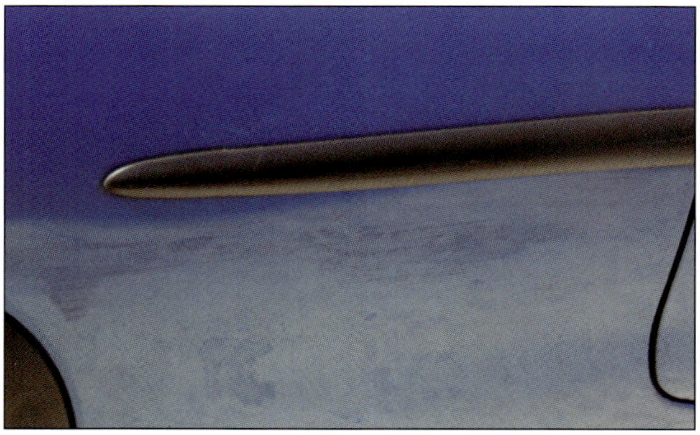

Klarlack beschädigt: Der Basislack ist noch unbeschädigt. So kann ohne die Gefahr der Farbabweichung ausgebessert werden.

Kontrollierte Handhabung: Wenn Sie ohne Schleifklotz arbeiten, achten Sie darauf, dass die Schleifrichtung grundsätzlich quer zu Ihren Fingern verläuft. Der Andruck über die Fingerkuppen liefert zu hohe Punktlasten.

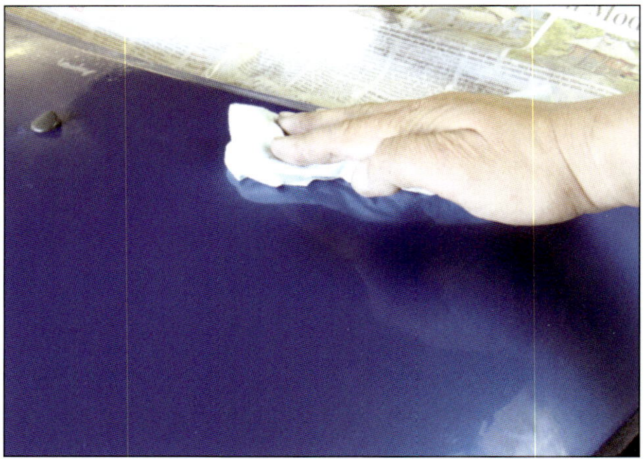

Gründlich vorreinigen: Wischen Sie den Lackierbereich gründlich mit Silikonentferner ab.

Staub sammeln: Wischen Sie den Lackierbereich gründlich mit einem Staubbindetuch ab.

PRAXISTIPP

So kann man Läufer (Nasen) vermeiden

Um diese so genannten Läufer gar nicht erst entstehen zu lassen, muss man wissen, woraus sie resultieren. Vermeiden Sie dann Folgendes:

- Niedrige Temperaturen, weil bei Kälte die Lackverdünnung nicht schnell genug verdunstet.
- Zu knappe Sprühentfernung, weil das Treibgas mit in die Lackschicht gesprüht wird.
- Jeden Versuch, schon beim ersten Sprühgang sofort farbdeckend zu lackieren. Halten Sie stattdessen durch den abgelüfteten ersten Sprühnebel die deckende Farbschicht fest, die Lauftränen verhindert.
- Auch jeden Versuch, eine in die nasse Lackschicht geratene Fliege herauszupicken und das entstandene Loch in der Lackierung mit einem »Sprüh-Schuss« wieder zu schließen.

Lackfläche anliegen, harte Grenzen mit Klebeband zu erzeugen. Hier wird lediglich deutlich mehr Arbeit in den Abschlussarbeiten erzeugt. Achten Sie extrem genau auf den Lackierabstand zwischen Spraydose und Reparaturstelle. Der Abstand sollte generell etwa 25 cm betragen.

Arbeitsschritte:

- Wählen Sie den Schleifbereich so, dass er den Schadensbereich etwa drei bis fünf Zentimeter überragt.

- Achten Sie peinlichst darauf, die Farbschichten nicht bis zur Grundierung durchzuschleifen oder die Schicht so weit zu reduzieren, dass die Grundierung schon durchschimmert.

Decklackschicht lackieren

Achten Sie darauf, dass die Räume in denen Sie nun lackieren wollen möglichst staubfrei sind. Auch die Raumtemperatur und die Belüftbarkeit sind sehr wichtig. Lackieren Sie nicht den kompletten Schadensbereich. Bleiben Sie mit dem Lackauftrag immer in dem Bereich, der angeschliffen wurde. Vermeiden Sie es, gerade bei Reparaturstellen, die an einer größeren Lackfläche anliegen, harte Grenzen mit Klebeband zu erzeugen. Hier wird lediglich deutlich mehr Arbeit in den Abschlussarbeiten erzeugt. Achten Sie extrem genau auf den Lackierabstand zwischen Spraydose und Reparaturstelle. Der Abstand sollte generell etwa 25 cm sein.

Arbeitsschritte:

- Reinigen Sie die Reparaturfläche gründlich. Verwenden Sie dazu möglichst einen guten Silikonentferner. Auf der sicheren Seite sind Sie, wenn Sie das Material des Lackherstellers verwenden. So besteht keine Gefahr von Problemen, die sich aus einer chemischen Reaktion ergeben können.

- Reiben Sie die zu lackierende Fläche mit einem Wachstuch ab, um eventuell verbliebene Staubanhaftungen zu entfernen.

- Tragen Sie zuerst eine hauchdünne Schicht zur Haftungsbildung auf und lassen Sie diese ablüften.

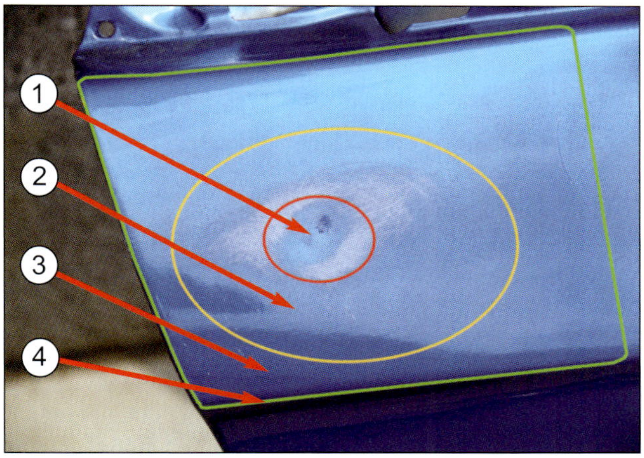

Schadensbereich und Reparaturzonen: 1 Schadensbereich, 2 Vorlackierung, 3 Abschlusslackierung, 4 Schleifbereich.

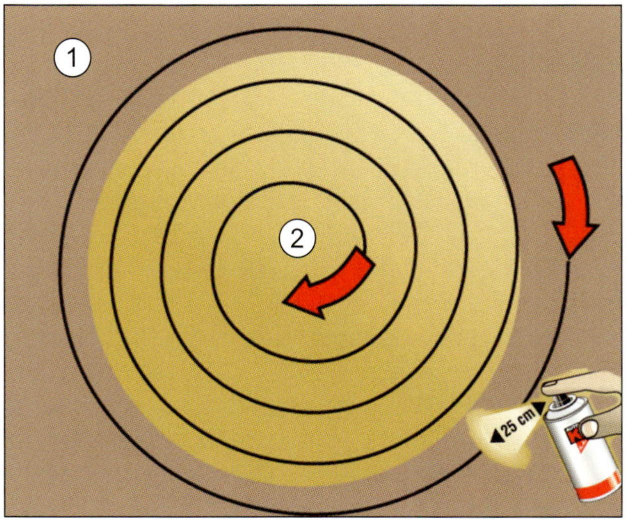

Trick mit dem Loch: Bei kleinen Schadensbereichen ist die Beschränkung durch die gelochte Pappe eine sehr gute Lösung. 1 Pappe, 2 Loch.

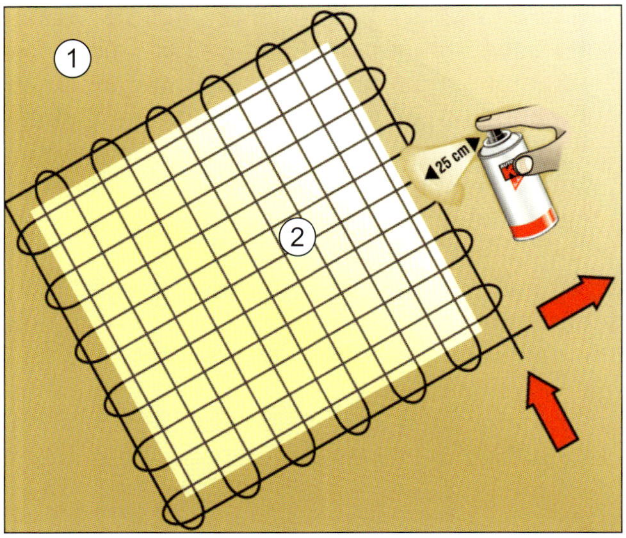

Lackieren im Kreuzgang: Die Wendepunkte sollten außerhalb der Lackierfläche auf der Pappe durchgeführt werden. 1 Pappe, 2 Loch.

Vorlackieren kleinerer Flächen

Bei kleineren Flächen können Sie das so genannte »Schablonen-Lackieren« anwenden. Dazu wird aus einem Stück festem Karton ein Loch ausgeschnitten, das etwas größer als die Schadstelle sein muss.

Arbeitsschritte:

- Den Karton ca. 1–2 cm über Schadstelle halten.
- In kreisförmigen Bewegungen von außen nach innen sprühen. Es entsteht eine geschlossene, glänzende Fläche.

Vorlackieren größerer Flächen

Bei größeren Flächen sollten Sie das so genannte Lackieren im »Kreuzgang« anwenden. Dabei erfolgt der Lackauftrag »über Kreuz«. Ein Kreuzgang entspricht dem Auftrag des Lackes in einer Richtung und anschließend 90° verdreht zu der ersten Lackierrichtung.

Arbeitsschritte:

- Beim ersten Gang nur einen leichten Hauch Lack aufsprühen. Die Lackspraydose dabei waagerecht und parallel von oben nach unten führen. Zur Vermeidung einer Überbeschichtung die Wendung stets außerhalb der Lackierfläche ausführen.
- Der zweite Gang dann 90° verdreht zum ersten Gang durchführen. Auch hier die Wendung stets außerhalb der Lackierfläche ausführen.

Abschlussschicht lackieren

Nach dem Auftrag der Basislackierung und etwas Ablüftungszeit erfolgen zwei bis drei weitere Schichten nach dem bekannten Muster.

Arbeitsschritte:

- Die Abschlusslackierung sollte den vorherigen Farbauftrag etwas überragen. So wird die Schichtdicke zum Originallack des Fahrzeuges dünner.
- Tragen Sie hier ein bis zwei Schichten auf.

Kleinbereich durch die Schablone lackieren: Eine Hand hält die Schablone über der Schadstelle, die andere führt die Sprühbewegung aus.

Reparaturlackierung im Kreuzgang: Wenn Sie einen Übergang erzeugen wollen, müssen Sie den Lackierabstand an den Wendepunkten vergrößern.

Für einige Lacksysteme gibt es »Beispritzverdünnungen«, welche die Profis dann im Bereich der Übergänge einsetzen um einen feineren Verlauf des Lackes zum Originallack zu erreichen.

Abschlussarbeiten

Oftmals reicht es schon aus, die neu lackierten Bereiche so zu belassen.
Ein schöneres Finish und vielleicht sogar ein unsichtbares Ergebnis erreichen Sie aber nur, wenn Sie die Abschlussarbeiten vollständig durchführen und auch auf die Politur nicht verzichten.

Arbeitsschritte:

- Lassen Sie den Lack grifffest werden und ziehen Sie das Abdeckmaterial vom Reparaturbereich ab.
  Für die weiteren Arbeiten müssen die Lackschichten sehr gut durchgetrocknet sein. Das kann je nach Temperatur und Schichtdicke durchaus einige Tage dauern.

- Schleifen Sie die Randbereiche in den Übergängen zum Originallack vorsichtig mit 1000er-Papier und viel Wasser an. Sie sollten eine gleichmäßig mattierte Oberfläche erhalten.

- Polieren Sie die Reparaturfläche mit einer Poliermaschine und einer Schleifpolitur zum Originallack bei. Am besten polieren Sie das Karosserieteil mit, um auch den Glanzunterschied zwischen dem neu lackierten und der eventuell stumpfen Originallackierung zu kaschieren.

Nicht immer erforderlich: Abschließend, nach einiger Trocknungszeit, wird die Reparaturstelle vorsichtig mit dem umliegenden Lack verschliffen und poliert.

Lackaufbau über der Grundierung

Stellen Sie Schäden fest, die gerade noch bis auf die Grundierung durchgeschlagen sind, muss der Neuaufbau der Grundierung natürlich nicht erfolgen. Es reicht aus den Lackaufbau entsprechend auszuführen. Der Unterschied zwischen einer Einschichtlackierung und einem Lack, der anschließend noch mit Klarlack überzogen werden muss, ist nicht entscheidend anders. Wir werden Ihnen im Folgenden die Arbeitsschritte allgemeingültig vorstellen und die Besonderheiten entsprechend hervorheben.

Vorarbeiten

Die Qualität der Vorarbeiten ist von entscheidender Wichtigkeit für das Endergebnis. Arbeiten Sie deshalb immer sehr vorsichtig und gewissenhaft.

Arbeitsschritte:

- Reinigen Sie das betroffene Karosserieteil oder besser sogar das gesamte Fahrzeug mit viel Wasser, sodass keine Anhaftungen mehr im Reparaturbereich zu finden sind.

- Schleifen Sie den Altlack mittelfein mit Schleifpapier P400 nass. Die Schadstelle muss als Fläche in einer Ebene bearbeitet werden, bis der Schaden nicht mehr fühlbar ist.

- Schleifen Sie die Schadstelle mit Schleifpapier P800 – P1000 nass weiter. Achten Sie penibel darauf die Grundierung nicht durchzuschleifen. Wenn Ihnen das passiert, muss auch die Grundierung für diesen Bereich neu aufgetragen werden.

Einschichtlacke
Sie sollten nun einen sanften Übergang von der Grundierung zum Lack erkennen können.

Zweischichtlacke
Sie sollten nun einen sanften Übergang von der Grun-

Schleifbereiche erkennbar: Die unterschiedlichen Schichten der Lackierung lassen sich nach dem Schleifen sehr gut erkennen.

dierung zum Basislack und einen weiteren zum Klarlack erkennen können.

Effektlacke

Der Übergangsbereich zum Klarlack sollte auf mehrere Zentimeter vorsichtig erweitert werden, um den Farbton später leichter angleichen zu können.

Arbeitsschritte:

- Kleben Sie das Fahrzeug wie schon beschrieben ab. Der Abstand zur Reparaturfläche darf ruhig großzügig ausfallen.
- Reinigen Sie die Reparaturfläche gründlich. Verwenden Sie dazu möglichst einen guten Silikonentferner. Auf der sicheren Seite sind Sie, wenn Sie das Material des Lackherstellers verwenden. So besteht keine Gefahr von Problemen, die sich aus einer chemischen Reaktion ergeben können.
- Reiben Sie die zu lackierende Fläche mit einem Wachstuch ab, um eventuell verbliebene Staubanhaftungen zu entfernen.

Lackierung

Probeblech

Arbeitsschritte:

- Erstellen Sie ein Probeblech (oder Pappe), auf dem Sie die Deckkraft, den erforderlichen Sprühabstand und die Ablüftzeiten testen. Bei Effektlacken müssen Sie auch die Dicke des Grundlackes und die Auswirkung des Effektlackes bis zum Klarlack testen.
- Tragen Sie zuerst eine hauchdünne Schicht zur Haftungsbildung auf und lassen Sie diese ablüften. Ob Schablonenmethode oder Kreuzgang entscheiden Sie nach der Lackierfläche.

Einschichtlacke

Arbeitsschritte:

- Tragen Sie mit jeweiligen Ablüftpausen zwei bis drei weitere Lackschichten auf.
- Erweitern Sie mit jeder Lackschicht den Lackierbereich ein klein wenig, um sich später das Nachschleifen zu erleichtern.
- Achten Sie darauf, eine möglichst glänzende Oberfläche zu erzeugen. Der Glanz und die Glätte stellen sich immer erst nach kurzer Verlaufszeit ein. Zu viel Lack auf einmal kann Ihnen schnell einen Läufer bescheren.

Zweischichtlacke

Arbeitsschritte:

- Tragen Sie mit jeweiligen Ablüftpausen zwei bis drei weitere Lackschichten des Basislackes auf. Achten Sie beim Ablüften auf eine gleichmäßige Mattierung.
- Abschließend werden auf die gleiche Art und Weise Klarlackschichten gesprüht. Auch hier sind ausreichende Ablüftzeiten erforderlich.
- Nach Beendigung der Arbeit Dose auf den Kopf drehen und Ventil leer sprühen. So vermeiden Sie ein Verkleben des Sprühkopfes. Weitere Hinweise finden Sie auf den Lackspraydosen selbst.

Abschlussarbeiten

Auch hier reicht es oft schon aus, die neu lackierten Bereiche so zu belassen. Ein schöneres Finish und vielleicht sogar ein unsichtbares Ergebnis erreichen Sie aber nur, wenn Sie die Abschlussarbeiten vollständig durchführen und auch auf die Politur nicht verzichten.

- Lassen Sie den Lack grifffest werden und ziehen Sie das Abdeckmaterial vom Reparaturbereich ab.
  Für die weiteren Arbeiten müssen die Lackschichten sehr gut durchgetrocknet sein. Das kann je nach Temperatur und Schichtdicke durchaus einige Tage dauern.

Lackierprobe erstellen: Die Erstellung einer Testlackfläche ist hinsichtlich der Verarbeitung sehr aufschlussreich.

Basislack auftragen: Der Lackauftrag muss an die Schleifstelle im Original-Basislack anschließen.

Klarlack auftragen: Die Klarlackschicht muss die Schleifstelle im Klarlack abdecken.

Übergänge und anliegende Teile: Der Unterschied im Glanz und Lackbild kann nachgearbeitet werden.

- Schleifen Sie die Randbereiche in den Übergängen zum Originallack sehr vorsichtig mit 1000er-Papier und viel Wasser an. Sie sollten eine gleichmäßig mattierte Oberfläche erhalten.

- Polieren Sie die Reparaturfläche mit einer Poliermaschine und einer Schleifpolitur zum Originallack bei. Am besten polieren Sie das Karosserieteil mit, um auch den Glanzunterschied zwischen dem neu lackierten und der eventuell stumpfen Originallackierung zu kaschieren.

Grundierung und Filler (Füller)

Liegt der Schaden bereits so tief, dass die Grundierung vielleicht sogar bis auf das Blech durchschlagen ist, muss der Lackaufbau in diesem Bereich komplett erfolgen.
Wenn sogar Spachtelarbeiten erforderlich sind, können Sie die Vorgehensweise im Kapitel »Spachteln und Schleifen« nachlesen. Hier möchten wir Ihnen die Lackiertechnik mit der Spraydose näher bringen.

Schadstelle freigelegt: Gründlicher Vorschliff erleichtert später die Nacharbeiten.

Vorarbeiten

Arbeitsschritte:

- Reinigen Sie das betroffene Karosserieteil oder besser sogar das gesamte Fahrzeug mit viel Wasser, sodass keine Anhaftungen mehr im Reparaturbereich zu finden sind.
- Schleifen Sie den Altlack mit Schleifpapier P400 nass. Die Schadstelle muss als Fläche in einer Ebene bearbeitet werden, bis der Schaden nicht mehr fühlbar ist. Stellen Sie Dellen oder Beulen fest, müssen diese in diesem Arbeitsgang wie schon beschrieben bearbeitet werden.
- Kleben Sie das Fahrzeug wie schon beschrieben ab. Der Abstand zur Reparaturfläche darf ruhig größer ausfallen. Kleben Sie die eigentliche Reparaturstelle gesondert und etwas größer als die eigentliche Schadstelle ab.
- Reinigen Sie die Reparaturfläche gründlich. Verwenden Sie dazu möglichst einen guten Silikonentferner. Auf der sicheren Seite sind Sie, wenn Sie das Material des Lackherstellers verwenden. So besteht keine Gefahr von Problemen, die sich aus einer chemischen Reaktion ergeben können.
- Reiben Sie die zu lackierende Fläche mit einem Wachstuch ab, um eventuell verbliebene Staubanhaftungen zu entfernen.

Grundierung auftragen: Rostschutz ist grundsätzlich immer auf blankem Blech erforderlich.

Lackierung

Grundsätzlich sollten Sie nach Beendigung der Arbeit die Spraydose auf den Kopf drehen und das Ventil leer sprühen. So vermeiden Sie ein Verkleben des Sprühkopfes.

Filler/Haftgrund: Nicht nur für die Haftung wichtig! Es wird auch eine »glatte« Oberfläche geschaffen.

Arbeitsschritte:

- Schütteln Sie nun die Rostschutzgrundierung mindestens zwei Minuten gut durch.
- Sprühen Sie die Rostschutzgrundierung gleichmäßig im Kreuzgang oder mit der Lochschablone auf.
- Sprühen Sie anschließend den Filler/Haftgrund gleichmäßig im Kreuzgang oder mit der Lochschablone auf. Die Schicht darf hier ruhig etwas dicker ausfallen. Der Haftgrund/Filler sorgt für einen glatten Untergrund, der sich sehr gut nachbearbeiten lässt.

Abschlussarbeiten

Der Filler/Haftgrund muss nun sehr gut durchtrocknen. Das kann je nach Umgebungstemperatur durchaus mehrere Stunden dauern. Wenn Sie zu früh mit den Schleifarbeiten beginnen, setzt sich das nun verwendete Schleifpapier schnell zu oder hinterlässt unnötig Riefen und Kratzer in der Reparaturfläche.

Arbeitsschritte:

- Lassen Sie den Filler/Haftgrund grifffest werden und ziehen Sie das Abdeckmaterial ab.
- Schleifen Sie die Reparaturfläche mit viel Wasser und P600-Nassschleifpapier so weit an, dass der Übergang mit den Fingerspitzen nicht mehr fühlbar ist. Achten Sie peinlichst darauf, keine Stelle durchzuschleifen. Sollte Ihnen das trotz größter Vorsicht passieren, müssen Sie erneut einige Schichten Filler/Haftgrund auftragen.

Lackaufbau auf Kunststoffbauteilen

Sehr viele Bauteile an einem Fahrzeug und fast alle Anbauteile an der Karosserie bestehen bei modernen Fahrzeugen aus Kunststoff. Die Verbindung zwischen Kunststoff und Lack gestaltet sich schwierig. Grundsätzlich geht hier nichts ohne einen guten Haftvermittler. Andernfalls blättert der frisch aufgetragene Lack schnell wieder ab. Solange auf diesen Bauteilen noch durchgehend Farbe vorhanden ist und diese auch mit einem Haftvermittler aufgetragen wurde, muss er nicht zwingend verwendet werden, schadet aber auch nicht.

Vorarbeiten

Arbeitsschritte:

- Reinigen Sie das betroffene Karosserieteil oder besser sogar das gesamte Fahrzeug mit viel Wasser, sodass keine Anhaftungen und Verschmutzungen mehr im Reparaturbereich zu finden sind.
- Soweit es sich nicht um ein abmontiertes Bauteil handelt, kleben Sie das Fahrzeug wie schon beschrieben ab. Der Abstand zur Reparaturfläche darf auch hier ruhig größer ausfallen.
- Rauen Sie das Kunststoffteil mit einem Schleifpad leicht an.
- Reiben Sie die zu lackierende Fläche mit einem Wachstuch ab, um eventuell verbliebene Staubanhaftungen zu entfernen.
- Tragen Sie den Kunststoff-Haftvermittler auf und lassen Sie ihn ablüften.
- Stellen Sie Dellen oder Beulen fest, müssen diese in diesem Arbeitsgang wie schon beschrieben verspachtelt und grundiert werden. Verwenden Sie hierzu immer eine

Kunststoff im Rohzustand: Die Haftung des Lackes ist hier nicht sicher.

Haftgrund auftragen: Eine gute Basis ist sehr wichtig für jede weitere Bearbeitung.

hochflexible Spachtelmasse. Nach dem Spachteln muss der Kunststoff-Haftvermittler erneut aufgetragen werden.

- Reinigen Sie die Reparaturfläche gründlich. Verwenden Sie dazu möglichst einen guten Silikonentferner. Auf der sicheren Seite sind Sie, wenn Sie das Material des Lackherstellers verwenden. So besteht keine Gefahr von Problemen, die sich aus einer chemischen Reaktion ergeben können.

- Sprühen Sie nun den Filler/Haftgrund im Kreuzgang oder nach der schon beschriebenen »Lochschablone« auf. Die Schicht darf auch hier ruhig etwas dicker ausfallen. Der Haftgrund/Filler sorgt für einen glatten Untergrund, der sich später sehr gut nachbearbeiten lässt.

Lackierung

Der aufgetragene Haftgrund/Filler muss nun sehr gut durchtrocknen. Das kann je nach Umgebungstemperatur durchaus mehrere Stunden dauern. Wenn Sie zu früh mit den Schleifarbeiten beginnen, setzt sich das nun verwendete Schleifpapier schnell zu oder hinterlässt unnötig Riefen und Kratzer in der Reparaturfläche.

Arbeitsschritte:

- Lassen Sie den Filler/Haftgrund grifffest werden und ziehen Sie das Abdeckmaterial ab.

- Schleifen Sie die Reparaturfläche mit viel Wasser und P600-Nassschleifpapier so weit an, dass der Übergang

Filler/Haftgrund auf dem Kunststoff: Es wird auch eine »glatte« Oberfläche für die Lackierung geschaffen.

Filler schleifen: Mit dem P600-Nassschleifpapier verbleibt dann bei guter Arbeit eine seidig glatte Oberfläche.

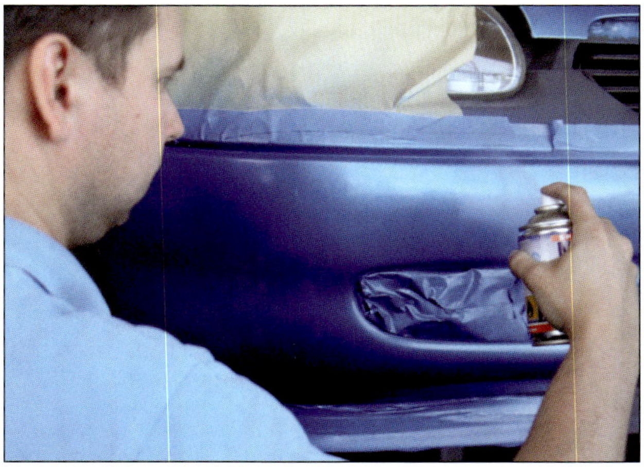

Farbauftrag: Der Lackauftrag erfolgt dann wie bei den Reparaturen am oder besser auf Blech.

mit den Fingerspitzen nicht mehr fühlbar ist. Achten Sie peinlichst darauf, keine Stelle durchzuschleifen. Sollte Ihnen das trotz größter Vorsicht passieren, müssen Sie erneut einige Schichten Filler/Haftgrund oder sogar den Kunststoffhaftvermittler erneut auftragen.

- Waschen sie die Reparaturstelle mit klarem Wasser gründlich ab und folgen Sie den geschilderten Reparaturschritten »Lackaufbau über der Grundierung«.

Lackaufbau auf GFK-Bauteilen

Die Besonderheiten bei der Reparatur mit Faserverbundwerkstoffen liegen lediglich in der Vorarbeit. Das Problem der Lackhaftung ist in der Regel nicht so schwer zu lösen, da hier fast die gleichen Eigenschaften wie bei normaler Spachtelmasse vorliegen. Wir möchten Ihnen in diesem Abschnitt auch die GFK-Reparatur genauer vorstellen.
Für diese Reparatur verwenden wir Glasfasermatten, da diese durchaus eine höhere Zugfestigkeit erwarten lassen und damit dann eine ähnliche Beanspruchung des Bauteils wie vor dem Schadensereignis zulassen.

Vorarbeiten

Arbeitsschritte:

- Reinigen Sie das betroffene Karosserieteil oder besser sogar das gesamte Fahrzeug mit viel Wasser, sodass keine Anhaftungen mehr im Reparaturbereich zu finden sind.
- Soweit es sich nicht um ein abmontiertes Bauteil handelt, kleben Sie das Fahrzeug wie schon beschrieben ab. Der Abstand zur Reparaturfläche darf natürlich auch hier ruhig größer ausfallen.
- Schleifen Sie die Bruchstellen gründlich aus.
- Blasen Sie den Reparaturbereich gründlich mit Druckluft ab, um den Schleifstaub zu entfernen.
- Reinigen Sie die Reparaturflächen gründlich. Verwenden Sie dazu möglichst einen guten Silikonentferner. Auf der sicheren Seite sind Sie, wenn Sie das Material des Lackherstellers verwenden. So besteht keine Gefahr von Problemen, die sich aus einer chemischen Reaktion ergeben können.

GUT ZU WISSEN

Atem- und Hautschutz

Nicht nur der Schleifstaub, sondern auch die Chemikalien, mit denen Sie in diesem Reparaturschritt umgehen, sind gesundheitsgefährdend.

- Tragen Sie grundsätzlich eine Staubmaske, eine Schutzbrille, Handschuhe und wenn möglich Schutzkleidung wie einen Lackieranzug.
- Arbeiten Sie immer in gut belüfteten Räumen!
- Vermeiden Sie den direkten Kontakt mit Harz, Härter und den Glasfasermatten.

- Schneiden Sie ausreichend Matten (4–5 Schichten) zu, die den Reparaturbereich leicht überdecken.
- Schneiden Sie sich etwas Abreißgewebe für die Vorder- und Rückseite zu.
- Mischen Sie Harz und Härter nach Herstellerangaben an. Profimaterial benötigt eventuell noch etwas Beschleuniger als weiteren Zusatz.
- Streichen Sie den Reparaturbereich etwas überdeckend innen und außen ein.
- Legen Sie die erste Reparaturmatte von hinten in die Reparaturstelle ein und tupfen Sie den Lufteinschluss aus dem Laminatbereich. Wiederholen Sie diesen Arbeitsschritt so lange, bis Sie alle Matten eingearbeitet haben.
- Decken Sie beide Seiten des Reparaturbereiches mit Abreißgewebe ab, um später die oberste klebrige Schicht des Harzes abreißen zu können.
- Schleifen Sie die Mattenüberstände nach dem Abbinden des Harzes mit einer Schleifmaschine bei.

- Schleifen Sie den vorderen Bereich etwas an und verspachteln Sie ihn, wie bereits im Kapitel »Spachteln und Schleifen« beschrieben.

- Sprühen Sie nun den Filler/Haftgrund im Kreuzgang oder nach der schon beschriebenen »Lochmethode« auf. Die Schicht darf auch hier ruhig etwas dicker ausfallen. Der Haftgrund/Filler sorgt für einen glatten Untergrund, der sich später sehr gut nachbearbeiten lässt.

Lackierung

Arbeitsschritte:
Grundsätzlich sollten Sie nach Beendigung der Arbeit die Spraydose auf den Kopf drehen und das Ventil leer sprühen. So vermeiden Sie ein Verkleben des Sprühkopfes. Der aufgetragene Filler/Haftgrund muss nun sehr gut durchtrocknen. Das kann je nach Umgebungstemperatur mehrere Stunden dauern. Wenn Sie zu früh mit den Schleifarbeiten beginnen, setzt sich das nun verwendete Schleifpapier schnell zu oder hinterlässt unnötig Riefen und Kratzer in der Reparaturfläche.

- Lassen Sie den Filler/Haftgrund grifffest werden und ziehen Sie das Abdeckmaterial ab.

- Schleifen Sie die Reparaturfläche mit viel Wasser und P600-Nassschleifpapier so weit an, dass der Übergang mit den Fingerspitzen nicht mehr fühlbar ist. Achten Sie peinlichst darauf, keine Stelle durchzuschleifen. Sollte Ihnen das trotz größter Vorsicht passieren, müssen Sie erneut einige Schichten Filler/Haftgrund oder sogar den Kunststoffhaftvermittler erneut auftragen.

- Waschen Sie die Reparaturstelle mit klarem Wasser gründlich ab und folgen Sie den geschilderten Reparaturschritten »Lackaufbau über der Grundierung«.

Mehrfarbig lackieren

Heutzutage wird die Lackierung eines Fahrzeuges in mehreren Farben kaum mehr durchgeführt. Die Fahrzeugfolierung hat diesen Part zu einem großen Teil übernommen. Aber gerade im privaten Bereich können noch schöne Applikationen geschaffen werden, die Ihr Fahrzeug vom Serienfahrzeug abheben. Hierfür sind bis auf die Kenntnisse zum Lackieren keine weiteren Kenntnisse erforderlich. Professionelle Fahrzeugbeschrifter, die auch Fahrzeugfolierungen übernehmen, haben jahre- oder auch jahrzehntelange Erfahrung im Umgang mit den Klebefolien. Ganz sicher ist das nicht mit einem Fahrzeug und einer Anweisung erlernbar. Betrachten wir uns also die erforderlichen Arbeiten, um einen sauberen Übergang unterschiedlicher Farbtöne hinzukriegen.
Eine wichtige Voraussetzung ist, dass der nun zu bearbeitende oder zu beklebende Lack bereits durchgetrocknet ist, andernfalls kann es sein, dass Sie die Oberfläche beschädigen.

Vorarbeiten

Arbeitsschritte:

- Reinigen Sie die betroffene Karosseriepartie oder besser sogar das gesamte Fahrzeug mit viel Wasser, sodass keine Verschmutzungen oder Anhaftungen mehr im Reparaturbereich zu finden sind.

> **PRAXISTIPP**
>
> **Lackpflege besonders nötig**
>
> Bei Reparaturlackierungen im Allgemeinen und Spraydosenlackierungen im Besonderen muss man früher an die Erhaltungspflege denken, als dies bei der Erstlackierung notwendig ist. Da der Sprühdosenlack aber auch wesentlich empfindlicher als der Einbrennlack ist, muss man bei der Anwendung schärferer Lackpflegemittel, allen voran Lackreiniger, erheblich zurückhaltender sein. Kunstharzlacke sind robuster, deshalb kann man mit längerer Lebensdauer rechnen.

- Kleben Sie den Bereich, der nicht lackiert werden soll, am Fahrzeug ab. Der Abstand zur Lackierfläche sollte etwa eine Klebebandbreite betragen.

- Kleben Sie nun den Grenzbereich, bis zu dem die neue Lackierung erfolgen soll, mit einem Kunststoffband ab. Kreppband kann von Lack »hinterlaufen« werden. Drücken Sie das Kunststoffband gründlich an.

Abkleben vor dem Grenzbereich: Die eigentliche Abdeckung braucht etwas Abstand zur neuen Farbe.

Sparsam grundieren: Die Schichtdicke im Übergangsbereich soll möglichst dünn ausfallen.

- Schleifen Sie die Lackpartien, die nun neu lackiert werden sollen, mit P600er-Nassschleifpapier und viel Wasser gewissenhaft an.

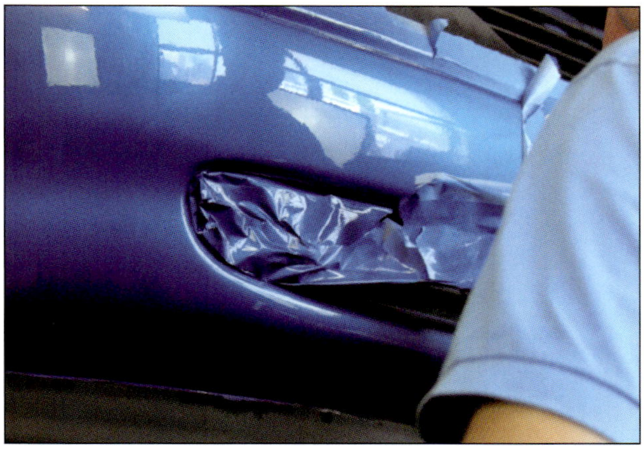

Vorzeitig abziehen: Das Kunststoffband muss vor dem Abbinden des Lackes abgezogen werden.

- Tragen Sie Haftgrund/Filler wie schon vorher geschildert auf. Achten Sie darauf, gerade im Bereich des Klebebandes so wenig wie möglich aufzutragen.

- Schleifen Sie nun erneut die Lackpartien, die neu lackiert werden sollen, mit P600er-Nassschleifpapier und viel Wasser an.

Lackierung

Arbeitsschritte:

- Die Lackierung kann nun nach dem bereits geschilderten Muster für Reparaturlackierungen erfolgen.

- Achten Sie auf gleichmäßigen Farbauftrag.

- Ziehen Sie das Kunststoffband vor dem Abbinden des Lackes ab, um die Kante noch etwas verlaufen zu lassen. So vermeiden Sie einen »scharfkantigen Übergang« der beiden Lacktöne.

PRAXISTIPP

Richtige Pflege von frischem Lack

- Waschen Sie frisch lackierte Fahrzeugteile während der ersten 4 bis 6 Wochen nach dem Lackieren nur mit klarem Wasser ohne Waschzusätze. Vermeiden Sie Waschen in automatischen Anlagen. Der neue Lack härtet in dieser Zeit noch aus. Es dauert vier bis sechs Wochen, bis neuer Lack durch die Einwirkung des Luftsauerstoffs seine Endhärte weitestgehend erreicht hat.

- Während der Aushärtungszeit dürfen die frisch lackierten Flächen weder poliert noch konserviert werden. Durch Polieren würden Sie die vorhandene Schutzschicht beschädigen. Durch vorzeitiges Konservieren würden Sie den Lack vom Luftsauerstoff abriegeln. Sie bauen dann eine Sperre auf, die die Aushärtungszeit unnötig verlängert.

- Waschen Sie Ihr Fahrzeug nie in praller Sonne. Sie sollten auch nie die Motorhaube waschen, solange sie noch warm ist. In beiden Fällen verdunstet nämlich das Wasser zu schnell, und auf dem Lack bleiben, besonders bei kalkhaltigem Wasser, hässliche und hartnäckige Flecken zurück. Außerdem bewirkt kaltes Wasser auf heißem Blech Spannungen in Metall und Lack. Der Lack kann dann sehr schnell Haarrisse bekommen.

- Verwenden Sie ausschließlich die bewährten Pflege-Spezialmittel. Wasch- und Spülmittel aus der Küche gehören auf gar keinen Fall aufs Auto. Sollte Ihnen jemand etwas von guten Erfahrungen damit erzählen – glauben Sie es nicht.

- Waschen Sie Ihr Fahrzeug mit möglichst viel Wasser und am besten mit Schlauch und Bürste. Vom Schmutz sollten Sie möglichst viel herunterspülen. So kann er am wenigsten den Lack verschmirgeln. Besonders schwer schädigen Sie den Lack, wenn Sie per Schwamm aus dem Eimer waschen und mit dem Schwamm auf dem Lack herumreiben. Das wirkt wie Sandpapier. Wenn schon Schwamm und Bürste, dann wenigstens mit zwei Eimern. Einer soll nur das reine Waschwasser enthalten, der andere dient zum gründlichen Ausspülen des Schwamms.

- Zum Abtrocknen können Sie ganz normales Fensterleder verwenden. Es eignet sich sehr gut. Falten Sie es komplett auseinander und klatschen Sie mit der vollen Fläche auf den Lack. Dann ziehen Sie es behutsam seitlich weg.

- Falls Sie Ihr Fahrzeug selbst polieren: Seien Sie vorsichtig mit rotierenden Polierscheiben aus dem Werkzeugzubehör Ihrer Bohrmaschine. Das geht dem Lack allzu oft an die Substanz. Vermeiden Sie vor allem häufigeres Verwenden schleifender Poliermittel. Damit polieren Sie nur sehr schnell den schützenden Lackfilm weg. Die optimale Polierung dürfte die vom Fachmann in einem Wartungsbetrieb sein.

- Der Winter strapaziert den Lack besonders. Weniger die Kälte als das Straßensalz. Nur eines hilft wirklich dagegen: Waschen Sie Ihr Fahrzeug häufiger als im Sommer. Wenn Sie nämlich dem Salz erst eine Chance gelassen haben, sich festzusetzen, beginnt es sein Zerstörungswerk. Im Winter ist deshalb auch die Unterbodenwäsche sehr wichtig. Ein idealer Schutz ist die Lackkonservierung vor Winterbeginn. Dann können Salzlauge und Schmutz nicht in den Lack eindringen.

- Achten Sie beim Tanken darauf, dass nichts daneben geht. Frischer Lack und Benzin vertragen sich nicht immer problemlos.
  Vor allem durch Superkraftstoff kann der frische Lack beschädigt werden. Im schlimmsten Falle kann es zu streifenartigen Lackaufwellungen unterhalb des Tankeinfüllstutzens kommen, wenn überschwappender Kraftstoff nicht sofort abgewischt wird. Überlaufendes Benzin sollten Sie immer sofort und am besten mit einem besonders weichen Lappen entfernen.

- Kontrollieren Sie den Lack Ihres Fahrzeugs in regelmäßigen Abständen. Schauen Sie vor allem an den steinschlaggefährdeten Stellen ganz genau hin: Frontflächen, Schweller, Radkästen. Gehen Sie regelmäßig zur Lackinspektion zum Fachmann.

Lackfehler auspolieren

Vor allem beim Lackieren einer Seitenwand des Autos können plötzlich »Läufer« im frischen Lack herablaufen. Beim Lackieren mit einer Lackierpistole ist diese Gefahr genauso groß wie bei Spraydosen. Es empfiehlt sich ja auch durchaus, eine Fläche möglichst in waagerechter Lage zu lackieren, was aber gerade bei Autos kaum zu realisieren ist. Passiert ist passiert (kommt auch beim besten Lackierer vor) und bloß keine Panik: Es ist durchaus möglich, diesen kleinen Fehler zu beseitigen.

Arbeitsschritte:

- Lassen Sie die Fläche gut trocknen, unter Umständen auch mehrere Tage oder auch Wochen.
- Schleifen Sie den Lack noch einmal fein, mit P600er- bis zum P1000er-»Nassschleifpapier« in diesem Bereich an. Der »Läufer« sollte nicht mehr fühlbar sein. Achten Sie darauf, den umliegenden Lack, gerade an Kanten, nicht durchzuschleifen.
- Polieren Sie nun mit einer guten Poliermaschine (am besten eine zwangsangetriebene Rotorexzentermaschine) diesen Bereich mit einer Schleifpolitur an, sodass der Glanz auf der geschliffenen Fläche sich dem auf den intakten angleicht.
- Wischen Sie den polierten Bereich gründlich mit einem Mikrofasertuch ab.
- Polieren Sie die gesamte Fläche mit einer Feinschleifpolitur nach.
- Wischen Sie die Politurreste erneut gründlich mit einem anderen Mikrofasertuch ab.
- Tragen Sie ein Schutzwachs oder ein Polymer auf und polieren Sie die Überschüsse wiederum mit einem neuen Mikrofasertuch ab.

Einen »blinden Hof« wegpolieren

Als »blinden Hof« bezeichnet man eine Stelle im Lack, die im Gegensatz zu ihrem Umfeld glänzt. Das Umfeld ist leider matt ausgefallen. Auch beim normalen Lackieren mit einer für die Arbeitsplatztemperatur zu

Wird schon: Das Anschleifen sieht zuerst mal brutal aus. Es ist aber eine sehr wirkungsvolle Möglichkeit glatte Flächen zu schaffen.

Feinarbeit: Die Polierarbeit oder besser den Feinschliff übernimmt besser die Poliermaschine.

großen Fläche können solche matten Platten entstehen. Der Lack war einfach schon zu stark angetrocknet, bevor er zu Hochglanz verlaufen konnte. Um solche blinden Stellen zu vermeiden, können nur Flächen bis zur Größe von zwei DIN A 4-Seiten mit der Spraydose bearbeitet werden.

Arbeitsschritte:

- Wenn der Lack genügend hart ist (einige Tage bis einen Monat durchgetrocknet), schleifen Sie von Hand mit Nassschleifpapier in der Körnung P600 bis zum P1000 die Fläche vorsichtig an. Der Arbeitsvorgang unterscheidet sich nicht wesentlich von dem, den wir auch in den Bildern zuvor dargestellt haben.

- Arbeiten Sie im Nassschliff die apfelsinenschalige Oberflächenstruktur der matten Stelle fort. Schleifen Sie eventuell auch aus der Hochglanzmitte etwas Material weg. Achten Sie darauf, dass Sie die Lackschicht nicht bis auf die Grundierung durchschleifen. Schleifen Sie also äußerst behutsam. Die Fläche muss möglichst völlig eben werden. Sie erkennen das auch an der gleichmäßigen Mattierung, die das Schleifen hinterlässt.

- Polieren Sie nun mit einer guten Poliermaschine (am besten eine zwangsangetriebene Rotorexzentermaschine) diesen Bereich mit einer Schleifpolitur an, sodass der Glanz auf der geschliffenen Fläche sich dem auf der intakten angleicht.

- Wischen Sie den polierten Bereich gründlich mit einem Mikrofasertuch ab. Der Wechsel des Mikrofasertuchs ist extrem wichtig. Um beim Abwischen Kratzer durch die Politurreste in der blanken Fläche zu vermeiden, dürfen keine Politurrückstände von einem Arbeitsschritt in den nächsten übertragen werden.

- Polieren Sie die gesamte Fläche mit einer Feinschleifpolitur nach.

- Wischen Sie die Politurreste erneut gründlich mit einem anderen Mikrofasertuch ab.

- Tragen Sie ein Schutzwachs oder ein Polymer auf und polieren Sie die Überschüsse wiederum mit einen neuen Mikrofasertuch ab.

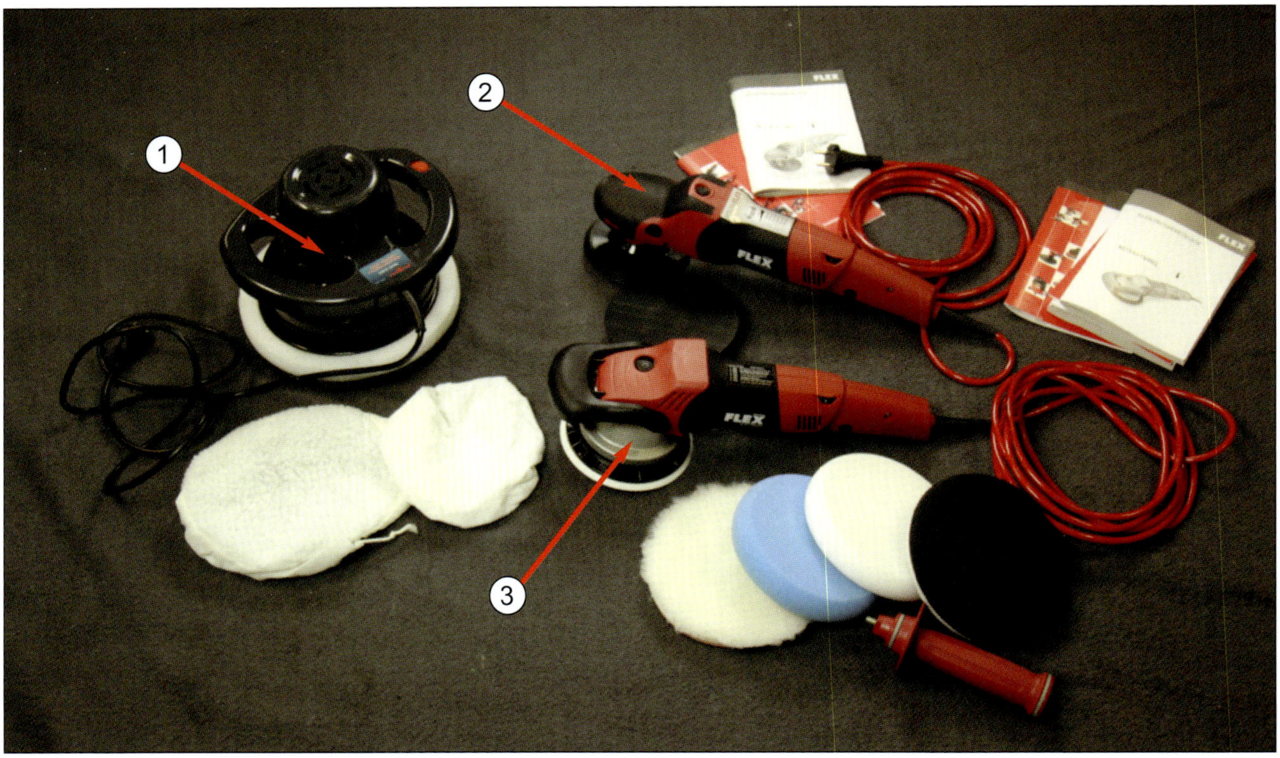

Poliergeräte in der Übersicht: 1 Baumarktpolierer mit Massagefunktion, 2 Flex Rotationspoliermaschine mit hoher Schleifleistung, 3 Flex Exzenterpoliermaschine mit zwangsangetriebenem Exzenter mit geringerer Schleifleistung, aber ohne Hologrammbildung beim Polieren.

Smart- oder Spotrepair mit der Spraydose

Was ist was?

Der Begriff

Smart-Repair ist ein Begriff, den fast jede Lackiererei in ihr Reparaturangebot aufgenommen hat. Die Grundidee lag darin, kleinste Schäden so in den Griff zu bekommen, dass weder Kosten für Neuteile noch für Komplettlackierungen anfallen. Das Potenzial und die Zeichen der Zeit wurden erkannt und seitens der Hersteller und der Reparaturfirmen als Reparaturkonzept verwirklicht.

Grundsätzlich möchte jeder da, wo es geht, Geld einsparen und erhofft sich durch die »kleine« Reparatur eine Ersparnis. Oft wird aber dieser leider ungeschützte Begriff missbraucht. Wir können Ihnen deshalb keinen Tipp geben, wie Sie die Guten von den Schlechten unterscheiden können.

Arbeit mit der Spraydose

Eigentlich handelt es sich bei allen Arbeiten mit der Spraydose um genau solche »Kleinbereichsreparaturen«. Wir haben Ihnen bereits auf den vorangegangenen Seiten vorgestellt, wie Sie aus den unterschiedlichsten Ebenen mit unterschiedlichen Schadensbildern wieder zu einer schützenden und gut aussehenden Lackschicht kommen.

Die Teillackierung im Smart-Repair

Ist der Lack erst einmal beschädigt, ist das Können eines Lackierers gefragt, der auch in der Lage ist Kleinstellen auszubessern. Auch das ist mit einiger Spezialerfahrung oftmals möglich. Sprechen Sie auch die Varianten der Smart-Repair oder auch einer Teillackierung an. In vielen Fällen können Sie so leicht einige Euro einsparen. Natürlich sind auch hier spezielle Kenntnisse gefragt, gerade hinsichtlich der unterschiedlichen Untergrund-Materialien und der chemischen Reaktion von alten Lackbestandteilen, Lösungsmitteln und der Reparaturlackierung. Kompetente Werkstattleiter in der Lackiererei können Ihnen hier leicht weiterhelfen und Ihnen auch zu Ihrer Reparatur ein entsprechendes Angebot machen.

Smart-Repair als Teilreparatur

Wie viele Aufgaben im Handwerk greifen auch die Autolackiererei und die sensible Ausbeultechnik der Beulendoktoren ineinander. Carsten Müller von Smart-Repair erklärt, wie Sie als Kunde oft recht einfach bares Geld einsparen können: Ein recht häufiger Schaden an einer Türe befindet sich im mittleren Bereich. Genauso oft finden Sie aber auch kleinere Beulchen im Bereich des Türgriffes oder in Richtung des Kotflügels.

Nach herkömmlicher Art müssen nun die Türe instand gesetzt und die anliegenden Karosserieflächen zum Angleich des Lackfarbtones verwendet werden. Durch das Zusammenführen von erfahrener Lackarbeit und dem sensiblen Umgang mit Blech lässt sich auch eine weitere Reparaturvariante realisieren. Die kleineren Beulen im Randbereich werden durch den Beulendoktor schadfrei herausgedrückt. Der größere Schadensbereich wird vom Lackierer repariert. Mit einem kleineren Unterschied: Der Lackangleich der anliegenden Karosserieteile entfällt, da er im Lackbild der Tür durchgeführt werden kann. Die unbeschädigten Teilflächen werden lediglich mit Klarlack lackiert, und somit bleibt die Reparatur in der Lackfläche der Tür und verschwindet durch den Angleich fast unsichtbar. Auch hier entfallen die Montagearbeiten an den anliegenden Karosseriebauteilen zugunsten Ihres Portemonnaies.

Spezielle Lacke und Sonderverfahren

Die Farbvielfalt der Autos hatte bis Anfang der Neunzigerjahre stark zugenommen. Deutsche Hersteller bewiesen oft besonderen »Mut zur Farbigkeit«. Es ist ja durchaus möglich, einem eher unauffälligen Fahrzeugdesign mit extravaganten Farben mehr Aufmerksamkeit zu sichern. In manchem Fall schienen die Marketingteams der Autohersteller auf der Suche nach neuen Absatzmöglichkeiten den Wert einer auffallenden Verpackung wieder entdeckt zu haben.

In den letzten Jahren aber ist man durchweg wieder zu sehr soliden Farben zurückgekehrt. Inzwischen wünschte man sich statt der das Straßenbild beherrschenden Autofarben Weiß, Silber und Schwarz in den verschiedensten Schattierungen durchaus wieder mutige und auffällige Farbeffekte.
Angekündigt ist eine solche Entwicklung für die nächsten Jahre, und einige Vorboten sieht man hin und wieder. So präsentierte die Adam Opel AG im April 2003 nach der Version »Black & Silver« im Jahr davor eine neue Sonderedition ihres Kleinwagen-Bestsellers Corsa mit dem Namen »Blue & Silver«. Der in Eisenach produzierte Wagen hat eine kontrastreiche Metallic-Lackierung in Ultrablau mit in Lichtsilber abgesetzten Stoßfängern, Radhäusern, Außenspiegelgehäusen und Türgriffschalen. Die markante Farbgebung setzt sich im Innenraum fort: Blaue Stoffsitze mit schwarzen Seitenwangen und blaue Türinnenverkleidungen setzen die Akzente.

Effektlacke: Gut für Heimwerker

Für den Heimwerker sind die Sonderlacke der Sprühdosenhersteller gerade richtig. Ihre Verarbeitung ist teilweise einfacher als die Reparaturlackierung mit Uni-Lacken. Es sollen damit ja nur kleinere Flächen oder Streifen am Auto verziert oder etwa leichte Streifschäden kaschiert werden. Das ist sowieso einfacher als die meist großflächige Ausbesserungslackierung von Kante zu Kante, die bei Uni-Lackierung unvermeidbar ist, wenn es wirklich ordentlich aussehen soll. Abgesehen von den Vorarbeiten für eine Metallic-Lackierung ist das Verarbeiten anderer Sonderlacke zumeist weniger aufwändig, weil sie teilweise matt oder zumindest nicht so hochglanzanspruchsvoll wie Unifarben- und Metallic-Lacke sind. Der Lackverträglichkeit muss man aber sein besonderes Augenmerk zuwenden, denn vielfach weichen die Sonderlacke von der Lackbasis des Fahrzeugherstellers ab. Beispielsweise haben sämtliche Zweischicht-Metallic-Lacke Acrylharzbasis, während die nicht ganz so hochglänzenden Einschicht-Metallic-Lacke jeweils die Unifarben-Lackbasis der betreffenden Marke haben, also Acryl-, Nitro-Kombi-, Kunstharz- oder Wasserbasis.

Übrigens: Wenn Sie im Internet nach Anbietern effektvoller Lacke und Lackierungen suchen wollen: www.web.de > Verzeichnis > Auto & Verkehr > KFZ-Handwerk > Karosserie & Lack. Hier finden Sie fast 200 Einträge mit Hinweisen, Mustern und Shop-Möglichkeiten.

Metallic macht Mühe

Zwar gibt es in den Sortimenten der Hersteller von Lack-Sprühdosen auch die serienmäßigen Metallic-Lacke in den Farbtönen der Autoproduzenten. Aber damit gelingt eine Reparaturlackierung, die unauffällig in ihrer Altlackierungs-Umgebung verschwindet, nur mühsam. Man sollte sich keine falschen Hoffnungen machen: Es sind nur mehr oder weniger gute Annäherungswerte zu erreichen. Selbst ein Fachlackierer mit all seinen technischen Möglichkeiten hat mit Metalleffekt-Reparaturen hin und wieder ein Problem, das nur ein wirklicher Könner meistern kann. Selbst bei absolut gleicher Farbgebung hängt die optische Wirkung eines Metalleffekt-Lackes nicht nur von der Lackbasis und der Trocknungsart (lufttrocknend oder Einbrennlackierung) ab, sondern auch von

- Arbeitsplatztemperatur und Sprühabstand,
- Lackschichtstärke sowie
- Schnelligkeit der Lackierbewegung.

Es gibt jeweils beträchtliche Wirkungsunterschiede, weil die im Metallic-Lack enthaltene »Metall-Bronze«, meist Aluminiumpulver, entweder auf der Schicht oben oder mehr im Untergrund schwimmt, was jeweils von den Lackierbedingungen und -umständen abhängt. Außerdem wird Metalliclack sehr leicht »wolkig«: Die Lackierung bekommt hellere und dunklere Flecken, wenn man die Sprühdose mit ungleichmäßiger Armbewegung führt.

Hochglanz durch richtigen Klarlack

Metalleffekt-Lacke haben, da sie reich pigmentiert sind, von Haus aus nur kargen Hochglanz. Aus dieser Schwierigkeit rettet sich die Auto-Industrie bei der serienmäßigen Metalleffekt-Lackierung mit einer trickreichen Zwei-Schichten-Einbrenn-Lackierung. Durch eine Klarlack-Überzugsschicht entsteht der tiefe Hochglanz.
Solch ein Hochglanz ist durch lufttrocknenden Lack auf keinen Fall zu erreichen. Um wenigstens eine annähernde Wirkung zu erzielen, greift man aber ebenfalls vielfach zum Zweischichtensystem, wobei die zweite Schicht ein Glanz verbessernder, vor Witterung schützender und abriebfester Klarlack ist.
Damit die schon bestehenden Schwierigkeiten mit der Metalleffekt-Lackierung nicht noch größer werden,

dürfen Sie nicht einfach irgendeinen Klarlack der gleichen Marke darüber sprühen, sondern nur den genau dafür vorgeschriebenen. Denn selbst bei Klarlacken gleicher Marke gibt es eine unterschiedliche Lackbasis für die verschiedenen Vorlackarten.
Sie müssen vor allem die Herstellerbindung beachten. Bei Auto-K gehört zum 2-Schicht-Metallic-Lack unbedingt der Acryl-Klarlack zweier bestimmter Sortennummern in der 400-ml-Dose, die Ihr Händler kennt. Dupli Color hat für die 2-Schicht-Metalliclacke ebenfalls unter bestimmter Nummer einen Acryl-Klarlack, mit dem wegen gleicher Lackbasis auch der 1-Schicht-Metalliclack verbessert werden kann. Andere Klarlacke von Dupli Color sollte man besser nicht nehmen. Sie haben zwar auch eine Acrylharzbasis, jedoch mit anderen Bindemitteln, und sind beispielsweise speziell für Leuchtlacke oder Felgenlacke bestimmt.

Vorbereitung bei Metallic-Lack
Genauso sorgfältig wie bei Uni-Lacken muss die Metallic-Lackierung vorbereitet werden. Etwaige Nachlässigkeiten beim Fein-Schliff sind nicht so leicht verzeihlich wie ein Rallye-Matt-Lack. Noch mehr als bei Uni-Lacken ist von einer kleinen Reparatur-Lackierung innerhalb einer größeren Metallic-Lackfläche, auch mit Hilfe einer Sprühschablone, abzuraten. Der Unterschied würde vor allem durch das anschließende Beischleifen und Polieren des blinden Hofes sehr auffallen.
Man muss also, um dunklere und hellere Farbwirkung einigermaßen zu vermeiden, wenigstens bis zur nächsten Teilekante durchlackieren. Nach dem letzten Feinschliff der gespachtelten Fläche und dem Mattschliff der anschließenden Metallic-Lackfläche bis zur Abklebebegrenzung wird zuerst die eigentliche Reparaturfläche mehrmals mit jeweils dünn gesprühten Schneckenrollen Metalliclack (oder Farbtonlack bei 2-Schicht-Lack) farbdeckend lackiert.

Der Hammerschlaglack

Hammerschlaglacke sind matt glänzende Metallic-Lacke, die als Maschinenlackierung üblich sind. Bei ihnen schwimmt die Aluminium-Bronze im Lack unter dem anlösenden Klarlack zu feinen Wellen zusammen und auseinander. Solche Hammerschlag- oder Fischschuppen-Lackierung sieht zwar recht attraktiv aus, wenn der Hochglanz wirklich gelungen ist. Eine Übereinstimmung mit der benachbarten Altlackierung ist aber kaum zu erreichen.

PRAXISTIPP

Neue Effekt-Lacke von DuPont

DuPont Refinish hat im Jahresverlauf 2003 neue Mischlacke in das Wasserbasislackprogramm der Produktreihe Cromax mit über 60 Mischlacken aufgenommen. Seit März 2003 waren europaweit die Farbtöne 1520W Crystal Silver EFX und 1521W Radiant Red EFX lieferbar. Mitte und Ende des Jahres folgten Farbtöne wie der 1522W Sunbeam Gold EFX und der 1523W Fireside Copper EFX. Mit diesen Spezialeffektfarbtönen können Lackierer die neue Generation der Pigmenteffektlackierungen farbtongenau nachstellen.
Diese neuen Spezialeffektfarbtöne werden von den Automobilherstellern bei Sondermodellen eingesetzt, um den Fahrzeugen ein ganz besonderes Aussehen zu verleihen. Die Lackierung sieht den bekannten Perlmutteffektlackierungen ähnlich, doch geben die EFX-Partikel in direktem Sonnenlicht einen brillanteren Effekt.
Die neuen Mischlacke sind im Halbliter-Gebinde zu jeweils vier Dosen pro Karton erhältlich. Sie können mit dem bestehenden DuPont Cromax-Mischsystem eingesetzt werden. Das komplette Cromax-Wasserbasislackprogramm bietet hohe Farbtongenauigkeit und ausgezeichnete Deckkraft bei gleichzeitig einfacher Verarbeitung auch im Nass-in-Nass-Verfahren.

»Metalflake«-Effekt-Lacke

In Kalifornien sind ausgefallene Lackierungen ein gewohntes Bild. Airbrush-Entwürfe, Farbenspiele und vielschichtige Unilacke kann man nicht nur auf Show-Veranstaltungen bewundern. Farben- und Modetrends kommen und gehen, an der Westküste der USA vielleicht sogar schneller als anderswo, doch eine Lackart ist und bleibt ein Klassiker: »Metalflake«.
Seit zwei Generationen lackieren Enthusiasten ihre Fahrzeuge auf diese Weise zu rollenden Kunstwerken. Die Vorlegelacke haben einen hohen Anteil gröberer Alupartikel, die das einfallende Licht stärker und farbiger reflektieren als normale Metallic-Lacke. Mit Klarlack wird der Vorlegelack versiegelt, und je nach Schichtdicke des Klarlacks wirkt die Farbe ganz anders.
Um eine plastische Karosserie-Oberfläche zu erzeugen, müssen allerdings viele, viele Klarlack-Schichten

aufgesprüht werden. Mit Sprühdosen ist da nichts zu machen. Eine gelungene »Metallflocken«-Lackierung ist die höchste Auszeichnung, die sich ein Lackierer verdienen kann. Denn eine solche Metalflake-Lackierung verschlingt nicht nur eine Menge Geld, sondern auch viel, viel Zeit, da viele der bei einer Standardlackierung erforderlichen Arbeitsgänge mehrfach zu durchlaufen sind. Fangen Sie also nicht gleich mit dieser Lackierart an, wenn Sie das erste Mal eine Sprühpistole in der Hand haben.
Wenn Sie allerdings nur Karosserie- oder Anbauteile effektvoll lackieren wollen, können Sie den »Metalflake«-Lack selbst komponieren, und zwar mit sattem Hochglanz, wenn Sie sorgfältig arbeiten. So gibt es von Dupli Color ein Diamanteffekt-Spray, welches als Effekterzeuger über den als Vorlegelack zu verwendenden normalen Autolack gesprüht wird. Dazu brauchen Sie als Tiefenglanz-Erzeuger Acryl-Klarlack (Dupli Color oder Auto-K). Als Untergrund kann jede beliebige Uni- oder Metallicfarbe auf Acrylharzbasis verwendet werden.

Die Originale: Metalflake und House of Kolor
Über das Internet können Sie sich ganz ausführlich über die beiden Pioniere der Auto-Effekt-Lacke informieren, Fragen an den (richtigen) Mann bringen und Produkte ordern:
www.metalflake.com oder www.houseofkolor.com

Die Firmen gelten seit den 1950er-Jahren als unumstrittene Wegbereiter außergewöhnlicher Farben und Muster auf automobilem Blech und auf Motorrädern. Kandy oder Candy, Metalflake, Pearl (Perleffekt) mit der je nach Blickwinkel changierenden Sonderausführung Flip Flop und Kameleon sind die bekanntesten der mit diesen Firmen verbundenen Farben und Stile. In den 60er- und 70er-Jahren haben sie ihren Ruf als Distributoren extravaganter Autofarben über England nach Europa getragen. Primer, Basisfarbe, Spezialeffekt-Farbe und Decklack sind die unbedingt nötigen vier Schichten solcher Lackierungen. Durch Kombination der diversen Sonderfarben kann sich sehr schnell eine gewaltige Zahl von Lackschichten ergeben, die alle miteinander verträglich und allen äußeren Einflüssen gegenüber beständig zu sein haben. Auf der Basis ihrer weltweit umfassendsten technischen Bibliothek und ihrer jahrzehntelangen Erfahrungen sind Metalflake und House of Kolor die geeignetsten Ansprechpartner bezüglich ausgefallener Sonderwünsche für Ihre Karosserie.

Die Fluoreszenz-Lacke

In den 1980er-Jahren schienen neu entwickelte Fluoreszenzlacke bei Auto-Heimwerkern ein echter Hit zu werden. Weil aber der Gesetzgeber eilig Leuchtstoffe an normalen Kraftfahrzeugen verbot und die neuen Lacke, obwohl diese gar nicht selbst leuchteten, einfach dazu zählte, verloren sie schnell wieder ihre Bedeutung. Mancher stolze Fahrzeugbesitzer erhielt beim TÜV für solch einen »Warnstreifen« keine Zulassung, sondern bekam Ärger. Lediglich Feuerwehr- und Rettungswagen dürfen mit »Tagesleuchtfarbe« leuchtend-rot lackiert werden.
Für den »zivilen Gebrauch« sind Fluoreszenz-Lacke nur auf den Gefahrenklasse-Schildern (orange) von Tankwagen, als Lkw-Begrenzungskanten, auf Motorrad-Schutzhelmen, an Tür-Innenkanten als Warnsignal beim Aussteigen oder in Form eines Warndreiecks innen auf Kofferraum- oder Motorraumhauben am Wagenheck gestattet. Falls doch jemand unbedingt damit arbeiten möchte: Bei kleinen Anbauteilen wie Spiegelgehäusen oder Scheibenwischerarmen gibt es wohl keinen Ärger.

Aufwändig und nur am Tage leuchtend
Übrigens sind diese Fluoreszenz-Lacke entgegen vielfältiger Meinung nur Tagesleuchtlacke, die lediglich bei Tageslicht und in der Dämmerung so weithin auffällig wirken. Bei Dunkelheit ist ihr Effekt dahin. Deshalb ist ein in die Kofferraumhaube lackiertes Fluoreszenz-Warndreieck bei Nacht nicht wirksamer als ein mit Mattlack lackiertes.
Der kritische Blick des TÜV-Prüfers ist nicht das einzige Problem mit diesen Tagesleuchtlacken. Es gibt noch weitere. Man muss drei verschiedene Lagen Lack auftragen: rein-weiße, matte Grundfarbe; farbgebende Fluoreszenzfarbe und Klarlack. Die Farbschichten müssen wirklich alle aufgebracht werden, wenn es einigermaßen sauber aussehen und dauerhaft sein soll. Nur mit Fluoreszenzlack allein gibt es lediglich eine völlig matte, schmutzig-wolkige Fläche ohne jede Leuchtwirkung. Leider ist auch die Deckkraft des farbgebenden Fluoreszenz-Lackes äußerst dürftig. Man braucht bereits für zwei Bremssättel eine volle 300-ml-Dose oder gar mehr. Die Lichtbeständigkeit der Fluoreszenz-Lacke ist begrenzt. Nach einigen Jahren oder im Extremfall schon nach einem einzigen bleicht der Leuchtlack aus. Fluoreszenz-Lacke werden beim Lackieren sehr leicht wolkig, also fleckig, und verschmutzen wesentlich leichter und stärker als andere Lacke. Eine Lackierung mit Tagesleuchtlack wird zu-

dem aufgrund des benötigten Lackmaterials nicht ganz billig.
Die farbgebende Fluoreszenzschicht hat übrigens kein Farbpigment im herkömmlichen Sinne, sondern es sind fein gemahlene Harz-Kügelchen, die selbst farblos sind, aber deren Oberfläche mit einem besonderen Farbstoff getränkt wird. Diese Substanz schwimmt in einem Acrylharzbindemittel, in ähnlicher Art bei allen Lacksprühdosenherstellern. Die ganze »Suppe« hat nur eine sehr karge Deckkraft, kommt also gegen einen Farbkontrast als Untergrund überhaupt nicht an. Sie strahlt tatsächlich nur auf der speziellen reinweißen Grundfarbe.

Nur Fluoreszenz-Klarlack verwenden
Zur Glanzwirkung darf nur der für Fluoreszenz speziell bestimmte Klarlack verwendet werden. Diese Spezialsorte enthält Schutzstoffe gegen die ausbleichende Wirkung des Sonnenlichts, was andere Klarlacke natürlich nicht haben. Dementsprechend ist für den Auto-K-Fluoreszenzspray auch nur der Auto-K-Klarlack der zutreffenden Code-Nummer richtig, beim Dupli-Color-Rallye-Leuchtspray nur ein bestimmter Dupli-Color-Überzugslack und bei der Autolux-Tagesleuchtlackfarbe nur der »Überzugslack Tagesleuchtlackfarbe«. Diese Zusammengehörigkeit im jeweiligen System besteht genauso für den matt-weißen Grundlack, der nicht durch irgendeinen anderen weißen Lack ersetzt werden kann.

Die günstigen Mattlacke

Rallye-Mattlacke standen ursprünglich auf der Wunschliste der Rallye- und Rennfahrer, um weniger von starkem Gegenlicht geblendet zu werden. In dieser Form hat die schwarze Matt-Farbe für den Motorsportler auch tatsächlich einen Nutzen, als matter »Rallye-Streifen« ist es nur noch ein auffälliger Spaß ohne Nutzwert. Zwei Vorteile haben diese Matt-Lacke für den Heimwerker: Da ihnen der Hochglanz fehlt, fallen kleine Nachlässigkeiten beim letzten Feinschliff oder geringe Unebenheiten im Lackuntergrund nicht so sehr auf. Und außerdem ist die Deckkraft dieser hoch pigmentierten Lacke sehr groß, sodass sich auch starke Farbkontraste ohne Schwierigkeit mit dünner Lackschicht überdecken lassen.

Polierversuche sind zwecklos
Versuche, solchen Mattlack nachträglich durch Feinschliff und Politur auf Hochglanz zu bringen, haben keinen Sinn, denn es fehlen in diesem Lack die zum Hochglanz notwendigen Bestandteile. Auch das Übersprühen mit Klarlack bringt keinen Glanz, sondern allenfalls eine stark apfelsinenschalenartige, speckig glänzende Oberfläche und allenfalls verbesserten Witterungsschutz, vorausgesetzt, die Lackbasis des Klarlacks verträgt sich überhaupt mit der Lackbasis des Matt-Lacks. Nach dem derzeitigen Stand haben die Matt-Lacke der namhaften Lacksprühdosenhersteller die gleiche Lackbasis wie die Uni-Lacke gleicher Marke.

> **PRAXISTIPP**
>
> ### Nach Angeboten suchen
>
> Wenn Sie sich für Design-, Airbrush- und sonstige Sonderlackierungen interessieren und über die »Gelben Seiten« hinaus im Internet recherchieren, finden Sie dort zahlreiche Angebote wie z. B. die der Firma Hartwig & Stadtfeld (44143 Dortmund, Unterste-Wilms-Straße 15, Tel. 0231 510071, Fax 0231 5311095):
> - Kameleon-Kolor in 8 Grundfarben,
> - Lacklasuren in mehr als 20 Farbtönen,
> - Tupf-Strukturlack (Perlmutt) in allen gängigen Grundfarben und
> - Verarbeitung der U.S. Lacksysteme »Metalflake« und »House of Kolor«.

Wichtiger Hinweis: Diese Rallye-Mattlacke sind für Kunststoffteile an der Auto-Außenseite, also Stoßstangenecken und -beläge, Kunststofffrontziergitter, Außenspiegel-Gehäuse, Spoiler usw., ohne besondere Vorbehandlung nicht geeignet! Zumeist gibt es auf dem Kunststoff Haftschwierigkeiten, d. h. der Mattlack blättert nach einiger Zeit ab oder er löst den Kunststoff an. Deshalb muss auch hier zuerst ein Haftvermittler die Kunststoff-Außenteile von der neuen Farbgebung überzeugen.

Zweifarbenlackierung mit Trennlinie

Ob aus Notwendigkeit oder aus Freude an individueller Optik: eine Zweifarbenlackierung mit horizontaler Trennlinie ist auch für einen Heimwerker vertretbar. Man hat dann keinen Ärger mit Farbtonungenauigkeiten, hat keine zu großen Lackflächen zu lackieren, kann also mit allen angebotenen Lacksorten ohne Schwierigkeit arbeiten.
Aber solch eine andersfarbige Schürze rund um den Wagen sieht nach Flickwerk aus, wenn die obere Farb-

kante ganz unvermittelt zur Original-Lackierung abbricht. Ein wesentlich besserer Eindruck entsteht, wenn sich an die obere Farbkante in gleicher Farbe oder Kontrastfarbe zwei schmale Zierlinien anschließen und locker zur Originallackierung überleiten. Dazu ist ein spezielles Schablonenband sehr gut geeignet. Bei ihm laufen zwei unterschiedlich breite Zierlinien parallel nebeneinander. Am besten wirkt die Dekorierung, wenn Sie die breitere Linie nach unten stellen. Da die Zierlinien in den letzten Jahren aus der Mode gekommen und nur bei einigen Freaks noch »in« waren, nahmen die renommierten Hersteller von Klebeband meist auch die entsprechenden Schablonenbänder aus dem Herstellungsprogramm. Wenn Sie nach solchen Klebebändern forschen, dann verweisen wir Sie auf folgende Produktkennzeichnungen:

Einfach-Zierlinienbänder in unterschiedlicher Breite:
- bei Beiersdorf unter den Bestell-Nummern 4157, 5592 und 5602 0;
- bei 3M unter Bestell-Nr. Scotch Y 6877/Z 1, Z 6 und Z 7.

Zweifach-Zierlinienbänder:
- bei Beiersdorf unter Bestell-Nr. 5593, 5599, 5603 und 5604;
- bei 3M unter Bestell-Nr. Scotch Y 6877/Z 2, Z 3, Z 4, Z 10.

Dreifach-Zierlinienbänder (geringe Auswahl):
- bei Beiersdorf unter Nr. 5597;
- bei 3M unter Bestell-Nr. Scotch Y 6877/Z 12 und Z 13 0.

Zierstreifen und Zierlinien

Bei jedem größeren Lackschaden, der durch einen Zierstreifen überdeckt oder zur Zweitfarbe abgrenzen soll, sind zuerst die Vorarbeiten zur eigentlichen Reparaturlackierung entsprechend dem Arbeitsplan zu erledigen. Vor dem Abkleben des Fahrzeugs, wie für den Fall eines reinen Schmuck-Streifens auf einwandfreier Altlackierung, muss die später vom Zierstreifen überdeckte Altlackierung besonders sorgfältig mit Nitroverdünnung oder Waschbenzin entfettet werden. Denn der Untergrund des Zierstreifens kann nicht, was eigentlich für die Farbhaftung besser wäre, matt geschliffen werden, weil Teile der Altlackierung ja selbst als Zierstreifen dienen. Diese sollen also anschließend ungebrochenen Hochglanz haben. Da besteht bei ungenügender Entfettung die Gefahr, dass alsbald der Zierstreifenlack abblättert.

Linien ziehen

Nach dem gründlichen Entfetten müssen zuerst die Zierlinien-Abdeckbänder auf einwandfreier Altlackierung schnurgerade geklebt werden. Damit Sie keine Berg-und-Tal-Bahn kleben, sollten Sie mit einem Helfer einen Bindfaden oder ein Gummiband straff über die geplante Zierlinie spannen, mehrmals von beiden Seiten visieren, ob die Richtung stimmt und mit Bleistift unauffällige Richtmarken anzeichnen. Erst danach Abdeckband kleben und luftblasenfrei andrücken. Diese

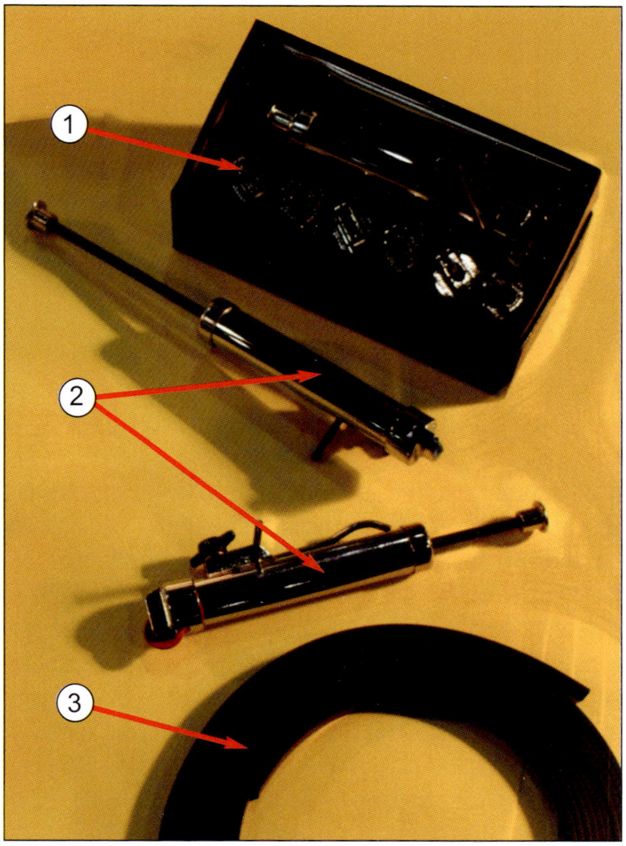

Handliniergerät: 1 Handlinierset mit Kartusche und unterschiedlichen Linierern, 2 Handliniergerät mit aufgezogener Farbe, 3 Anlagegummi für wellenfreie Bearbeitung.

Zierlinien-Schablonenbänder sind übrigens so elastisch, dass sich damit auch karosserieangepasste Kurven mit nicht zu starker Krümmung kleben lassen. Da hilft nur das vorgearbeitete Zierlinien-Schablonenband, bei dem zwei, drei oder vier schmale rote Begrenzungsstreifen auf einem glasklaren breiten Tesafilm genau parallel vorkonfektioniert sind. Für Heimwerker sind diese Zierlinien-Schablonenbänder ideal, aber meist nur in Lackierer-Fachgeschäften zu bekommen. Vor dem Abkleben muss man sich zwei kleine Pappstreifchen vorbereiten, um getrennt die Enden der roten Begrenzungsstreifen und des deckenden Klarfilms nach Gebrauch anheften zu können.

Schutzschicht abziehen
Sitzt das Zierlinien-Schablonenband genau, wird der durchsichtige Schutzstreifen abgezogen. Achten Sie darauf, dass die roten Begrenzungsstreifen nicht mit hochgezogen werden. Drücken Sie diese roten Begrenzungsstreifen zur Sicherheit noch einmal gut an. Für eine größere Reparaturlackierung wird erst jetzt die zu lackierende Fläche abgeklebt, wobei der übliche Tesakrepp über den äußeren roten Begrenzungsstreifen des Zierlinien-Abdeckbandes geklebt wird.

Zierstreifen pinseln

Soll nur ein schmaler Zierstreifen als Schmuck auf eine einwandfreie Altlackierung aufgebracht werden, erleichtern Sie sich die ganze Arbeit außerordentlich, wenn Sie gar nicht zur Lacksprühdose greifen, sondern sich eine 100-Gramm-Dose der gewünschten Farbe oder eine entsprechende Tupflackdose im Autolack-Fachgeschäft kaufen und den Zierstreifen mit dem Ausfleck- oder einem Wasserfarbenpinsel ausmalen. Sie ersparen sich dadurch vor allem das vollständige Abkleben und Abdecken des Fahrzeugs. Versuchen Sie übrigens nicht, sich den Kauf der Mini-Lackdose zu ersparen und stattdessen aus der Sprühdose Lack in den Dosendeckel zu sprühen und diesen nachher zu verpinseln. Das wird, auch wenn Sie den Sprühlack im Dosendeckel ein wenig vortrocknen lassen, immer fleckig und sieht entsprechend hässlich aus.

Abdeckbänder abziehen
Sogleich nach dem Lackieren des Zierstreifens mit Sprühdose oder Pinsel müssen die Begrenzungsstreifen vorsichtig schräg zum Lack, bei Streifen mitten im Lack steil nach oben abgezogen werden, damit die Lackkanten sauber verlaufen können. Sie bilden dadurch eine nur flache Kante.

Nacharbeiten
Wenn Ihnen einmal eine Lackierung missglückt, wie etwa ein Zierstreifen, dann müssen Sie keineswegs etwa sofort die Verdünner- oder Acetonflasche holen. Dadurch wird erstens der frische Lack oder der Untergrund in Mitleidenschaft gezogen. Zweitens ist dann eine zeitraubende Nacharbeit durch neues Spachteln und Füllerspritzen notwendig.

Aufgespritzte Schutz-Folien

Ein Verfahren, das es in dieser Form im Automobilbau bis dahin nicht gab, wurde im Januar 2002 bei Audi eingeführt. In einer Pilotanlage der Lackiererei in Ingolstadt wurden zunächst alle fertigen A3- und TT-Karosserien mit einer neuartigen Flüssigfolie besprüht, um Lackschäden zu vermeiden. Dieser Transportschutz aus der Spritzpistole ist eine patentierte Eigenentwicklung von Audi. Die Erfahrungen mit der Pilotanlage kommen schrittweise der Großserie zugute. Audi will auch weitere Modellreihen mit Flüssigfolie konservieren.

Alternative zu Wachs und Klebefolie

Das Projekt war schon im April 1999 mit dem Ziel gestartet worden, zu den herkömmlichen Konservierungsverfahren, der Wachsbeschichtung und der Klebefolie, eine günstigere Alternative zu entwickeln. Denn sowohl Wachs als auch Klebefolie haben Nachteile. So ist der Transportschutz der Fahrzeuge mittels Klebefolie sehr personal-, zeit-, platz- und kostenintensiv. Würden etwa alle in Ingolstadt produzierten Fahrzeuge mit Klebefolie versehen, wären allein damit rund 120 Mitarbeiter im Dreischichtbetrieb beschäftigt, weil jede dieser Folien mühsam von Hand aufgeklebt werden muss.

Bei der Fahrzeugkonservierung mit Wachs fällt der Umweltaspekt ins Gewicht. Dieses Verfahren bringt sowohl beim Auftragen als auch bei der Entkonservierung eine Menge Abwässer und Lösungsmittel mit sich. Wegen der gesetzlichen Umweltbestimmungen in Ländern wie den USA oder Kanada, müssen in diese Märkte verschiffte Fahrzeuge mit Klebefolie transportgesichert werden.

Schutz bei Transport und Montage

Das Konzept »Flüssigfolie« verknüpft die Vorteile der Wachskonservierung mit denen der Klebefolie, vermeidet aber gleichzeitig deren Nachteile. In der Ingolstädter Pilotanlage beschichteten acht Applikationsroboter vollautomatisch innerhalb von viereinhalb Minuten eine Karosserie mit der wässrigen Polyester-Polyurethan-Dispersion. Die Roboter sprühen präzise Streifen für Streifen, jeweils rund zehn Zentimeter breit, auf den Lack der Karosserien. Das Dach und die Hauben werden komplett mit dem flüssigen Kunststoff überzogen, an den Flanken sowie an Bug und Heck sind es jeweils die exponierten Flächen. Nach dem Auftragen wird der Schutzschicht mit Hilfe von entfeuchteter Luft bei 20 bis 25 Grad Celsius innerhalb von zweieinhalb Minuten ein Großteil des Wassers entzogen. Anschließend trocknet das Material weiter auf dem Transportweg bis zur Hohlraumkonservierung. Die zehnminütige Hohlraumkonservierung im Trockner (80 Grad) sowie die weitere Lufttrocknung auf dem Weg der Karosserien durch die Montage tun ein Übriges.

Die Flüssigfolie wird bereits am Ende des Lackiervorgangs aufgebracht. Somit dient sie nicht nur als Transportversiegelung, sondern sie schützt den Lack auch beim Zusammenbau der Fahrzeuge in der Montage. Kommt der Wagen beim Audi-Händler an, kann dieser die Schutzschicht vor Ort einfach wie Klebeband vom Roller abziehen. Die Schutzschicht muss erst unmittelbar vor der Übergabe an den Kunden entfernt werden. Steht ein Fahrzeug länger beim Händler, kann die Flüssigfolie weiter auf dem Blechkleid bleiben. Sie bietet bis zu sechs Monate effektiven Schutz.

Spezielle Lacke auftragen

Effektlacke auftragen

Arbeitsschritte:

- Ist der Untergrund lackiert, muss er gründlich von allen Pflegemittelrückständen (Silikon) gesäubert werden, Auto-Shampoo allein tut's nicht. Man braucht einen speziellen Silikonentferner, sonst gibt es Flecken in der Lackierung.
- Ist der Untergrund aus unlackiertem Kunststoff, muss erst ein Kunststoff-Haftvermittler gesprüht werden.
- Bei der widerstandsfähigen Erstlackierung geht der Reinigungsvorgang am einfachsten mit Aceton.
- Mit leicht und schwungvoll geführter Hand wird aus 50 cm Abstand so viel Glitzerspray verteilt wie gewünscht. Wichtig, sogar sehr wichtig, ist die gleichmäßige Führung der Spraydose, ausreichend Druck und Windstille. Die bereits genannten Arbeitsbedingungen bleiben bestehen.
- In Halbstunden-Abständen drei oder auch mehr Klarlackschichten über den Effektlack legen. Das Kunstwerk aus Lack muss mindestens einen vollen Tag trocknen können.
- Anschließend nass feinschleifen. Man beginnt, entgegen der Dupli Color-Empfehlung, ganz kurz mit P 500 (360er)-Körnung, um die unvermeidbaren gröberen Unebenheiten herunterzuschleifen, dann folgt P 1200 (600er)-Körnung zum absoluten Glätten. Gründlich trocknen lassen.
- Eine gut verlaufende Schicht Klarlack setzt dem Kunstwerk die Krone des Tiefenglanzes auf.

Fluoreszenz-Lacke auftragen

Arbeitsschritte:

- Auf die sorgsam fein geschliffene Fläche, die entweder einen entsprechend matt geschliffenen, hellen Farbton haben oder vorher mit hellgrauem Füller-Haftgrund gespritzt sein muss, wird die zum System zugehörige reinweiße matte Grundfarbe in mehreren Kreuzgängen oder Schneckenrollen völlig gleichmäßig deckend gesprüht.

- Auch auf weißer Altlackierung die matt-weiße Spezial-Grundfarbe nicht vergessen!
  Der matt-weiße Untergrund darf nicht geschliffen werden. Er muss mattporig bleiben, um den nachfolgenden Fluoreszenzlack besser haften zu lassen.

- Nach etwa 15 Minuten, ausgehend von 20 °C Temperatur, ist die Grundfarbe so weit angetrocknet, dass der Fluoreszenzlack gesprüht werden kann. Absolut stetige Handbewegung bei den notwendigen drei bis fünf Lackiergängen, bis eine wolkenfreie, gleichmäßig farbige Fläche erreicht ist.
  Wegen des hohen Farbträgeranteils trocknet Fluoreszenzlack ebenfalls matt auf. Versuche, durch Schleifen und Polieren Glanz – eventuell sogar ohne Klarlack – zu erreichen, sind zwecklos. Der Lack bleibt matt und würde allenfalls ungleichmäßig wolkig und jedenfalls in seinen Poren schnell verschmutzt.

- Nach etwa einer Stunde, bei dick geratener Schicht durch langwierige Gleichmäßigkeitsbemühungen wesentlich länger, kann eine erste Schicht Klarlack und nach deren Ablüften eine zweite Schicht lackiert werden.

- Sofort nach dem ersten Ablüften der letzten Lackierschicht – ebenso, wenn die Lackierung für mehrere Stunden unterbrochen werden muss – sollten Sie die eingrenzenden Abklebebänder abziehen, sonst trocknen deren Kanten unweigerlich in die ziemlich dicke Fluoreszenzlackschicht mit ein und es gibt beim späteren Abziehversuch aufgerissene Farbkanten.

Schutz vor Korrosion

Die heutigen vollverzinkten Karosserien, wie hier über dem Tauchbad die des Golfs, machen zwölf Jahre Garantie gegen Durchrostung möglich. Trotz dieses hohen Standards im werkseitigen Korrosionsschutz bleibt umsichtige Vermeidung von Rost immer auf der Tagesordnung. Vor allem bei etwas älteren Fahrzeugen wird das zu einer wesentlichen Aufgabe bei Wartung und Pflege.

Rostschutz für die Lebensdauer eines Kraftfahrzeugs ist in der Serienproduktion nicht machbar. Wollte man das erreichen, müssten Autos komplett aus rostfreiem Stahl hergestellt werden. Nicht nur die immensen Kosten für diese Stahlsorte sprechen gegen eine solche Überlegung, auch das zur Herstellung notwendige Edelmetall Nickel ist ganz einfach nicht unbegrenzt verfügbar. Mit Alternativen zum Edelstahl stößt man derzeit noch an Grenzen.

Rostvorsorge ab Werk

Gegenwärtig geben die einzelnen Automobilhersteller hinsichtlich des Korrosionsschutzes noch unterschiedliche Garantien auf ihre Produkte. Eine Mindestgarantie von fünf Jahren gegen Durchrostung ist allerdings schon seit einem Jahrzehnt Standard. Optimalen Schutz gegen Korrosion bieten z. B. Vollaluminium-Karosserien oder komplett beidseitig verzinkte Stahlkarosserien. Automobilhersteller, die den aufwändigen Rostschutz durch Verzinken nur schwerpunktmäßig an den gefährdeten Bereichen betreiben, sind inzwischen eher schon die Ausnahme.

Im Interesse hoher Qualität werden heute fast durchweg beidseitig verzinkte Karosseriebleche verwendet, was die Herstellung der Rohkarossen allerdings deutlich verteuert. Die Schweißpunkte müssen nämlich nachbearbeitet werden, weil Zink aufgrund der hohen Temperatur beim Schweißvorgang verbrennt. Dennoch setzt mittlerweile der Großteil der Automobilhersteller auf diese Technologie. Nur so können Gewährleistungen auf sechs, zehn oder gar zwölf Jahre Rostfreiheit von innen geboten werden.

Grundschutz durch Phosphatierung

Die Rostvorsorge fängt, wie bereits erwähnt, schon bei der Auswahl der Blechqualität an. Wieder ein Beispiel: Auch Toyota-Fahrzeuge werden heute größtenteils aus beidseitig verzinktem Stahlblech hergestellt. Zunehmend wird vom japanischen Hersteller aber auch Karosserieblech verwendet, das die hohen Anforderungen bezüglich Korrosionsbeständigkeit, Formpressverhalten, Schweißbarkeit und Lackiereigenschaften auf anderem Wege optimal erfüllt. Dieses »Toyota-Excelite« ist ein mit einer zweischichtigen Zink-Eisen-Legierung galvanisiertes Karosserieblech. Die innere Schicht besteht hauptsächlich aus Zink, um den Anforderungen des maximalen Korrosionsschutzes zu entsprechen. Die äußere Schicht enthält viel Eisen, um dem Lackaufbau optimale Haftungsbedingungen zu ermöglichen. Um aber den bestmöglichen Rostschutz zu erzielen, wird die fertige (verzinkte) Karosserie der Tauchbad-Phosphatierung (in einigen Fällen auch Spritz-Phosphatierung) unterzogen, die wir bereits im Zusammenhang mit der industriemäßigen Lackierung erwähnten. Dabei werden Rostspuren, Verschmutzungen und Fett an der Karosserie innen und außen gründlich entfernt und gleichzeitig eine Zink-Phosphat-Schicht erzeugt, welche die Korrosionsbeständigkeit beträchtlich erhöht. Die Zinkphosphat-Kristalle einer Tauchbadbehandlung sind kleiner als die bei einem Sprühauftrag und bewirken dadurch besseren Korrosionsschutz und erhöhte Lackhaftung.

KTL und Wachs

Die anschließende Grundierung erfolgt im kathodischen Tauchbad. Schwer zugängliche Hohlräume, Spalten und Kanten werden bei diesem KTL-Verfahren gleichmäßig mit Grundierung überzogen. Dieses Tauchbad wird direkt im Anschluss an die Phosphatierung vorgenommen. An die Karosserie wird eine negative Spannung von 200 bis 300 Volt angelegt, während das Tauchbecken positiv geladen ist. So lagern sich die in der Schwebe gehaltenen Partikel der Grundierung gleichmäßig auf dem Karosserieblech ab. Damit sich die Grundierung richtig innig mit dem Blech verbindet, wird diese erste Farbschicht im Trockenofen mit 180 °C eingebrannt. Weitere Maßnahmen gegen Rostansatz sind die Behandlung der unteren Karosseriezonen mit einer Zwischenschicht aus Polyester und die Beschichtung der besonders durch Steinschlag gefährdeten Unterseite mit einer zähen PVC-Schicht. Damit werden auch die bei der Karosserie-Produktion entstehenden Fugen dauerhaft zugekittet und vor eindringendem Schmutz und Wasser geschützt. Komplett macht den Rostschutz ab Werk die Wachsversiegelung des Unterbodens und der Fahrwerksteile. Dieser Wachsschutz sollte von Zeit zu Zeit kontrolliert und nachgebessert werden.

Garantie-Leistungen der Hersteller

Wies die TÜV-Statistik in den 1980ern für einige damals sechsjährige Fahrzeuge eine zweistellige Quote von Durchrostungen an tragenden Teilen auf, so scheint diese Episode inzwischen endgültig beendet. Die Schuld am frühen Rosttod der Autos trugen selten die Autofahrer. Es lag vielfach nicht an mangelhafter Pflege, die sich ja üblicherweise nur auf das Wagenwaschen, die Lackpflege und die technische Wartung erstrecken kann. Vielmehr führte mangelnde Rostvorsorge seitens der Hersteller oft genug zu Rostschäden. Auch die Qualität der Farbbeschichtung war nicht etwa schuld am Rost. Autolack wurde im Laufe der Jahrzehnte so gut, dass er länger hielt als das darunter befindliche Blech.

Rostschutz-Sünden in früheren Jahren

Weil der Rost von innen kommt und das Blech zerstört, nützen Unterbodenschutz und eine wasserdichte Lackierung allein noch nicht gegen korrosive Einflüsse. Wenn Sie an Ihrem Auto (es muss allerdings ein schon älteres Modell sein) eine Roststelle entdecken sollten, dann versuchen Sie einmal, den Rost bis aufs blanke Blech wegzukratzen. Ob Sie noch blankes Blech finden werden, ist sehr fraglich. Meist ist genau unter dem Rostpunkt eine dunkle Stelle, und wenn Sie dort mit spitzer Nadel kratzen, verschwindet die Nadel plötzlich im Leeren. Es gibt dort nämlich kein Blech mehr.

Das kommt von den Herstellersünden früherer Jahre. Vom billigen Recyclingblech bis zum Auslassen sämtlicher Hohlraumschutz-Verfahren war die Palette der Versäumnisse groß. Fehler bei der Elektro- oder Kataphorese, wodurch theoretisch alles blanke Metall gleichmäßig mit Rostschutzgrund beschichtet werden soll, führten zu Lücken in der Beschichtung der Hohlräume. Die ungeschützten Stellen waren nach wenigen Jahren zum Tummelplatz für Rost geworden.

Hersteller	Schichtenzahl im Lackaufbau	Art des Lackschichtaufbaus	Unterbodenschutz	Rostschutzgarantie
Audi	5 für Uni und Metallic	Phosphatierung / KTL / Füller / Basislack / Klarlack	PVC	12 Jahre
BMW	5 für Uni und Metallic	Phosphatierung / KTL / Füller / Basislack / Klarlack (Pulver)	PUR-Lacke, PVC	6 Jahre ab 2004 neue Garantiefrist
Daimler (Mercedes-Benz)	5 für Uni und Metallic	Phosphatierung / KTL / Füller / Basislack / Klarlack (Nano)	PVC	30 Jahre
Opel	4 (oder 5) für Uni, 5 für Metallic	Phosphatierung / KTL / Füller / Basislack / Klarlack	PVC	meist 12 Jahre, einige Fälle 10 oder 6 Jahre
Porsche	5 für Uni und Metallic	Phosphatierung (teils Tauch-, teils Spritz-) / KTL / Füller / Basislack / Klarlack	PVC	10 Jahre
VW	5 für Uni und Metallic	Phosphatierung / KTL / Füller / Basislack / Klarlack	PVC	12 Jahre

Maßnahmen und Rostschutzgarantie

Das ist inzwischen längst Vergangenheit und Geschichte. Heute sind die werkseitigen Schutzmaßnahmen so perfektioniert, dass die Autoproduzenten viele Jahre Garantie gegen Durchrostung geben können.

Bei den diversen Maßnahmen gegen Rost spielt, wie schon erwähnt, die Phosphatierung eine große Rolle. Sie wird oft als Schicht im Lackaufbau mitgezählt, aber natürlich ist sie streng genommen keine Lackschicht. Es handelt sich dabei um eine anorganische Beschichtung, die zum einen die Haftung der Lackschichten gewährleisten, zum anderen eine Korrosionsunterwanderung bei verletzten Lackschichten verhindern soll. Bei reinem Aluminium ist eine Phosphatierung oder eine ähnliche Vorbehandlung in puncto Korrosionsschutz sogar als unabdingbar zu bezeichnen.

In unserer folgenden Übersicht rechnen wir die Phosphatierung als Schicht in den Lackaufbau hinein. Die Tabelle macht deutlich, wie sehr sich einerseits die Maßnahmen der Autohersteller zum Schutz der Karosserie einander angenähert haben. Sie macht aber andererseits auch auf die strategischen Unterschiede gerade im Lackbereich aufmerksam.

Rostschutz am Unterboden

Der beste Rostschutz ist die regelmäßige Kontrolle. Gerade bei gut erhaltenen Fahrzeugen muss man sich Gedanken über den Erhalt des rostfreien oder zumindest rostarmen Zustands machen. Was für den Heimwerker an selbst gemachtem Rostschutz weiterhin zu tun bleibt, ist der Unterbodenschutz. Doch auch hier ist dauerhafter Rostschutz mit ein paar Sprühdosen nicht zu erreichen. Sprühdosen sind für einen kompletten Unterbodenschutz viel zu teuer, man braucht sie nur für die schwer zugänglichen Ecken und Winkel, für die nach oben führenden Spalten und überall da, wo man nicht mit dem Pinsel und dem preiswerten, streichfähigen Unterbodenschutz hinkommt.

Sichtprüfung am Unterboden

Nimmt man nur streichfähiges Material, werden lediglich die gut zugänglichen Flächen beschichtet. Sie sind aber nicht so rostgefährdet wie Ecken und Winkel, in denen sich der nasse und salzdurchmischte Schmutz fängt. Übrigens haben die Unterbodenschutz-Sprühdosen nur einen Druck von etwa 1,5 bis 2 bar. Das ist mit dem Spritzdruck der Werkstatt-Spritzpistolen für Unterbodenschutz (5 bis 6 bar) nicht zu vergleichen.
Kernstück einer guten Unterbodenschutz-Qualität ist die Entrostung oder Stabilisierung des Fahrzeugbodens. Sie ist weit wichtiger als das Unterbodenschutzmittel. Bevor man mit allen erdenklichen Mitteln anrückt, sollte erst einmal eine umfangreiche Sichtprüfung stattfinden.

Unterboden reinigen

Die Kontrolle beginnt mit einer Unterwagenwäsche. Allein mit Wassereimer und Waschbürste ist da nichts auszurichten, es sollte schon ein Dampfstrahlgerät sein. Suchen Sie sich für diese Aktion einen trockenen, möglichst warmen Tag aus, sonst wird die Fahrzeugunterseite nicht trocken, und das Nachbessern etwaiger Schadensstellen muss man verschieben. Ungünstig ist diese Arbeit im späten Herbst, obwohl es ja vor dem Winter höchste Zeit zum Nachbessern wird. Aber gerade bei dieser Witterung setzt sich leicht Feuchtigkeit auch auf trockenem Metall ab und wird unter einem übersprühten Unterbodenschutz »eingesperrt«. Also: Rechtzeitig im Sommer daran denken!
Wenn Sie nun den Unterbodenschutz Ihres Wagens inspizieren wollen, muss das Fahrzeug sicher aufgebockt werden. Nur selten wird man eine der früher üblichen Abschmiergruben oder eine Auffahrrampe aus Beton zur Verfügung haben, von denen aus man recht gut den Unterbodenschutz ausbessern kann. Wirklich empfehlenswert ist eine Hebebühne mit von außen unter dem Wagenboden angreifenden Hebelarmen. Solch ein Hilfsmittel lässt es zu, unter dem Auto durchzulaufen, und man hat in jeder Richtung Bewegungsfreiheit. Da Freizeit-Mechaniker über eine solche professionelle Werkstatt-Ausrüstung kaum verfügen dürften, meldet man sich am besten wieder bei einer Mietwerkstatt an. Das ist auch aus Gründen der Arbeitssicherheit die zweckmäßigste Lösung.

Arbeitsumfang ermitteln

Bewaffnet mit einem alten Schraubendreher zum Stochern und Kratzen an verdächtigen Stellen, einem kräftigen Spachtelwerkzeug zum Wegschieben loser Unterbodenschutzschichten und ein, zwei frischen Drahtbürsten zum Wegputzen loser Rostborken, wird der Umfang der Sanierung ermittelt. Eine möglichst helle Hand- oder Taschenlampe, um Ecken und Winkel ausleuchten zu können, und ein handlicher Spiegel, um auch um die Ecke sehen zu können, sind dabei hilfreich. Statt einer unfallträchtigen Spiegelscherbe kann man sich einen Innenspiegel vom Autoverwerter holen.
Zum Freilegen schadhafter Unterbodenschutzstellen verwendet man am besten eine Bohrmaschine mit aufgestecktem Schleifigel. Schleifpapier grober Körnung (P60), Waschbenzin und Waschpinsel braucht man zum Entfetten der schadhaften Stellen. Einen Heißluftföhn setzt man zum Trocknen ein, und Abdeckpapier ist nützlich zum Schutz vor Sprühnebel.

Unterbodenschutz ausbessern

Ist die Schadensstelle rostfrei, reicht zum Nachbessern ein harter, flacher Pinsel zum Auftragen des Unterbodenschutzmittels. Auf gut zugänglichen Flächen, wie z. B. Radkästen, greift man auf das Spachtelwerkzeug zurück, um das zähe Material aufzutragen. Eine Dose streich- oder spachtelbares Unterbodenschutzmittel und eine Sprühdose Unterbodenschutz genügen, um eine rostfreie Schadensstelle auszubessern. Ist die Stelle bereits unterrostet, wird zunächst der lose Rost entfernt und bei ausreichender Materialstärke des Bodenblechs mit einem Roststabilisator vorbehandelt. Ist der Roststabilisator durchgetrocknet, kann der Unterbodenschutz aufgetragen werden. Die sicherste Methode, Rost von gefeiltem, geripptem und verwinkeltem Blech einigermaßen herunterzubekommen, ist ein Sandstrahlgebläse. Dazu müssen Sie sich allerdings ebenfalls an eine darauf spezialisierte Werkstatt wenden. Wir kommen später noch einmal darauf zurück.

Probleme mit dem PVC

Fahrzeuge, die (wie heute so gut wie alle Autos) serienmäßig mit einem eingebrannten PVC-Unterbodenschutz ausgestattet sind, machen gelegentlich beim Nachbessern mit Unterbodenschutzmaterial auf Bitumenbasis Schwierigkeiten. Es kann nämlich sein, dass solche Produkte nicht gut auf der PVC-Schicht haften oder dass der Kunststoff von Lösemitteln angegriffen wird. Weil es kein PVC-Material zum Nachbessern gibt, sollte man bei PVC-Beschichtung grundsätzlich zur Nachbesserung nur Unterbodenschutz auf Kautschuk-Harz-Basis (z. B. »Terotex 2000 Schwarz«) oder auf Wachsbasis (z. B. »Tectyl« von Valvoline) nehmen.
Ist ein anderer Unterbodenschutz über PVC-Beschichtung nach drei Tagen noch nicht trocken, dann hat er das PVC angegriffen (Weichmacher-Wanderung). Der Unterbodenschutz muss dann um diesen Unfallort herum großflächig erneuert werden. Vergessen Sie beim Nachbessern des Unterbodenschutzes auch nicht die Rostschutzmittel, die als Unterschicht besonders nützlich werden, wenn sich der Rost nicht restlos beseitigen lässt. Nicht zu verwenden sind Zinkstaubfarben. Sie verlangen völlig rostfreies Blech, sonst findet keine chemische Reaktion statt.
Unterbodenschutz muss nicht grundsätzlich schwarz sein, es gibt auch hell- und silberfarbigen oder überlackierbaren Schutz. Ein klarer Vorteil, wenn man bei schlechten Lichtverhältnissen arbeitet oder die Unterseite des Fahrzeugs in Wagen- oder Kontrastfarbe lackieren will.
TÜV-Prüfer werden übrigens meist misstrauisch, wenn ihnen ein allzu schwarz und frisch aufgetragener Unterbodenschutz entgegenstrahlt. Denn einige Tage hält Unterbodenschutz auch noch die letzten Rostkrümel zusammen, die vordem mal eine mittragende Traverse oder Türschwelle waren. Ein verantwortungsbewusster TÜV-Prüfer wird dann besonders lange mit seinem Schraubendreher stochern. Darum: Unterbodenschutz-Nachbesserung möglichst einige Wochen oder Monate vor der TÜV-Prüfung vornehmen und weniger auffälliges und sichtbehinderndes helles Unterbodenschutzmaterial verarbeiten.

Ein Tipp aus dem Internet

Forscht man im Internet nach günstigen Methoden und geeigneten Mitteln zum Unterbodenschutz, gelangt man rasch an die Adresse:
Korrosionsschutz-Depot Dirk Schucht
Lilienstr. 1
90579 Langenzenn
Tel.: 09101 / 6801
ksdschucht@aol.com

»ksd Schucht« gibt Empfehlungen für Mittel, die sich in praktischen Erprobungen gut bewährt haben. So empfiehlt das »Korrosionsschutz-Depot« das Produkt »Over 4SP« (in Schwarz oder Grau lieferbar), das mit relativ wenig Arbeitsaufwand einen sehr guten Schutz für den Fahrzeugboden ergeben soll. Das Mittel eigne sich auch gut für Ausbesserungsarbeiten. Eine Grundierung mit Ferpox, Hempadur Zink oder POR 15 Rostverhütungslack erhöht die Schutzwirkung und die Haftung. Je nach Wunsch kann Over 4SP überlackiert werden.
Wenn der Unterboden hell oder in Wagenfarbe lackiert und dann möglichst gut geschützt werden soll, bieten sich drei Verfahren an:

- Aufbau mit »Owatrol«-Produkten: Je nach Wunsch bzw. Untergrund kann mit Owa-Tropal-Primer / Ferpox / Hempadur Zink grundiert werden (auf Owatrol Farbkriechöl nur Owa-Tropal als Grundierung verwenden), danach Chassislack (»Blacky Chassislack« schwarz oder beliebig anderer Farbton) auftragen. Es kann auch noch Protewax oder UBS 120 verwendet werden. Der Chassislack muss aber vollständig getrocknet sein, da sich sonst Runzeln bilden können.
- Aufbau mit »POR 15«-Produkten: Die POR 15-Lacke eignen sich aufgrund ihrer extremen Kratz- und Schlagfestigkeit auch sehr gut als Unterbodenschutz. Sinnvoll ist eine Vorgrundierung oder Entrostung mit »Metal Ready« oder »Pelox FR-D«, da sich dann der Lack am besten mit dem Metall verbindet. Sie können zur Lackierung POR 15-Rostverhütungslack, Chassiscoat Black oder Blackcote verwenden, den besten Rostschutz erreichen Sie aber mit dem »Rostverhütungslack«, da dieser in Verbindung mit Feuchtigkeit immer undurchlässiger wird. Will man ganz perfekt sein, kann man noch UBS 120 oder Protewax auftragen.

- Lackieren mit normalem Acryl-Lack: Als Grundierung ist Ferpox-Primer, Hempadur Zink oder auch POR 15-Rostverhütungslack empfehlenswert, danach lackieren.
  Zum Schutz gegen Steinschlag entweder UBS 120 (bernsteintransparent) oder Protewax (glasklar) auftragen. UBS 120 ist bei ganzjährig hartem Einsatz vorzuziehen, da die Schicht gegenüber Protewax dicker ist und Beschädigungen aufgrund der bräunlichen Farbe schneller entdeckt werden können.

Schutz in zwei Schichten

Einer der besten Wege ist seit nun schon vielen Jahren der nachträgliche Rostschutz der Dinol Deutschland GmbH mit der so genannten TuffKote-Methode. Die Behandlung umfasst einen zweischichtigen Schutzauftrag an Unterboden und Hohlräumen. Die erste Schicht ist das extrem kriechfähige, dünnflüssige Dinol »Penetrant«.
Die enorme Kapillarwirkung dieser ersten Schicht dringt bis in die hintersten Winkel und benetzt kleinste Ritzen, Schweißnähte und Überkopfbleche. Sogar Wasser und Rostbildung wird unterwandert und damit die zerstörerische Wirkung genommen. Um diese erste Schicht gegen Verschleiß durch Schmutz und Spritzwasser abzuschirmen, wird eine zweite, zähe und sirupartige Flüssigkeit aufgetragen.
Dieses Dinol »Sealant« bleibt auch nach vielen Jahren noch so elastisch, dass Rissbildung nicht auftreten kann.
Je nach Zustand des jeweiligen Fahrzeugs gewährt Dinol nach Behandlung mit dieser Methode eine Durchrostungs-Garantie bis zu zehn Jahren. Zwei preislich günstigere Varianten des TuffKote-Verfahrens für Gebrauchtwagen bestehen darin, die Hohlräume nur mit »Penetrant« und den Unterboden nur mit »Sealant« zu behandeln. Nach einem noch weiter abgespeckten Verfahren werden sogar nur die wichtigsten Hohlräume wie Türen, Schweller, Radläufe, Falze sowie Längs- und Querträger versiegelt.
Ratsam ist in jedem Fall die Expertise vom Fachmann in einer der zahlreichen Dinol-Stationen. Die verwendeten Materialien sind nicht für Endverbraucher zu erhalten, sondern werden nur an Werkstätten und Dinol-Stationen vertrieben und von diesen verarbeitet. Sie können die in Ihrer Wohnnähe gelegene Station per E-Mail über Info@dinol.de erfragen oder sich über Telefax 05281/9740-51 an die Zentrale wenden.

PRAXISTIPP

Das Geheimnis von Dinol TuffKote

Gute Rostschutzprodukte müssen außer chemisch-technischen Merkmalen die folgenden drei Eigenschaften haben, um guten und dauerhaften Korrosionsschutz von Kraftfahrzeugen zu gewährleisten:
Extreme Kriechfähigkeit:
Um an alle Schweißnähte, Anrostungen, versteckten Winkel zu gelangen, braucht man sehr dünnflüssige Produkte. TuffKote-Mittel unterwandern Anrostungen und Wasser und dringen in alle Ritzen.
Verschleißfestigkeit:
Neben dem Unterboden sind viele Hohlräume wie Türen, Schweller oder Holme ständig dem Verschleiß durch Wasser und Schmutz ausgesetzt. Dünne Filme werden leicht beschädigt. Man braucht also zur Schutzversiegelung dickflüssige Produkte.
Dauerhafte Elastizität:
Wenn Beschichtungen aushärten, führt das immer zu Rissen, Unterwanderungen, Ablösungen und Rost. TuffKote Dinol-Produkte bleiben auch nach vielen Jahren und extremen Witterungsbedingungen elastisch.

In Selbsthilfe nur Kontrolle und Säuberung

Oft rosten Fahrzeuge, die in Eigenleistung vor Rost geschützt wurden, trotzdem. Im Folgenden geben wir Ihnen einige Ratschläge, die Sie beachten sollten, wenn Sie Ihren Wagen wirksam vor Korrosion schützen wollen.

Wasserablauflöcher:
Fast alle Hohlräume haben irgendwo an der Unterseite Wasserablauflöcher, die stets offen bleiben müssen. Ein Rostschlammkrater rund um die Ablauföffnung oder loser Rost wird zunächst einmal mit einem Dampfstrahler angegriffen, um die Verstopfung herauszuwässern. Dann werden nacheinander die anderen Ablauflöcher des betreffenden Hohlraumes ausgespritzt. Das fördert keineswegs den Rost, sondern durch das Frischwasser wird Schlamm ausgespült, der über lange Zeit Feuchtigkeit gebunden und dadurch den Rost gefördert hat. Außerdem können mit dem Frischwasser auch noch Salzreste vom Winter heraus-

geschwemmt werden. Wenn bei diesem Durchspülen schon Rost ausgeschwemmt wird, sollten Sie alsbald Ihre Werkstatt zur Nachuntersuchung aufsuchen.

Rostspuren:
An den Unterkanten von Schweißnähten, Bördelkanten und Falzen findet man gelegentlich diese rostfarbenen Wassertropfen. Sie sind eindeutiger Hinweis, dass im betreffenden Hohlraum Rost knabbert. Bei Montagearbeiten an Ihrem Fahrzeug, etwa beim Auswechseln eines beschädigten Kotflügels und vor allem beim Ausbau der Wagen-Innenverkleidung, sollten Sie immer das Arbeitsgerät und Arbeitsmaterial für die Unterbodenschutz-Nachbesserung griffbereit zur Hand haben. Sie brauchen sich keinen speziellen Hohlraumkonservierer in der Spraydose zu kaufen, denn alle versteckten Stellen, die Sie bei Montagearbeiten freilegen, sind ja ohne Weiteres zugänglich, sodass sich dort problemlos normales Unterbodenschutzmaterial verarbeiten lässt. Aber zuerst müssen Sie jeglichen losen Rost wegputzen und die Stelle mit einem guten Roststabilisator sanieren.

Nachträglicher Rostschutz:
Die »Eigenleistung« sollte man auf Rostkontrolle beschränken. Für alles Weitere ziehen Sie besser eine darauf spezialisierte Werkstatt zu Rate (siehe die Hinweise zu Dinol TuffKote).

Komplettschutz ist Sache für die Werkstatt

Nach unseren Erfahrungen ist ein kompletter neuer Unterbodenschutz jedoch Werkstattsache, ebenso die Erneuerung eines niemals nachgebesserten und daher durchweg verkommenen Unterbodenschutzes. Falls diese »Fremdhilfe« bei Ihnen zur Diskussion steht, sollten Sie auf folgende Punkte achten:

- Suchen Sie sich eine Spezialwerkstatt, die für ihren Unterbodenschutz einen guten Namen hat, und gehen Sie nicht zu einem Betrieb, der nur mal gelegentlich Unterbodenschutz auf Autos sprüht. Im Spezialbetrieb hat man eine bessere technische Ausstattung und mehr Erfahrung.
- Fragen Sie sogleich, wie man in dieser Werkstatt

***Kein Frühling*:** Aufgeblüht und von Rost unterlaufen finden sich braune Spuren auf dem blauen Lack.

den Rost am Fahrgestell beseitigt. Wenn man kein Sandstrahlgebläse hat, lassen Sie sich auf keinen Fall einen Dauerunterschutz (Kautschuk oder Bitumen/Kautschuk) verkaufen. Schade ums Geld, denn auf Rost hält die Sache nicht lange, selbst mit Roststabilisator als Zwischenschicht. Allenfalls ist ein Langzeitschutz oder noch besser ein Saisonschutz (Wachs) angebracht. Da muss sowieso nach einiger Zeit wieder mal nachkontrolliert werden. Wachs dringt auch besser in die Rostporen, und ein Saisonschutz ist zudem erheblich billiger. Konsequent wäre aber die Überlegung, ob Sie nicht ein Haus weitergehen sollten, wo man wirklich Rost entfernt, bevor drübergepfuscht wird. Und das geht wirklich gut nur in einer Sandstrahlkabine. Es wird teurer sein, aber dieses Geld ist gut angelegt. Lassen Sie sich einen verbindlichen Kostenvoranschlag machen. Das ist für eine gute Fachwerkstatt kein Problem, wenn der Auftragnehmer mal einen Blick unter den Wagen geworfen hat. Und es erspart Ihnen unter Umständen den Schock beim Empfang der Rechnung.

Rostschutz in Hohlräumen

Falls Sie bei der Hohlraumkonservierung Ihres Wagens dabei sein konnten, haben Sie eventuell zu sehen bekommen, dass der Fachmann Löcher in die Hinterkanten der Türkästen bohrte und durch diese die Hohlräume in der Tür ausspritzte. Diese Löcher werden nur benutzt, weil der Weg in die Hohlräume durch Ausbau der inneren Türverkleidung zu umständlich und zeitraubend für die Werkstatt ist. Deshalb werden Sie solche Löcher in den Türhinterkanten bei serienmäßiger Hohlraumkonservierung in der Regel auch nicht finden. Im Werk wird eben die noch nicht komplettierte Tür ausgespritzt.

Ein Blick hinter die Türverkleidung

Für einen Heimwerker ist es aber kein besonderes Problem, diese Türverkleidungen einmal auszubauen und selbst nachzuprüfen, wie es dahinter um den Rostschutz steht. Wie man die Türverkleidung ausbaut, ist im Korp-Band des Verlages des jeweiligen Auto-Typs nachzulesen. Auch in diesem Fall brauchen Sie zum Nachbessern der serienmäßigen Hohlraumkonservierung keinen besonderen Hohlraumkonservierer, sondern nur alles Gerät und Material wie für den Unterbodenschutz. Die Arbeitsreihenfolge ist gleich wie beim Nachbessern des Unterbodenschutzes. Auf folgende Punkte jedoch sollten Sie achten:

Vor dem Aussprühen des Türkastens Fenster ganz nach oben kurbeln, damit der Fensterhebermechanismus nicht verklebt wird.

Rost so gut wie nur irgend möglich wegputzen und die angerosteten Flächen gründlich mit einem guten Roststabilisator sanieren.

Vor dem Aussprühen außerdem alle Wasserablauflöcher an der unteren Türkante mit passenden Holzpflöckchen (gebündelte Streichhölzer) zustopfen, damit die Rostschutzmittel dort nicht auslaufen und die Löcher nicht verstopfen.

Nach dem Aussprühen die Holzpflöckchen wieder herausziehen und die Lochränder des Unterbodenschutzmittels zur Ablaufrichtung hin abschrägen, damit sich Regenwasser dort nicht staut, sondern gut abläuft.

Gut geeignete Produkte

Wir können zur Hohlraumkonservierung das Hohlraumwachs HT empfehlen, dessen hauptsächlicher Vorteil ein sehr sauberer Schutz ist. Das Mittel läuft nicht aus, bleibt über lange Zeit elastisch und ist auch einfach in der Anwendung. Gut geeignet ist ferner »Mike Sanders Korrosionsschutzfett«, dessen besonderer Vorteil die Langzeitkriechwirkung bei sommerlichen Temperaturen ist. Es bietet Schutz auch für Falze und versteckte Ecken. Leichter Rostansatz wird gestoppt. Schließlich hat auch die Hohlraumkonservierung mit Owatrol-Farbkriechöl ihre Vorzüge, weil dieses Mittel gute Kriecheigenschaften mit der Sauberkeit eines Wachses vereinigt. Es läuft nach der Verarbeitung nicht aus. Diese Versiegelung muss aber regelmäßig wiederholt werden.

Wichtige Eigenschaft: die Kriechfähigkeit
Auch Falze, also Blechüberlappungen, kann man wie eine Hohlraumkonservierung behandeln: Eventuell

mit Fertan entrosten und anschließend mit einer gut kriechfähigen Hohlraumversiegelung konservieren. Problematisch sind aber immer Falze an Schweißnähten, die nicht direkt an einen Hohlraum angrenzen und im äußeren Sichtbereich der Karosserie liegen. Die beste Lösung stellt in solchen Fällen eine gut kriechfähige Grundierung dar, wie z. B. Ferpox, die man mit dem Pinsel direkt »Nass-in-Nass« auf den Spalt aufträgt, bis sie auf der anderen Seite wieder herausläuft.

Sehr gut eignet sich hier auch das Owatrol-Farbkriechöl, da es sich sehr zuverlässig ausbreitet. Abschließend lässt sich der Bereich dann normal lackieren, wobei man beim Owatrol bedenken muss, dass es nicht direkt mit 2-Komponenten-Acryl-Lacken überlackierbar ist. Man sollte also einen »Trenngrund« verwenden. Auch Schweißnähte an Reparaturstellen, die überlappend ausgeführt sind, können auf diese Weise konserviert werden. Soll die Schweißnaht kaschiert werden, bietet sich die von uns bereits früher beschriebene Verwendung von Karosseriezinn an. Für kritische Stellen gibt es dafür ganz neue säurefreie Verzinnungspasten.

Ein empfehlenswertes Werkzeug

Der Kauf einer Hohlraumpistole muss gut überlegt werden, da nicht jede Ausführung für alle Zwecke geeignet ist. Prinzipiell ist eine Druckbecherpistole (Fertan oder Vaupel) das beste Werkzeug. Ganz gleich, welches Material (dick- oder dünnflüssig) Sie verarbeiten, der Druck, mit dem es aus der Düse kommt, ist immer gleich dem, der auf den Becher wirkt. Somit ist ein gleichmäßiger Sprühnebel an der Düse auch bei langen Sonden gesichert. Wesentlich preiswerter sind allerdings Hohlraumpistolen nach dem Saugbecherprinzip. Bei ihnen wird das Material durch Unterdruck aus dem Becher herausgesaugt. Das geht bei dünnflüssigem Material (Fertan) leichter als bei dickflüssigem (Wachs / Fett etc.). Hinsichtlich der Verarbeitungsqualität des Materials kommt es daher sehr auf die Ausführung der Sonde an. Hat man eine einfache

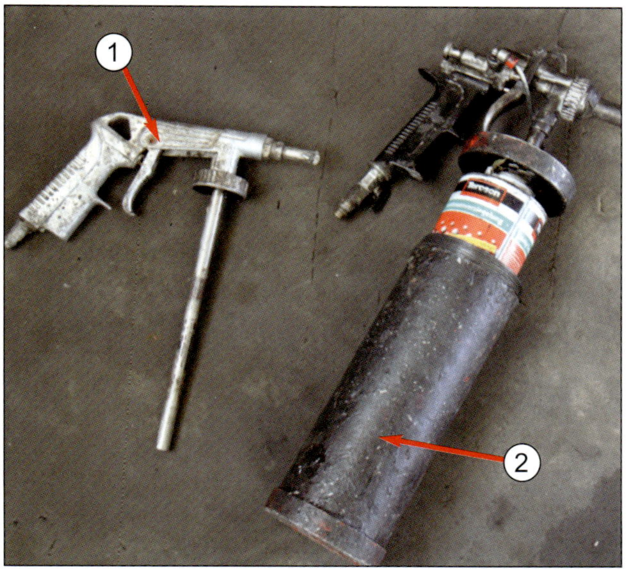

Etwas teurer aber universal: 1 normale Unterbodenschutzpistole, 2 Druckbecherpistole mit eingesetzter Kartusche.

Sonde als Zubehör einer Unterbodenschutzpistole, so sollte sie zumindest relativ dick sein, damit sich dem durchströmenden Luft-Material-Gemisch kein großer Widerstand entgegensetzt. Je dünner die Sonde und je dickflüssiger das Material ist, umso weniger Material wird gefördert. Das kann dazu führen, dass an der Düse keine Rundumzerstäubung zustande kommt. Dann tropft das Material nur heraus oder die Sonde verstopft. In solchen Fällen kann die Dose platzen. Eine zweifach geführte Sonde, wie sie im Set mit einer Hohlraumpistole angeboten wird, macht die Verarbeitung von Hohlraumwachs und Fluid-Film möglich. Bei dieser Pistole wird die Ansaugluft bis zur Düse getrennt vom Material geführt. Erst an der Düse findet der Ansaugvorgang statt. Das Material strömt zusammen mit der Luft optimal zerstäubt direkt aus der Düse. Die Sondenlänge ist im Gegensatz zur Druckbecherpistole aber auf ca. 750 mm begrenzt. Abhilfe: eine ausreichend starke elektrische Pistole (Wagner W180P). Sie kann eine Druckbecherpistole gut ersetzen und eignet sich sowohl zur Hohlraumversiegelung als auch für Unterbodenschutz.

Rostschutz an Anbauteilen

Mit diesen Hinweisen ist gar nichts gegen das eigenhändige Kontrollieren und Nachbessern eines bereits vorhandenen Unterbodenschutzes gesagt. Das lässt sich ganz gut machen und spart auch tatsächlich Geld. Das Auswechseln beschädigter Blechteile, gebraucht von der Autoverwertung oder neu ab Werkstatt-Ersatzteillager, verlangt sorgfältigen Korrosionsschutz. Sonst rostet das erneuerte Blechteil womöglich schneller durch als die restlichen Altbleche. Denn die Werkstatt erhält die Ersatzteile nur mit Grundierung auf dem Blech. Da zur Montage des Kotflügels eine bestimmte Arbeitszeit und die entsprechende Bezahlung festgelegt sind, wird das neue Teil flugs montiert und das Fahrzeug zum Lackierer gefahren. Auch er ist nur für die Außenseite des Blechs zuständig, wenn er keinen anderen Auftrag bekommt.

Um den Korrosionsschutz auf der Blechinnenseite kümmert sich kein Mensch, wenn Sie das nicht tun. Wenn Sie in der Werkstatt an der Karosserie ein neues Teil montieren oder anschweißen lassen, dann fragen Sie ausdrücklich danach, wie es mit dem Korrosionsschutz aussieht. Vor allem, wenn ein Blechteil eingeschweißt wurde, ist es dringend notwendig, die rostanfälligen Schweißstellen zuerst mit spezieller Punktschweißfarbe einzupinseln. Nach dem Schweißen müssen diese Stellen besonders sorgfältig rostgeschützt werden. Das ist nur gesichert, wenn zuvor alle Schweißrückstände sorgfältig gesäubert und beigeschliffen wurden. Von Vorteil ist es sicherlich, wenn Sie einen Blick auf die durchgeführten Arbeiten werfen können.

Bremsleitungen entrosten

TÜV-Prüfer richten ein ganz besonders strenges Augenmerk auf den Zustand der Bremsleitungen, wenn sie die Wagenunterseite inspizieren. Das ist auch gut, denn ein verquollener Bremsschlauch, ein undichter Anschluss oder eine durchgerostete Bremsleitung können Menschenleben kosten.

Ein Durchrosten der Bremsleitungen kommt dennoch extrem selten vor. Denn sie bestehen nicht einfach aus einem Metallröhrchen, sondern aus einigen Lagen gerolltem, hochfestem Stahl. Dazwischen wird beim Rollen der Leitungsrohre Haftlot eingebracht und zuletzt das Ganze hartgelötet, sodass diese Röhrchen durch ihre Mehrschichtigkeit eine außerordentliche Druckfestigkeit haben und auch so schnell nicht durchrosten. Nach außen sind Bremsleitungen zum Schutz gegen Rost kunststoffbeschichtet.

PRAXISTIPP

Die Halteschellen öffnen

Bei Korrosionsschutz-Maßnahmen an Bremsleitungen empfehlen wir, die Halteschellen der Bremsleitungen zu öffnen und die Bremsleitungen vorsichtig herauszunehmen, damit kein Fleckchen Rost zurückbleibt. Nach dem Austrocknen des Rost-Stabilisators übersprühen Sie die gesamten Bremsleitungen am besten noch mit einem möglichst hellfarbigen Unterbodenschutz-Sprühwachs, damit der Rostschutz wirklich porendicht ist. Nur so viel Wachs aufsprühen, dass der rote Anstrich noch durchschimmert. Dann genügt nämlich später ein kurzer Check, um eventuell neu blühenden Rost sofort unter der Wachsschutzschicht zu entdecken.

Wenn Sie hingegen ein schon ziemlich altes Fahrzeugmodell haben, Baujahr etwa bis Mitte der 70er-Jahre, empfiehlt sich auf jeden Fall ein kritischer Blick auf dessen Bremsleitungsanlage. Sehen die Leitungen schon reichlich angenagt aus, lassen Sie es gut sein mit dem Entrosten und kaufen sich besser einen Satz neue Bremsleitungen. Finden Sie nur Oberflächen- und Flugrost vor, können Sie allerdings Schleifpapier und Co. durchaus einsetzen.

An Arbeitsmaterial benötigen Sie Wasser, Pinsel und Kaltreiniger zum Saubermachen. Grobes Trockenschleifpapier, eine Sprühflasche mit Wasser und eine mit Kaltreiniger sowie möglichst saubere Lappen sind nötig. Schleifen Sie an einer unansehnlichen verdreckten Bremsleitung nicht einfach mit dem Schleifpapier los. Denn unter dem Schmutz könnte die Kunststoffbeschichtung einwandfrei sein.

Deshalb werden Bremsleitungen auch grundsätzlich nicht mit der Drahtbürste oder einem Schraubendreher gereinigt. Erst wenn sich nach der Reinigungswäsche zeigt, dass keine Kunststoffbeschichtung vorhanden und die Leitung angerostet ist, können Sie weiterarbeiten, wie nachstehend beschrieben.

Bedenken Sie vor der Arbeit ernsthaft, dass Ihr Leben und das anderer Leute davon abhängt, wie großzügig Sie mit dem Rostfraß umgehen. Schleifen Sie nach der Säuberung den Rost so weit herunter, bis nur noch eine leichte Rostpunktierung von blankem Metall eingerahmt ist. Säubern Sie die Leitungen und trocknen Sie sie gründlich, beispielsweise mit einem Heizstrahl-Gebläse. Danach empfehlen wir zwei Überzüge »Coroless-Spray« oder einen anderen Rost-Stabilisator. Der mit ihnen aufgebrachte Kunststoff-Überzug ist dem originalen, meist olivgrünen »Schutzanzug« der Bremsleitungen fast ebenbürtig.

Rost umwandeln und konservieren

Fahrzeuge aus den späten Siebzigern des vorigen Jahrhunderts bestechen oftmals durch immer noch brillant zuverlässige Technik, selbst nach Laufleistungen über 200.000 Kilometer. Doch das Blech kann selten mithalten. Es sind zwar nicht immer gleich totale Durchrostungen zu registrieren, aber flächendeckender Kantenrost ist auch nicht schöner. Wenn der Rost sich also ins Blech gefressen hat: was tun gegen diese Pest?

Wir könnten uns seufzend der »guten alten Zeit« erinnern, als das Autofahrgestell aus massivem Stahl und die Karosserien aus panzerplattendicken Blechen gefertigt waren. Da war Rost kein Problem, allenfalls hatten unsere Großväter eine ganze Menge Ärger mit durchgefaulten hölzernen Karosseriegerippen. Gegen den Rost wurde das blank gekratzte Metall lediglich mit Altöl eingepinselt.

Rostumwandler und Phosphorsäure

Mit Altöl ist uns heute wirklich nicht mehr gedient. In den Autoregalen der Discountläden und Kaufhäuser, in Zubehörläden oder in den Katalogen der Versandhäuser findet man dagegen eine ganze Anzahl von Produkten, die als »Rostumwandler« oder »Rostentferner« angeboten werden. So etwas hier ist kein Einzelfall: »Ein Pinselstrich genügt. Rost verwandelt sich in nicht rostendes Eisen. Chrom wird wieder wie neu!« Schön wär's ja. In Wirklichkeit ist das alles meist Augenwischerei. Schon vor Jahren haben ernsthafte Tests ergeben, dass gängige »Rostumwandler« und »Rostentferner« nicht nur untauglich, sondern in vie-

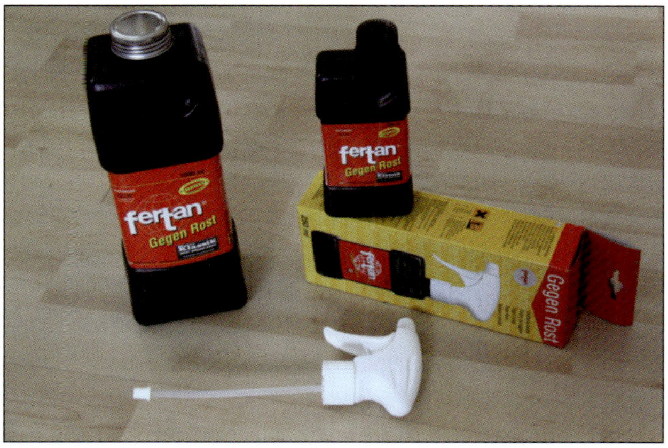

Rostumwandler im Paket: Vorratsflasche und Pumpspray sind eine sinnvolle Ergänzung des Werkzeugsatzes bei Karosseriearbeiten mit Korrosion.

Praktisch: Sprühflasche zum Auftrag des Rostumwandlers. Gerade bei Arbeiten über Kopf eine klare Arbeitserleichterung.

len Fällen sogar schlechter als gar nichts sind. Das entspricht auch unseren langjährigen Versuchsergebnissen und Erprobungen mit den Wundermitteln. Damit Sie für solche Produkte nicht sinnlos Geld ausgeben, müssen Sie unbedingt den Unterschied zu den allerdings sehr brauchbaren Roststabilisatoren beachten.
»Rostumwandler« enthalten in der Regel Phosphorsäure und sind als reine Flüssigkeiten blauglasig oder hell-grünglasig. Als weiße Salben ebenfalls auf Phosphorsäurebasis sollen sie besser wirken, weil sie an senkrechten Flächen nicht herunterlaufen. Aber wann ist eine senkrechte, gut erreichbare Fläche schon mal verrostet? Außerdem können die cremig-zähen Salben nie und nimmer in die Ritzen und Hohlräume eindringen, wo sie am ehesten notwendig wären.
»Rostumwandler« auf Phosphorsäurebasis wandeln den Rost in ein hellgraues Eisenphosphat um. Die Hersteller weisen darauf hin, dass es der gleiche Grundstoff sei, mit dem auch die Rohkarosserie ganz zu Anfang ihrer Beschichtung phosphatiert wird. Der kleine Unterschied: Dort geschieht dieser Prozess hinsichtlich Menge, Temperatur und Wirkungszeit sehr präzise gesteuert am praktisch blanken Blech.
Als Heimwerker arbeitet man aber notgedrungen überschwemmend, damit auch aller Rost umgewandelt wird. Damit erreicht man zwar, dass aller oberflächlicher Rost (und nur dieser) umgewandelt wird, es bleibt aber überschüssige Phosphorsäure zurück. Die tut dann unter der Lack- oder Unterbodenschutzschicht genau das wie der Rost auch: Sie wird aggressiv, wenn auch in einem anderen chemischen Prozess, und zerstört die darüber liegende Rostschutzschicht.
So zeigte sich immer wieder bei unseren Versuchen, dass lediglich mit Sprühlack beschichtetes blankes oder leicht angerostetes Blech nach einigen Wochen Bewitterung kaum oder noch gar keinen Rostanflug zeigte. Die mit Phosphorsäure-Rostumwandlern behandelten und dann mit gleichem Lack übersprühten Flächen wiesen hingegen unübersehbare Rostspuren auf.

Die Alternative: Roststabilisatoren

Wir möchten Ihnen daher den Lösungsvorschlag machen, Roststabilisatoren im Kampf gegen den Rost einzusetzen. Diese Mittel können vorhandenen Rost zwar nicht beseitigen, aber sie verhindern bei sachgemäßer Verwendung zuverlässig weitere Korrosion. Ein wirklich dauerhafter Rostschutz ist so auch nicht zu erreichen, doch die Roststabilisatoren wirken in monatelanger Reaktion unter einer luftdicht abschließenden Kunststoffschicht. Dieser Kunststofffilm schützt gegen erneuten Rost bei Feuchtigkeit und macht elastisch alle Wärmeausdehnungen und Bewegungen des Autoblechs mit.
Unter dem Lackaufbau auf der Karosserie genügt diese über mehrere Jahre anhaltende Stabilität gegen neuerlichen Rost nicht. Auf der Wagenunterseite, unter einem sorgfältig aufgebrachten Unterbodenschutzmaterial, kann das durchaus reichen, aber Roststabilisatoren müssen noch weitere Eigenschaften aufweisen, die einen fachgerechten Lackaufbau erst ermöglichen.
Deshalb haben wir die zahlreichen Roststabilisatoren sehr hart auf Schleifbarkeit, Abklebefestigkeit sowie Verträglichkeit mit Spachteln und Überzuglacken geprüft. Weil viele Roststabilisatoren mit dem Pinsel aufgestrichen werden können, zeichnet sich auf der Oberfläche ein unvermeidbarer welliger Pinselstrich ab. Der muss plangeschliffen werden, es sei denn, man will ihn einer Beule wegen sowieso überspachteln. Beim ebenfalls möglichen Pinselwellen-Ausgleich mit dem dünnschichtigen Nitrokombispachtel dürfte die Schicht auf dem Autoblech insgesamt zu dick werden. Also: Trockenschliff bis zur Körnung P360, wobei die Schicht auf gar keinen Fall durchgeschliffen werden darf, sonst ist der Rostschutz dahin. Dieser Trockenschliff wird zumeist ausreichen. Aber auch Nassschliff mit feinerer Körnung (P500) ist gelegentlich notwendig. Allerdings hält das nachfolgende Trocknen des nass geschliffenen Roststabilisators bei der Arbeit sehr auf.

Spachtelverträglichkeit und Abklebefestigkeit

Alle von uns untersuchten Roststabilisatoren vertragen sich einwandfrei mit Epoxidharzspachtel, Polyesterspachtel und Nitrokombispachtel. Gelegentlich müssen beim Lackaufbau Kanten mit Lackiererband abgeklebt werden. Nach dieser Arbeit müssen sich diese Abklebebänder rückstandsfrei abziehen lassen, ohne Teilstücke aus dem Untergrund herauszureißen. Auch diese Bedingung erfüllen die marktüblichen Roststabilisatoren nach verlängerter Trocknungszeit einwandfrei.
Bewährte Roststabilisatoren vertragen die üblichen Sprühdosenlacke ohne Runzelbildung oder Aufreißen auch bei direktem Übersprühen. Aber selbst bei nass und fein geschliffenem Roststabilisator mangelt es bei Direktauftrag von Decklack durchweg am ersehnten Hochglanz, weil die hochpigmentierten Roststabilisa-

toren zu grobporig sind. Deshalb müssen Sie bei Außenseitenlackierungen stets über die Rostschutzschicht vor dem Decklack Haftgrund sprühen und diesen feinst schleifen.
Alle Hersteller empfehlen das Auftragen von zwei Schichten etwa im Stundenabstand. Bei manchen dickflüssigen Roststabilisatoren wird dann die Gesamtschicht unter dem Lackaufbau zu dick, sodass bei flächenglattem Autoblech die Reparaturfläche, gegen das Licht besehen, deutlich aus dem Blech heraustritt. Soweit wir es beurteilen können, genügt ein einziger deckender Anstrich als Rostschutz vollauf. Bei dünnflüssigem und dünnschichtigem Material sind natürlich zwei Schichten besser. Auch unter Unterbodenschutz sind zwei satte Schichten vertretbar.
Alle Roststabilisatoren haften nach unseren Erfahrungen auf leicht rostnarbigem Untergrund besser als auf ganz blankem Metall. Die letzte dünne Altrostschicht (dunkelbraun) dürfen Sie also beim Schleifen noch anstehen lassen. Die bessere Haftung macht sich vor allem beim Überspachteln mancher Roststabilisatoren auf rostnarbigem Untergrund bemerkbar: Der Spachtel verbindet sich mit allen Rostschutzschichten äußerst intensiv, aber bei blankem Blech verringert sich deren Haftfestigkeit dafür auf dem Metall. Das kann bis zu Unterrostungen durch seitliche Feuchtigkeitseinwirkung führen.

Einige Beispiele für Roststabilisatoren

Corroless Roststabilisator ist erhältlich in Farbenhandlungen, andernfalls beim Corroless Rost- und Korrosionsschutz-Handel Irene Parey, Am Bahnhof 48, 25469 Halstenbek, Tel. 04101/44451 und Fax 04101/409755. Corroless gilt als die bedeutendste Entwicklung auf dem Gebiet der Rostschutztechnologie und hat sich seit über 40 Jahren im industriellen Gebrauch und seit Längerem auch für den Heimwerker bewährt. Corroless ermöglicht eine Anwendung direkt auf festhaftendem Grundrost. Dieser wird stabilisiert und bildet eine Schicht, die neue Rostbildung und weitere Unterrostung verhindert. Hierdurch wird ein kontinuierlicher Rostschutz mit einem Minimum an Untergrundvorbereitung (Handentrosten) erreicht.
Corroless gibt es sowohl zum Streichen in Dosen wie auch in Spraydosen. Die kakaobraune Schicht lässt sich einwandfrei schleifen. Noch einfacher ist der Lackaufbau mit der glatten und dünnen Schicht aus der Sprühdose. Das Mittel sitzt ungemein zähe und fest auf dem Untergrund, und auch ohne Überlackierung zeigen seit Jahren im Freien liegende Versuchsbleche nicht den geringsten Rostbefall.
Corroless enthält keine Säuren, kein Blei, kein Chromat und ist daher mit dem »blauen Umweltengel« ausgezeichnet. Auftragspinsel lassen sich in Nitroverdünnung oder Aceton auswaschen.

Noverox AX Rostschutz-Emulsion ist vornehmlich in Farbenhandlungen erhältlich, wenn nicht: An PUFAS Werk KG, Postfach 14 69, 34334 Hann. Münden, Tel.: 05541 / 70 03 – 01, Fax: 05541 / 70 03-50 wenden. Noverox AX ist eine sahnig-weiße Flüssigkeit auf Epoxid-Basis in Spray-Dosen mit umweltneutralem Treibgas. Sie bildet auf blankem Stahl eine tiefschwarze Schicht. Auf rostvernarbten Stellen wandelt sich die weiße Farbe in eine schwarzbraun-glasige Schicht. Auch mit Noverox behandelte Stahlstreifen trotzten in Tests bei Wind und Wetter der Korrosion. Selbst Bleche, die über ein Jahrzehnt im Freien lagen, zeigten noch keinen Ansatz von Rostpickeln. Die Haltbarkeit laut Hersteller beträgt bei der wasserverdünnten Rostschutz-Emulsion 28 Monate.

Fertan von der Fertan Korrosionsschutz Vertriebsgesellschaft mbH, Dresdener Str. 8, 66113 Saarbrücken, Tel.: 0681 / 71046, Fax: 0681 / 71048. Das seit gut 20 Jahren bekannte Mittel (in Gebinden zu 30, 250, 1000 und 5000 ml lieferbar) wandelt Rost in eine stabile Eisen-Tannin-Verbindung um. Den beginnenden Rost aufhalten kann Fertan überzeugend, doch seine mechanische Widerstandsfähigkeit, beispielsweise gegen Splittbeschuss oder Abrieb, ist nicht so erfreulich groß. Die Rostschutzwirkung hängt daher vom weiteren Untergrundaufbau ab.
Mit Fertan behandelte Bleche oder Karosserieteile zeigten etwa vier Monate nach Auftrag verstärkt Neurost. Eine saubere Nachbehandlung mit Grundierung und Lack ergab dagegen auch nach zweieinhalb Jahren noch ein angenehm rostfreies Bild. Fertan braucht demnach eine Schutzschicht Grundierung und Lack.

Cream-Ex Rostentferner ist in Gebinden zu 250, 500 und 1000 ml lieferbar. Das Produkt entfernt Rost wirklich und konserviert ihn nicht oder wandelt ihn nicht lediglich um. Dadurch ergibt sich eine besonders sichere Anwendung mit guter Kontrollmöglichkeit.

BOB Rostkonservierung + Grundierung ist in Gebinden zu 100, 250 und 750 ml lieferbar. Kann schon nach drei Stunden überlackiert werden.

Korrosionsschutz-Fluid A100 von Dr. O. K. Wack Chemie (in Aerosoldosen mit 300 ml und im 5-l-Kanister) ist besser als Wachs, da der Schutzfilm nicht austrocknet und rissig wird. Lässt sich bei Bedarf wieder leicht entfernen, z. B. mit dem P21-S Leichtmetall-Felgenreiniger.

Weitere Mittel: Mike Sanders Korrosionsschutzfett; Owatrol-Farbkriechöl; Fluid-Film Langzeit Rostschutz+Kriechöl; POR 15-Rostverhütungslacke und Metal-Ready-Rostentferner.

Restaurieren oder Schrottplatz?

Die gründlichste Methode, Rost vorzubeugen beziehungsweise vorhandenem Rost die Existenz zu entziehen, ist das Bestrahlen mit Sand oder Glasperlen. Wirtschaftlich ist dieser Aufwand allerdings nur dann, wenn Sie ein sehr wertvolles Fahrzeug im restaurationsbedürftigen Zustand besitzen, ein erhaltungswürdiges Stück Automobil-Geschichte sozusagen. Das Rostwegstrahlen erfordert sehr umfangreiche Vorarbeiten. Hat das Schmuckstück rundum schon provisorische Wasserablauflöcher und trägt morsches Blech zur Schau, dann stehen Sie vor einer weitreichenden und folgenschweren Entscheidung: Schrottplatz oder Restauration. Stellt sich nach aufwändigem und teurem Sandstrahlen heraus, dass der Rost erbarmungsloser als erwartet zugeschlagen hat oder plötzlich unter Spachtel versteckte Unfallschäden freiliegen, dann haben Sie viel Geld wahrhaftig in den Sand gesetzt.
Sollten Sie daher mit dem Gedanken einer Vollrestauration spielen, informieren Sie sich zuvor bei Markenclubs, Oldie-IG's oder anderen Fachleuten (das Internet ist dazu ein sehr geeignetes Medium). Nur so können Sie unangebrachte Risiken vermeiden. An erster Stelle steht die »Schreibtisch-Recherche«: Sind die Marktpreise stabil genug, um eine solche Investition zu rechtfertigen? Ist die eventuell vorhandene Historie des Fahrzeugs plausibel genug? Wenn die zwei Fragen bejaht werden können, geht es zur »Werkstatt-Recherche«: Das Objekt einem gründlichen Check unterziehen. Das gelingt am besten auf einer Hebebühne und mit Stableuchte, Magnet und kräftigem Schraubendreher.

Klassiker: Kaum zu glauben, eben noch ein Alltagsauto mit robustem und genügsamem Charakter und nun schon Oldtimer.

Unterschiedliches Material: Die Qualität der Oberfläche lässt sich auch an der Körnung des Materials festmachen.

Sandstrahlen oder Glasperlen

Als Nächstes erfolgt die Suche nach dem geeigneten Sandstrahl-Betrieb. Die »Gelben Seiten« sind dabei meist hilfreich. Voraussetzung für ordentliche Arbeit und ein ordentliches Ergebnis ist eine Strahlkabine, in die das Fahrzeug komplett hineingerollt werden kann. Für Rahmenteile, Unterboden und Innenraum bringt das Sandstrahlen die besten Ergebnisse. Dieses Verfahren putzt wirklich alles weg: Rost, Lack jeglicher Schichtstärke zentimeterdicke Spachtelschichten und was sonst noch auf der Karosserie haftet.

Für den Gebrauchsgegenstand Auto wird diese Radikalmethode, Blech von Rost, Spachtel und sonstigen Rückständen zu befreien, eher selten anzuwenden sein. Das liegt natürlich auch an den mittlerweile wirksamen Rostschutzvorkehrungen der Automobilhersteller. Die jeweiligen Maßnahmen unterscheiden sich zwar ein wenig, auch hinsichtlich der Garantiezeiten bestehen Unterschiede. Aber schon seit Mitte der 80er-Jahre gibt es nur noch vereinzelt ernsthafte Rostprobleme.

Aber für Oldies und diejenigen Fahrzeuge, die es noch werden sollen, ist eine aufwändige Restauration unumgänglich. Die aber beginnt mit dem Sand- oder Glasperlenstrahlen. Da die kompromisslose Härte des scharfkantigen Sandstrahlmaterials zum Entrosten von Anbauteilen ein gewaltiger Nachteil ist, sollte man das sanftere Glasperlenstrahlen wählen. Zu schnell sind sonst Hauben oder Seitenteile aus ihrer ursprünglichen Form geraten und nicht mehr zu korrigieren. Fragen Sie den ausgewählten Sandstrahlbetrieb also zuerst, welche Verfahren dort eingesetzt werden können.

Es gibt zwar die Möglichkeit, zu Hause in der Garage zu strahlen. Davon raten wir jedoch ab, denn die feinen Sandkörner finden sich noch jahrelang in unverhofften Winkeln.

Zweifelhafte Alternative

Seit gut einem Jahrzehnt wird auch die Methode angeboten, die freigelegte Autokarosserie in einem speziellen Tauchbad zu entrosten und für neue Beschichtungen fit zu machen. Auch hierfür lassen sich geeignete Firmen finden, eventuell gar in Ihrer Nähe, die so etwas anbieten. Die gesamte Karosserie wird »abgelaugt«, also komplett von Lack, Spachtel, Unterbodenschutz und auch von Rost aus jeder Ritze und jeglichem Hohlraum befreit. Die Behandlung wird bei etwa 70 °C vorgenommen und dauert knapp eine Viertelstunde.

Tatsächlich sieht danach das Blech aus wie neu. Es ist auch mit einem Schutzfilm überzogen, der Flugrost abhält. Die Methode scheint zweckmäßiger zu sein als Sand- oder Glasperlenstrahlen: kein Blechabtrag, nichts kann sich verziehen. Aber sie ist auch keineswegs billig. Nicht nur die »entblätterte« Karosserie, sondern auch Türen und Hauben müssen ins Bad und werden nach Flächengröße berechnet. Je nach Firma und Verfahren ist mit einem Kostenaufwand zwischen 1000 und 3000 Euro zu rechnen. Vor allem aber ist an dieser Methode kritisch zu sehen, dass die Lauge auch in alle Falze und versteckten Winkel »kriecht« und dort Angriffspunkte für neuen Rost schafft, an die man nicht herankommt. Autofans und Fachwelt sind darüber in ihren Meinungen gespalten. Die Tendenz geht doch eher zum Abstrahlen.

Auf jeden Fall muss die Entscheidung ohnehin schon früher fallen. Wer über einen wirklichen Oldie der Autogeschichte nachdenkt und ihn sich zulegen möchte, der weiß auch, dass die Restaurierung genau an dem Tag anfängt, an dem man sich das Altfahrzeug anschafft.

Er muss sich ganz realistisch fragen:

- Wie ist die Ersatzteilversorgung und wie teuer sind die Teile?
- In welchem Zustand ist das Fahrzeug?
- Stimmt das Preis-Leistungs-Verhältnis wirklich, soweit man bei einem solchen Liebhaberstück überhaupt davon reden kann?
- Welche Reparaturen kann ich selbst ausführen?
- Wie hoch sind alles in allem in etwa die Restaurationskosten, und was würde das restaurierte Fahrzeug kosten?

Die Entscheidung müssen Sie ganz allein fällen, da helfen Ratschläge nur noch wenig. Wenn Sie sich aber durchgerungen haben: Dann nehmen Sie unser Buch zur Hand und beginnen wieder ganz vorn!

Rost weg: Mit dem Pinsel eines Lackstiftes lassen sich kleinere Schäden abdecken, aber auch vollständig instand setzen.

Das Beispiel eines Fünfzigjährigen

Zum Schluss möchten wir Ihnen eine solche Restaurierung an einigen wenigen Bildern vorführen. Sie können so etwas zuweilen im Internet finden, wo sich Liebhaber alter Autos gern über ihre Erfahrungen austauschen. Das von uns verwendete Beispiel stammt aus dieser Quelle, es ist in vollem Umfang mit viel mehr Details und mit den E-Mail-Zuschriften (pv444@gmx.de) von Besuchern auf der ziemlich aktuellen, vom Juli 2003 stammenden Homepage des Volvo PV 444E zu finden und ausgesprochen instruktiv (www.poetzel.de/Karosserie/Karosserie.html). Da hat sich jemand mit allen Konsequenzen an ein Fahrzeug Baujahr 1953 gewagt und tatsächlich aus einer Rostlaube ein Schmuckstück entstehen lassen. Die komplette Wiederinstandsetzung des Buckelvolvos zu einem fahrfähigen und TÜV-tauglichen Auto wurde im Sommer 1999 in Angriff genommen.

Interessen-Clubs als gute Adresse

Weitere Internet-Recherche führt Sie auch zu einzelnen Clubs, die sich speziell mit der Automarke aus Schweden befassen. Bei www.volvoclub.ch zum Beispiel kann man erfahren, dass der seiner Form wegen »Buckelvolvo« genannte PV 444 von 1944 bis 1958 gebaut wurde. Zusatzbuchstaben von A bis L verweisen auf einzelne Baujahre. Aus dem Jahre 1953 stammen Fahrzeuge der Reihen D und E in Schwarz, Taubengrau oder – gerade ganz neu – Metallic-Farbe »Maroonrot«. Damals gab es als technische Neuerungen: »Kuckucks-Blinker auf dem Dach verschwindet, Seitenblinker B-Säule werden eingeführt, Bosch liefert Lichtmaschine/Anlasser, Diebstahlsicherung durch Panzerzündspule, Vergaseranlage Zenith, wieder verstärkte Lenkung, neue Stoßstangen«. Ab Baujahr 1954 »ist die Heizung serienmäßig«.

Vor der Restaurierung: kleine und große Schäden inbegriffen und noch nicht entdeckt.

Die preiswerte Karosseriewerkstatt

Christopher Pötzel, der über die spezielle Homepage in seine mehrjährige Arbeit am »Buckelvolvo« blicken lässt, führt eine lange Liste von Firmen auf, die in irgendeiner Weise an der Aufarbeitung beteiligt waren oder Dienste in solcher Richtung anbieten. Ein »Link« führt auch zur Firma »CIL Servis« in Tschechien (Internetadresse: www.classiccar.cz). Diese »tschechische Oldtimerwerkstatt in Grenznähe« bietet Restaurierungen und Reparaturen inkl. Hin- und Rücktransport sowie die zolltechnische Abwicklung an. Dieser komfortable Komplettservice an der Uralt-Karosserie, den auch Chr. Pötzel nutzte, steht unter dem Slogan: »Übersteigt der Kostenvoranschlag den Marktwert Ihres Oldtimers? Bei uns nicht!« Ohne solche Helfer wäre wohl manches Restaurierungsvorhaben aussichtslos.

Blecharbeiten
An der Stoßfläche zwischen Kotflügel und Karosserie durch neue Bleche ersetzt. Der Längsholm wurde an seinen Enden ebenfalls durch neue Blechstücke ersetzt und an den Enden wurde jeweils ein Loch für einen Wasserablauf gebohrt.

Anpassen der Karosserieteile
Alle Karosserieteile wurden vor dem Lackieren zusammengebaut, um die Passgenauigkeit von Türen und Kotflügeln zu überprüfen. Dabei wurden noch kleinere Dellen ausgebeult. Anschließend konnte mit der Grundierung begonnen werden.

Neue Bleche nötig: Hinten rechts wurden die klassischen Rostlöcher an der Stoßfläche zwischen Kotflügel und Karosserie durch neue Bleche ersetzt.

Erste Demontage: Ohne Kotflügel lassen sich bereits die ersten erforderlichen Arbeiten entdecken.

Rost überall: An vielen Stellen müssen Ersatzbleche eingesetzt werden.

Nicht mehr viel übrig: An den Stellen, wo der Kotflügel an der Karosserie verschraubt wird, hat die braune Pest ganze Arbeit verrichtet. Die Auflageflächen sind komplett durchgerostet.

Nicht wieder zu erkennen: Die Karosserie kommt vom Sandstrahlen zurück.

Strahlergebnis: Lack und Spachtelaufträge wurden restlos entfernt.

Vor dem Lack: Die Passform der Bauteile. Kleine Mängel müssen noch beseitigt werden.

Fast schon ein neues Auto: Die Karosserie ist rundum grundiert.

Bald fertig: Die Karosserie ist bereits schwarz lackiert.

Endstadium: Der Zusammenbau zu den am meisten befriedigenden Arbeiten einer Restauration.

530 UX

Der Traum eines jeden Liebhabers: Ein Voisin C 25 Cimier, Baujahr 1935 mit 6-Zylinder-Schiebermotor.

Nützliche Adressen

Das nachfolgende Adressenverzeichnis bietet nur eine kleine Auswahl von Kontakten. Es kann und will keineswegs etwa vollständig sein. Zur Anfrage im konkreten Fall wird es jedoch für den ersten Schritt dienlich sein.

Akemi Erich Höntsch GmbH, Lechstraße 28, 90451 Nürnberg, Tel. 0911 /642960

APA GmbH & Co. KG Otto Bauder, Blumenstraße 35, 70736 Fellbach, Tel. 0711 / 514051

Auto-K-Lack Peter Kwasny GmbH & Co., Heilbronner Straße 96,74831 Gundelsheim/Neckar, Tel. 06269 / 950

Albert Berner GmbH (Werkzeuge, Ausrüstungen etc.), Bernerstrasse 4, 74653 Künzelsau; Tel. 0 79 40 / 1 21-0, Fax 0 79 40 / 1 21-30 0; Profi Points in Berlin, Chemnitz, Dresden, Heilbronn und München-Oberschleißheim

Carglass GmbH, Hauptverwaltung Deutschland, Godorfer Hauptstraße 175, D - 50997 Köln Tel. 02236 / 96 206 - 0, Fax 02236 / 96 206 - 340, www.carglass.de

C. & E. Fein GmbH, Leuschnerstraße 41-47, 70176 Stuttgart, Tel. 0711 / 66650

Caramba Chemie GmbH, Wanheimer Straße 334/6,47055 Duisburg, Tel. 0203/778601

CH + 21 Produkte GmbH & Co KG, Postfach 200152, 63307 Rödermark, Tel. 06074/99066

Otto Christ GmbH & Co., Postfach 1254,87682 Memmingen, Tel. 08331 /8570

clean park GmbH, Amselweg 6/1, 71364 Winnenden, Tel. 07195/69020

Corroless Rost- und Korrosionsschutz-Handel Irene Parey, Am Bahnhof 48, 25469 Halstenbek, Tel. 04101/44451 und Fax 04101/409755.

DEKRA Automobil GmbH, Handwerkstr. 15, 70565 Stuttgart; Tel. +49 711 7861-0, Fax +49 711 7861-2240, automobil@dekra.com

3M Deutschland GmbH, Carl-Schurz-Str. 1, 41453 Neuss, Tel. 02131/140

Dr. O. K. Wack Chemie GmbH, Bunsenstraße 6,85053 Ingolstadt, Tel. 0841 /6350

Dupli-Color, Kurt Vogelsang GmbH, Postfach 1140, 74851 Hassmersheim, Tel. 06266/750

einszett, Werner Sauer GmbH & Co., Industrieweg 9-15, 51429 Bergisch-Gladbach, Tel. 02204/94940

Festo KG, Ulmer Straße 48, 73728 Esslingen, Tel. 0711 / 31071

Fertan Korrosionsschutz Vertriebsgesellschaft mbH, Dresdener Str. 8, 66113 Saarbrücken, Tel. 0681 / 71046, Fax 0681 / 71048.

FLEX-Elektrowerkzeuge GmbH, Bahnhofstraße 15, 71711 Steinheim/Murr, Tel. 0 71 44 / 8 28-0, Fax 0 71 44 / 2 58 99

Glasurit GmbH, Glasuritstraße 1, 48165 Münster, Tel. 02501 / 140

Hoffmann SONAX KG, Münchner Straße 75, 86633 Neuburg/Donau, Tel. 08431 /531

KENT Deutschland GmbH, Am Nordkanal 8, 47877 Willich E-Mail: KENTinfo.Germany@kenteurope.com, Tel. 02154 95 67 0, Fax 0800 18 85 140

Kfz-Dellenentfernung, Werkzeuge und Schulungen, Wolfgang Schröder; Hauptstraße 8, 94538 Fürstenstein, Tel. 08544/91 87 36, www.dellenlos.de

Meguiars Fa. Christian Petzold, Lütkenheiderstraße 10, 58099 Hagen, Tel. 02331 /61359

MOTIP DUPLI GmbH, Kurt-Vogelsang-Str. 6, 74855 Haßmersheim, Tel. +49 (0) 6266/75-0, Fax +49 (0) 6266/75-356, E-Mail: info(at)dupli-color.de

Noverox AX Rostschutz über: PUFAS Werk KG, Postfach 14 69, 34334 Hann. Münden, Tel. 05541 / 70 03 – 01, Fax 05541 / 70 03-50

Pingo Welsch & Kuffner GmbH, Gutenbergstraße 13, 85748 Garching, Tel. 089/3204282

Robert Bosch GmbH, Geschäftsbereich KH, Ludwigsburger Straße 81, 71696 Möglingen, Tel. 97141 /4890

RH Autolack (R.H.Lacke GmbH), Industriestraße 18, 27239 Twistringen, Tel. 04243-2088 + 8887, Fax 04243-8012

SATA-Farbspritztechnik GmbH & Co., Domertalstraße 20,70799 Kornwestheim, Tel. 07154/8110

STEINEL Vertrieb GmbH, Dieselstraße 80-84, 33442 Herzebrock-Clarholz, Tel. +49 (0) 52 45 / 4 48-0, Telefax: +49 (0) 52 45 / 4 48-19

Teroson GmbH, Postfach 105620,69046 Heidelberg, Tel. 06221 /7040

Tunap Deutschland, Bürgermeister-Seidl-Straße 2, 82515 Wolfratshausen, Tel. 08171 /16000

TÜV Nord Straßenverkehr GmbH in der TÜV Nord Gruppe, Am TÜV 1, 30519 Hannover, Tel. 0511 986-0, Fax 0511 986-1237, info@tuev-nord.de

TÜV Rheinland Berlin Brandenburg e.V., Am Grauen Stein, 51105 Köln, Tel. 0221/ 806-0, Fax 0221/ 806-114

Udos Wagenpflege, Sandweg 44-46, 65604 Elz, Tel. +49 6431 53648, Fax +49 6431 51747, info@wagenpflege.com, www.wagenpflege.com

Van Wezel Reparaturbleche c/o Temot Autoteile GmbH, Max-Planck-Straße 23, 70736 Fellbach, Tel. 0711 / 57630

Verband der deutschen Lackindustrie e. V. über Deutsches Lackinstitut GmbH, Karlstraße 21, 60329 Frankfurt Tel. 069/2556-1412, Fax 069/2556-1712, E-Mail: vdl@vci.de

Vosschemie GmbH, Esinger Steinweg 50, 25436 Uetersen, Tel. 04122/7170

Weyer GmbH & Co. KG, Dieselstraße 26,42579 Heiligenhaus, Tel. 02056/5930 268

Zimmermann GmbH, Oberndorfer Hütte 1, 35606 Solms-Oberndorf, Tel. 06442 / 220 713, Fax 06442 / 220 714, info@zp-solms.de

Versorgung ist wichtig: Ob nun Karosserieteil oder Verarbeitungsmaterialien, auf einen zuverlässigen Versand kommt es immer an.

Endlich wieder lieferbar ...

Bislang vergriffene Titel der Reihen »Jetzt helfe ich mir selbst« und »Reparaturanleitungen«

Ab sofort können Old- und Youngtimerfreunde wieder jeden der seit den 1950er Jahren erschienenen Band der beiden Erfolgsreihen bestellen.
Über aktuell verfügbare Titel können Sie sich jederzeit unter
www.motorbuch.de
informieren.
Über 300 Auto- und Motorrad-Reparaturanleitungen aus dem Motorbuch Verlag / bucheli Verlag sind auf Bestellung wieder lieferbar.

Motor buch Verlag

www.motorbuch.de
Service-Tel.: Tel. 0711 / 98 809 985